深部钻探系列丛书
"十三五"国家重点图书出版规划项目
湖北省学术著作出版专项资金资助项目

公益性基础地质调查项目"松辽盆地基底探测与高温监测环境的建立"(编号：DD20189702)
国家自然科学基金重点项目"复杂地质钻进过程智能控制"(编号：61733016) 资助
基本科研业务项目"深部钻探高温井内关键参数的采集技术"(编号：JYYWF20180501)
深部探测技术与实验研究专项 SinoProbe-05 项目

深部岩心钻探关键技术

SHENBU YANXIN ZUANTAN GUANJIAN JISHU

胡郁乐　张惠　王稳石　等编著

中国地质大学出版社
ZHONGGUO DIZHI DAXUE CHUBANSHE

图书在版编目(CIP)数据

深部岩心钻探关键技术.2/胡郁乐等编著.—武汉:中国地质大学出版社,2018.11
(深部钻探系列丛书)
"十三五"国家重点图书出版规划项目
ISBN 978-7-5625-4383-1

Ⅰ.①深…
Ⅱ.①胡…
Ⅲ.①取心钻进
Ⅳ.①P634.5

中国版本图书馆 CIP 数据核字(2018)第 179241 号

深部岩心钻探关键技术			胡郁乐　张惠　王稳石　等编著
责任编辑:徐润英		选题策划:徐蕾蕾	责任校对:徐蕾蕾
出版发行:中国地质大学出版社(武汉市洪山区鲁磨路388号)			邮政编码:430074
电　　话:(027)67883511		传　　真:67883580	E-mail:cbb @ cug.edu.cn
经　　销:全国新华书店			http://cugp.cug.edu.cn
开本:787mm×1092mm 1/16		字数:560千字	印张:21.75
版次:2018年11月第1版		印次:2018年11月第1次印刷	
印刷:武汉市籍缘印刷厂		印数:1—500 册	
ISBN 978-7-5625-4383-1			定价:108.00元

如有印装质量问题请与印刷厂联系调换

参编人员

吴　翔　汪　伟　陈师逊　刘晓阳　朱恒银　杨凯华
段隆臣　郑文龙　王　强　朱江龙　刘乃鹏　朱旭明
张恒春　翟育峰

参编单位

中国地质大学(武汉)
中国地质科学院地球深部探测中心
中国地质调查局勘探技术研究所
核工业北京地质研究院
山东省第三地质矿产勘查院
安徽省地质矿产勘查局313地质队
中国地质装备集团有限公司

序

近年来，世界矿产资源的勘探与开采呈现深度不断加大的态势，作为矿产资源勘查方法中最具决定性的技术，即钻探技术获得了长足发展。随着浅部矿产资源日益枯竭，特别是伴随大陆动力学、环境、气候等地球科学的发展，深部钻探技术越来越受到广泛关注。发展地球科学，探寻人类生活家园长期未决的重大问题，发展社会经济，改善人们的生活，都需要向地球深部进军。因此，发展深部钻探技术意义重大。

毋庸置疑，深部钻探是一项复杂的系统工程，特别是超深井、特深井钻探面临高温、高压、高地应力的难题，实施起来在经济和技术上有很大的风险性。深部钻探需要地球科学和工程技术的深度融合，强调多学科交叉，需要现代材料技术、设计制造技术、测试技术等多种新技术的跟进，还需要充分利用现代设备和工艺条件，吸收石油深井钻井理念，不断创新发展，突破技术瓶颈，在此基础上进一步创新岩心钻探技术，来提高深部地质岩心钻探的质量和效率。

本书作者立足于深部岩心钻探技术的研究和实践，总结了几例我国典型小口径科学深钻工程的钻探成果和关键技术，探索了深部岩心钻探的技术前沿问题，总结了近些年来的钻探新技术，分析了深部钻探对设备机具、钻井结构、工艺技术、高温检测、高温泥浆等方面的要求和技术问题，系统归纳了深部钻探的关键技术。该书对深部岩心钻探技术有较深的思考，也有很好的启迪作用。

通过与国内深部地质岩心钻探实践单位的合作，作者完成了《深部岩心钻探关键技术》的撰写。该书对深部钻探实际工作具有较强的指导性和可操作性，可作为从事深井钻探研究和钻探工作的重要参考书。同时，针对深部岩心钻探的技术现状，作者提出了需要探索的科学问题和工程技术难题，期待广大钻探同仁能共同努力，创新思维，克难攻坚，为新时代我国深部钻探技术走向世界前列而努力奋斗。在我国地球深部探测项目即将启动之际，衷心祝愿这部重要著作早日与读者见面。

2018 年 4 月 15 日

前　言

"嫦娥奔月、神舟飞天"，航天技术开辟了通往宇宙星际的大门，与之相呼应的"入地"钻探技术是直接观测地球陆壳的"伸入地球内部的望远镜"，是传统地质向地球科学发展的"钥匙"。"地下资源是要用钻探进尺来换取的"，近年来，世界资源和矿产的探采呈现深度不断加深的态势，深部钻探技术因之而被广泛关注。为保障国家能源安全，向地层深部进军，向深层要储量，发展地球科学和钻探技术对发展社会经济、改善人们的生活意义重大。

由于深部岩心钻探取心要求高，钻遇地层压力系统较多，地层条件复杂，如硬、脆、碎、涌、漏、坍塌、缩径以及井下高温和高压力等各种因素都存在，井壁稳定性风险大。同时，深部地层岩石可钻性差，轨迹难以控制，取心量大，钻机负荷大等。可以说，深部钻探是一项复杂的系统工程，特别是超深井钻探，其经济和技术上有很大的风险性。因此，深部钻探不仅代表一个国家的钻探水平，更代表了一个国家的综合技术和经济实力，特别是深井、超深井钻井技术是一个国家综合实力的体现，是地球科学和工程宏技术的融合。

深部地质岩心钻探需要进一步创新岩心钻探技术，吸收石油深井钻井理念，通过多学科融合，充分利用现代设备和工艺条件，来提高深部地质岩心钻探的质量和效率。本书立足于深部岩心钻探技术，主要总结了我国典型科学钻探工程的关键技术，研究了深部岩心钻探的技术前沿问题，分析了深部钻探对设备机具、钻井结构、工艺技术等方面的要求，系统归纳了深部钻探的关键技术，旨在促进读者对深部地质岩心钻探的认识和了解，扩大钻井工作者的知识视野，激发钻井工作者的创新意识，同时借鉴典型深部钻探工程的技术经验，为深部地质岩心钻探贡献智慧和力量。

本书共分为四章，第一章总结了深部钻探的国内外技术现状、难点问题和深部钻探的意义；第二章以工程案例形式，对我国典型的科学钻探工程和深部探测项目 SinoProbe-05 的钻探关键技术进行了总结和概括，内容包括各工程的目标任务、钻探装备、工艺技术和成功经验以及失败教训等。第三章是本书的重点，归纳总结了深部钻探的关键技术，对深部钻探设备的选型方法、钻井结构的设计方法、钻探工艺技术方法、测斜和控斜技术、泥浆技术、测试技术进行了探索研究。第四章对深部岩心钻探工程管理和深孔井内事故预防与处理进行了研究。

本书的撰写得到了中国地质大学（武汉）、中国地质科学院地球深部探测中心、中国地质调查局勘探技术研究所、核工业北京地质研究院、山东省第三地质矿产勘查院、安徽省地质矿产勘查局313地质队和中国地质装备集团有限公司等单位的支持。主要撰写人员有胡郁乐、张惠、王稳石、吴翔、朱恒银、杨凯华等。刘晓阳、陈师逊、郑文龙、王强、朱江龙、段隆臣以及江钻技术中心王青龙等提供了大量素材，汪伟、刘乃鹏、朱旭明、张恒春、翟育峰等进行了细致的资料整理工作，同时该书得到了张晓西、贾军、朱永宜和张伟教授的指正，在此一并表示感谢！

特别感谢老领导王达为该书作序和大力支持！

本书是结合多年的钻探教学、科研成果和现场经验完成的，集成一些新技术，对深部岩心钻探的关键技术进行了深入探索。适宜于广大钻井专业研究生、钻进技术工作者阅读，也对深部岩心钻探工程的实施具有参考和借鉴意义。

本书某些特定部分引用或摘用了网上部分厂家和专业人员的产品内容或理念，在此表示衷心感谢！由于深部钻探工程的难度大，具有不确定性和挑战性，对技术的了解和理解不尽相同，可能持其他观点，在此期望求同存异，共同推进行业技术进步。

编著者

2018年3月

目 录

第一章 深部钻探技术综述 ………………………………………………………… (1)
第一节 概　述 …………………………………………………………………… (1)
第二节 科学深钻的意义和典型案例 …………………………………………… (7)

第二章 深部钻探典型工程各论 …………………………………………………… (13)
第一节 深部探测 SinoProbe-05 专项钻探关键技术 ………………………… (13)
　　一、钻探任务和要求 ……………………………………………………………… (14)
　　二、钻探任务完成情况及成果 …………………………………………………… (14)
　　三、钻探技术战略 ………………………………………………………………… (20)
　　四、钻探装备与机具 ……………………………………………………………… (21)
　　五、钻探工艺 ……………………………………………………………………… (22)
　　六、钻探现场钻探数据管理 ……………………………………………………… (26)
第二节 山东黄金科学钻探工程关键技术 ……………………………………… (27)
　　一、工程概况 ……………………………………………………………………… (27)
　　二、钻探设备及现场布置 ………………………………………………………… (29)
　　三、钻探工艺 ……………………………………………………………………… (34)
　　四、钻孔质量与经济技术指标 …………………………………………………… (51)
　　五、主要技术创新与成果 ………………………………………………………… (54)
第三节 江西抚州科学钻探工程关键技术 ……………………………………… (59)
　　一、工程概况 ……………………………………………………………………… (59)
　　二、钻探设备及现场布置 ………………………………………………………… (62)
　　三、钻探工艺 ……………………………………………………………………… (67)
　　四、钻孔质量与技术成果 ………………………………………………………… (74)

第三章 深部岩心钻探关键技术 …………………………………………………… (79)
第一节 深部岩心钻探设备 ……………………………………………………… (79)
　　一、概　述 ………………………………………………………………………… (79)
　　二、深孔钻机技术要求 …………………………………………………………… (81)
　　三、液压立轴式岩心钻机 ………………………………………………………… (86)
　　四、全液压动力头式岩心钻机 …………………………………………………… (97)
　　五、顶驱钻机 ……………………………………………………………………… (101)
　　六、转盘钻机 ……………………………………………………………………… (107)
　　七、钻塔 …………………………………………………………………………… (113)
第二节 深孔结构优化和套管程序 ……………………………………………… (114)

  一、井身结构设计的依据和基本原则 …………………………………………(114)
  二、国内深井套管和钻头系列 …………………………………………………(117)
  三、国外深井套管和钻头系列 …………………………………………………(123)
 第三节 深部钻探取心技术 ……………………………………………………(128)
  一、概　述 ………………………………………………………………………(128)
  二、深部岩心钻探取心技术 ……………………………………………………(134)
 第四节 深部岩心钻探工艺技术 …………………………………………………(174)
  一、概　述 ………………………………………………………………………(174)
  二、钻探工艺技术的选择 ………………………………………………………(177)
  三、螺杆钻具井底动力钻进 ……………………………………………………(179)
  四、涡轮钻具井底动力钻进 ……………………………………………………(181)
 第五节 深部钻探测斜和控斜技术 ………………………………………………(190)
  一、测斜技术 ……………………………………………………………………(190)
  二、控斜技术 ……………………………………………………………………(196)
 第六节 深部钻探泥浆技术 ………………………………………………………(228)
  一、深井钻进泥浆面临的挑战 …………………………………………………(231)
  二、高温泥浆 ……………………………………………………………………(232)
  三、高密度泥浆 …………………………………………………………………(241)
  四、饱和盐水泥浆 ………………………………………………………………(243)
  五、高密度饱和盐水泥浆 ………………………………………………………(244)
  六、深孔绳索取心泥浆 …………………………………………………………(246)
 第七节 深部钻探钻头和钻杆技术 ………………………………………………(246)
  一、技术现状 ……………………………………………………………………(247)
  二、深孔钻进钻头选择 …………………………………………………………(250)
  三、深部钻探常用钻头设计思路 ………………………………………………(253)
  四、深井钻杆 ……………………………………………………………………(262)
 第八节 深井钻探参数检测技术 …………………………………………………(264)
  一、地表钻井参数 ………………………………………………………………(266)
  二、井下钻井参数 ………………………………………………………………(274)
  三、高温井下参数测量技术 ……………………………………………………(280)
第四章 深部岩心钻探管理与事故风险控制 ………………………………………(286)
 第一节 深部钻探组织与成本管理 ………………………………………………(286)
  一、深部钻探组织与管理 ………………………………………………………(286)
  二、钻探成本分析与管理 ………………………………………………………(292)
 第二节 深孔井内事故预防与处理 ………………………………………………(298)
  一、孔内事故的分类和处理原则 ………………………………………………(298)
  二、钻具事故的预防与处理 ……………………………………………………(300)

三、卡钻事故的预防与处理 …………………………………………（304）

四、卡钻的预兆与处理 …………………………………………………（309）

五、事故处理工具 ………………………………………………………（309）

六、卡钻报告及记录 ……………………………………………………（326）

七、案例 …………………………………………………………………（330）

参考文献 ……………………………………………………………………（332）

第一章 深部钻探技术综述

第一节 概 述

人类在赖以生存的地球上已经历了无数个春秋。长期以来,人们就试图通过各种方法对地球进行探测,但由于坚硬、复杂地壳岩石的阻隔和技术手段的限制,迄今为止,人类对地球内部仍然所知甚少。可以说,取心钻探长期以来是人们获取地球内部准确信息的唯一方法,也是最直接、最可靠的手段。"上天、入地、下海、登极"是钻探人追梦的脚步,人类运用钻探技术可获取外星球、地球深处、海底海洋和冰川冰层冻土带的地质、生物和生态信息,钻探为人类的进步和社会的发展做出了卓越的贡献。

"嫦娥奔月、神舟飞天",航天技术开辟了通往宇宙星际的大门,与之相呼应的"入地"钻探技术是直接观测地球陆壳的"伸入地球内部的望远镜",是传统地质向地球科学发展的"钥匙"。毋庸置疑,科学深孔和超深孔是通向地壳深部的通道,科学家要探索地球深部的奥秘,人类要真实、客观地了解地球的深部地层矿藏资源,探测地壳与上地幔的结构、物质组分、地温、地应力、地震、地电、地磁、地热等情况都离不开"深钻"技术手段。因此,为保障国家能源安全,向地层深部进军,向深层要储量,发展地球科学和钻探技术对发展社会经济、改善人们的生活意义重大。

"地下资源是要用钻探进尺来换取的",钻探工程是矿产勘查的重要技术方法之一,是能够直接从地下岩层获取实物样品的唯一手段。长期以来,人类通过钻探获取地下资源信息,发现并开采了大量人类赖以生存和发展的地下资源,有力地支撑和推动了社会的进步。

我国已是世界第二矿产资源消费大国,资源供需矛盾突显,矿产资源紧缺已成为制约我国经济发展的"瓶颈"。一些矿产资源的对外依存度已经接近或者超过50%,资源压力在相当一段时期难以缓解,那些浅层、好找的矿产资源已经没有很大的勘查潜力,认识地球深部、向地球深部要资源是找矿的主攻方向。加强地质工作、保证矿产资源供给是我国今后经济建设的一项重要任务。

但是,我国目前地质钻探很大程度上局限于"人搬肩扛,盲目打钻、经验打钻",设备陈旧老化,技术方法落后,钻探效率低下,钻探工人劳动强度很大,远远不能满足加强地质工作、加速矿产勘查的要求。2006年1月28日,新华社播发了《国务院关于加强地质工作的决定》,提出以国内急缺的重要矿产资源为主攻矿种,兼顾部分优势矿产资源,按照东部攻深找盲、中部发挥特色、西部重点突破、境外优先周边的方针,实施矿产资源保障工程,确定攻深找盲、发掘第二找矿空间的潜力是地质工作部署的原则。《国土资源部中长期科学和技术发展规划纲要(2006—2020年)》强调提出:"地质工作必须贯彻科学发展观","地质工作必须应用高新技术"。因此,加速矿产资源的勘探开发,应该大力推进钻探技术与装备的现代化,学习和借鉴国际先进技术和经验,研究开发适用于我国国情的先进钻探技术、装备和工艺十分重要。

近年来，世界资源和矿产的探采呈现深度不断加深的态势，新型绿色能源，如深部地热能的探测也成为热点问题，深部钻探技术因之而被广泛关注。深部钻探提供的实物样品为寻找深部隐伏矿产、丰富成矿理论起着关键的作用。深部钻探也成为解决当前人类面临的资源、灾害、环境三大问题的重要途径。

深部钻探不仅代表一个国家的钻探水平，更代表了一个国家的综合技术和经济实力，特别是深井、超深井钻井技术是一个国家综合实力的体现。深部钻探工程是地球科学和工程宏技术的融合，需要有科学的理论、先进的技术及装备、高素质人才队伍和科学的管理作为支持。深部岩心钻探涉及地质学、机械学、断裂学、水力学、钻柱力学、材料学、电力学、振动力学等，需要对高温高压状态下岩石的破碎机理，冲洗液胶体化学，高温高压条件下的新材料、新工具进行研究等。

钻孔深度常是衡量一个国家钻探技术水平的重要标志。深部岩心钻探与深部地热、石油深井钻进有着很大的技术差异。深部岩心钻探是尽可能获取大尺寸和大比率的岩心，以获取岩心为主要目的；深部地热和石油钻井以成井和开采生产为主要目的，以全面钻进工艺方法为主。另外，岩心钻探的"探"以小口径为主，设备工艺也通常以经济有效为主要原则，而地热和石油钻井以建立生产通道为原则，直径相对较大。从深度方面来看，划分标准和原则也不一样。据最新版《地质岩心钻探规程》，一般将1000～3000m深度的钻孔称为深孔，超过3000m的钻孔称为特深孔。石油天然气钻井相关标准（GB/T 28911—2012），将4500～6000m深度的井称为深井，6000～9000m深度的直井称为超深井，9000m以上的井称为特（超）深井。对大陆深部钻探和科学钻探来说又不一样，深部科学钻探一般深度较大，地学科学研究目标高，需要更多连续性的井内实物和信息资料，以取心为主要目的。但由于深度较大，一般采用一些能满足更多工艺要求的大型钻探装备，其孔深划分一般为浅钻（深度小于2000m）、中深钻（深度2000～5000m）、深钻（深度5000～8000m）和超深钻（深度大于8000m），甚至超万米的特深钻。无论如何划分，深部钻探钻孔深度大，钻遇深部地层的地层压力系统较多，原则上多下套管，但由于要尽量简化套管程序，裸眼井段一般长，裸眼施工周期也较长，井壁稳定性变差。加之复杂的地层条件，如硬、脆、碎、涌、漏、坍塌、缩径以及井下高温和高压力等各种因素都存在，井壁稳定性风险加大。同时，深部地层岩石可钻性差，钻孔轨迹难控制，取心量大，钻机负荷大等。可以说，深部钻探是一项复杂的系统工程，特别是超深井钻探，其经济和技术上有很大的风险性。

中国钻井技术是继火药、指南针、印刷术和造纸术之后，中国科学技术史上的第五大发明。1835年（清道光十五年），中国钻成世界第一口超千米深井（孔）——燊海井。该井位于四川省自贡市大安区长堰塘，完工孔深为1001.42m，既产卤，又产气。燊海井标志着中国古代钻井工艺的精湛，也是世界钻井史上的里程碑。

但是，由于历史的原因，目前我国钻井技术落后于国际先进国家水平。中国是一个地质大国，但还不是地质强国，我国的探采技术与世界先进技术还有较大的差距。地下矿产开采的水平和其他实力决定了勘探的深度大小和工作量的多少，地质找矿深度纪录反映了一个国家一个时期的科学技术实力和水平。可以说，由于能源需求和技术水平等因素，中国大多数固体矿产勘探开采的深度大多小于500m，而世界一些矿业大国已经达到2500～4000m。虽然深部资源地质构造环境复杂，开采成本较高，但有条件解决包括钻探和开采等关键技术难题。南非自1938年完成深度3268m的深孔以后，不断刷新最深纪录，相继完成了多个

4000m 以上的特深孔。其中，1988 年在金矿勘探中，由加拿大 Heath & Sherwood 钻探公司与 Universal Drillers Co.，Ltd 合作完成的深达 5424m 钻孔，在小口径地质岩心钻探方面有里程碑意义。美国金矿勘探最深达到 5071m，法国达到了 3500m，日本 1983 年岩心钻探孔深也已超过 3000m。目前我国深部油藏开采正向 5000～7000m 迈进，采矿向 1000～3000m 迈进。在采矿方面，我国大部分地下资源的探查和开采深度停留在 500m 以浅的范围，且分布在地形条件相对较好的地区。每年新增探明储量与开采量的比例也严重失调。国外金属矿资源（大型）开采超过 1000m 的有 80 多处。如目前世界开采最深的矿床是南非的 Western Deep Level 金矿，现已开采到 4800m；加拿大肖德贝里（Sudbury）铜镍矿床，探测最深的矿体 2430m，现已开采到 2000m；加拿大诺兰达（Noranda）矿田的米伦贝齐、科伯特、安西尔等矿床，主矿体深度均在 700～1280m。总之，开采深度的需求刺激了钻探业的进步。

我国小口径岩心钻探在很长一段时期处于萎缩期，深孔钻探更是处于停滞状态。虽然我国地质系统 1978 年为配合 JU-1500 型钻机试验，在浙江施工我国第一口深孔，深度 1803.8m，但之后就少有建树。1985 年，国内地勘单位使用日本 TXL-1E 型岩心钻机在山东省完成了深度 2505m 的钾盐勘探孔，成为 20 世纪中国最深的小口径钻孔。资料显示，小口径地质勘探钻孔深度世界纪录是南非 H.S 环球公司于 1986 年 5 月 21 日创造的，该孔采用金刚石绳索取心钻探工艺，并且使用了铝合金钻杆，孔深为 5422.76m（另有文献数据为 5424.09m）。近年来，我国的深部钻探取得了可喜成果：为满足深部找矿和地球科学研究的需要，近年来，深度超 2000m 钻孔数量在不断更新，岩心钻探深度纪录也在不断打破。2006 年山东省第三地质矿产勘查院在山东济宁颜店铁矿区施工的 ZK8 孔，终孔孔深 1804.95m，创造了当时国内固体矿产岩心金刚石绳索取心钻探孔深新纪录。之后几年孔深纪录不断被刷新，2007 年河北省地矿局第四地质队以终孔 1905.92m 的最大孔深成为当时我国最深岩心钻孔。2008—2009 年以山东地质矿产勘查局三队、六队，辽宁地质八队等为代表的施工单位，不断刷新施工深度，终孔孔深达到 2188.28m。2010 年 6 月安徽省地矿产勘查局 313 地质队在"深部矿体勘探技术方法研究"的试验钻孔（ZK1725）终孔，终孔孔深 2706.68m，打破了当时的岩心钻探孔深纪录，并取得了一系列科研成果。同年 12 月，山东省第三地质矿产勘查院在山东莱州三山岛金矿区施工的 ZK112-1 孔也顺利终孔，终孔孔深 2738.82m，成为新的全国纪录。可以说，深孔地质找矿是发展趋势。截至 2010 年底，据不完全统计，全国范围完成的超 1000m 钻孔已达数百口，超 2000m 钻孔已成常见深度。

深孔地质岩心钻探多是为找矿服务，随着我国国家实力的提升，开始有组织地实施科学钻探，我国实施的 CCSD-1 井影响深远，钻孔深度达 5158m。2013 年 5 月，中国某矿第一科学深钻（设计深度 2500m）仅用 10 个月，终孔深度达 2818.88m。2013 年 5 月，山东黄金第一科学钻探在山东莱州三山岛西岭金矿区开钻，钻孔（ZK96-5）终孔深度达 4006.17m。松科二井设计井深 6400m，至 2017 年 10 月 31 日，钻达原设计井深 6400m，成为亚洲最深科学钻井，经过系列钻探技术攻关，该井于 2018 年 5 月完钻，完钻深度达 7108m。目前，我国已经提出超万米科学钻井的计划。

深井、超深井钻井技术是随勘探和开发深部地层的油气资源而发展起来的，其中，国外已完成的深井中，大约有一半的井是探井。针对油气勘探而言，由于取心量要求少，有完善的设计程序、先进的技术和严密的管理制度，美国的深井钻井体现了速度快、事故少、成本低的特点。20世纪80年代中期,美国钻一口5000m左右的井约需90d,钻5500m左右的井约需110d,钻6000m左右的井约需140d,钻7000m的井约需7~10个月。处理井下复杂情况所占时间为5%~15%。在20世纪90年代,美国在复杂地质条件下所钻成的5口7500m左右的初探井,其完井周期最短的不到1年,最长的不超过2年。

深井钻井始于20世纪30年代末期,目前世界上深井、超深井钻井技术领先的国家有美国、苏联、德国、挪威、法国和意大利等。前3个国家超深井钻井技术装备和综合技术处于国际领先地位,其中美国是世界上钻深井历史最长、工作量最大和技术水平最高的国家。这些技术领先的国家自20世纪70年代以来,共完成9口9000m以上的特深井(表1-1),积累了丰富的特深井钻井工程经验。美国于1938年钻成世界上第一口4573m的深井,1949年钻成6255m的超深井。1972年美国钻成世界上第一口特超深井(巴登1井),井深9159m。1974年在俄克拉荷马州钻成了罗杰斯1井,井深9583m,创造了当时世界最深井的纪录。1994年苏联创造了12 262m的世界超深井纪录,钻进历时15年,该深孔被公认是世界最深科学钻探孔,虽然深度纪录近年来被一些油气钻井项目打破,但多数超深井的垂直深度仍低于该孔。德国于1994年钻成一口9101m的超深井,钻进历时7年。

表1-1 国外部分完钻特深井

序号	区域	井名	井深(m)	钻井周期	完成年份
1	美国	巴登1井	9159	543d	1972
2	美国	罗杰斯1井	9583	504d	1974
3	美国	Emma Lou 2	9029	510d	1979
4	美国	瑟复兰奇1-9井	9043	1152d	1983
5	德国	KTB井	9101	持续7年	1994
6	苏联	科拉3井	12262	持续15年	1994
7	苏联	科拉1井	9000		1983
8	挪威	Norsk hydro	9723	425d	1995
9	美国	泰博Tiber	10 685(深水1259m)	180d	2009

与美国相比,我国井下复杂情况和事故多,时效相对较低,钻井周期较长,主要表现在测控精度低,复杂层段井眼失稳严重、井斜严重,钻具事故多,难钻地层的机械钻速低,钻井液体系与处理剂配套应用效果差,井口机械化与自动化整体水平低。

近些年来,随着我国石油钻井行业向深层勘探开发步伐的加快,深井钻井数量日趋增多,深井钻井已成为我国油气勘探开发的重要组成部分。1966年7月28日,大庆油田完成一口4719m的深井,揭开了我国深井钻井技术发展的序幕。从20世纪90年代开始,我国开始重视深井、超深井钻井技术,总结经验教训,促使深井、超深井钻井技术有较快的进步。油气勘探深井纪录是由中石化中原石油工程公司西南钻井分公司90106ZY钻井队承钻的四川马深1井,完钻井深8418m(2016年完井)。2017年8月27日,中国石化在新疆西北油田部署的亚洲第一深井顺北9井正式开钻,设计深度8593m,超过四川马深1井的完钻深度。2018年9月,中国石化西北油田顺北油气田蓬1井顺利完钻,完钻井深8450m,创亚洲垂深和亚洲大陆斜深两项纪录。目前,亚洲第一超深井川深1井开钻。该井是一口超深风险探井,位于四川盆地川中隆起北部斜坡带柏垭鼻状构造上,由西南油气分公司部署,以震旦系灯影组为主要目的层,设计井深8690m,是亚洲第一深井,对于探索四川盆地超深层天然气资源具有重大意义。

中国石化新闻网2008年6月报道,美国斯伦贝谢公司和丹麦马士基石油公司麾下的卡塔尔子公司在位于卡塔尔海上的Al Shaheen油田合作完成了世界上最深井的钻井作业。这口井的钻井总深度达到了12 289.57m。

中国经济网2011年1月报道,埃克森-美孚公司旗下负责运营俄罗斯萨哈林-1号项目开发的Exxon Neftegas Limited公司创造了深海油气开发的钻探新纪录,位于Odoptu区块的OP-11号油井用仪器测量出的垂直深度为11 475m,根据钻杆长度测算出的下钻深度为12 345m。无论从钻杆钻探的深度看还是从垂直深度看,均创造了新的海上钻井深度世界纪录。

中国经济网2012年9月转引俄新社的报道,全球最深的油井是俄罗斯远东萨哈林-1号油气项目的Z-44油井,由埃克森-美孚石油公司承钻,完井深度为12 376m。

国外石油行业的深井钻井技术发展主要集中在钻机、钻头、井下工具、钻井泥浆等方面。深井钻机功率大、性能好、自动化程度高、配套设备性能可靠,从而在装备上为快速打好深井提供了物质上的准备。钻头质量好,品种全,选型合理,可获得钻头耗用数少、钻进进尺多、钻井速度快的好效果。钻井液具有良好的热稳定性、润滑性和剪切稀释特性,固相含量低,高压失水量低,可抗各种可溶性盐类和酸性气的污染。另外,运用井下动力钻具提高钻速、井身结构设计灵活、高强度钻杆等工具配套齐全,使得国外深井钻井速度快、事故少、成本低。如钻一口5000m的井,平均使用钻头15~20只,钻井周期需45~70d;6000m的井用45~70只钻头,需125~150d;7000m的井用60~70只钻头,需175~200d。美国的深井平均单井成本要比世界其他地区的少40%~50%。归纳起来说,深井快速钻井技术国外一般从三个方面考虑:选择大功率、高性能、自动化程度高的钻机,选用先进的钻头,采用其他先进设备和井下工具,装备上要有优势;在工艺上实施实时监控,优化钻井参数,用优质钻井液进行平衡或近平衡钻井,实现科学化钻井作业;加强管理,尽量减少钻井事故。

通过大量的深井钻井实践,我国石油深井钻井技术水平有了较大的提高,主要围绕提高深井机械钻速进行研究,如合理优选PDC钻头、实施近平衡钻井、优选水力参数及机械参数等,取得了很好的成效。其中塔里木盆地的深井钻井速度提高最快,表明我国一些深井技术指标已接近国际先进水平。

深井、超深井岩心钻探对钻探的技术水平要求更高。复杂地质条件下的深井和超深探井一方面因地质条件的不确定性使钻井难度加大,另一方面对钻井装备工艺要求更高。

一直以来,我国的岩心钻探技术主要体现在地质找矿方面,尚未形成包括钻探装备和钻探工艺在内的深部钻探成套方法技术体系,更难以满足科学深钻地学研究的需要。地球深部具有太多的不确定性,钻探风险大。其难度表现在地表以下地层深处的各种地质条件变化的不可预知性与边界条件的极端复杂性。深部钻探,特别是特深钻有"三高"难题:一是以地温梯度2.5℃/100m、井深13 000~15 000m推算,井底岩石及地层流体的温度可高达325℃~375℃;二是以正常地层压力梯度0.0105MPa/m、地层压力异常系数1.2~2.1计算,井深13 000~15 000m的地层压力(或孔隙流体压力)可高达136.5~330.75MPa;三是深钻提钻起下钻时间占比高,特别是取心钻探辅助工作时间随井深的增加将大为延长。这些难题对取心钻探是极其不利的。总之，地层压力的不确定性、地层状态和岩性的不确定性使钻探过程难度加大。针对不同的难点问题需要有针对性的措施，如针对地层稳定性差——塌、漏、涌、缩径、超径、裂隙、多空隙、空洞、掉块等难题，需要从钻孔结构、工艺技术、泥浆技术、固井技术等多方面考虑，否则事故频繁，引起高废孔率。

深部钻探面临的问题多而复杂，需要从以下方面进行问题的讨论和有针对性的研究：

（1）提高地层压力和地应力预测监测的精度问题，其关系到岩层的稳定性和钻井的安全性。

（2）确定复杂地质条件下深井的合理井身结构问题。

（3）一旦同一裸眼井段内打开两套或更多套地层压力系统后的有效处理问题。

（4）高陡构造高效防斜问题。

（5）在结晶岩硬地层和大直径井眼提高钻进速度问题。

（6）提高长井段小间隙高密度条件下的固井质量问题。

（7）减少技术套管磨损和破裂后的处理问题。

（8）严重井漏、井塌、缩径的有效处理问题。

（9）含硫气井的安全钻进问题。

（10）高密度（大于 $2.0g/cm^3$），抗高温（如210℃以上）以及抗污染钻井液问题。

深井高温高压问题突出。深部钻探过程中高温高压问题是不可回避的，按正常温度梯度和泥浆压力梯度，万米超深钻的井下温度达 300℃，压力超 120MPa。在高温条件下，井下动力机具工作状态、井眼轨迹以及泥浆模态信息的掌控成为瓶颈问题。井底高温会对钻井工程的安全造成严重威胁，主要体现在泥浆性能的高温蜕变和钻具工作性能的退变等方面。我国正在研发耐高温的井底动力钻具、测井仪器和耐高温钻井液，但由于中国大陆地层温度梯度大、地应力高等制约因素，垂深超过 10 000m 的深井施工难度极大。制约深度的关键因素也是高温问题。目前已有材料的强度极限、仪器装备及钻探器具的耐温抗压极限等极端情况如图 1-1 所示。

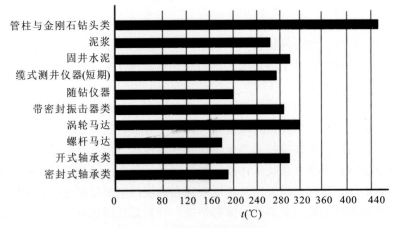

图 1-1 钻井材料的温度限制

深井往往为满足工程需要和科学研究要求，需要长时间、长井段裸眼钻进。井眼稳定和井眼轨迹控制问题凸显。对高温高压（HTHP）井下关键参数的测试技术研究也是迫在眉睫的关键任务。虽然参数采集技术近几年已经得到了突飞猛进的发展，但提到高温高压下的测试，则成了"硬骨头"，难度较大，特别是井下有限空间，震动、密封等苛刻条件，参数的检测难度更大，加之应用市场的狭小，研究程度很低。世界上最深的井科拉超深钻孔SG-3钻探时间最长，从1970—1989年历经了艰苦的过程，究其主要原因是由于高温高压问题造成的井壁失稳和时效极低。举世闻名的KTB钻探项目，原设计孔深14 000m，实际深度9101m。最终深度也是因为控制钻进轨迹的垂钻系统无法应用，导致轨迹严重偏离目标，钻探工作无以为继而提前终孔。

高温井下信息的测试采集技术是深钻，特别是超深钻最为核心的技术之一，需要研究先行，解决信息的源头问题。可以说，深部钻探高温地层一直是钻井和随钻测井行业的能力极限。

"工欲善其事，必先利其器"，钻探新技术和新方法可明显降低勘查成本，大幅度提高生产率。为此，我们要在深部钻探技术方面下功夫，重点解决深部钻探装备、工艺技术、高保真取心技术、防斜打快技术、钻井液技术、固井技术、钻井信息技术等方面的问题。

近年来，我国复杂地质条件下深孔和超深孔钻探发展迅速，已形成一条以自主研发为主，有选择地吸收国外先进技术的道路，防斜打快技术、钻井液技术、固井技术、钻井信息技术及钻井装备得到了快速发展，钻井技术不再仅是为地质研究构建信息通道，而是要推动我国钻探技术向更深、更安全、更智能化、更现代化方向发展，向优质高效、经济有效的方向发展。

第二节　科学深钻的意义和典型案例

地球是一个极不均匀、极复杂与极难穿透的自然系统。矿物是组成地球的"细胞"，而岩石则是矿物的聚合体。许多矿物与岩石的硬度都大于钢铁，极难穿透，再加上地质作用又极其复杂，无法对地球内部进行直观的研究。随着地质事业的发展，人类通过对地表地质研究和地球物理探测来推测地球深部岩石的成分、结构和构造，提出了各种设想和假说。许多地球科学家在开展研究时也只能依据这些推测和假说，验证地质理论的最主要手段就是进行科学钻探。近20年来，地球科学有了突飞猛进的发展，以地学研究和科学探测等目的所进行的科学钻探活动，从海洋、大洋到大陆，遍布全球，取得了丰硕成果和许多新的重大发现。大洋钻探计划在全球各大洋上进行取心钻探，结果证实了板块构造的预测，使大陆漂移和海底扩张的假说成为目前普遍公认的板块构造学说和理论。

科学钻探是深部钻探技术的典型应用。科学钻探是为满足地学研究的目的而实施的钻探工程，它是通过钻孔获取岩心、岩屑、岩层中的流体（气体和液体）以及进行地球物理测井和在钻孔中安放仪器进行长期观测，来获取地下岩层中的各种地学信息，进行地学研究。只要是满足以上条件的钻探活动皆可称之为科学钻探，而不论其钻探的区域、钻孔的深浅和钻孔直径的大小。按照区域划分，可分为大洋科学钻探、大陆科学钻探、湖泊钻探、冰心钻探和外空钻探。科学钻孔的深度可浅至数毫米（美国火星钻探），深至数千米，甚至上万米，世界上最深的科学钻孔（同时也是世界上的最深钻孔）是深度为12 262m的科拉超深钻孔（俄罗斯）。

人类最早的科学钻探活动开始于海洋，第一个科学钻探计划是美国的"莫霍面钻探计划"（1950年末至1966年8月）。"深海钻探计划"与"人类登月计划"被誉为人类在20世纪60年代的两大壮举。之后，美国发起了"深海钻探计划"（Deep Sea Drilling Project，简称DSDP）。1985年1月，美、英、法、德等国拉开了"大洋钻探计划"（Ocean Drilling Program，简称ODP）的序幕。ODP计划于1985年1月开始至2002年结束。我国于1998年春天作为"参与成员"加入ODP。ODP于2003年10月转入"综合大洋钻探计划（IODP）"的新阶段。IODP以"地球系统科学"思想为指导，计划打穿大洋壳，揭示地震机理；查明深部生物圈和天然气水合物；了解极端气候和快速气候变化的过程；为国际学术界构筑起新世纪地球系统科学研究的平台；同时为深海新资源勘探开发、环境预测和防震减灾等实际目标服务。大陆是人类生存的空间，基本上提供了人类赖以生存的资源和能源，鉴于深海和大洋钻探的成功经验，通过全球大陆深钻取得直接证据来认识地球深部逐渐成为共识。1992年11月，在经济合作与发展组织的大科学论坛上，有人建议成立国际大陆科学钻探组织。当时，德国KTB钻探项目已经取得了令人鼓舞的成果，所以建议德国负责组建这一组织。1993年8月30日至9月1日，德国地学研究中心（简称GFZ）在波斯坦召开了关于科学钻探的国际会议，出席会议的人员共有250余人，分别来自28个国家。此次会议之后，来自15个国家的科学家再次相聚在德国KTB钻井现场，正式讨论成立国际大陆科学钻探计划（ICDP）组织。与会代表一致认为，大陆科学钻探对固体地球科学起着至关重要的作用，需要进行综合性、国际性的研究计划，成立ICDP组织的时机已经成熟。1995年，德国GFZ与美国自然科学基金会（NSF）签署了合作备忘录，决定成立ICDP组织。1995年经国务院批准，中国加入国际大陆科学钻探计划。1996年，中国与美国、德国正式成为ICDP的3个理事国。

自1970年苏联开展大陆科学钻探以来，已有16个国家开展了这项科学工程，取得的成果超出了地球科学家的预想。1960年，当时科学界猜测地壳分为两层，上层地壳较轻，含硅和铝比较多，称为硅铝层；下层地壳较重，含镁多，称为硅镁层；中间有一个化学界面隔开上下地壳，称为康拉德界面。但是在进行科拉超深钻以后，发现在科拉半岛的康拉德界面根本不存在，所以上述两层地壳的模型最多只能用于局部地区，而不是全球普遍适用的，这就将人类对地壳组成和结构的认识大大推进了一步。

另外，大多数石油地质学家认为，石油与天然气是由于沉积岩层中生物有机质积累生成的。但是，20世纪80年代在乌克兰第聂伯尔-顿涅茨盆地进行科学钻探时，在3100～4000m之间的结晶岩中发现了5套生油岩和储油层，所处地层为前寒武纪的花岗质岩石及角闪岩、片岩。在发现的油层中含有大量熔融分离的微量金属及大量的He、Ni，单位体积中镍的含量比值高，说明油层来自深源，而不是湖海相有机沉积的产物。乌克兰科学深钻的这一发现使石油地质学家们耳目一新，既然在地幔中能含有大量的烃类和流体，便能对石油天然气的生成和聚集起到重要的作用，有可能成为21世纪人类社会能源需求的重要来源之一。科学钻探的发现使得无机生油理论找到了最好的依据，为寻找未来人类所必需的能源提供了强大的推动力。

地球表面坚硬的结晶岩石阻隔了人类的视线，又有谁能想象到几千米的地下岩石中还存在大量的流体与生物呢？大陆科学钻探打开了人类的视野，使人们确信水和生物在地球内部的存在。在科拉超深钻中，富含镍锌和金银的矿液从4500m深处向下流动，在10 000m深处富集成为矿层。许多岩心展示出结晶岩石在10 000m深处高温高压下出现大量的裂隙并富含流体。此外，许多科学深钻都发现地下深处存在大量耐温厌氧的细菌。从地表向下温度越来越高，过去人们通常认为当地温升高到100℃，此地下深处便不可能有生命的存在。但是在瑞典进行的科学钻探发现，生物圈的深度能达到地下4200m，而温度约为110℃。这些耐高温和厌氧的生命有可能起源于行星形成的初期，即大气圈与水圈尚未发育完全之时。

从以上几个例子可以看出，大陆科学钻探在拓宽人类的眼界与思维方面具有的魅力，这种魅力体现在打开了一扇从来未被触及的大门，改变了人类对地球内部组成和结构的认识。因此，大陆科学深钻与超深钻一直牵动着全世界地球科学家的神经，成为他们共同关注的焦点，因为大陆科学钻探的每一次重大发现都是向传统地学理论的挑战，也是对新地球学说的召唤，更是对人类可持续发展战略提供坚实的地学、资源、环境等重要内容的基础依据。

能源以及矿产资源开发已经成为支撑一个国家经济可持续发展的重要支柱，国家"十三五"规划中将以"深地、深海、深空"作为主攻方向和突破口，构建向地球深部进军等战略新格局。2016年，全国国土资源系统科技创新大会制定了以向地球深部进军为使命，全面实施深地探测、深海探测、深空对地观测和土地科技创新"四位一体"的科技创新战略，确立了"三深"战略领域跻身世界先进行列、土地科技水平显著提升的总体目标。其中，《国家中长期科学和技术发展规划纲要（2006—2020年）》提出的资源勘探增储要求和《找矿突破战略行动纲要（2011—2020年）》等相关部署，按照《关于深化中央财政科技计划（专项、基金等）管理改革的方案》要求，科技部会同原国土资源部、教育部、中国科学院等部门和相关省（自治区、直辖市）科技主管部门制定了国家重点研发计划"深地资源勘查开采"重点专项实施方案。本专项主要包括成矿系统深部结构与控制要素、深部矿产资源评价理论与预测、移动平台地球物理探测技术装备与覆盖区勘查示范、大深度立体探测技术装备与深部找矿示范、深部矿产资源勘查增储应用示范、深部矿产资源开采理论与技术、超深层新层系油气资源形成理论与评价技术等7项科研任务。专项将形成3000m以浅矿产资源勘探成套技术能力、2000m以浅深部矿产资源开采成套技术能力，储备一批5000m以深资源勘查前沿技术，油气勘查技术能力扩展到6500～10 000m，加快"透明地球"技术体系建设，提交一批深地资源战略储备基地，支撑扩展"深地"资源空间。

大陆科学深钻和超深钻是一项投资巨大的科学工程，体现了一个国家的实力与地学水平。科学钻探在世界上已实施30年，已有13个国家打了近100口深浅不一的科学探测钻孔，其中4000m以上的深孔有20余口。最早进行大陆科学钻探的国家是苏联。苏联科学深钻的技术特点是：①全孔连续取心；②提钻回收岩心；③主要是牙轮钻头取心钻进；④钻头由孔底马达驱动；⑤采用轻质铝合金钻杆；⑥小直径超前取心，扩孔下套管。德国于1987—1994年在德国中部的一个小镇进行了科学钻探，即举世闻名的KTB钻探项目，原设计孔深14 000m，实际深度9101m。KTB计划的主要创新包括：设计制造了性能先进、能力强大的专用钻机，可提40m立根的钻塔，配套APS自动钻杆操作系统。先导孔施工采用大直径绳索取心钻进系统和高速液压顶驱。美国实施了10多个科学钻探项目，钻孔深度都较浅，最深的只有3997.45m圣安德烈斯断层科学钻探项目，其他已实施的科学钻探项目有索尔顿湖科学钻探项目、伊利火山链科学钻探项目、长谷地热勘探项目、瓦莱斯破火山口科学钻探项目、上地壳项目等。

中国大陆科学钻探工程（CCSD）是"九五"立项的国家重大科学工程项目，总项目分为钻探、钻孔地质、分析测试、测井、地球物理和信息五大子工程。其中钻探是技术难度最大，耗用投资最多的子工程。该项目位于中国江苏省东海县的超高压变质带内，结晶岩层，岩石坚硬，钻孔易斜，科学研究要求全孔取心、取样。科学钻探工程CCSD-1井在2001年8月4日正式启动，2005年胜利完工，完钻孔深5158m。

CCSD-1井是亚洲第一口大陆科学钻探钻孔，全套使用了超深中国国产钻探设备和钻具，取得的主要工程技术成就如下：①创造性地将"组合式钻探技术"、"灵活的双孔方案"、"超前孔裸眼小直径取心钻进程序"有机地结合起来，形成了独具中国特色的在结晶岩中施工科学钻孔的一整套技术方案。②研制成功属世界首创的螺杆马达液动锤井底动力驱动冲击回转取心钻探技术系统，确保了科钻一井优质、高效、安全、低成本的顺利完工。③采用了自主研发的人造金刚石岩心钻探先进工艺，在硬度极高、研磨性极强的变质岩中，平均岩心采取率达85%以上，带导向的扩孔牙轮钻头在我国首次实现了坚硬结晶岩长井段扩孔钻进。④在纠斜、侧钻绕障、泥浆技术等方面也有创新应用。地质上发现了长达400m的金红石矿化带（氧化钛）和天然金刚石晶体的包裹体，还发现了几种新矿物，解读了江苏沿海地区与大陆诸多大陆板块会聚机理，获取了大量的地质、地球物理新资料和新信息，对建立地质新理论提供了重要支撑。科钻一井项目的实施，最终形成了一整套新型钻井施工技术，形成了独具中国特色的科学钻探钻井技术体系。这套技术体系主要由总体技术战略与施工方案、井底动力驱动的冲击回转取心钻探系统（螺杆马达+液动锤+金刚石提钻取心钻探技术）、大直径孕镶金刚石取心钻头、硬岩大直径长井段扩孔钻进技术、坚硬复杂地层下套管技术、小间隙固井及活动套管应用技术、强致斜坚硬地层井斜控制技术、性能优良的LBM-SD泥浆技术、孔内事故预防与处理技术、钻探数据采集处理技术等组成。应用该技术体系优质、高效、低成本地完成了国家重大科学工程项目——中国大陆科学钻探工程钻井施工任务。科钻一井终孔井深5158m，各种钻进施工累计总进尺为9177.71m（不含钻水泥塞和扩孔钻进中的磨孔进尺）。从2001年6月25日开钻，至2005年1月24日完钻，施工总时间1310d，平均日进尺6.99m，平均机械钻速为0.95m/h，其中取心钻进1071回次、平均机械钻速1.01m/h、平均岩心采取率85.7%、扩孔钻进89回次、平均机械钻速1.07m/h。

"深部探测技术与实验研究专项"项目于2008年正式启动，至2012年完成钻探任务。该项目根据中国大陆地质关键问题开展地质、地球物理研究、大比例尺地质调查填图和科学钻探选址预研究；项目结合中国经济发展与社会需求，围绕中国大陆动力学基础地质的重大关键问题展开深入研究，为大陆科学超深钻探的选址提供依据。关键地质科学问题包括板块会聚边界的深部动力学、重要的矿产资源集聚区的成矿背景、成矿条件和深部找矿前景、盆山结合带对油气资源的制约以及火山-地热资源等。本项目在6～7个地区实施了深部钻探任务，开展了科学钻探选址和科学技术示范实验，设计孔深均大于2000m。系列钻孔包括：①金川铜镍硫化物矿集区；②西藏罗布莎铬铁矿区；③云南腾冲火山-地热构造带；④山东莱阳盆地；⑤华南于都-赣县多金属矿集区；⑥铜陵矿集区；⑦庐枞火山岩盆地和矿集区。

"汶川地震断裂带科学钻探"是汶川特大地震发生之后科技部支撑计划的一个专项，其目的是：在龙门山断裂带的不同部位施工5口科学钻孔，获取深部地质信息，研究该地震断裂带的发震机理。完钻后，在钻孔内安放地震探测仪器，建立长期地震观测站，为未来地震的监测、预报提供基本数据。项目由自然资源部牵头，具体组织实施工作由中国地质调查局汶川地震科学钻探工程中心承担。第一口钻于2008年11月开钻，共施工了5口科学钻井，钻井深度范围为550～3350m。5个钻孔的设计总进尺是7800m，实际的钻进工作量为

10 837.38m。该项目实施的最大挑战也是最显著的特点是地震断裂带极高地应力条件下钻进取心。由于在多次地震的作用下龙门山断裂带地下岩层整体破碎,钻孔垮塌、缩径和漏失严重,给取心钻进带来极大风险。在该项目中从多种钻进方法中优选出螺杆马达+液动锤+提钻取心方法。采用半合管取心钻具,取得了高保真的弱胶结岩心。

松辽盆地是我国最大的中新生代沉积盆地,有着良好的油气蕴藏条件,是我国目前最大的含油区,也是世界范围内陆相白垩纪地层和地质记录最为完整的地区之一。包括下白垩统的沙河子组、营城组、登娄库组和泉头组,上白垩统包括青山口组、姚家组、嫩江组、四方台组和明水组,新生界包括依安组、大安组、泰康组及第四系。我国在该区域实施了系列深井项目,其中松科一井是国家重点基础研究发展计划("973计划")"白垩纪地球表层系统重大地质事件与温室气候变化"项目的重要组成部分。2006—2007年在大庆实施的"松科一井"项目,施工了深度分别为1810m和1915m的两口取心钻井,本项目的实施对中国陆相白垩系的研究水平和国际地位以及国际大陆科学钻探计划(ICDP)产生了积极影响。松科一井集成创新了超长岩心取心技术,为松科二井的实施奠定了基础。松科二井位于黑龙江省安达市南来乡六撮房村,为全球最厚的陆相沉积地层,被誉为为基础地质服务的"金柱子",为研究距今65~140Ma间地球温室气候和环境变化奠定了坚实基础;该深孔于2014年4月13日开钻,2018年5月完钻,是我国首例超7000m井深的科学钻探工程;该深钻项目取心收获率≥95%;松科二井的钻探技术包括大口径同径提钻取心、绳索取心钻进工艺、抗250℃以上的高温井底动力取心钻进工艺以及泥浆工艺、高温测井技术和固井技术,并测试检验我国自研的万米钻机性能。在钻探取心技术方面创造了4项世界纪录,包括 ϕ311mm超大口径超千米连续取心、ϕ311mm口径单回次取心长度30m、ϕ216mm口径单回次取心长度41m、ϕ152mm在超深井段单回次取心长度33m等纪录;研制完成 ϕ178mm常规涡轮钻具、ϕ108mm投入式绳索取心涡轮钻、ϕ194mm中空绳取涡轮钻;涡轮钻取心试验获得初步成果;开展了大口径绳索取心钻具的研制及应用研究;在抗高温钻井液体系研究及应用方面,四开采用了抗210℃钻井液体系,顺利完成了全部的钻进、测井施工,未发生因钻井液问题导致的井下复杂情况;高温高压随钻测温技术进展顺利,获得了钻进时全回次的钻井液循环温度曲线,有效地指导了抗高温螺杆马达及钻井液体系的应用,也为高温固井提供了基础数据。

山东黄金第一科学钻探孔为小口径地质岩心钻探孔ZK96-5,孔深达4000m。该项目来源于山东黄金地质矿产勘查有限公司"胶西北金矿集区超深部综合地质研究与资源预测",孔位位于山东莱州三山岛西岭金矿区。该深孔于2010年9月18日开孔,2013年5月29日终孔,终孔深度4006.17m,取出岩心长度3998.08m,岩心采取率99.8%,被誉为"中国岩金勘查第一深钻"。该深孔采用了一系列的新技术、新工艺:改进了HXY-9(B)型国产钻机,使其成功满足4000m深钻对钻机的要求;使用绳索取心液动锤钻进技术;研制了复合绳索取心钻杆,解决了绳索取心钻杆使用孔深限制问题;研制并试验应用了深孔岩心钻探钻进参数检测系统等,形成一批深部钻探科研成果。

南黄海大陆架科学钻探CSDP-2孔是我国南黄海中部隆起全取心钻探第一孔,不仅在地质上首次获得了揭示南黄海中古生界碳酸盐中油气存在的多项成果,在海洋钻探施工方面还获得了海洋地球科学钻探全取心孔深世界之最的纪录。于2015年3月29日正式开钻,于2016年9月13日结束,历时530余天,终孔孔径 ϕ98mm,孔深2843.18m,全孔岩心采取率97.7%。CSDP-2孔采用了山东省第三地质矿产勘查院自主研发的多功能海洋钻探平台,使钻探成本降为同功能石油钻探平台的1/10。

中国江西相山首次利用深部科学钻探探索深部资源,特别是深部成矿机理、深部成矿潜力、深部构造和地质体及重要地质要素界面识别、深部地球动力学对岩浆-流体活动和成矿作用的控制、地质构造作用与成矿作用的耦合关系等。这些问题的深入研究和解决,对进一步阐明深部成矿的本质规律、成矿作用机理、深部成矿环境条件和前景,对解决盲矿预测难度大、扩大老矿区资源、指导找矿及扩大资源量均具有重要的实际和理论价值。针对相山地区地层岩石硬、裂隙发育、易造斜、涌水漏水、地温高等特点,该钻孔首次应用核工业地矿事业部与中国地质装备总公司联合研发的国内第一台XD-35DB型交流变频电动顶驱式地质岩心钻机和系列自主创新技术,圆满完成科学钻探任务。该科学深孔于2012年7月21日开钻,至2013年3月20日达到设计深度2500m,至2013年5月3日竣工,钻孔深度2818.88m。该科学钻孔对建立相山矿田火山机构三维结构模型,解决相山矿田深部成矿的理论、探测技术和环境条件等关键问题,评价深部成矿前景和潜力,推动和指导我国深部的找矿勘查工作具有重要意义。

第二章 深部钻探典型工程各论

第一节 深部探测 SinoProbe-05 专项钻探关键技术

SinoProbe-05"大陆科学钻探选址与科学钻探实验"是国家重大专项"深部探测技术与实验研究专项"所属项目之一。"深部探测技术与实验研究专项"项目是根据中国大陆地质关键问题,特别是结合当前中国经济发展与社会需求,围绕中国大陆动力学基础地质的重大关键问题——板块会聚边界的深部动力学、重要的矿产资源集聚区的成矿背景、成矿条件和深部找矿前景、盆山结合带对油气资源制约以及火山-地热资源等方面开展地质、地球物理研究,大比例尺地质调查填图和科学钻探选址预研究;在此基础上,运用不同技术方案在条件成熟的选区实施 6~7 口先导孔的科学钻探实验,为大陆科学超深钻探的选址提供依据。本项目主要选择以下 7 个地区开展科学钻探选址和科学技术示范实验(图 2-1):①金川铜镍硫化物矿集区;②西藏罗布莎铬铁矿区;③云南腾冲火山-地热构造带;④山东莱阳盆地;⑤华南于都-赣县多金属矿集区;⑥铜陵矿集区;⑦庐枞火山岩盆地和矿集区。

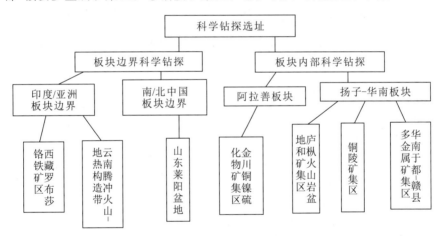

图 2-1 深部探测科学钻探选址

SinoProbe-05 深部探测项目自 2009 年启动以来完成了西藏罗布莎、甘肃金川、云南腾冲、安徽庐枞、安徽铜陵和于都-赣县等钻探任务,钻探是最基础的内容,费用投入最大。

科学钻探与常规岩心钻探相比,各项质量指标更加苛刻,无论是对钻孔的岩心采取率还是钻孔偏斜率以及岩心品质等都远远高于常规岩心钻探。鉴于目标钻探实验选区分散,并且这些地区地质条件十分复杂,前期深部地质资料缺乏,同时深部钻探钻孔深度大,钻遇深部地层的地层压力系统较多,钻进时间长,井壁稳定性差,硬、脆、碎、涌、漏、坍塌、缩径等各种复杂地层都会在不同选区遇到,以及高温、高压、可钻性差、钻孔轨迹难控制、取心量大等诸多不利因素,对钻探技术构成强有力的挑战。因此,如何以经济手段高质、高效、顺利地实施,对钻探装备、工艺技术和管理提出了新的要求。

一、钻探任务和要求

SinoProbe-05深部探测项目设计孔深一般为2000~3000m。钻孔终孔直径主要采用小口径地质钻探标准和规范,钻孔质量指标中岩心采取率要求大于85%,孔斜要求高于岩心地质钻探标准。

钻探任务包括西藏罗布莎LSSD-1孔、甘肃金川JCSD-1孔、云南腾冲TCSD-1孔、安徽庐枞LZSD-1孔、安徽铜陵TLSD-1孔等。主要任务包括对不同目标钻孔进行钻孔结构的优化设计、工艺优化设计以及对钻探成套设备进行科学配置,以提高工作效率,提高岩心采取率,保证工程质量,减少孔内事故。同时,在钻探过程中开展随钻研究,破解现场难点技术问题,探索开发出一整套针对不同复杂地层,如高温、高压、高应力地层的深孔钻探技术,主要内容如图2-2所示。

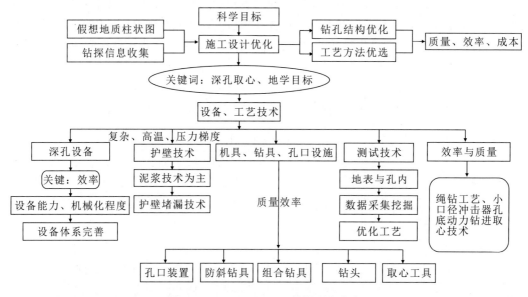

图2-2 SinoProbe-05钻探研究内容

二、钻探任务完成情况及成果

1. 钻探任务完成情况

(1)金川科学钻孔。地学研究目标:探测金川铜-镍-钴-铂矿床的成矿深度和深部资源潜力;探索金川岩体的深部岩浆房,研究岩浆硫化物矿床成矿的深部过程和成矿机制,评价金川岩体外围的超镁铁岩的资源潜力和潜在的钻探靶区。

金川科学钻孔位于甘肃省金川市,于2012年4月26日开钻,终孔深度2185.56m,终孔直径76mm,由山东省第三地质矿产勘查院承担施工。金川科学钻孔施工现场如图2-3所示。

(2)罗布莎科学钻孔。地学研究目标:探测西藏罗布莎超镁铁岩铬铁矿床的成矿深度和

图 2-3 金川科学钻孔施工现场

深部资源潜力；查明铬铁矿在该超镁铁岩体中的分布特征和赋存规律；探讨铬铁矿的成矿条件和成矿机制；查明铬铁矿赋矿岩体超镁铁岩的岩体特征、成因和构造背景；评价罗布莎超镁铁岩体的资源潜力和潜在勘探靶区。

该钻孔海拔高，缺氧，地域偏，施工水源稀缺，材料供应困难，地层复杂。山东省第三地质矿产勘查院在西藏罗布莎施工了两口科学钻孔：第一口深度为 1883.79m，终孔直径 56mm；第二口深度为 1477.8m，终孔直径 95mm，完成 3300m 的钻探任务，获取了 4500m 岩心，岩心采取率达到 87%。钻探项目实施时间为 2009 年 6 月至 2012 年 7 月，施工现场如图 2-4 所示。

（3）腾冲科学钻孔。地学研究目标：研究腾冲地块的构造演化、火山喷发旋回、岩浆演化序列、地热异常区分布、地热泉水的开发利用潜力，揭示大型韧性走滑剪切带走滑过程及其对青藏高原物质向东南的流动和逃逸所起的作用，以及对地块内新生代火山岩盆地的制约。

腾冲科学钻孔位于云南省腾冲市，施工时间为 2012 年 5 月 20 日至 2013 年 9 月 8 日，终孔深度 1222.24m，终孔直径 152mm，由河南省地矿局第二地质环境调查院承接施工，施工现场如图 2-5 所示。

（4）庐枞科学钻探 LZSD-1 孔。地学研究目标：揭示与成矿有关的岩体、基层、盖层的空间分布，建立地壳结构模型和异常解释"标尺"，推断深部地质构造环境，探讨成矿物质迁移-富集机制，总结成矿规律，为深部找矿指明方向并提供一套具有可操作性、技术先进、经济合理、预见性较强的钻探施工技术方案。

庐枞科学钻探 LZSD-1 孔位于安徽省枞阳县钱铺乡，施工时间为 2012 年 5 月 21 日至 2013 年 6 月 9 日，终孔深度 3008.29m，终孔直径 77mm，由安徽省地质矿产勘查局 313 地

图 2-4 西藏罗布莎科学钻孔施工现场

图 2-5 云南腾冲科学钻孔施工现场

质队承担施工。庐枞科学钻孔施工现场如图 2-6 所示。

（5）铜陵科学钻孔 TLSD-1 孔。地学研究目标：通过对矿集区侵入岩、火山地质、地球化学、蚀变矿化的热液系统等的预研究，配合地球物理的研究成果和局部地区大比例尺的地质填图，确定深部找矿最有利的靶区，建立地球物理异常解释的"标尺"，研究矿集区金属矿床的垂向分布规律，建立区内成矿模式，进行深部成矿预测。

铜陵科学钻孔 TLSD-1 孔位于安徽省铜陵市，施工时间为 2012 年 9 月至 2014 年 7 月。终孔深度 2467.33m，终孔直径 96mm，由安徽省地质矿产勘查局 321 地质队承担施工。铜陵科学钻孔施工现场如图 2-7 所示。

图 2-6 庐枞科学钻孔施工现场

图 2-7 铜陵科学钻孔施工现场

2. 论文和专利成果

(1) 论文成果。

[1] 分步替水灌浆法在地层压力异常钻孔中的应用研究。胡郁乐，张晓西等。地质与勘探，2010，03。

[2] 配套科学深钻 XY-9 立轴钻机机上余尺检测方法研究。夏阳，胡郁乐等。工程地球物理学报，2010，06。

[3] Chinese scientific drilling well diamonds coring bit technology. 张晓西，杨凯华等。岩石破碎与金属加工工具的制造技术、工艺及其应用，2010。论文集书号：ISBN 9798-966-171-289-7（乌克兰出版）。

[4] An evaluation and detecting system of diamond saw blades cutting performance. 胡郁乐，张恒春等。岩石破碎与金属加工工具的制造技术、工艺及其应用，2010。论文集书号：ISBN 9798-966-171-289-7（乌克兰出版）。

[5] 科学深钻岩心钻探钻进参数随钻检测与监控系统的研究。胡郁乐，张晓西等。工程地球物理学报，2011，01。

[6] 智能化中频感应金刚石钻头烧结设备的研制。胡郁乐，张恒春等。金刚石与磨具磨料工程，2011，03。

[7] 深部钻探绳索取心孕镶金刚石钻头的关键技术。胡郁乐，张晓西等。金刚石与磨具磨料工程，2011，04。

[8] 绳索取心绞车多功能装置研究。张惠，刘狄磊，罗光强，杨国巍。煤矿机械，2012，08。

[9] 科学钻探项目钻探经费预算问题探讨。张晓西、张惠等。地质与勘探，2012，48（5）。

[10] 科学钻探选区预导孔钻探技术方案设计、组织实施与随钻研究。张晓西，胡郁乐等。探矿工程，2012，39。

[11] 金川科学深钻预导孔钻井液技术研究。胡郁乐，杨涛等。探矿工程，2012，39。

[12] 深部钻探钻参仪数据库管理系统。杨国巍，张晓西等。探矿工程，2012，39。

[13] 深部钻探大钩位置检测装置的设计与应用。罗光强，胡郁乐，刘狄磊，杨国巍。煤田地质与勘探，2013，02。

[14] 科学钻探——深化岩石学研究的金钥匙。张晓西，杨经绥，张惠，胡郁乐，苏德辰。中国地质，2013，40（3）。

[15] 深部钻探大钩位置检测装置的设计与应用。罗光强，胡郁乐，刘狄磊，杨国巍。煤田地质与勘探，2013，41（2）。

[16] 深部探测金川预导孔深孔钻探钻头的应用与分析。欧阳志勇等。探矿工程，2013，9。

[17] 金刚石绳索取心钻杆接头上扣扭矩的有限元分析。张晓帅，罗光强，刘狄磊，杨国巍，张建兵。煤田地质与勘探，2013，41（5）。

[18] 云南腾冲科学钻探废弃钻井液固化处理技术研究。卢予北，范晓远，吴烨，李丹丹。探矿工程（岩土钻掘工程），2013，40（8）。

[19] Application of virtual instrument in geological exploration equipment。胡郁乐，杨涛，杨国巍。Trans Tech Publications，Switzerland，Advanced Materials Research，2013。

[20] Experimental study on a drilling fluid of powerful inhibition film-forming properties for trenchless horizontal directional drilling. 胡郁乐，张惠，罗光强。ICPTT2012 EI ISSUE date 2013。

[21] PPTS-1压力传递型泥页岩渗透性测试系统。胡郁乐，罗光强，杨国巍。煤田地质与勘探，2013，41（6）。

[22] 西藏罗布莎科学钻孔冲洗液技术。翟育峰，王鲁朝，丁昌盛，盛海军，杨芳。探矿工程（岩土钻掘工程），2014，41（4）：1～4。

[23] 基于Labview大钩高程监控系统设计与应用。罗光强，胡郁乐。探矿工程（岩土钻掘工程），2014，41（5）。

[24] 科学深钻DPI-1智能化多功能钻参仪的研制与应用研究。罗光强，胡郁乐。地质与勘探，2014，(4)：777～782。

[25] SinoProbe-05深部探测项目钻探技术问题总结与对策研究。胡郁乐，张晓西，张惠，吴翔。探矿工程（岩土钻掘工程），2014，(9)：32～37。

[26] 耐高温泡沫钻井液技术研究概况及研究方向探讨。董海燕。地质与勘探，2014，50（5）：991～996。

[27] To Meet the Scientific Goals of Scientific Drilling Is Inseparable From Advanced Drilling Technology。胡郁乐，张晓西等。第34届世界地质大会，2012。

[28] Popularizing Drilling Technology Education & Promoting Geological Research。张晓西，张惠等。第34届世界地质大会，2012。

[29] CFD在保真取心钻具结构优化设计中的应用。胡郁乐，张晓西等。地质与勘探，2009，45（5）。

[30] 大口径空气钻进工艺在大陆科学钻探中的应用。张秋冬，王兴民，张新春，邢向渠，申云飞，王俊杰，魏庆。探矿工程（岩土钻掘工程），2014，41（5）：10～13。

[31] 深部探测金川预导孔深孔钻探钻头的应用与分析。董海燕，欧阳志勇，吴海霞，梁秋萍。探矿工程（岩土钻掘工程），2013，40（9）：41～46。

（2）取得的专利。SinoProbe-05钻探项目所取得的专利如表2-1所示。

表2-1 SinoProbe-05钻探项目所取得的专利一览表

专利名称	专利查询号	获批时间
实用新型专利		
水平取心钻具扶正单动装置	CN201539218U	2010.08.04
圆弧形分布钳牙的管钳	CN201632962U	2010.11.17
嵌插铁丝的高锋利烧结式金刚石钻头	CN201695954U	2011.01.05
一种钻机大钩载荷测量装置	CN201974256U	2011.09.14
一种钻机液压阀操作手柄状态位判别装置	CN202039834U	2011.11.16
孔口液压夹持助力装置	CN202300242U	2012.07.04
绳索取心绞车自动排绳称重测深一体化装置	CN202400768U	2012.08.29
绳索取心孔内灌注器	CN202578626U	2012.12.05
发明专利		
水平井取心钻具堵塞球装置	CN101769135B	2012.10.17
一种钻孔护壁堵漏或导斜偏钻方法及其所用装置	CN102134978B	2013.12.11
一种卸扣液压助力装置	CN102733767B	2014.04.09
回转限扭装置	CN102425369B	2014.05.14
一种金刚石钻头的制备方法及其烧结装置	CN103084574B	2014.09.24

三、钻探技术战略

由于深部探测钻孔选址均是在前期钻探工作不足、无参考数据的前提下开展的，每一个钻孔在选址区域内都是一个记录，加之深孔钻探钻遇地层的复杂性以及工程的隐蔽性，使得钻孔风险极大。我国制定的《地质调查项目预算标准》（2010年1月执行），最大预算深度为2000m，无更深的标准可遵循。同时，对科学钻探预导孔的施工质量要求也远远大于常规岩心钻探。同时，考虑到钻前工程的复杂性（包括征地、修路、基建）、套管消耗大、施工地域偏、运行成本高等，决定了风险系数的增加，必须在钻探工程设计中对施工风险予以充分考虑并提前完成多级风险预案。

1. SinoProbe-05选区钻探共性问题

（1）钻探质量指标更加严格，无论是对钻孔的岩心采取率、岩心品质还是钻孔偏斜率等，都远远高于常规岩心钻探。

（2）实验选区分散，地质条件十分复杂，前期深部地质资料缺乏，研究程度不深。

（3）钻遇地层压力系统复杂，具有井壁稳定性差，硬、脆、碎、涌、漏、坍塌、缩径、钻孔轨迹难控制等特征。

（4）不同选区特点不同，面对的主要矛盾各异。

2. 主要技术战略

钻具方面：研究应用科学深钻中的绳钻钻具、小口径高效机具、高效钻头等。

工艺方面：研究应用深钻小口径、复杂地层条件下的高效钻进工艺。

钻井液方面：研究应用深钻小口径条件下的泥浆循环、泥浆适应问题和护壁堵漏技术。

孔斜控制和测量：研究应用深钻小口径条件下的测斜、防斜和纠斜技术。

岩心采取：应用在深孔条件下的岩心保障技术。

设备和机具：基于传统设备和管材能力，拓展研究深孔小口径地质钻探装备及其高效配套。

测试技术：应用研究深孔随钻条件下的测试技术，包括地表参数和孔底参数、实现工况的监控等。

SinoProbe-05钻探项目技术策略如图2-8所示。

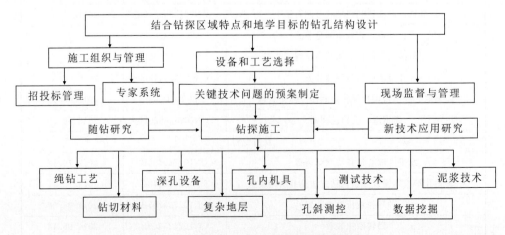

图2-8 SinoProbe-05钻探项目技术策略

四、钻探装备与机具

SinoProbe-05 深部探测项目设计的孔深一般为 2000～3000m，以小口径绳索取心钻进工艺为主，遵循优质高效、经济有效原则，选择的设备如表 2-2 所示。

表 2-2　SinoProbe-05 深部探测项目钻探装备配套表

序号	名称	型号和特点
1	钻机	立轴 XY-8 和 XY-9；转盘 ZJ15（腾冲）
2	钻塔	SG-24m（A）；A27；HS27-75
3	钻机动力	160kW（XY-9）；90kW（XY-9）；ZJ15（2100kW，双电机）
4	泥浆泵	BW-300/16，BW-250，3NB-500
5	辅助设备	SJD-3000 绞车；SQ114/8 液压钳
6	钻杆	S114，S95，S75，API31/2
7	测试仪器	泥浆仪器、测斜仪器和地表钻参仪
8	孔内机具	液动锤，空气潜孔锤；螺杆马达
9	泥浆固控及仪器	振动筛，除砂器，低速离心机，泥浆性能测试系列仪器
10	其他	发电机组，空压机组

除腾冲钻孔之外，钻机选择以 3000m 以上立轴钻机为主导，钻塔以传统 24m（A）加重塔为优选，主要考虑钻深能力和提升效率问题，充分利用了纯机械传动钻机的能量效率和运行成本。从能量应用、运行成本、性价比和操作经验而言，这是目前国内 2000～3000m 小口径钻孔的第一选择。从总的运行效果来说，虽然 XY-8、XY-9 型立轴式钻机性价比高，但存在适应性改进的问题，在项目实施过程中，存在钻机修理停待时间超过总台月时间的 17％以上的现象。

从钻进参数控制角度，由于钻探深度大，对钻进参数精确控制要求高，钻机和泥浆泵原则上采用无极调速、调泵量功能。具有优越的转速-扭矩、恒功率调节能力；全液压钻机具有该方面的能力，而且有较大的给进行程优势，但国内全液压钻机由于国内液压件的配套能力、功率利用率和处理钻井孔内事故的软特性、深孔阶段的提下钻问题，因此目前超过 2000m 钻孔中的应用受到一定限制。对于取心钻探而言，给进行程对岩心采取率影响较大，虽然全液压钻机优势明显，但立轴 XY-8 和 XY-9 钻机行程已经分别达到 1m 和 1.2m，已经不是主要矛盾。近年来，顶驱钻机引起同行的关注，其中，电动顶驱更具有经济性。

在施工实践中，钻杆强度和寿命问题较为突出。应力集中破坏、疲劳破坏和粘扣破坏均有发生。有的钻孔绳索取心钻杆断脱事故频繁，研究认为深部绳索取心钻杆需要进一步强化，需要从材质、热处理、扣型以及使用习惯，如钻杆使用历史、丝扣油的应用、预紧力的施加、拧卸工具种类等诸多方面进行研究和规范。

总的来说，针对 2000～3000m 深孔，为规避深孔风险，宜选择"大马拉小车"模式，强调提升能力和扭矩，钻机应具备提钻取心和绳索取心的双重便利性。钻塔和全液压钻机的高效配套，是发挥小口径深孔钻探优势的重要选择。

机具配套应根据地层、设备和工艺要求周全考虑。附属设备应配备高效的拧卸设备和智能装备，这对减轻劳动强度、保护机具和保障钻进过程的可视性和安全性均有意义。

五、钻探工艺

深部探测项目小口径钻进均采用取心钻进为主的钻进工艺，S114/S95/S75 均得到有效应用，其中安徽庐枞 LZSD-1（3000m 钻孔）采用了绳索倒塔型组合钻具，充分考虑了绳索取心钻杆力学强度指标，取得了较好的效果。庐枞科钻采用绳索取心组合倒塔式钻杆施工完成 3008.29m 钻孔。本研究认为，目前国内绳索钻杆，如 S95/S75 等使用的深度安全极限为 2000～3000m，还需考虑地层复杂程度、钻杆新旧程度和质量稳定性等因素的影响，否则还要大打折扣。近几年，国内钻杆厂家虽然在材料、扣型、热处理和机加工方面已经有了长足的进步，但质的突破和飞跃还有待时日。在复杂地层情况下，绳索取心小环隙的特点使得很多优质泥浆体系不能应用，泥浆功能得不到充分利用和发挥，在地层极其复杂的情况下，特别是需要通过提高泥浆密度来保证钻孔孔壁稳定及安全的情况下，采用常规提钻取心，大环隙泥浆循环的钻进方法反而能取得相对理想的效果。云南腾冲 TCSD-1 钻孔由于主要为火山岩地层，疏松和坚硬并存，且漏失严重，实验采用了多工艺钻进方法，包括空气回转钻进、空气潜孔锤钻进、空气泡沫钻进、泥浆循环钻进、液动潜孔锤钻进、螺杆马达钻进，钻具采用了石油行业川 6-3 和地质行业 KT140 钻具，积累了许多经验和实验数据。本研究认为，深孔钻进应充分利用设备、钻柱能力和地层的匹配关系，工艺方案储备充分，不能以不变应万变，而应未雨绸缪，多把钥匙能开多把锁。组合钻进工艺和组合钻具是保障钻孔质量、效率和安全的不二选择，也迫切期望岩心钻探行业能创新突破"瓶颈"问题。

1. 钻孔结构

由于深部探测系列钻孔钻深较大，孔位在地学研究热点区，地层相对复杂，深部探测项目的钻孔设计深度均超过 2000m，长径比超大，传统钻孔结构和程序模式风险太大，若钻孔直径设计偏小，复杂孔段裸眼时间长，当孔内出现事故时，处理回旋余地小，但又考虑到钻探成本，套管级数也不宜太多。考虑地学研究需求和设备能力，终孔直径一般设计为 φ75mm。

深孔钻进钻孔结构原则上考虑以下几个方面：

（1）以终孔直径为设计原点，考虑复杂地层部位区间和点数进行反推设计，还应预留风险套管级数。

（2）考虑循环携碴流速和绳索取心间隙尽量大的问题，优化套管结构。

（3）考虑深孔周期长，根据深度要求宜采用 API 套管等级，固井质量可靠。

（4）有条件考虑能采用孔底马达钻具和液动潜孔锤工作的尺寸空间，以满足高效钻进和纠造斜钻进等。

（5）特别强调在套管级数确定后，某级套管下入深度应尽量动态确定，且在判定钻孔稳定的情况下越深越好，不能因为经济因素和设计因素而唯一确定套管下入部位。

我国近年建议的深孔钻孔结构如表 2-3 所示。图 2-9 为金川 JCSD-1 和庐枞 LZSD-1 钻孔的设计结构（忽略深度参数），从中可以看出深部探测项目钻孔结构的复杂性。

2. 钻井液和质量控制

绳索取心工艺在钻井液循环方面最显著的特点就是环隙小。深部探测项目采用的钻井液体系主要为无固相和低固相钻井液两大类,无固相中 PAM、植物胶、CMC、PVA、皂化油为主要添加剂,而低固相中主要以 LBM 泥浆为主。现场均配置齐备的泥浆测试仪器和部分固控设备。本研究得出以下认识:

表 2-3 近年国内建议的深孔钻孔结构 （单位：mm）

口径	地层简单	地层复杂
开孔口径/孔口管	122/114	150/146
第一层孔径/套管	96/91	122/114
第二层孔径/套管		96/91
终孔口径	76	76
终孔口径备用套管/备用口径	73/60	73/60

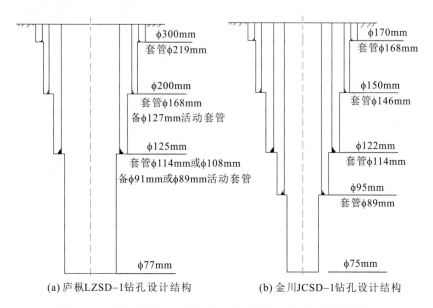

(a) 庐枞LZSD-1钻孔设计结构　　(b) 金川JCSD-1钻孔设计结构

图 2-9 庐枞 LZSD-1 钻孔和金川 JCSD-1 钻孔的设计结构

(1) 无固相和低固相泥浆能在常规地层中发挥作用。

(2) 在复杂长裸地层（时间或空间长度），依靠单纯的泥浆护壁将形成极大的安全隐患,需要采用套管固壁或其他固壁方式。

(3) 环隙尺寸存在优化问题。环隙太小泥浆循环阻力大,造成蹩漏地层或流速过大冲刷孔壁;环隙太大则需要钻头切削唇面厚度大,切削效率会降低,特别是对于Ⅷ级以上地层,将极大地影响钻进效率。毋庸置疑,环隙越大,泥浆调整的余地越大,能发挥不同体系泥浆的功能,在常规地层深孔绳索取心钻进中,实践上已经

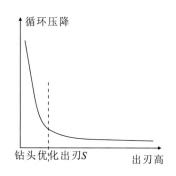

图 2-10 深孔钻头出刃优化尺寸

通过增大环隙减少泥浆循环阻力（图 2-10）,经过理论计算,金刚石钻头优化出刃在 2～4mm 范围,出刃超过该范围对于减少压力降无显著影响。S95 和 S75 钻具钻头外径已经打破

传统概念增加到 $\phi 97mm$ 和 $\phi 77mm$，对于复杂地层而言，进一步增大环隙是优先选择。如图2-11所示，西藏罗布莎钻孔采用了自制增环隙钻头，取得了明显的效果，该方法在庐枞钻孔也得到了最大程度的应用。目前，为减少环隙增大给钻杆柱安全性造成的影响，深孔绳索取心工艺采用一种非标的钻铤加压，既可实现绳索取心，又解决了孔底加压的问题。毫无疑问，钻探工艺首先确定钻孔所面临的主要矛盾，即岩石可钻性与循环压降对总体施工效率的影响孰大孰小。

(4) 环隙紊流与孔壁稳定性理论应该得到重视，环隙泥浆流速紊流时，易冲刷孔壁，造成垮孔，应该注重极限流速的界定或紊流雷诺数极限问题。实践证明，不同地层强度均存在不同临界流速，强度0.1MPa岩石流速不宜超过0.3m/s，0.3MPa孔壁岩石环空流速不超过1m/s，否则是极其危险的。应注重雷诺数中的影响因

图2-11 西藏科钻自制增环隙钻头

子，雷诺数是惯性力与黏滞力的比值。雷诺数较小时，黏滞力对流场的影响大于惯性力，流体流动稳定；反之，若雷诺数较大时，惯性力对流场的影响大于黏滞力，流体流动形成紊流场。绳索取心由于小环隙和偏振，在雷诺数较小时就形成紊流冲刷孔壁。

(5) 提下钻压力激动与钻井液性能和起下钻速度密切相关，在复杂地层应根据地层情况严格控制提下钻速度，并坚持泥浆回灌制度。

(6) 钻井泥浆要保持性能的稳定性。泥浆体系的突变或性能质量的变化，易导致孔壁失稳，即使更换泥浆体系也需要过渡性的更替。性能质量指标应根据地层找准关键控制指标并跟进调整。钻孔局部的失稳都会造成难以弥补的后果，如孔内形成"肚子"，该处容易产生岩屑堆积，孔底回转阻力大，造成蹩泵蹩钻、断钻杆事故。

(7) 泥浆材料应用的品种和力度应该加大，在石油行业中的磺化类产品以及大钾、铵盐、重晶石类对复杂地层钻进有裨益。

(8) 注重泥浆的固控技术，石油固控的引入成本太高，但因地制宜应用固控设备对钻孔孔内安全极为重要。

3. 复杂地层取心

深部探测项目为满足地学目的，岩心采取率均要求全孔岩心采取率不低于85%。对于钻遇复杂地层（西藏LSSD-1和腾冲TCSD-1钻孔尤其突出），本研究得出以下认识：

(1) 复杂地层取心钻具结构的设计和选择极其重要，高保真取心必须满足的条件是岩心无阻碍进入内筒，岩心卡取牢靠。通过设计孔底钻具内筒悬挂部位的负压形成装置有利于取心；通过调整钻头内台阶和内管之间的局部反循环强度可以提高采取率；通过合理的钻头结构和选型可以使岩心快速进入内筒。

(2) 复杂地层，如破碎带岩心成柱性差，容易堆积在卡簧和钻头部位，互相碾磨，导致岩心采取率降低或相互卡死，后续岩心难以进入内筒，因此复杂地层控制或减少回次进尺有利于提高岩心采取率。

(3) 调整卡簧及钻头内径和内管级配有利于提高采取率，必要时采取多卡簧或封闭式拦

簧均有裨益。

（4）在无黏性不胶结地层，提高泥浆黏度，如添加植物胶有利于形成岩心柱并进入内筒。

（5）采用孔底潜孔锤有利于岩心的进入，对减少岩心堵塞有利。同时，内管壁光洁度不佳以及钻头内径、卡簧内径与内管内径的配合都严重影响岩心的顺利进入。

（6）为了提取保形岩心，出岩心方式非常重要，传统的敲击法是不适宜的，采用多重管、半合管或组合式半合管，以及提高内管光洁度均有利于岩心采取和出心。云南腾冲钻孔采用专门的水力出心装置提高了出心效率和出心质量。

（7）提高钻头锋利度，减少钻头唇面厚度，有利于快速钻进，同时通过提高钻头规径刃高度，能减少扰动式回转，减少岩心磨损，有利于提高岩心采取率。

（8）为保障岩心外径尺寸，钻头内径保径长度的减短，特别是厚唇面钻头，减少了钻头内径部位对岩心的磨耗，有利于保护岩心，提高采取率。

（9）绳索取心内管上接头防退扣装置以及单动装置及时检查和更新，是提高岩心打捞成功率的具体措施。

（10）在司钻操作方面，要控制钻速的平稳，进尺不能忽快忽慢，以免堵心，立轴钻机倒杆时也要严格规定操作程序，避免人为堵心。

4. 钻孔偏斜

深孔钻探钻孔偏斜超标，不仅偏离地学目标，而且增加钻杆柱回转阻力，使套管下入难度增大，极大增加孔内安全隐患，因此，深部探测项目钻孔弯曲控制精度要求高，测斜频度要求高。本研究得出以下认识：

（1）绳索取心从原理上等同于满眼钻具，钻井弯曲的控制难度也高于石油钻井，大口径钻进可以通过多种孔底钻具组合来达到控斜目的，而小口径需要从设备安装、开孔和换径控制、钻进参数的精确动态控制和采用非传统组合钻具来达到控斜目的。

（2）钻遇沉积岩和变质岩时，要通过采取的岩心判断地层构造和层理发育情况进行提前动态预判，如果岩心表现出明显的高陡构造特征，就需要及时改变钻进参数，采取措施防斜，否则会显著增加控斜成本。

（3）绳索取心钻具的结构形式需要动态改变，上、下扩孔器和钻头外径的微小变化可以达到增斜和降斜的目的，多节式组合钻具有利于稳斜，如安徽铜陵钻孔极易偏斜，即采用了多节式组合钻具。

（4）钻孔偏斜超标或绕障是深孔钻进很难回避的问题，螺杆马达造斜使用频度较高，连续造斜器造斜、偏心楔造斜也有应用，掌握造斜技术并及时造斜是保障控斜精度的根本。

5. 深孔水泥灌浆

水泥灌浆作为孔内固壁堵漏的辅助手段，以及固井和井内架桥偏斜的主要手段，是必不可少的。随着孔深的增加，特别是小口径井眼的水泥灌浆材料的选择和工艺流程的要求非常严格，如果操作不当会引起孔内事故或造成事故进一步复杂化。本研究得出以下认识：

（1）在套管程序已经无条件实施的情况下，水泥灌浆是固壁或堵漏的重要手段和选择。

（2）深孔灌浆的成功率与灌浆材料的选择和灌浆工艺的正确实施息息相关。

（3）灌浆材料考虑的因素包括水泥品种、水灰比、水泥浆失水量、流动度、初终凝时间、水泥石强度、拌合水和孔内自由水的酸碱度、硬度、外加剂、前置液、隔离液等。灌浆材料也需与灌浆目的匹配。固壁、填充扩大井眼还是以堵漏为目的，材料选择时需要灵活调整。

（4）灌浆工艺中灌浆方式、替水量的准确确定和候凝时间的准确掌握均非常重要。深部探测项目组编制了相关的计算软件可以快速进行计算。

（5）井内水泥浆的稀释是造成灌浆失败的主要原因之一。替水量计算不准确、提升速度不当、灌浆中断、地层孔隙水压力过大、水泥失重、灌浆管直径和井眼直径不匹配、未采用隔离塞或隔离液等都会造成水泥浆的稀释，导致凝结时间过长，强度不能满足要求。其中水泥失重很容易忽视。水泥失重是指通过水泥浆的重度迫使井眼与地层孔隙水压力达到一种平衡，当水泥开始凝固时，失去了对地层的压力，简称失重。此时地层自由水会进入井内形成窜槽，造成部分孔段未凝固浆液的进一步稀释。

（6）水泥浆和井壁的结合强度，即两界面质量问题是灌浆失败的另一重要因素，泥皮过厚、泥皮中含有抑制成分、井眼不规则、未采用紊流顶替、未采用前置液和前置稀浆（泥浆或水泥浆），均会造成结合强度不足等问题。值得重视的是，水泥灌浆的环隙紊流冲刷对结合强度至关重要。要按流变学来设计和调整水泥浆性能，达到紊流顶替，清除浮泥饼、残存泥浆，提高顶替效率。在灌浆过程中灌浆管的低速回转和有限的上下串动有利于紊流的实现，提高灌浆效果。同时，井径扩大率超标，严重的"糖葫芦"井眼，如果井径扩大率大于15％的井段则很难达到紊流顶替，实现水泥浆的固壁堵漏效果。

（7）除控制水灰比、采用高强水泥外，水泥外加剂的应用对深孔灌浆非常重要，特别是减水剂、降失水剂与调节时间以及强度之间的关系。外加剂的应用成为灌浆技术成功与否的重要手段，另外在水泥中加入膨胀剂有利于密实度的增加。

（8）孔底专门灌注器和干粉送入工艺在西藏钻孔中都取得了较好的效果。值得一提的是，深孔水泥灌注根据地层复杂程度，可能会采取多次灌入、逐步修补的方法来保障固井的强度，"大病不能大补，长治慢药跟进"也不失效果。

六、钻探现场钻探数据管理

科学钻探依靠科学的管理，QHSE 管理体系和机台的有机结合不能停留在理论概念上，应贯彻到每一个施工程序中。目前多数深钻的管理存在随意性，主观性太强，标准化机台的建设不能仅停留在标语、标识的基础上，关键技术的决策不能由行政领导来干预。风险预案需要严密的论证和储备过程，生产物资的储备、工艺技术的调整、事故工具的配套均要有条不紊，有章可循，有据可依。另外，数据的录入应该规范化和科学化，每一个回次编号、钻头编号和出入井数据、泥浆性能指标的检测和调整、泥浆材料和泥浆量的配置、消耗都应准确记录在案。完备的数据录入便于钻进过程的总结和判断，形成更多的深部钻探成果。

如果说泥浆是钻井的血液，那么钻井参数的检测监控就应该称为钻井的眼睛。由于深部钻探周期长，工艺参数控制精度要求高，这就需要有配套的钻进参数检测系统。如在项目展开初期，由于XY-8型钻机扭矩不能及时检测控制，发生多次孔内钻杆在扭断的情况下司钻没有觉察，造成孔内情况异常复杂甚至不易处理。本研究得出以下认识：

（1）深部钻井的录井工作对孔内安全有保障，对正确的工艺参数调节有重要指导作用。小口径录井可以不盲目借用石油钻井的做法，如仪器昂贵（一般有防爆要求）、参数多（包括烃类检测和H_2S等有毒气体检测、出入口密度、电导率等）和专人维护记录等，可以针对岩心钻探的行业特点，配套检测关键参数，如扭矩、钻压、转速、泵量、机上余尺、钻速、大钩载荷、泵压、泥浆密度等参数,形成一套性价比高的地表参数检测和监控系统。

(2) 深部岩心钻探由于小口径的特点,转速相对较高,钻杆相对薄弱,钻进参数的精确控制决定了孔内的安全。如果通过某些参数的约束,如获取了扭矩参数,在此基础上,根据钻杆柱的能力,以扭矩为目标函数,调整钻压、转速等参数使扭矩在安全窗口以内,达到安全钻进目的。关系式为 $f(N) = f(p, n, v, N_0)$,其中 N、p、n、v、N_0 分别代表设定扭矩、钻压、转速、给进速度和钻杆安全扭矩。

(3) 目前立轴钻机的钻压控制精度很低,需要提高精度。深孔钻进转速无法提高,金刚石钻头的优化工况无法满足,需要研究孔底实际钻压、转速与金刚石钻头锋利度和寿命以及岩石之间的相关关系,形成适合于深井钻头研制的指导性原则。

(4) 深部探测项目的随钻研究成果中形成了 4 种不同规格满足于立轴钻机的地表检测和监控系统,如图 2-12 所示。在金川和铜陵现场进行了应用试验,高配仪器有电子班报表的记录功能。

图 2-12 深部探测项目配套的 4 种不同地表钻井参数系统

(5) 钻机和钻井泵在目前技术条件下完全可以采用调频控制的方法,以使得钻机转速的平稳过渡以及泥浆泵平稳开停,对保护钻杆和孔内安全意义重大。

第二节 山东黄金科学钻探工程关键技术

一、工程概况

(一) 目的及意义

胶西北金矿集区位于郯庐断裂以东的盆-岭区,是我国重要的黄金矿产地,属世界级金矿富集区。深部勘查一直处于空白。山东黄金集团确定了 4000m 深度钻探计划。该钻探计划旨在通过钻探获取信息,揭示深部矿体及地层的物质组成、结构、产出、构造属性;研究深部成矿规律,为深部找矿理论探索提供可靠依据;探明主矿体及次生矿体的赋存情况;充分运用最新科技手段,获取深部各种信息,探索本地区地层、地质构造、成矿规律等。

(二) 地质概况

1. 地层

该孔上部为第四系新生代沉积物,主要为海相沉积,岩性为中粗砂、含砂淤泥、中细粒长石石英砂等，厚度 0～30m；30～600m 主要为胶东群片麻岩中细粒变辉长岩等；600～3100m 以中粒二长花岗岩和片麻岩为主；3100～3400m 主要为钾长石化二长花岗岩；3400～3800m 为主要控矿带，岩性主要为绢英岩碎裂岩、黄铁绢英岩化花岗岩等；3800～4000m 与断层上盘岩性相同，主要为钾长石化二长花岗岩。

2. 构造

三山岛断裂带是矿区控矿断裂，由成矿前的糜棱岩和成矿期、成矿后的碎裂岩、碎斑岩、角砾岩等组成。该断裂带具有以灰色断层泥为特征的稳定的主裂面，后者呈舒缓波状展布，具压性断裂的特点，在主裂面的下盘发育有羽状次级构造，也是含矿构造。

3. 岩石性质

(1) 岩石物理性质。根据钻探资料，列出该地区典型岩石的物理力学性质如表 2-4 所示。

表 2-4 典型岩石的物理力学性质

岩石	密度（g/cm³）	孔隙度（%）	抗压强度（MPa）	抗拉强度（MPa）
花岗岩	2.6～2.7	0.5～3.5	200～300	4～7
闪长石	2.7～2.9	0.2～5.0	230～270	4～7
石英脉	2.5～2.6	1.0～2.0	100～270	4～7
花岗片麻岩	2.6～3.0	0.5～1.5		
角闪片麻岩	2.9～3.3	0.7～3.0		
斜长角闪岩	2.8～3.3	0.7～3.1		
黄铁绢英岩	2.6～2.9	2.0～12.0		

(2) 岩石的可钻性及其分级。本区钻遇岩石多数为花岗岩类、片麻岩类，金刚石钻进的岩石可钻性等级一般为 7～9 级。本区的岩石硬度分级一般为 Ⅷ～Ⅹ 级。

(三) 工程质量指标

(1) 岩矿心采取率与整理。岩心分层采取率不低于 75%，各矿蚀变带及上下盘围岩各 5m 范围内采取率不得低于 85%，终孔直径不能小于 75mm。岩矿心洗净后按次序装箱，长度大于 5cm 的岩心必须编号，按钻进回次填写岩心牌，对岩心箱进行编号并标明孔深。岩矿心移交要填写移交单，并由有关人员签字。

(2) 钻孔弯曲与测量间距。直孔每百米顶角偏差不得超过 2°，每钻进 100m 测一次顶角和方位角，终孔及见矿位置各增测一次。

(3) 简易水文观测。提钻后和下钻前各测一次孔内水位。其间隔时间应大于 5min。钻进时遇有涌水、漏水、坍塌、掉块等现象应及时记录其孔深。钻孔终孔后需观测稳定水位。

(4) 孔深误差的测量与校正。每钻进 100m，进出含矿蚀变带和终孔后用钢尺进行孔深测量。误差小于 1‰ 的不修正孔深，误差大于 1‰ 的需查明原因，对误差进行配负平差。

(5) 原始班报表。现场用钢笔及时填写，真实、准确、整洁，交接班班长和机长要亲笔签字，终孔后按统一格式装订成册。

(6) 封孔。根据甲方要求。

(7) 其他要求。配合甲方完成测井和科学实验测试工作。

二、钻探设备及现场布置

(一) 钻机

钻机采用黄海机械厂生产的 HXY-9 型钻机（图 2-13）。HXY-9（B）则配置了转盘，能施工较大口径钻孔，增加传递扭矩。

HXY-9（B）型岩心钻机是根据我国深部找矿要求，在 HXY-8（B）型钻机的基础上设计开发的新型深孔岩心勘探技术装备。钻机的主要性能参数如表 2-5 所示。

图 2-13　HXY-9 型钻机

表 2-5　HXY-9（B）型钻机主要参数（按 160kW、1480r/min 电机计算）

钻进深度（m）		2000～4200	立轴通孔直径（mm）		118
转盘通孔直径（mm）		494	转盘最大动承载（kN）		720
转盘最大静承载（kN）		1335			
立轴转速（r/min）	正转	82；119；170；234；333；215；337；484；682；948	转盘转速（r/min）	正转	28；41；58；80；114；74；116；166；234；325
	反转	29；82		反转	10；28
立轴输出最大扭矩（N·m）	正转	16183	转盘输出最大扭矩（N·m）	正转	43348
	反转	18295		反转	44975
主动钻杆（mm）		φ114×102；φ89×79	钻杆直径（mm）		114；102；89；71
立轴行程（mm）		1000	钻机移动行程（mm）		800
钻机最大起重力（kN）		640	钻机最大加压力（kN）		340
卷筒容量（m）		350	钢丝绳规格（mm）		26
单绳最大提升力（第三层）（kN）		150	卷扬机提升速度（m/s）		0.84；1.21；1.74；2.45；3.4
钻机（配电机）外形尺寸（mm）		6940（7005）×2040×3400	钻机（配电机）质量（t）		19.9
动力配置	电动机型号	Y315L1-4	电动机功率（kW）		160
	电动机转速（r/min）	1480	柴油机型号		YC6M265L-D20（M7900-T1）

(二) 泥浆泵

根据工程对泵的要求,泥浆泵的选择主要依据为:满足冲洗液上返速度和孔底液动锤的需要;满足深孔钻探泵压承受能力;安全、可靠、节能等。为节约能源,在钻孔较浅时选择了 BW250 泥浆泵作为钻探用泵,这也是目前小口径钻探通常使用的一种泥浆泵。为了解决深孔施工中泵压高、BW250 泵能力不足的问题,深孔钻进时采用 BW300/16 型号泥浆泵。

施工中在 2000m 以内均采用 BW250 泵,既可满足施工需要,也节约了能源。超过 2000m 后,随着孔深增加,泵压也逐步增加,最高达 10MPa,考虑到 BW250 泥浆泵负荷较大,换用 BW300/16 泥浆泵。两种泵除了换活塞等常规磨损件外,均没有出现较大故障,状况良好。

(三) 钻塔

钻塔采用河北建勘钻探设备有限公司在水文水井钻塔基础上改进的 A27-90 型钻塔。如图 2-14 所示。

图 2-14　A27-90 型钻塔

A 型钻塔主体为矩形截面的焊接桁架结构,采用销轴连接,安装拆卸方便。井架采用低位安装,利用人字架,靠钻机本身动力实现无地锚起落塔,主要参数如表 2-6 所示。

表 2-6　钻塔技术参数

型号	主干材料 (mm)	截面形状 (mm)	额定负荷 (kN)	钻塔高度 (m)	塔脚跨度 (m)	天轮数量 (个)	二层台高度 (m)	立根容量 (m)
A27-90	$\phi 108 \times 8$	800×1200	900	27	6.0	5	17.5	5000

(四) 主要附属设备及仪器

1. 绳索取心绞车

根据钻孔设计孔深、取心绞车的参数来确定选用类型。确定采用 S3000 型绳索取心绞车。取心绞车参数如表 2-7 所示。

表 2-7　S3000 型绳索取心绞车参数

型号	外形尺寸 (mm)	质量 (kg)	钢丝绳最大直径 (mm)	钢丝绳长度 (m)	配套动力
S3000	1460×880×1150	400	8	3000	11kW 电机

2. 拧管机

采用 SQ114/8 型液压动力钳，该液压动力钳在一定程度上解决了在深孔岩心钻探施工中频繁提下钻、劳动量大、人工上扣预扭矩达不到预紧要求、卸扣敲打损伤钻杆接头等问题，提高了机台的台月效率，减少了钻杆接箍、钻杆管具的损坏几率，降低了施工成本。液压动力钳在该工地的成功应用，对 SQ114/8 的普及与推广起到了很好的示范推动作用。

SQ114/8 型液压动力钳广泛适用 S59、S75、S95 钻杆以及各种口径的地质套管，可以适配各种型号的深孔全液压钻机和立轴钻机。SQ114/8 型液压动力钳如图 2-15 所示。

图 2-15　SQ114/8 型液压动力钳

3. 测试仪器

测试仪器主要有泥浆测试仪和测斜仪等。其中泥浆测试仪包括漏斗黏度计、比重秤、含砂量仪、失水量仪和六速旋转黏度计等。

(五) 钻进工具

所使用的钻进类工具如表 2-8 所示。

表 2-8 钻进类工具

名称	规格	数量	名称	规格	数量
钻具（套）	φ170	3	钻头（个）	φ170	10
	φ150	3		φ150	10
	S122	3		S122	10
	S95	10		S95	50
	S75	10		S75	50
钻杆（m）	S122	500	内管总成（套）	S122	5
	S95	2500		S95	10
	S75	3500			
	特制 φ60	1500		S75	10
扩孔器（个）	S122	20	机上钻杆（根）	φ73	10
	S95	50			
	S75	50			

（六）提下钻类工具

使用的拧卸、夹持和提引工具如表 2-9 所示。

表 2-9 提下钻类工具

名称及规格	数量（个）	名称及规格	数量（个）	名称及规格	数量（个）
管子钳 18″	4	锁接头扳手 65	2	提引环 3t	2
管子钳 24″	4	锁接头垫叉 65	2	提引环 5t	2
管子钳 36″	6	锁接头扳叉	2	手搓式提引器（114、89、73、60）	10
管子钳 48″	6	双轮滑车 8t	2	U 形环 10t	5
链钳子 36″	2	单轮滑车 6t	2	套管夹板 φ89	2
链钳子 48″	2	垫叉 50	1	套管夹板 φ108	2
钻杆扳叉 43	2	自由钳 φ43	4	套管夹板 φ127	2
钻杆扳叉 50	2	自由钳 φ50	4	套管夹板 φ146	2
钻杆钳	2	金刚石钻杆钳 S75	6	套管钳 φ89-φ108	2
夹持器 S122	1	金刚石钻杆钳 S95	6	套管钳 φ108-φ127	2
夹持器 S75	1	提引器 φ73	2	套管钳 φ127-φ146	2
夹持器 S95	1	提引器 φ50	2	套管钳 φ146-φ168	2

(七)处理事故类工具

处理事故类工具包括打捞工具、专用工具等,打捞工具用于处理钻进期间可能发生的孔内事故,包括各种丝锥、反丝钻杆、事故钻头等,如表2-10所示。

表2-10 处理事故类工具

名称及规格	数量(个)	名称及规格	数量(个)
钻杆公锥3#50正丝	10	套管公锥φ73/65正丝	5
钻杆公锥4#50反丝	10	套管公锥φ73/65反丝	5
钻杆公锥7#50正丝	5	套管公锥φ89/65正丝	5
钻杆公锥8#50反丝	5	套管公锥φ89/65反丝	5
钻杆接头公锥50正丝	5	套管公锥φ108/65正丝	5
钻杆接头公锥50反丝	10	套管公锥φ108/65反丝	5
导向器公锥	5	套管公锥φ127/65正丝	5
钻杆母锥	10	套管公锥φ146/65反丝	5
通天母锥	5	反丝钻杆	3000m

(八)钻探耗材

根据项目设计和需求用量,钻探耗材主要包括套管、水管、泥浆材料等,如表2-11所示。

表2-11 钻探耗材

序号	名称	规格	数量(m)	序号	名称	规格	数量(t)
1	套管	φ168	50	3	黄泥		8
		φ146	100	4	PAC141		3
		φ114	550	5	LBM		25
		φ89	2500	6	纤维素		2
2	钢丝绳	φ18	300	7	聚乙烯醇		6.5
		φ7.5	17000	8	聚丙烯酰胺		10
		φ22	300	9	水泥	32.5	10

(九)现场布置与建设

钻孔位于防护林区内,现场修建以不破坏林木为主要原则,同时要满足施工需要。钻前工程包括平整场地、搭建板房、建水泥地面、场地围垒筑墙等。在钻孔位置还要浇筑混凝土基座，防止塔基下沉，以及根据深孔钻探需要，建地表循环系统等。场地布置如图2-16所示，现场实景如图2-17所示。

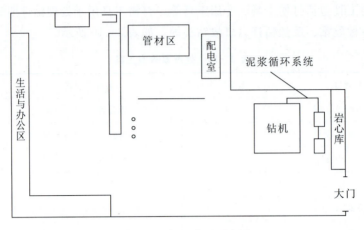

图2-16 场地布置示意图

三、钻探施工工艺

（一）钻孔结构

1. 设计思路

（1）区内地层以超基性岩体为主，相对较完整。

（2）考虑孔内安全和钻探成本两个因素，要留有一定的套管层级以隔离复杂地层。

（3）该孔是在该区域施工的第一个特深孔，没有具体的地层资料。地层情况可能与地质预测资料有较大出入，钻进中不可预见的因素较多。因此，钻孔结构的设计应首先充分考虑到地层因素。

（4）为了预防钻孔复杂情况，以小口径经济终孔，上一级口径套管应尽量增大下入深度。

（5）采用S75绳索取心钻进至终孔。

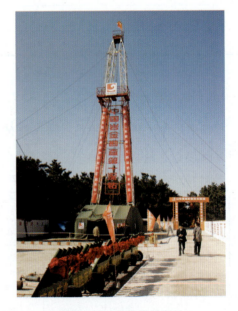

图2-17 井场现场实景

2. 钻孔结构设计

本工程钻孔结构设计如图2-18（a）所示，施工过程中钻孔结构如图2-18（b）所示，终孔实际钻孔结构如图2-18（c）所示。

3. 钻孔结构的缺陷和调整

（1）钻孔结构存在的缺陷。根据地层和岩石情况，钻遇的主要岩石多为花岗岩类、片麻岩类，岩石可钻性一般为7~9级。上部第四系地层为海相沉积物覆盖，以中粗砂和淤泥为

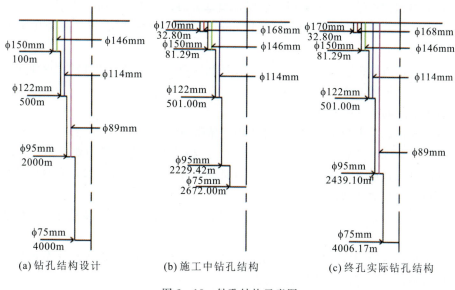

图 2-18 钻孔结构示意图

主,厚度一般 30~40m。该层设计用一级套管隔离是必要的,但下部 φ146mm 和 φ114mm 套管则下入过早。另外,ZK96-5 钻孔属于该行业首次特深孔施工,没有相应的经验,钻孔结构设计也过于简单化。

(2) 钻孔结构的调整。开孔时采用 φ150mm 硬质合金钻进,配 φ50mm 钻杆,钻进至 32.80m。由于扭矩较大,钻杆折断,用打捞工具捞取无效后,改用 φ170mm 钻具扩孔至钻具底部,下入钩子将 φ150mm 钻具和钻杆捞上来。改用 φ170mm 钻具配 φ114mm 绳索钻杆,钻穿第四系砂层至基岩一定深度后,下入 φ168mm 套管。32.80~81.50m 采用 φ150mm 金刚石单管钻具,下入 φ146mm 套管。81.50~501.0m 采用 P 口径绳索取心钻进,下入 φ114mm 套管;下部采用 S95 绳索取心钻进,至 2229.42m,没有下套管,而直接转换成 S75 绳索取芯钻进,但上部配 2100m 左右长度的 φ89mm 绳索钻杆,下部根据孔深需要,配适当长度的 φ71mm 绳索钻杆,即采用了 φ89~φ71mm 的联合钻杆形式。这种钻进形式首次应用到了岩心钻探施工中,既保障了钻杆的受力安全,又实现了绳索取心。钻进至 2672m,由于出现了孔内事故,需要从上部处理,钻孔结构也随之变化,形成图 2-18 (b) 所示的钻孔结构。

由于处理孔内事故,从 2229.42m 处采用 S95 口径扩孔至 2439.10m,下入 φ89mm 套管,形成了如图 2-18 (c) 所示的钻孔结构。

(二) 钻进方法

根据设计要求和施工具体情况,采用了以绳索取心为主的钻进工艺方法。钻进方法如下。

1. 硬质合金钻进

0~32.80m 开孔阶段使用了硬质合金钻进技术。开孔时采用了 φ150mm 合金钻进,配 φ50mm 钻杆,钻进至 32.80m,由于扭矩大导致钻杆折断,处理完事故后,改用 φ170mm 钻

具配 φ114mm 绳索钻杆钻进穿过第四系砂层,至基岩面,下入 φ168mm 套管。

开孔钻进钻具结构组合:φ150mm(φ170mm)合金钻头+岩心管+变径接手+φ50mm(φ114mm)钻杆。

由于钻杆直径与钻头直径相差较多,钻孔环状间隙大,为保证冲洗液上返流速,钻进时采用大泵量,保证岩屑上返。

开孔阶段采取的技术措施如下:

(1) 配浆开钻,黏土粉水化时间大于 24h,黏度 60~65s。

(2) 采用 φ170mm 单管合金或复合片钻头,严格按照钻进参数的要求钻进,以小钻压钻进,本孔段重点是保直、防斜、防漏失和保证钻孔畅通。严格控制表层孔身质量,发现孔斜有超标趋势及时采取纠斜措施。

(3) 地层为第四系黄土、砂层、砾石层和风化岩等,钻进中注意调整冲洗液性能,保持井壁稳定。

(4) 当单根钻进时间较长时,需要正划眼或倒划眼活动钻具,起钻前充分循环洗孔,确保泥皮厚度不超标,下套管成功顺利。

(5) 下入表层套管时,中心找正,使其绝对居中。

(6) 为了保持套管的稳定和防止岩粉沉到套管与孔壁间,对孔口进行封闭处理。采用海带缠绕的形式,封堵套管与孔口管间的间隙。

2. 金刚石单管钻进

32.80~81.50m 采用 φ150mm 金刚石单管钻具,配 φ114mm 绳索钻杆,提钻取心,钻进顺利,至完整基岩面后终止,下入 φ146mm 套管。

钻具组合为:钻头+钻具+变径接手+φ114mm 绳索取心钻杆。

3. 绳索取心钻进

(1) 81.50~501.00m 采用 P 口径绳索取心钻进,采用 S122 绳索取心钻进,钻杆采用 φ114mm 绳索钻杆。

(2) 501~2229.42m 采用 H 口径绳索取心钻进。该段采用 S95 绳索取心钻具,φ89mm 绳索钻杆顺利钻进至 2230m。该段地层比较完整,施工生产效率较高,创造了 H 口径绳索取心钻进施工在国内的孔深纪录,φ89mm 钻杆的设计钻深能力为 1500m,也验证了我国 H 口径绳索取心钻具的施工能力。完成该段施工后没有下入套管,而是采用裸眼钻进。

(3) 2439~3300m 使用了绳索取心钻进技术。考虑下入 φ89mm 套管后 H-N 复合钻杆的形式无法实施,采用 S75 绳索取心钻进方式,钻进至 3300m,由于 S75 绳索取心钻杆已经超过了设计负荷能力,经常发生断钻杆事故,因此停止了用此方式继续向下钻进。

钻具组合为:金刚石钻头+下扩孔器+钻具(岩心管)+上扩孔器+弹卡室+弹卡挡头+钻杆。

4. 复合钻柱钻进

2229.42~2672m 孔段采用 S75 绳索取心钻进,但上部配 2100m 左右长度的 φ89mm 绳索钻杆,下部根据孔深需要配相应长度的 φ71mm 绳索钻杆,即采用 φ89~φ71mm 的联合钻杆形式,中间通过特殊设计的变丝接手连接起来。变丝接手一开始采用图 2-19(a) 的形式,由于倒角不够大,容易产生应力集中,发生了在 φ71mm 丝扣根部断裂事故,随后将接手设计成图 2-19（b）的形式，没有再出现问题。这种钻进形式是在该孔中首次应用，既保障了钻杆的受力能力，减小了大口径钻具带来的孔内阻力，又满足了绳索取心工艺要求。

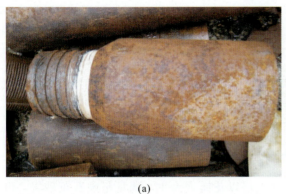
(a)

(b)

图 2-19 变丝接手

钻具组合：金刚石钻头＋下扩孔器＋钻具（岩心管）＋上扩孔器＋弹卡室＋弹卡挡头＋φ71mm 钻杆＋变丝接手＋φ89mm 钻杆。

5. 扩孔钻进

由于在 2435m 处发生孔内事故，采用多种处理方法均无效后，采用扩孔的形式钻进。φ95mm 金刚石扩孔钻进配 φ89mm 绳索钻杆，钻进至事故处以下 2439m 处下入 φ89mm 套管。

钻具组合：φ95mm 金刚石钻头＋下扩孔器＋钻具（岩心管）＋上扩孔器＋弹卡室＋弹卡挡头＋φ89mm 钻杆。

6. 半绳索取心式钻进

3300～4006m 使用了 N 口径半绳索取心钻进。所谓 N 口径半绳索取心方式，是指下部配 2800mφ71mm 钻杆，上部用 φ60mm 特制钻杆。取心时，先提出上部 φ60mm 特制钻杆后，再下入打捞器打捞内管。此方式也是在岩心钻探施工中首次创新性的应用，弥补了 S75 绳索钻杆能力不足的缺陷，但每次取心均需要部分提钻，增加了辅助时间，影响了效率。钻进至 4006.17m 终孔。

钻具组合：金刚石钻头＋下扩孔器＋钻具（岩心管）＋上扩孔器＋弹卡室＋弹卡挡头＋φ71mm 钻杆＋变丝接手＋φ60mm 特制钻杆。

7. 液动锤绳索取心钻进

(1) 液动锤钻具结构。SYZX75 绳索取心液动锤钻具是由双喷嘴复合式液动锤与绳索取心钻具结合而成。液动锤采用了容积式冲击原理，大幅度减小冲程阻力，从而使冲击功较传统的液动锤有了大幅度的提高。该液动锤的结构简单，性能稳定，现场维修较为方便。SYZX75 绳索取心液动锤及其性能参数如表 2-12 所示。

1) 外管总成。包括与绳索取心钻杆相连接的弹卡挡头＋弹卡室＋上扩孔器（内装上扶正环）＋上外管＋承冲环接头＋下外管＋下扩孔器（内装下扶正环）＋钻头。

2) 内管总成。包括打捞定位机构＋YZX 系列液动锤＋传功环＋单动机构＋上下分离机构+调整机构+内岩心管+卡簧座（内装挡圈和卡簧）。

表 2-12 SYZX75 绳索取心液动锤性能参数

配套钻具	液动锤型号	钻具外径（mm）	钻头直径（mm）	冲锤行程（mm）	自由行程（mm）	工作泵量（L/min）
S75	YZX54	73	75.5	15～25	5～8	60～90
工作泵压（MPa）	冲击频率（Hz）	冲击功（J）	长度（mm）	质量（kg）	推荐冲洗液类型	
0.5～2.0	25～40	10～50	5200	75	清水、乳化液或低固相泥浆	

(2) 应用情况。钻至约3380m时，钻遇地层以花岗岩为主，偶见坚硬石英砂岩，可钻性等级为8～10级。出现了地层破碎严重、岩心极易堵塞的现象，导致回次进尺非常短，连续4个回次进尺均在0.8m以下，辅助时间增加。根据地层及钻进实际情况，在该钻孔3000～4000m孔段采用了液动锤绳索取心钻进技术，深孔绳索取心液动锤型号为SYZX75，目的在于解决辅助时间长、回次进尺短、钻进时效低、岩心堵塞等问题，以提高钻进时效。

实践证明，与常规钻进方法相比，使用液动锤绳索取心钻进技术明显提高了回次进尺与钻速，增加了钻头寿命和纯钻时间，特别是在硬、脆、碎地层中钻进时效果尤为明显。

钻具组合：钻头+扩孔器+绳索取心液动锤+扩孔器+弹卡室+绳索取心钻杆（3000m）+φ60mm特制钻杆。

（三）深孔绳索取心钻进技术

绳索取心钻进技术是减少提下钻次数、提高钻进效率、降低钻探劳动强度、改善钻探质量的有效方法，是目前地质岩心钻探最常用的钻进方法。可及时打捞岩心，避免堵塞与岩心消耗，既保证了岩、矿心质量，也提高了纯钻效率和钻头寿命；提下钻次数的减少有利于孔内压力平衡，起到维护孔壁的作用，还可快速穿过复杂孔段，避免孔壁坍塌；钻杆与钻具内径还可以用于钻孔弯曲度测量和其他的孔底监测等。绳索取心钻进技术适合于中、深孔钻进。

1. 应用情况

深孔绳索取心技术应用存在诸多问题，但在该孔施工中通过实践创新，为绳索取心在深孔中的应用提供了宝贵经验。

(1) 加大钻头外径。最初S75绳索取心钻头直径为76.8mm，环状间隙小，钻进至2600m，泵压达8～9MPa，最高达12MPa。在下入φ89mm套管后，将钻头直径继续加大到77.7mm，以增大环隙。应用的扩孔器与钻头同径，以上措施的实施表明，钻进至终孔泵压均维持在6～8MPa，最大10MPa。按照规定扩孔器需在77.7mm，如果再增加0.3mm，套管接头处扩孔器则无法通过。

(2) 复合钻杆应用于绳索取心。为满足大深度小口径取心的要求，经过市场调研，国内钻杆和进口钻杆均不能满足4000m孔深需要。项目采取两种复合钻杆方案，一种是塔式复合钻杆，即在地层允许的情况下，S95钻进完成后不下套管，上部用φ89mm绳索钻杆，下

部用 φ71mm 钻杆。如图 2-20 所示,该种方案中部分 φ71mm 钻杆处于 φ95mm 大口径钻孔中,对钻杆不利,要保障 φ71mm 钻杆处于受拉状态。特别是刚开始换径时,钻杆承受的是压力,容易产生断钻杆现象。钻杆的选择非常关键,有的钻杆为了追求表面耐磨性,过度提高表面硬度,导致整体柔性不足,将会产生孔内断钻杆事故。应通过尽量采用长定尺,如 9m 的钻杆,减少接头数量,增加钻杆柔性来解决。另一种复合钻杆,下部用 φ71mm 钻杆,上部用 φ60mm 特制钻杆的半绳索取心组合形式(图 2-21),两种钻杆外径相差不大,称之为同径复合钻杆。每个回次结束,上部的 φ60mm 钻杆提出,再进行绳索取心打捞,实践中应用于 3300~4006m。

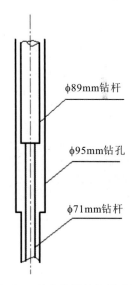

图 2-20 复合钻杆结构示意图

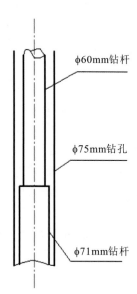

图 2-21 同径复合钻杆结构示意图

(3)绳索取心液动锤技术的应用。由于地层破碎,岩心特别容易堵塞,加上复合钻杆和孔深的原因,每个回次取心的辅助时间很长,回次进尺长度显得特别重要。为了提高回次进尺,提高效率,使用了 SYZX75 液动锤。应用液动冲击回转钻进从 3340m 至终孔,回次进尺得到有效提高。

2. 存在的问题

随着钻孔深度的增加,针对小直径钻进,按照目前的配套标准,绳索取心也存在许多技术上的问题,主要表现在:

(1)环状间隙小。在深孔钻进中的环状间隙小,会造成泵压高、压裂地层、压漏等许多危害,目前一般采用加大钻头外径的方法解决,但加大钻头外径不仅受到套管内径的限制,而且钻头唇面面积增大,对于硬岩钻进而言,时效降低。

(2)钻杆能力较差。由于钻杆材质、热处理工艺和加工技术的限制,加之绳索取心钻杆口径小、壁薄的特点,深孔钻进能力明显不足。特别是对较小的口径如 S75,国内外设计钻深能力最大不超过 3000m。因此,绳索取心钻进要发挥更大作用,必须加强对钻杆的研究。

(3)孔底液动锤使用条件差。要解决孔内阻力大、岩心堵塞等问题,最好的办法是使用液动锤,但绳索取心钻杆内投放的要求限制了总成的直径,也增加了许多机构,影响液动能力的发挥。口径越小,需要零部件和配合间隙越精密,加工使用都不方便,使用效果也不好。

(4) 内外管总成的结构有待进一步完善。深孔钻进中内管总成的下降速度和到位率是影响施工效率和质量的关键因素,深孔到位报警效果差。虽然现在的总成经过了多次演化和改进,但这两个问题都还没有很好的解决。

3. 绳索取心钻具存在的问题和解决办法

(1) 打捞器拉出内管后,捞矛头与打捞器脱离掉落。采取的措施有:

1) 提拉内管接近孔口时控制提升速度,操作者要集中精力,防止总成提出钻杆太高或速度过快。

2) 对 S75 总成,重量较轻,提出孔口后要立即由人工把持好内管总成。S122、S95 和液动锤总成重量大,一定要在孔口处用安全绳把打捞器和内管总成连接起来,再提出孔口。

(2) 捞矛头倾倒,打捞失败。为了内管总成提出后易于放倒,捞矛头一般设计成铰链形式。但内管总成投放到底后,捞矛头也容易倾倒,靠在一边,造成打捞时打捞不着。主要采取以下措施:

1) 捞矛头点焊固定。

2) 加大捞矛头下部直径,使之与钻杆间隙减小,防止捞矛头倾倒,如图 2-22 所示。

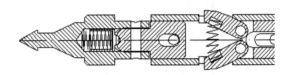

图 2-22 加粗的捞矛头

(3) 座环和悬挂环配套安放。对 S122、S95 绳索钻进来说,由于内管总成比较重,不安装悬挂系统容易撞坏钻头,因此必须安装座环和悬挂环。对 S75 来说,内管总成轻,下降速度慢,撞坏钻头的可能性很小(孔内无水位除外),但座环容易使内管不到位。悬挂环直径大,也使总成下降速度慢,有时还会卡在钻杆内,因此可以把座环和悬挂环撤掉。但是,如果在上扩孔器处出现断钻具事故,判断不准提钻会使内管总成留在孔内,增加事故处理难度。因此,是否安装悬挂系统要根据具体情况选择。

(4) 报警机构不可靠。由于内管到底及岩心堵塞后泵压的增加不是很明显,报警机构不可靠,投放内管总成往往采用经验判断法,而岩心堵塞则根据进尺情况判断。在 4000m 特深孔钻进过程中,使用了钻进参数检测仪,在内管坐落到外管总长预定位置的瞬间,泵压变化非常明显,可以通过工控机检测出来,通过钻参仪即可实现内管到位报信的检测,信号较为可靠。

(5) 内管总成下降速度慢和到位不可靠。对于送内管比较慢的问题可以采用加重配重的办法,主要采用打捞器送内管的方法或加工跟管送内管。判断内管是否到位,一是打捞器送内管时,可通过钢丝绳做记号的方法进行判断;二是直接投入内管,主要是通过经验判断内管到底声音是否正常或可选择使用参数检测仪的内管到位报警功能。

(6) 打捞内管时拉不动。内管拉不动的原因很多,主要有轴承碎后造成卡死和岩心堵塞等。轴承破碎致使钢球外出挤住,一般需要提钻处理。大多数情况下是岩心堵塞,内管在钻压作用下向上顶,使弹卡与弹卡挡头紧密接触,弹卡没有回缩所需的间隙。这时可使用脱卡器脱开打捞器,提出后对上主动钻杆,继续轻压钻进,使钻头底部堵塞部分全部磨掉后再进行打捞。

(7) 钻具内脱落岩心。由于卡簧的配合等问题，有时打捞内管总成时有部分岩心脱落到钻具或钻杆内，致使内管总成无法投放到位，一般要提钻处理。如果钻孔非常深，提钻时间很长。可用一根2~3m的实心钢柱，一端配上捞矛头，用打捞器拉着钢柱撞击脱落岩心。当脱落岩心被确认撞到钻头外面后再投放内管。

(8) 采用传统的黏土泥浆，随着孔深的加深，泵压升高加剧，可能造成取心、送内管时间过长，导致黏附卡钻事故。对此，建议尽量采用无固相或低固相泥浆作为循环液或增大换浆的频率。

(四) 钻进参数监控系统

一般钻进参数主要依靠司钻的经验来掌握和控制，通过参考随机仪表的读数和设备的异常表现来随时判断参数是否合理，及时调整参数。由于国产设备的仪表精度较差，加上影响钻进参数的因素很多，因此表现出来的钻进参数与实际可能有很大出入，与规范规定的参考值也相距甚远。为此，与中国地质大学（武汉）合作，共同设计研制了一套岩心钻探钻进参数检测与数据采集系统。该系统运用现代传感技术、测试技术和计算机技术实现过程参数的随钻检测；运用计算机辅助设计技术研究钻进过程参数的实时检测和监控。在项目中，应用该钻进参数检测系统加强对钻进参数的研究，使钻进参数更加准确地反映实际情况，实现真正意义的科学钻探。

检测系统包括硬件部分和软件部分，由智能传感器模块、数据采集模块、工控机、无线发射模块、远程监控中心等组成，如图2-23所示。

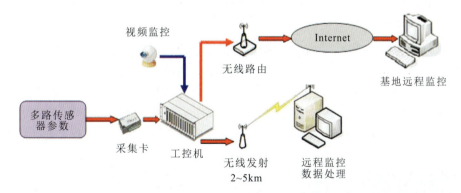

图2-23 参数检测与监控系统结构示意图

(五) 取心技术

取心是地质勘探中最重要的程序之一，岩心采取率是最主要的质量指标。因此，在钻探工作中，不仅要求钻探效率，而且也必须重视钻取岩心样的质量，力求取出的岩矿心样能最大限度地保持其原生结构和含矿的品级。

中国岩金第一深钻施工对岩心采取的质量要求是：岩心分层采取率不低于75%，各矿蚀变带及上下盘围岩各5m范围内采取率不得低于85%。根据地层状况，施工中主要采用单动双管绳索取心方式即可满足施工要求。此外，从3340m至终孔，主要运用了液动锤绳索取心技术。

1. 取心操作技术要点

（1）钻进中遇到破碎地层，钻进参数与砂卵石层一样，要"一高两低"，即"高转速，小泵量，小压力"，控制泵量是提高破碎地层岩心采取率的关键。

（2）地层较完整时，配备液动锤钻具，并适当加长内外管长度。

（3）采用外径加大的钻头，增大环状间隙，减小泵压和提下钻引起的抽吸作用，有利于孔壁稳固，减少漏失和提高取心效果。

（4）起下钻时速度要慢，起钻时注意向孔内回灌浆液。避免孔壁坍塌。

（5）硬、脆、碎性岩层钻进时，取心困难，采取的措施有：

1）选择振动较小、进尺又快的金刚石钻头。

2）减短钻具内外管长度，保证单动性能良好。

3）提高冲洗液的黏度，使岩心受到保护。

4）调整钻机转速，减小振动。

5）泵量要小，满足冷却钻头即可。

6）可选择使用液动锤钻进取心。

（6）在上部软塑性地层钻进，孕镶金刚石钻头进尺慢，取心不好，选用硬质合金双管钻头，进尺快且取心好。

（7）绳索取心钻进，因冲洗液黏度高，提升内管时速度不宜过快，避免抽吸作用导致岩心脱落。

（8）要调配好卡簧座与钻头内台阶的距离，在破碎地层中不应超过5mm。

2. 存在的问题

上部地层均为松散砂层，取心难度很大，但由于浅孔资料丰富，不作取心要求，因此采用单管取心，故上部采取率很低。下部孔段则要求采用单动双管绳索取心方式，基本可以满足取心要求。但在实际施工过程中，常常产生卡簧座碎裂和断开，如图2-24所示。究其原因，除卡簧座质量因素外，破碎岩心堵卡在卡簧处，在振动作用下产生碎裂。因此，当10min左右不进尺，或者更换为较大泵量仍然不进尺时，要及时打捞内管，防止卡簧座破裂影响取心。

图2-24 破碎的卡簧座

(六) 钻头与扩孔器

1. 硬质合金钻头

ZK96-5 上部覆盖层采用硬质合金单管钻进，使用了普通的 φ170mm 硬质合金钻头开孔，钻进了 32.80m。钻头上采用 K513、K534 型号硬质合金，疏松单环排列，直镶，半圆水口。

2. 金刚石钻头

(1) 钻头直径（外径）。施工中共采用了 5 个直径规格的金刚石钻头：φ150mm、φ122mm、φ96mm、φ77.7mm 和 φ76.5mm。其中 φ150mm 钻头为单管钻头，用于上部孔段风化基岩钻进，应用较少。φ122mm 钻头为 P 口径绳索取心钻进用金刚石钻头，用于 81.29～500.07m 孔段，由于其所用钻杆外径为 114mm，环状间隙相对较大，且钻进孔段为钻孔上部，为了减小底唇面积，采用常规尺寸。φ96mm 钻头为 H 口径绳索取心钻进用金刚石钻头，用于 500.07～2439.10m 孔段，开始考虑公称直径为 95mm，设计口径增大至 96mm，新版钻探规范已经规定 96mm 为公称直径，同时考虑到上部下入 φ114mm 套管，环状间隙较大，施工按设计采用 96mm，不作更改。φ76.5mm 钻头用于钻进 2230～2672m 孔段，该规格主要考虑既增大环状间隙又满足钻头和扩孔器能顺利通过 φ89mm 套管，但施工中还是由于环状间隙小导致泵压过高，2600m 时最大达到 12MPa。因此下入 φ89mm 套管后，改变了原来设计，采用 φ77.7mm 钻头，同时，扩孔器外径与钻头同径，以保证扩孔器通过套管。

(2) 钻头内径。P、H 规格的钻头常规内径分别为 85mm 和 64mm。N 口径钻头由于 S75 绳索取心钻进采用的钻杆为接头墩粗型，使用的钻头内径要小，为 46mm。

(3) 金刚石粒度。参照矿区施工经验和地层状况，确定钻头金刚石粒度为 40～100 目混料金刚石。

(4) 金刚石浓度。根据硬岩钻进金刚石钻头选用胎体硬、粒度小、浓度高钻头的原则，选择金刚石浓度为 80%～100%。

(5) 钻头胎体硬度。根据上述选择原则和地层岩性，确定钻头胎体硬度为 HRC30-45。一般认为，在硬岩弱研磨性地层采用软胎体钻头较合理，主要是为了防止钻头打滑。但软胎体钻头往往对金刚石的包镶能力不够，对钻头寿命影响较大，因此该钻孔不宜选择较软胎体硬度钻头。

(6) 钻头水口和水槽。钻头水口和水槽的设计考虑冲洗液和液动冲击器的应用，适当加大水口、水槽断面，增加水口、水槽数量（水口、水槽数 8～16 个，水口投影面积占环状破碎面积的 40%～50%），以减少流通阻力，保证钻头得到充分的冷却。

(7) 钻头唇面形式。根据不同钻进方法和地层岩石可钻性情况，主要选择 4 种唇面形式：

1) 阶梯形唇面。这种钻头在钻进时有台阶，有较好的稳定性，接触岩石面较大，适用于钻进中硬岩层，在坚硬弱研磨性岩层中使用也可获得较好的效果。

2) 锥形唇面。这种钻头在孔底有良好的稳定性和导向性，有利于防斜。绳索取心钻头常用这种形式。

3) 同心圆锯齿形唇面,又称尖环槽形。齿形唇面有较大的碎岩克取面,使钻头对岩石作磨削与剪切相结合的破碎作用,可获得较粗颗粒的岩粉。有助于金刚石的出刃,钻头所需轴压较小,有较好的防斜作用。齿形唇面钻头适用于钻进硬且致密的弱研磨性岩层。

4) 半圆式唇面,在强研磨性岩层中应用。

3. 钻头使用情况

在 ZK96-5 钻孔施工过程中,采用 φ170mm 合金钻头开孔,到 32.80m 孔深换 φ150mm 金刚石钻头钻进至 81.29m,换用 φ122mm 绳索取心金刚石钻头钻进至 501.0m,换 φ96mm 金刚石钻头钻进至 2439.10m,最后用 φ77.7mm 金刚石钻头钻进至 4006.17m 终孔。金刚石钻头使用情况如表 2-13 所示。

表 2-13 金刚石钻头使用情况

钻头直径(mm)	孔段(m)	钻进深度(m)	使用数量(个)	平均寿命(m)
150	32.80~81.29	48.49		
122	81.29~501.0	419.02	5	84
96	501.0~2439.10	1939.03	45	43
77.7	2439.10~4006.17	1567.07	44	35.6

4. 钻头使用注意事项

(1) 影响钻头寿命的因素。对深孔钻探来说,绳索取心金刚石钻头最注重的是钻头寿命。影响钻头寿命的因素很多,如钻探工艺、泥浆工艺、钻头与地层的适应程度、钻头胎体配方、钻头烧结工艺、钻头唇面结构等。要提高钻头寿命,必须选择合适的钻头,采用合理的设备和工艺,按规程控制好钻进。

(2) 钻头寿命终结的表现形式。钻头寿命终结的表现形式为:①胎体的工作唇面已经完全消耗,没有金刚石出刃;②金刚石钻头的外径磨损,造成孔径缩小;③金刚石钻头的内径消耗过快,无法正常取心。

(3) 提高钻头寿命的措施。提高钻头寿命的措施为:①增加工作层高度,推迟其工作层耗尽时间;②针对地层、设备和工艺等因素选择钻头,平衡钻头寿命与时效的关系;③加大钻头外径,增加钻具与孔壁的间隙,使岩粉及时被冲洗液带离孔底,尽量避免非正常磨损;④提高钻头耐磨性,增加钻头内外径耐磨硬质点数量。⑤保持钻头运动的稳定性。⑥采用冲击回转钻进小钻压方式提高寿命。

(4) 防止钻头打滑。为防止地层和钻头打滑,有必要采用特殊配方的钻头,通过牺牲钻头寿命达到钻头高效钻进的目的。合理的钻进参数是防止钻头打滑的关键。一旦钻头打滑不进尺,可以采用向孔内投石英砾料或钢粒磨钻头的方式,使钻头胎体出刃,但一定要控制好砾料规格,保证砾料到位率和磨钻头力度,防止发生卡钻事故。

5. 深孔钻头的研究

深部钻探一般都将面对坚硬复杂地层,绳索取心技术只能解决不提钻取心或少提钻的问题,而提钻换钻头,将增加大量辅助工作时间,增加深孔钻探的成本。绳索取心钻进要求金刚石钻头有以下特性：①与岩层相适应的理想钻进速度；②较长的钻头寿命；③良好的保径能力；④较好的保持钻孔垂直的效能；⑤合适的钻头成本。由于孔底情况复杂，常规金刚石钻头经常由于发生超前磨损或非正常磨损而失效，使绳索钻进技术的优越性得不到充分发挥，所以研究金刚石钻头的使用寿命和效率十分必要。主要研究内容有：

（1）钻头结构研究。主要是根据深部钻进的要求，针对岩石可钻性，研究钻头唇部结构、水路系统或多层水口的超高胎体孕镶金刚石钻头。从机理上解析工具与岩石之间的作用过程，从水力学、结构方面展开高胎体、高寿命钻头的设计，并且充分研究振动条件下的钻头配方与结构的相关性。目的是使钻头的各部位均衡消耗，最大程度地发挥钻头的工作能力，最终达到钻头的高效和长寿命。

（2）对钻头制造技术的细化研究。包括针对不同类岩石（硬度、研磨性）展开配方研究和制造工艺研究。针对不同的典型地层进行钻头配方细化，形成标准。一定程度上实现钻头的广谱性。

（3）随着新材料的出现，如预合金粉末、超细粉末的出现和逐步应用，以及高强复合片的出现（冲击用复合片，可用于近 X 级硬度地层），为钻头制造提供了原料基础。要研究 PDC 钻头的结构设计，推广应用于深部岩心钻探。

（4）在制造工艺方面，要总结热压烧结工艺参数对钻头质量的影响和规律。指导钻头加工，探索钻头其他加工工艺，如冷压成型＋热压烧结制造工艺和 TSP 聚晶孕镶制造工艺等，以满足深孔钻探的需要。

（5）表镶金刚石钻头由于价格较高，目前只在某些特殊工艺中使用，常规的绳索取心工艺一般不用。但对于特深孔钻探，钻头的成本所占比例很小，应该有所尝试。

6. 扩孔器

扩孔器的作用是修整孔径、扶正钻具。在施工过程中，扩孔器的选择遵循"比钻头外径尺寸大 0.3～0.5mm，硬岩地层取下限"的原则。本孔实践中使用 ϕ77.7mm 直径绳索取心钻头时，按标准则无法通过 ϕ89mm 套管内径，因此因地制宜地改变传统思维是必要的。

扩孔器全部采用孕镶焊片式，水槽数量 8～10 个；过流面积要求大于钻具环空间隙截面积的 45%～50%；金刚石粒度为 35～40 目；胎体硬度 HRC40 左右。

扩孔器在使用过程中，每次提钻都要仔细检查扩孔器外径尺寸，发现磨损及时更换，以免孔径变小，无法下入新钻头。

（七）冲洗液

选择冲洗液主要考虑因素包括护壁性能、润滑性能、流变性、携带和沉淀岩粉的性能等，也要考虑温度的影响和海水（近海施工）的影响。除上部砂土层采用黏土泥浆外，主要采用了以高分子聚合物聚乙烯醇为主体的无固相冲洗液。主要的材料类型是聚乙烯醇、PAC141、聚丙烯酰胺和防塌润滑剂等组成的混合型无固相冲洗液。

1. 黏土固相泥浆

根据泥浆设计原则，通过使用高分散度泥浆（细分散泥浆）、增加泥浆中的黏土含量、加入有机聚合物或无机增黏剂等措施，提高泥浆黏度，增加井壁松散颗粒之间的胶结力。适当增加黏土含量，增加密度，维持平衡或过平衡钻进。一定程度上减少泥浆的失水，维持泥浆的稳定性和胶结能力。由于钻孔环状间隙较大，依靠泥浆切力排渣。泥浆推荐指标：漏斗黏度 30～55s；动切力大于 10Pa，失水量小于 16mL/30min。该孔采用黏土固相泥浆配方为：膨润土 8%～10%＋纯碱＋CMC。性能指标如表 2-14 所示。

表 2-14　上部砂土层泥浆的性能指标

密度 (g/cm³)	漏斗黏度 (s)	失水量 (mL)	动切力 (mPa·s)	塑性黏度 (mPa·s)	含砂量 (%)	pH值
1.05	29	16	8	12	1	9.5

2. 无固相冲洗液

绳索取心钻进时采用聚乙烯醇无固相泥浆。

冲洗液配方：（根据需要调整加量）0.5%～1%聚乙烯醇（PVA）＋PAC141＋复合润滑剂（GLUB）＋PHP。各种材料的加量根据孔内状况进行调整。如遇到破碎地层，适当增加聚乙烯醇用量，提高护壁效果。电流升高、孔内摩擦阻力较大时，加大防塌润滑剂的用量等。无固相冲洗液性能指标如表 2-15 所示。

表 2-15　无固相冲洗液性能指标

表观黏度 (mPa·s)	塑性黏度 (mPa·s)	动切力 (Pa)	马氏漏斗 (s)	密度 (g/cm³)	失水量 (mL/30min)	含砂量 (%)
2～4.5	2～4	2～3	18～25	1.03～1.10	4～13	1～3

（1）聚乙烯醇类无固相冲洗液的性能特点。聚乙烯醇英文缩写为 PVA，是一种高分子聚合物，由于其具有无毒、无味、可降解、无污染等许多优良特性，在钻探生产中依据其黏合性和成膜性的特点得到广泛应用。聚乙烯醇种类很多，如岩心钻探现场使用的聚乙烯醇主要有 17-99 和 20-99 两类，其中"99"代表聚乙烯醇的醇解度（99%），"17 和 20"代表聚乙烯醇的聚合度为 1700 和 2000。一般来说，聚合度增大，水溶液黏度增大，成膜后的强度和耐溶剂性提高，但水中溶解性、成膜后伸长率下降。聚乙烯醇冲洗液的护壁机理为：PVA 高分子链上有—OH、—$CONH_2$、—COONa 等官能团，溶液中的 PVA 分子在岩石表面上有很快地吸附成膜性和对岩石有很强的胶结性，吸附到孔壁岩石的 PVA 链节有多种力与岩石结合，所以吸附牢固，不易被冲刷下来，胶结松散岩石。溶解后的聚乙烯醇有很好的流动性，能够渗入破碎地层中，把岩块、岩屑胶结在一起，起到防塌和稳定孔壁作用。

聚乙烯醇冲洗液具有以下性能特点：①对岩石有很好的胶结性能。在较低黏度下，把见水即散的纯砂块样放到该冲洗液中能久泡不散，而且把砂样放到冲洗液中浸泡 1s，取出放入清水中，也能久泡不散，说明该冲洗液在岩石表面的吸附速度快和胶结性很强。该类冲洗液依靠对岩石的强胶结作用，在钻探生产中解决了很多金刚石钻进无法通过的塌、掉、漏地层和护壁与取心问题。②具有维持无固相体系的能力。由于冲洗液黏度较低，在地表循环系统能很好地沉降清除钻屑，保持冲洗液中固相含量较少状态。PVA 分子在钻屑表面形成平卧吸附构型，聚合物吸附层薄，对易分散造浆的钻屑有很强的抑制作用。另外，聚丙烯酰胺对岩屑能产生絮凝，加速钻屑的沉淀。

聚乙烯醇冲洗液具有较好的护壁性能，其他性能（如润滑、携粉、絮凝）并不理想，因此常常与其他材料配合使用，如水解聚丙烯酰胺 PHP、PAC141 和 CMC 等。

（2）使用方法。PVA 由于聚合度和醇解度不同，溶于水的温度也不同。例如，"17-99"一般需要把水加热到 50℃ 以上才开始溶解，而 "20-99" 则需要加热至 80℃ 以上，因此现场制备 PVA 冲洗液一定要有加热装置，通常采用简易炉灶。使用时首先将水加热至一定温度，加热 PVA 固体粉，继续加热至全部溶解即可。溶解 PVA 时，根据热水量的多少比例控制在 10% 左右。溶解后的聚乙烯醇可以直接使用，也可以储存在容器内备用，溶解后的聚乙烯醇也可以长期储存而不变质，但长时间在敞开的容器内储存，由于水分蒸发会在表面结一层厚的胶皮状膜，甚至完全固化，固化后的 PVA 是不能再次溶解和使用。

溶解好的聚乙烯醇溶液，可以直接按比例加入到循环池中使用，PVA 的加量要根据孔内状况而定，常用比例为 0.5%～1%，即 10% 的溶液要加入 10～20 倍的水稀释。

为了增强护壁效果和减少聚乙烯醇的用量，在现场往往将溶解后的聚乙烯醇溶液（10%）直接加入到钻杆内，使浓度高的溶液先经过一次孔内循环，更有利于保护孔壁稳定。对于局部严重破碎的地层孔段，还可以通过计算冲洗液量，对加入到钻杆内的聚乙烯醇浓溶液进行控制，使到达破碎段时停止循环，以便浓溶液充分渗入破碎地层，达到护孔目的。

（八）护壁与堵漏

1. 套管护孔

利用套管进行护壁堵漏，是目前钻探施工中最有效的方法，但套管护孔受钻孔结构的限制。ZK96-5 深钻施工中，由于地层复杂，主要采用了多级套管护孔。参考国内外岩心深钻施工的经验，采用的套管程序如下：

（1）考虑钻孔深度范围为 3000～5000 m，套管层次为 3～5 层（孔口管不计在内），具体应根据钻孔深度和地层条件确定。

（2）地层允许的情况下，尽可能简化钻孔结构，少下套管。

（3）上部钻进简单，尽量延后下入套管。

（4）地质钻探往往采用经济型冲洗液，因此套管以护壁为主，以堵漏为辅。

（5）深孔钻探应借鉴石油钻井和国外地质岩心深钻施工的经验，尽量采用混合管柱设计。所谓混合管柱，是指套管柱或钻杆柱是由不同材质、不同壁厚，甚至不同直径的钻杆或套管组成。混合管柱的上部强度较高，下部强度较低。基本思路是：在保证管柱强度和施工要求的基础上，降低管柱重量和成本。

在遇到特别复杂地层冲洗液无法穿过或者已经穿过但发生坍塌无法处理和继续施工，应该提出套管，进行扩孔钻进或跟管钻进，穿过目的层后重新下入套管。如果复杂层位距离上一级套管较远，扩孔工作量大，且孔深已经接近终孔深度，可以考虑下入尾管后换径钻进至终孔。

ZK96-5 钻孔使用了 ϕ168mm—ϕ146mm—ϕ114mm—ϕ89mm 4 级套管程序护壁，共计 3100m，其中，下入 ϕ89mm 套管 2439.10m，护壁效果良好，使钻孔顺利达到目标孔深。ZK96-5 钻孔套管配备及其下入孔深如表 2-16 所示。

其中，ϕ168mm 套管是隔离第四系地层，ϕ146mm 套管是为尽快转换钻进方法，提高钻

表 2-16　ZK96-5 钻孔套管配备及其下入孔深

规格	数量（m）	标准与连接方式	下入孔深（m）
$\phi 168 \times 6.0$	35	地标扣，接箍连接，材料 DZ40	32.80
$\phi 146 \times 6.0$	100	老地标扣，反丝直连	81.29
$\phi 114 \times 5$	500	老地标扣，反丝直连，材料 20#钢	501.00
$\phi 89 \times 5$	2500	老地标扣，反丝直连，材料 45#钢	2439.10

进效率而作为活动套管储备使用的，由于下部地层较稳定，一直没有拔出和实施扩孔；$\phi 114mm$ 套管的下入是在钻杆不足的情况下提前下入的，和 $\phi 146mm$ 套管一样，下部地层稳定，直到终孔也没有变化；$\phi 89mm$ 套管最初下入深度为 2230m，下部出现事故后，将套管提出扩孔后重新下入至 2440m。

深孔下入套管应注意以下事项：

(1) 由于套管自重形成的拉力比较大，应采用壁厚、质量好的管材。

(2) 下套管前应该下钻扫孔，保证顺利下套管到预定孔深。

(3) 为了防止套管在生产过程中反开，下套管时应上紧，接头处点焊。

(4) 为了预防套管下不到位，根据该矿区的施工经验，可以在套管前加薄壁合金钻头，下套管无法通过地层时可以适当转车。

2. 冲洗液护壁

在项目施工过程中，采用了膨润土泥浆和聚乙烯醇无固相冲洗液。前者通过在孔壁形成薄而韧的泥皮来达到护壁堵漏效果。后者具有较强的包被和抑制分散的作用，有利于保持井壁稳定。其中的聚合物分子如 PVA、PHP、PAC141 等在冲洗液循环过程中，通过吸附基形成网状结构，附着在孔壁上，形成韧性良好的吸附膜，并且通过吸附大量的自由水，降低了冲洗液的失水量，有效地抑制了水敏地层的水化分散与膨胀，防止松散等不稳定地层的坍塌掉块，保证孔壁的稳定性，从而减少冲洗液的漏失，起到了防塌的作用。

在钻井过程中，采取的主要技术措施包括：

(1) 选择合理的泵量，根据地层特点确定环空流型与返速，在保证携屑的前提下，尽量减少其对井壁的冲蚀作用。

(2) 根据地层特点确定各井段起下钻速度，起钻过程中及时回灌冲洗液。

(3) 尽量不在坍塌井段中开泵循环，起钻至坍塌井段，要降低提钻速度。

(4) 在可钻性级别低的软弱地层钻进时，应根据孔径环空返速来控制钻速，防止钻速过快，岩粉不能及时排除。

(5) 对于深井段，应尽可能提高钻速，避免裸眼时间过长等。

(6) 采用降低钻井液密度、调整流变参数和泵量等方法，降低井筒液柱压力，减小激动压力和环空压耗，改变冲洗液在漏失通道中的流动阻力，减少产生诱导地层裂缝的可能性。

3. 堵漏方法

该钻孔漏失段较少，套管下入深度较大，也隔离了上部漏失地层。针对漏失，主要采用了水泥浆护壁堵漏以及堵漏剂堵漏。

(1) 水泥浆护壁堵漏。水泥浆护壁堵漏是用水泵通过钻杆，借助替浆水将水泥浆送到孔内破碎漏失孔段，然后提出钻杆，待凝，从而达到胶结破碎带、治理坍塌和堵漏的目的。ZK96-5钻孔施工中，在2410～2450m孔段，地层严重破碎，坍塌漏失严重，用水泥浆封孔进行护壁堵漏一次，但效果不是很理想，封孔后效果没有得到明显改善。究其原因，一方面是孔深太深，水泥浆在钻杆内流动距离太长，与冲洗液混合比例较大，影响了水泥浆质量；另一方面水泥浆流速大，孔壁形成的"大肚子"内的冲洗液不能全部排空，使冲洗液和水泥浆在大肚子孔段混合，影响水泥强度。

(2) 堵漏剂堵漏。堵漏剂堵漏主要采用了801随钻堵漏。将801堵漏剂加水搅拌均匀后放入泥浆池内，随冲洗液泵送至孔内，随冲洗液漏失填充到岩石裂隙内，起到堵漏效果。有时也将801堵漏剂搅成稠糊状，直接倒入钻杆内（提前将内管取出），再用冲洗液压入孔内，此方法由于堵漏剂流动压力增大，进入裂隙的几率高，压入的压力提高，更容易将漏失裂隙封堵严密。

801堵漏剂适用于小裂隙轻微漏失，一旦漏失量大，801堵漏剂就无济于事，必须加入颗粒更大的惰性材料，一般加入锯末。加入方法是将锯末和801堵漏剂混合在一起，或者将锯末和CMC混合，加水调成可以流动的稠糊状，提出内管后倒入钻杆，再用冲洗液压入孔内。堵漏可起到效果，但往往有部分锯末会返出孔口，一定要注意清理，防止锯末颗粒参与循环，内管卡死以致提拉不上来。

由于801堵漏剂内有多种高分子聚合物，有较好的润滑作用，可以起到堵漏和润滑两种作用，因此经常使用，使用时应根据孔内冲洗液的消耗量随时在冲洗液内加入801堵漏剂。

（九）事故统计与处理

1. 事故统计

施工中出现的事故较多，占用时间较长。设备方面主要是钻机的故障率较高；孔内事故主要是断钻杆、内管挤卡、取心钢丝绳拉断等，处理孔内事故时间230d以上，约占事故总时间的25%。其中用时最长的一次是跑钻事故，处理时长为4184h。事故时间统计部分数据如表2-17所示。

表2-17 ZK96-5钻孔事故时间统计表

孔段（m）	孔径（mm）	钻具事故		孔内事故		事故总时间（h）
		时长（h）	占事故总时间百分比（%）	时长（h）	占事故总时间百分比（%）	
0～32.8	168	0	0	0	0	9227
32.8～81.29	146	6	0.07	3	0.03	
81.29～501.00	114	122	1.32	0	0	
501.00～2439.10	89	953	10.33	4721	51.16	
2439.10～4006.17	75	1707	18.50	1715	18.59	
合计（h）		2788	30.22	6439	69.78	

浅孔施工时，施工人员的经验丰富，事故率都较低；深孔施工时，由于孔深较大，钻进设备问题、人员施工经验不足，其孔内事故率也大幅度增加。由于3380m后采用了液动锤绳索取心钻进技术，使得特深孔段孔内事故率有所下降。总的来说，随着孔深增加，钻孔事故率大幅度增加，特别是深孔时，钻具事故增加较多。

2. 主要事故原因分析

(1) 断钻杆原因分析。按孔内事故次数，断钻杆的几率最高，约占75%。

图 2-25 断钻杆接头

图2-25为断钻杆接头。经分析断钻杆主要有以下几个方面的原因：

1) 钻杆的强度不足。钻杆强度是钻杆承受极限荷载的主要指标，国产钻杆为了实现高钻杆强度，对钻杆进行整体调质处理，特别是接头和钻杆丝扣部分，往往要通过各种热处理方式进行处理。如果热处理不当，钻杆屈服强度和表面硬度就很难满足复杂的压、弯、扭、振、疲劳等综合作用。阻力增大时容易发生断裂。另外，钻杆硬度过大时，一旦钻杆断裂，因丝锥的硬度与钻杆硬度的不匹配，使用丝锥打捞就变得困难。

2) 复合钻杆环状间隙问题。当采用"N-H复合钻杆"模式时，为了保证N口径钻具的进尺，H钻杆以下必须预留一定长度的N钻杆，此时H孔径和φ71mm钻杆间有较大的环状间隙，φ71mm钻杆在受压和离心力的作用下，在大间隙部位易发生弯曲变形，造成钻杆断裂。因此，预留的长度还必须结合进尺长度和钻头寿命进行综合考虑，特别是在刚开始换径时，底部φ71mm钻杆承受压力大，曾引起断钻杆的事故。

3) 钻机因素。钻机暴露出的主要问题是离合和制动过渡时间较短，不能有效减小钻杆的惯性力，增加了钻杆冲击负荷，减少了钻杆寿命。

4) 钻杆极限能力问题。φ71mm钻杆设计能力一般不超过3000m，在复杂地层中钻进其钻深能力难以保障。在该孔施工中，最大钻深达到3300m，长期在2800m的孔深工作，已经达到钻杆的极限能力。

(2) 跑钻事故原因分析与事故处理。施工中最大的孔内事故是跑钻事故。在用φ71～φ89mm复合钻杆钻进至2672m、提钻换钻头时，φ89mm钻杆接手断裂（后经观察有旧裂痕），发生跑钻事故。此时，已经提出30多根立根（约630m），孔内钻具包括约1610m的φ89mm钻杆、430m长的φ71mm钻杆，以及S75钻具内外管等。经过分析推测，该段由于地层破碎，已经形成"大肚子"，钻杆在下降时巨大的冲击力作用下将产生冲击弯曲。

处理该事故时，首先下入正丝锥，锥上鱼头后提拉不动，不得已将钻杆反开。钻杆从孔深2280m的φ71mm钻杆接头处反开，孔内剩余21立根加4单根和钻具。后用反丝钻杆反下部钻杆，反至2430m时，感觉吃住了下部钻杆，但向上提时却拉不动，而且下部钻杆在一定位置可以转动，当时分析是钻杆弯曲所致，采用边回转边上下活动的办法，使钻具上下活动的范围逐步增大，直至将下部的断钻杆提拉上来。钻杆杆体已经折断，断口如图2-26所示。

根据断口状况，再下锥无法吃住钻杆，采用母锥则因为孔径太小无法下入孔内。决策是从2229m处扩孔，扩至事故头处再用母锥处理，但扩孔后事故头已经不在中心位置，母锥无法找准鱼头，用平底钻头磨事故头，有时能碰到，但又很快跑偏，说明"大肚子"处孔径很大，无法限制事故头活动。又决定采用水泥封孔的方式，力争把事故头固定后再处理，但由于事故头处肚子大，杂物多，水泥浆只能固住事故头上部，效果不理想，后经多次打捞都没有成功，下入95钻头继续磨事故头时，偏出原来的孔位，继续向下钻进至2439m时取出了地层岩心，说明已经完全偏出原来孔位。至此该事故处理了几个月的时间，为了保证施工进度，下入φ89mm套管，换S75绳索取心钻进。

图2-26 钻杆断口端面

四、钻孔质量与经济技术指标

钻进取心4006.17m，取出岩心长度3998.08m，平均岩心采取率99.8%，最低的回次取心率为73.3%，满足取心质量要求。最大孔斜4°，静止水头高度接近地表，且渗透系数较小。根据测井结果，该孔不同深度地下温度值分别为：1000m处为33.93℃；2000m深处为56.51℃；3000m深处为81.71℃；4000m深处为107.71℃。据此可推断出该地区地热梯度为2.2℃～2.3℃/100m。封孔时，根据甲方要求，该孔将作为后续观测、测试孔予以保留，钻井套管不起拔，不做封孔处理。

ZK96-5自2010年9月18日开始正式钻进，到2013年5月29日终止钻进，总工期共计985d。统计关键时间段的时间利用分布如表2-18所示。

表2-18 ZK96-5时间利用分布情况统计表

月份	进尺数（m）	回次数	纯钻进时间(h)	辅助时间(h)	设备事故时间(h)	孔内事故时间(h)	其他停待时间(h)	纯钻时率(%)	备注
2010.09	118.21	44	88.67	72.33	12	3	32	42.6	9.18开钻
2010.10	547.7	207	302.67	146	123.83	2	73.5	46.7	
2010.11	388.33	177	324.33	284.83	62.7	2.5	45	45.1	
2010.12	295.64	140	245.17	262.67	223.17	3.5	9.5	32.6	
2011.01	312.57	136	267.5	310.67	18.17	28.33	114.5	36.2	
2011.02	139.15	66	137.5	216	112.5	10.5	175	21.1	
2011.03	191.12	104	238.5	296.5	152	59	0	32.0	
2011.04	150	76	173	308	63.5	16	153	24.2	
2011.05	146.75	72	167	225.33	169	138.67	44	22.4	
2011.06	86.53	64	198.67	221.83	89	205	3	27.7	
2011.07	63.1	44	128.5	192.17	55.33	368	0	17.3	

续表 2-18

月份	进尺数（m）	回次数	纯钻进时间(h)	辅助时间(h)	设备事故时间(h)	孔内事故时间(h)	其他停待时间(h)	纯钻时率(%)	备注
2011.08	0.00	0	0	0	0	744	0	0	处理孔内事故
2011.09	0.00	0	0	0	0	720	0	0	
2011.10	0.00	0	0	0	0	744	0	0	
2011.11	0.00	0	0	0	0	744	0	0	
2011.12	0.00	0	0	0	0	720	0	0	
2012.01	115.07	47	193.83	216.17	34	196	104	26.1	
2012.02	109.62	36	235.33	151.67	141	192	0	32.7	
2012.03	137.18	52	232.5	216	24	264	7.5	31.3	
2012.04	202.56	72	289.33	386.67	44	0	0	40.2	
2012.05	203.46	72	328.16	300.5	70.67	44.67	0	44.1	
2012.06	101.54	39	167.5	180.5	28	160	184	23.3	

项目周期总的钻孔时间利用统计图如图 2-27 所示。

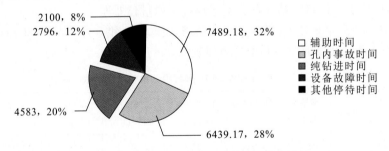

图 2-27 ZK96-5 钻孔时间利用情况统计图

由钻孔时间利用情况统计图可以看出：

（1）孔内事故与设备故障分别占总台时的 28% 和 12%，是影响钻进效率的主要因素。该孔施工中，主要的孔内事故处理是孔深 2672m 时的跑钻事故，处理时间达 6 个月之久，这说明在深孔钻进中，一定要注重以预防为主。设备故障主要表现在新型钻机设计存在许多缺陷，试验中表现出来的问题较多，需要优化设计和配套改造。

（2）辅助时间的占比较大，尽管采用绳索取心技术，但由于标准配套问题，采用了多种组合形式的钻具组合，起下钻用时长。特别是 3300m 以下深度，需要部分提钻和下钻，影响了钻进效率。表 2-19 是单回次的时间消耗分布表。

据统计，采用不同口径钻进至 4006.17m，共用了 1754 回次。其中，使用硬质合金钻进 81.05m，共 32 回次，平均回次进尺 2.53m；金刚石钻头钻进至终孔，用了 1722 回次，平均回次进尺 2.28m，共用了 91 个新钻头，平均钻头寿命 40.85m。该孔的回次进尺情况如表 2-20 所示。

表 2-19　单回次时间分配（3800m 时）　　　　　　　　（单位：min）

提钻	投打捞器	提内管	投放内管	提送管器	下钻	冲扫孔	钻进	合计
190	60	50	80	50	180	40	150	800
24%	7.5%	6%	10%	6%	22.5%	5%	19%	100%

表 2-20　钻孔各孔段回次进尺

孔深 (m)	孔径 (mm)	钻进深度 (m)	回次	回次进尺长度 (m)				平均回次进尺 (m)
				≤0.5	0.5<x<1.5	1.5≤x<2.5	≥2.5	
81.05	150	81.05	32					2.53
500.07	122	419.02	155	1	11	26	117	2.70
2439.10	95	1939.03	941	15	271	278	347	2.06
4006.17	75	1567.07	626	3	110	175	338	2.50
合计			总回次数	1754		总平均回次进尺 (m)		2.45

（1）φ122mm 孔段回次进尺统计。φ122mm 孔段共钻进 419.02m，用了 155 个回次，平均回次进尺 2.70m。在此孔段回次进尺情况较好，打捞岩心并不算频繁。φ122mm 绳索取心回次进尺情况如图 2-28 所示。

（2）φ95mm 孔段回次进尺统计。φ95mm 孔段共钻进 1939.03m，用了 941 个回次，平均回次进尺 2.06m。φ95mm 孔径回次进尺情况如图 2-29 所示。

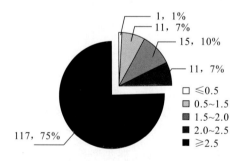
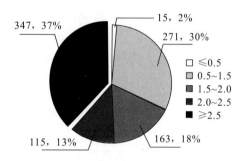

图 2-28　φ122mm 绳索取心回次进尺情况　　　　图 2-29　φ95mm 孔径回次进尺情况

（3）φ75mm 孔段回次进尺统计。φ75mm 孔段共钻进 1567.07m，用了 626 个回次，平均回次进尺 2.50m。φ75mm 孔段回次进尺情况如图 2-30 所示。

在钻进至 3310.55m 时，上部部分钻杆换用了 φ60mm 特制钻杆，以增其抗拉强度，每次取心须将其提出后再投放打捞器，取心完毕后再下钻钻进。在 3310.55m 之后，小于 1.5m 的回次 86 次，占总回次的 28%，而大于 1.5m 的回次有 220 次，占总回次的 72%（图 2-31）。说明在采用了 φ60mm 钻杆之后并未影响回次进尺情况。

该孔共计用了 1754 回次，月平均进尺为 121.40m。去掉处理事故的无进尺月份后，月平均进尺为 143.10m。每月进尺情况如图 2-32 所示。

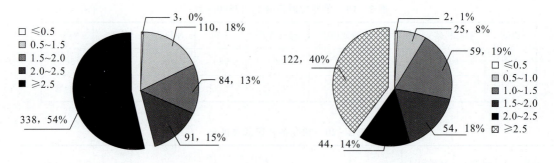

图 2-30　φ75mm 孔段回次进尺情况　　图 2-31　φ75mm 孔径回次进尺统计（3310.55m 后）

图 2-32　ZK96-5 钻孔月进尺统计图

五、主要技术创新与成果

（一）绳索取心液动锤在小口径深孔中的应用

液动锤钻进是在绳索取心钻进的基础上采用液动锤的钻进方法。液动锤钻进可提高钻进时效，提高回次进尺长度，减小孔斜等。适应于硬岩钻进、破碎地层钻进、易斜等地层中钻进。

本次施工现场施工钻至约 3380m 时，钻遇地层以花岗岩为主，偶见坚硬石英砂岩，可钻性等级为 8~10 级。同时出现了地层破碎严重、岩心极易堵塞的现象，导致回次进尺非常短，连续 4 个回次进尺均在 0.8m 以下，其中一个回次甚至没有取到岩心，导致辅助时间大大增加，工人的劳动强度增大。在这种情况下，根据地层及钻进实际情况，选择使用了中国地质调查局勘探技术研究所根据深孔条件改进的深孔绳索取心液动锤，型号为 SYZX75 型。绳索取心液动锤钻进于 2012 年 8 月 6 日正式开始，至 2013 年 5 月 29 日该孔终孔，累计进尺 624.4m，终孔孔深 4006.17m。

绳索取心液动锤的应用，有效提高了破碎地层和完整地层的各项钻探经济技术指标，尤其是提高了回次进尺，大大降低了辅助时间所占比例，从而提高了纯钻时间。此外，还在一定程度上增加了钻头寿命并提高了岩心的质量。

1. 提高了回次进尺与钻速

与常规钻进相比，液动锤在硬、脆、碎地层及复杂破碎地层中钻进时更具有明显的优势。

(1) 在硬、脆、碎地层中，液动锤钻进具有明显的优势。与常规钻进相比，液动锤钻进平均回次进尺提高20%～30%，时效提高40%～70%，钻探效率明显提高。可以说，采用液动锤钻进是顺利通过硬、脆、碎地层的有效方法之一。

(2) 在复杂破碎地层中，液动锤优越性比较明显，可以有效防止破碎地层钻进时岩心堵塞情况，平均回次进尺提高20%～200%，时效提高25%～45%，提高了钻探效率。

(3) 在特别完整地层中钻进，将内管加长到4.3m后，平均回次进尺提高10%～30%，时效提高20%～30%，在大于3000m的深孔情况下大幅缩短了打捞内管等辅助时间，提高了钻探效率，经济效益显著。

2. 提高了钻头寿命

液动锤钻进能有效提高硬岩钻进的时效和钻头寿命，钻头平均寿命可延长20m左右，效率提高60%，台月效率提高56%。

3. 纯钻时间长

由于液动锤钻进能提高钻头寿命和回次进尺，延长了提钻和取心周期，减少了辅助时间。另外，液动锤总成比普通总成质量大，在投掷内管过程中，内管下降速度快，到达孔底时间较常规内管到达孔底时间明显缩短，且内管到达孔底声音清晰，判断准确，特别对深孔更为明显。

(二) 钻进参数检测系统的试验与应用

ZK96-5钻孔设计并使用了一种新型的钻进参数检测系统。该系统主要包含硬件和软件两个部分，硬件包括检测转速、钻压、钻速、机上余尺、泵压、泵量、大钩载荷、主机电流等主要参数的传感器、工控机、数据采集卡、无线传输模块等数据采集与处理设备和仪器箱本体等；软件包括基于编程软件LABVIEW编写出检测应用软件。该软件可实时显示传感器检测的数据并对数据进行处理。将硬件软件结合起来，形成一套完整的钻进参数检测系统。该系统可以对钻机的工作状态做出准确的判断，并快速清晰地将信息传达给司钻人员。

通过钻探现场的应用实践，钻进参数检测系统具有强大的参数采集和检测功能。其功能总结如下：

(1) 能够实时进行参数采集和显示，为司钻人员提供数据参考，有利于钻进参数的及时调整及钻进工况的判别，有助于提高钻进效率。

(2) 能够进行实时的数据传输，使工程技术或管理人员即使不在施工现场也能清晰了解到钻探现场情况，方便在基地中的工作人员对生产现场的情况进行远程监控，同步显示生产现场各项参数并有利于钻进施工管理和实施。

(3) 能够对钻进参数等数据进行记录和存储，生产的数据库数据除检测到的各项参数外，还包括当前班次、回次、孔深、单根和立根数等，使数据库内容更加丰富全面，工作人员可根据现场的需要，随时方便地查询任何回次的历史参数和状态等信息，且有利于数据的后期二次处理，包括参数回放、图表分析等，可以对比出很多关键钻孔信息，对后续的钻孔设计、钻孔工艺的选择、钻孔设备的选择有重要的参考价值,具有较高的理论价值。

(4) 具有报警功能,能够在参数异常时及时报警,使司钻人员能及时发现情况并及时处理,减少了事故的发生。

(5) 能够制作电子班报表,方便数据采录。

(6) 具有二层台实时监控功能,实时显示二层台工作人员的操作过程,使司钻人员能够实时监控二层台的起下钻情况和钻杆储存数量。司钻人员不需仰头观察提引器摘挂过程,提高了工作效率,增加了施工安全性。

实践证明,钻进参数检测系统具有良好的适应性,功能满足钻探特别是科学钻探生产要求。钻井参数检测系统测试参数多,司钻人员能直接观察测试结果,进行安全、高效作业;工程技术人员能利用该系统进行数据分析,及时调整工艺参数,实现科学打钻。为深孔立轴式岩心钻探配套高性能检测设备,逐步实现生产过程最优化,是由凭经验打钻走向科学钻探的必经之路。

(三) HXY-9 (B) 型钻机的改进

ZK96-5钻孔采用了黄海机械厂生产的HXY-9 (B) 型钻机。该钻机是针对4000m小口径岩心钻探,基于国产立轴钻机的施工能力进行设计的。由于没有经过实际的工程应用检验,施工中暴露出一些问题,机械故障频繁发生。据统计,在两年多的施工周期中,用于钻机维修改进的时间达140多天。钻机经过改进和优化后,顺利完成4006.17m钻探深度。对钻机的主要改进包括:

(1) 立轴卡盘部分采用进口轴承,改动了横梁的内部结构,加大轴承型号,将润滑脂润滑轴承改成了润滑油强制循环润滑,一定程度上提高了轴承的寿命。具体为:增加了一小油箱,通过分动箱加装循环油泵,形成轴承强制冷却回路。

(2) 将钻机气压控制系统由独立动力的空压机提供气源,改变了气泵与钻机为共用同一动力的不足,当达到额定气量和压力时空压机待机,减少了空压机长时间连续运转引起的故障。

(3) 卷扬机的离合器为气动操作控制,原采用脚踏式杠杆控制开关,后将该卷扬机的脚动控制开关改为手动控制开关,增加了微动控制功能,提高了操纵的精准度,保证了离合器的平稳运行。

(4) 为了降低液压系统油温,加装了水冷却箱,将油温控制在标准范围之内,避免深孔由于长时间减压钻进而引起油温过高,造成密封失效和油温变质。

(5) 对钻机部分结构强度进行加强。

(四) 深部钻探复合钻杆的研究与应用

由于ZK96-5孔的设计孔深为4000m,对于N口径钻杆来说,国内当时还没有能够满足4000m钻深要求的钻杆,虽然有的钻杆设计满足3000m钻深能力,但也只是理论上的评价,没有得到验证。当时采用N口径绳索取心钻杆钻进最深孔是安徽省地质矿产勘查局313地质队施工的2706m,距离4000m还相差很大。

为解决N口径绳索取心钻杆钻进能力不能满足孔深需要的问题,结合实际情况,通过分析,设计并使用了两种复合钻杆(图2-33和图2-34)。一种是用S96绳索取心钻进至孔深2229m，没有下套管，提出S96钻具后，下部用N口径绳索取心钻杆钻具，上部通过变丝接手继续使用H口径钻杆，形成自下而上的N口径钻头钻具＋φ71mm钻杆＋变丝接手＋H口径钻杆的组合形式。从孔深2229m开始，计划用这一方式钻进至终孔（4000m），但钻进至2672m时，发生孔内事故，孔壁坍塌，不得不下入φ89mm套管护孔，此方式无法再继续使用。但从443m的进尺情况来看，取得了良好的效果。这种形式的优点是钻杆的传递动力安全性增加，同时N口径内管总成可以顺利通过φ89mm钻杆，实现绳索取心。另一种复合钻杆是上部用φ60mm高强度钻杆，下部用N口径钻具的形式。当孔深钻进至3000m时，已经超过N口径钻杆的能力极限。为了确保上部钻杆的安全，采用了N口径绳索钻头钻具＋φ71mm钻杆＋变丝接手＋φ60mm高强度特制钻杆的组合形式。由于φ60mm的管壁厚，传递动力的能力强，但内径小，内管总成不能通过，每个回次采取岩心时，需要先把φ60mm钻杆提出来，再进行打捞和投放内管总成。根据N口径钻杆的设计能力，下部绳索钻杆一直保持在2800m左右。这种"半绳索"式钻进方法，从孔深3300m一直钻进至终孔，φ60mm钻杆没有出现任何问题，证明了钻杆的能力。

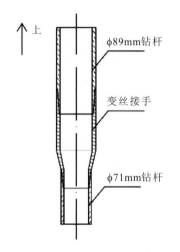

图2-33 塔式复合钻杆结构简图

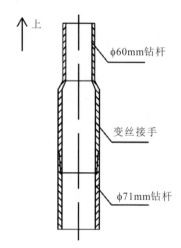

图2-34 复合钻杆结构简图

（五）主要技术成果

ZK96-5终孔孔深4006.17m，施工期间进行了一系列科学试验，取得了宝贵的地质成果和钻探成果，达到了预期目的。该孔深不仅在国内大幅度打破同类钻探领域最深纪录，而且远远超过了日本3000m和法国3500m同类钻探纪录。

该钻孔的实施也暴露了不足：一是目前国产小口径钻探设备、机具的能力与深孔不适应；二是深孔地质目标与钻探资金投入不匹配；三是深孔地层的复杂性和钻探人才储备对深孔钻探提出了挑战。

虽然挑战大，但经过钻探技术人员和科研队伍的共同努力，该钻孔顺利达到了既定目标，并且取得了一系列的成果。

（1）采用S95金刚石绳索取心技术，孔深达到2439.10m，采用S75金刚石绳索取心技术，孔深达到4006.17m，创下小口径岩心钻探最高孔深纪录，全孔取出岩心长度达

3998.08m。

(2) 针对目前国产 N 系列绳索取心钻杆不能满足孔深需要的问题，研发和应用了塔式复合绳索取心钻杆和同径复合绳索取心钻杆，并将其成功应用在 ZK96-5 钻孔中。

(3) 完成了"岩心钻探钻进参数检测和数据采集研究与应用"项目，研制了深孔岩心钻探钻进参数检测系统。首次开展了钻进参数检测仪在特深孔中的应用，检测数据为成功完成特深孔起到支撑作用。

(4) 开展了绳索取心液动锤钻进技术在深孔中的应用研究，最大应用孔深达到 4006.17m。

(5) 首次应用 HXY-9（B）型国产钻机钻进 4006.17m 孔深，4 项成果入选全国年度探矿工程十大新闻。

(6) 下入 ϕ89mm 护壁套管 2439.10m，创造了小口径普通套管下入最深的国内纪录。

（六）主要经验和认识

ZK96-5 钻孔设计孔深 4000m，为特深孔，实施过程中进行了系列技术攻关，总结了国内外小口径深孔经验和教训，认真研究和制定对策，确保钻孔高效和安全施工。2010 年 6 月，编制了钻孔施工技术方案；同年 7 月，山东省第三地质矿产勘查院召集中科院以及相关国内地质和钻探专家评审并通过方案设计，项目正式启动。ZK96-5 孔于 2010 年 9 月 18 日开孔，2013 年 5 月 29 日终孔，历时 985 天，终孔深度为 4006.17m。

中国岩金勘查第一深钻 4000m 特深孔的成功实施，取得了丰硕的地质资料和成果，也为我国深部钻探技术的发展积累了丰富的实践经验。该孔的成功实施在深孔钻探技术创新方面取得了一些突破，对我国小口径特深孔岩心钻探起到了很好的借鉴作用。主要认识总结如下：

(1) 加强钻孔设计工作，制定有效的施工措施。深孔钻进前一定要根据地质条件和目标要求，做好钻孔设计工作，充分考虑施工中可能遇到的问题，制定相应对策。开工前由技术人员现场对操作人员进行技术交底，机台施工要稳中求进，精益求精。施工中发现问题及时上报。

(2) 强化细节意识和责任意识，预防事故的发生。细节意识是指处处事事都要关注，保持良好状况。责任意识是指时时刻刻都要认真观察、分析、判断，准确掌握有关情况。事故往往瞬间发生，处理要付出很大代价，直接影响生产效率。

(3) 深孔钻进采用绳索取心钻进是必要的，要进一步完善绳索取心钻进工艺，制定合理的技术标准，解决目前存在的技术难题，如钻杆问题、间隙问题、钻头寿命问题等。

(4) 现场管理要规范化。钻探环境的改善是对钻探职业的尊重，是培养正规化队伍、提高判断分析能力和生产效率的有效手段，是严格遵守规章制度的先决条件，是创造社会信誉的保障。

(5) 进行有效的钻探技术配套和推广应用。要加强合作和交流，配套先进的孔口装置，如绳索钻杆液压拧管机在小口径钻探行业的应用就取得了好的成效。

(6) 合理使用套管。目前套管仍然是护壁、堵漏、隔离破碎带最有效的措施。该孔套管下入 2439m，从经济性和灵活性方面考虑并没有采取水泥固井措施，套管丝扣强度也未出现问题，但是要采取具体措施来保障套管的安全。

（7）深孔钻进中影响效率的主要因素是事故和辅助时间，提高回次进尺和优化提钻间隔、降低事故率是深孔钻进需要解决的主要问题。

（8）进一步完善绳索取心配套。绳索取心钻进适应于深孔钻进，但其钻杆能力、钻头寿命、孔底动力机具等一系列配套问题还有待进一步完善。发展高效孔底动力是解决深孔钻进、提高生产效率的根本途径。

我国的超深孔钻探才刚刚开始，存在设备机具能力和工艺等各方面的技术问题，需要在今后的钻探实践中不断加大研究力度，研发各种新的工艺技术，不断提高钻探效率。

第三节 江西抚州科学钻探工程关键技术

一、工程概况

（一）目的及意义

江西某矿研究程度主要限于浅表（小于 500m），对深部的研究程度不高，特别是通过深部钻孔进行研究还是首次。科学钻探对深部资源的深入研究有着特殊的意义。

钻探研究的目标是针对相山火山岩型大型矿田进行地质、地球物理、地球化学和成矿作用研究，完成一个 2500m 深的科学钻探孔任务，开展深部地质、地球物理测量、地球化学调查、流体研究及深部成矿的环境条件综合研究。

（二）地层情况

该科学钻探孔主要穿过了 3 套岩层：0～893.49m 碎斑流纹岩、893.49～1455.07m 流纹英安岩、1455.07～2818.88m 黑云母石英片岩。碎斑流纹岩段石英含量高，岩石致密坚硬，研磨性不强，钻头不易出刃，钻进效率较低，改进施工工艺后，时效和回次长度有所提高。流纹英安岩段，岩石中造岩矿物颗粒不均，研磨性较好，同时石英含量较碎斑流纹岩段低，钻进效率有所提高，但仍然存在局部破碎带，影响钻进效率。进入石英片岩后，由于地层压力，岩石变得致密，岩矿心出孔后常出现"饼化"、"岩爆"现象，表现出钻进过程中容易在内管中堵卡岩心。同时，片岩段岩层破碎，裂隙发育，片理产状陡，属于强造斜地层，钻进过程中容易出现钻孔偏斜。

1. 碎斑流纹岩

0～893.49m 岩性为碎斑流纹岩，如图 2-35 所示。颜色呈灰色、浅红色，岩性单一，以碎斑结构为其特征，斑晶为碱性长石、斜长石、石英和黑云母。该段岩石局部较破碎，整体无大的构造破碎带，裂隙内充填大量肉红色碳酸岩脉，石英脉不发育，水云母化和碱交代较常见。

虽然整套岩层没有大的破碎构造带，但是石英含量高和岩层局部破碎，钻进过程中表现出钻头不易出刃、钻头内外径磨损严重、岩矿心采取率低、回次长度不大、钻进效率偏低的特点。换 P 口径（φ122mm）钻进后，45.88～387.16m 采用回转钻进绳索取心工艺，使用钻头唇面结构为高低齿型和齿轮型，进尺 341.28m，平均钻进时效为 0.827m/h，平均回次长度为 2m，回次长度低于整孔平均回次长度（2.49m），表现出回次长度小，平均时效低。经

碎斑流纹岩：204.02~207.02m岩心较完整

碎斑流纹岩：675.46~678.46m局部破碎

碎斑流纹岩：99m石英含量高

碎斑流纹岩：375m岩矿心中生长的斑晶

图 2-35 碎斑流纹岩

过现场技术分析，采用冲击回转绳索取心钻进工艺，同时根据岩层破碎和石英含量高的特点，钻头唇面结构选用同心圆四环槽型结构，泥浆采用纤维素、磺化沥青、润滑剂和聚丙烯酰胺组成的无固相体系。同心圆四环槽型能造成较多的自由面，使钻头产生对岩石的磨削、剪切和挤压（尖齿的侧面）相结合的破碎作用，机械钻速比较高；同时，由于剪切、挤压破碎岩石，产生的岩粉颗粒较粗，有助于金刚石钻头自磨出刃。该端面钻头同岩石接触面积小，在相同钻压下钻头的比压比较大，有利于切入岩石，增加碎岩效率，提高钻进时效。改换施工工艺和钻头唇面结构后，碎斑流纹岩段平均时效达到 1.37m/h，平均回次长度增大至 2.55m，极大地提高了钻进效率。

2. 流纹英安岩

893.49~1455.07m岩性为流纹英安岩，如图 2-36 所示。颜色多为紫红色、灰绿色，斑状结构，局部可见流动构造及珍珠构造。斑晶矿物含量约 35%，其中斜长石占 20%，钾长石及石英斑晶含量占 10%，黑云母及角闪石一般为 5%。斜长石具环带结构，常不同程度地发育钠长石化及绢云母化。

该段岩层较完整，同时岩石中石英含量下降和造岩矿物颗粒不均，研磨性较强，有利于钻头的出刃，钻进过程比较平稳，钻进参数变化不大。该孔段仍采用冲击回转绳索取心工艺，钻头选用同心圆四环槽型和齿轮型，其中同心圆四环槽型使用 3 个，齿轮型使用 1 个。该段岩层平均时效 1.903m/h，平均回次长度 2.786m，平均时效和回次长度较碎斑流纹岩有所增大。

3. 黑云母石英片岩

1455.07~2818.88m岩性为深绿色、灰黑色黑云母石英片岩（图 2-37）。该段岩层整体较完整，由于地层压力，岩石致密坚硬，岩石中石英颗粒含量多，造岩矿物颗粒粒径差别不大，研磨性不强，不利于钻头的出刃；同时岩层局部发育脆性裂隙，片理产状较陡，属于

流纹英安岩：917.88~920.88m岩心完整

流纹英安岩：970m流纹构造

流纹英安岩：1452.82~1455.82m砾岩带

流纹英安岩：946m岩心断面

图 2-36 流纹英安岩

黑云母石英片岩：1675~1678m岩心破碎

黑云母石英片岩：1928.40~1931.40m石英脉

黑云母石英片岩：1629.34~1634m片理发育

黑云母石英片岩：1929.90m石英脉断面

图 2-37 黑云母石英片岩

强造斜地层。另外，岩层局部破碎，取出的岩心出现"饼化"现象，在内管中极易卡堵，影响取心效果，进而影响钻进效率。在该孔段，由于岩石致密、研磨性不强和破碎，采用冲击回转绳索取心工艺，钻头选用齿轮型、同心圆三环槽型、同心圆四环槽型和主副水口型。考虑到深孔辅助时间的增加，为了加大施工进度，增大单回次取心长度，在1643.23~1906.58m岩层较完整的孔段，内管长度由3m增长为4.5m，进尺263.35m，纯钻进时间140.75h，平均时效1.871m/h，平均回次长度增大至3.39m。在1929.90~1930.50m和2356.51~2357.11m遇到两层石英脉，取出的岩心柱为纯白的石英矿物，两层石英脉厚4.2m，可钻性为11级，钻进时效平均为0.291m/h，平均回次长度为0.327m。黑云母石英片岩段平均时效为 1.464m/h，平均回次长度为 2.54m。

(三) 工程质量要求

该科学钻探工程在遵守相关工程规范的前提下，充分发挥了自身钻探技术优势，在确保工程质量的前提下，优质高效地完成了工程施工任务。

钻进方法：金刚石绳索取心钻进，全孔取心。

孔径：开孔孔径由施工方自行设计，终孔孔径不小于 φ75mm。特殊情况下经项目组织方同意，终孔孔径不小于 φ60mm。

冲洗介质：冲洗介质由施工方自行选择。

岩心采取率分别计算：即全孔平均取心率为 90% 以上（不含构造破碎带），构造破碎带为 65% 以上。

岩心保管：使用优质木质岩心箱，采集的岩心做好现场保存；每回次每块岩心均需编号，岩心按顺序摆放，断口相接；岩心牌须按规范内容用油性笔填写，并塑封岩心牌，当岩心超过岩心箱长度时，需用切割机切断岩心。岩心箱外侧须标明岩心段长度及岩心箱号，要妥善保管岩心，并移交到指定地点。

孔斜：钻孔顶角累计不得超出 15°。

孔深校正：每钻进 100m 进行一次孔深校正，见矿、见标志层（目的层）、遇换径处、岩性变换带、断裂通过地段、处理重大事故后或终孔时必须立即校正孔深，每次孔深误差不得超过 0.5m/100m，及时消除并记录清楚。

测井：施工方施工机台要及时测井，配合项目组织方取样和现场科研工作，测井前必须用清洁冲洗液冲孔以达到测井的规范要求。

简易水文地质观测：必须按钻孔地质设计要求进行施工，钻进过程中如遇涌水、漏水等现象，必须记录在班报表上，并及时通知水文地质人员观测。

终孔：钻孔完工后不封孔，做好孔口标记。

原始记录：各种原始记录要准确、详细、整洁，必须按回次及时填写报表及岩心牌。原始记录包括钻孔情况登记表、钻探班报表、孔深校正表、钻进过程中水位观测记录表等，按规定要求填写。

执行技术规范：

《定向钻进技术规范》（DZ/T 0054—1993）；

《地质勘查钻探岩矿心管理通则》（DZ/T 0032—1992）；

《放射性矿产资源钻探规程》（EJ/T 1052—1997）；

《铀矿岩矿心管理规定》（EJ/T 1070—1998）；

《矿区水文地质工程地质勘探规范》（GB 12719—1991）；

《地质调查岩心钻探技术规程（试行）》（DD 2010—01）。

二、钻探设备及现场布置

(一) 钻机

工程首次采用 XD-35DB 型钻机施工超过 2500m 的深孔。钻机为交流变频电驱动高速顶驱式岩心钻机，钻深能力3500m（N口径）。图2-38为XD-35DB型钻机全貌。

图2-38　XD-35DB型钻机

XD-35DB型钻机以工业电网的高压网电作为动力源，采用模块化交流变频电驱动单元作为提升、回转、送钻、打捞等执行系统，采用全转矩控制、全机械化作业、全数字化操作的工作模式，融机、电、液、气、电子及信息化技术为一体，服务于3000m以深矿产勘探及能源钻采。

XD-35DB型钻机以网电为源，采用变频控制模式，顶驱自动送钻，数字操控手段实现钻进。主要组成模块有双出头特种变压器、综合电控系统、司钻操控系统、顶驱钻进系统、主卷扬及送钻系统、循环系统、打捞系统、井口作业系统、远程监控系统等。设备主要组成如表2-21所示。主要设备如图2-39所示。

XD-35DB钻机有以下主要特点：

（1）主要执行系统。顶驱、绞车、送钻、打捞绞车均使用全数字化交流变频控制技术，3个绞车均可实现零速悬停、能耗制动，顶驱可实现精确控制扭矩进行钻井、旋扣、拧卸扣作业；全套作业单元采用变频输出，能耗大幅度降低；全套动作通过电传控制系统和电、气、液钻井仪表一体化设计，实现智能化司钻控制。

（2）高速顶驱钻进系统。高速顶驱适用于金刚石绳索取心钻探工艺与金刚石提钻取心钻探工艺；机械化加杆装置适用于常规地质钻杆、绳索取心外平钻杆的加接杆与起下钻工艺。

（3）自动送钻系统。采用小功率交流变频电机与大速比减速箱的融合形成自动送钻系统，可实现高精确平稳送钻；可实现恒钻压与恒钻速两种模式的给进方式，供施工单位根据地层情况自由选择。

（4）井口配套系统。针对地质绳索取心钻杆的自身特点，本设备提供了一整套卡、夹、拧卸装置；适用于绳索钻杆的自动开合、自动锁紧的安全吊卡，吊卡摆臂系统，大口径液压动力钳，适用于绳索钻杆的井口气动卡盘等，确保加杆卸扣、起下钻卸扣、加接杆摆臂、孔口夹持等一系列作业流程的流畅性。

(5) 其他。3000m自动排绳电驱动绳索绞车。

表2-21　XD-35DB型钻机主要设备组成表

序号	模块	组成	基本配备
1	钻井平台	井架	31m井架,135t承载
		平台	2.0m平台,225t承载
		天车	5组滑轮,13t承载
		导轨	25m导轨,20 000kN·m抗扭载荷
2	动力系统	变电系统	10 000V~6600V/690V双头变压器;100m铠装动力电缆
		液压系统	1台盘刹备份液压动力站;1台液压动力钳动力站;1套顶驱多功能动力站;全套液压管线
		气源系统	1MPa螺杆式空压机;3m³储气罐;1套多功能气控阀岛
3	控制系统	电控系统	顶驱;绞车;送钻、打捞交流变频器ABB各1套;1套综合控制柜SEMINS;1台380V进线柜;1台690V进线柜;1台总电源柜;1套制动单元;2套制式空调;全套动力、控制电缆
		司钻系统	碳钢房体;操控系统(含电子、液压、气控、传感器元件)和监视系统(工位:井口位、加杆位、二层台、绞车位)
4	执行系统	顶驱系统	循环系统;加杆装置;回转系统
		绞车系统	提升装置;送钻系统;盘刹装置
		打捞系统	绞车装置;排绳装置;监控装置
		循环系统	泥浆泵;高压管汇;固控系统
		井口单元	气动卡盘、液压动力钳
5	监控系统	工控系统	工控计算机、数据电缆

(二) 泥浆泵

采用衡阳探矿机厂生产的BW400-30A型三缸往复式单作用泥浆泵。该泵具有结构紧凑、运转平稳、流量变化范围广、输出压力较高、易损件寿命较长、性能稳定、强度及刚性好、通用件和标准件多等特点。

该泵采用汽车变速箱,通过活塞和柱塞的组合使用,可获得多级的流量、压力,满足不同的施工工艺要求,主要用于3000m以上的岩心钻探、煤层钻进或煤田地质、冶金地质、水文地质工程孔钻进中供给冲洗液。

图2-40为BW400-30A型三缸往复式单作用泥浆泵,主要技术参数见如2-22所示。

图 2-39　XD-35DB 型钻机主要设备

图 2-40　BW400-30A 型三缸往复式单作用泥浆泵

表 2-22　BW400-30A 型高压泥浆泵性能参数

行程（mm）	110	缸径（mm）		85		驱动功率（kW）		45			
档位		快					慢				
泵冲 SPM	217	178	126	83	49	31	178	146	103	68	40	25
流量（L/min）（活塞）	400	300	210	140	82	52	300	245	173	114	68	42
压力（MPa）（活塞）	5	6	8	13	13	13	6	7	10	13	13	13
流量（L/min）（柱塞）	150	125	88	58	34	22	125	102	72	48	28	18
压力（MPa）（柱塞）	12	14	21	30	30	30	14	18	25	30	30	30
进水管直径（mm）		76（51）				排水管直径（mm）		51（32）				

（三）辅助设备

辅助设备：2m³ 立式泥浆搅拌机（图 2-41）、泥浆净化设备，如除砂器（图 2-42）、气动绞车（图 2-43）、SQ114/6 型液压钳等。利用了 721 矿 6600kVA 网电，自架电力线路。安装了 690V/500kW、380V/400kW 两台变压器。

图 2-41　泥浆搅拌机

图 2-42　除砂器

（四）主要钻探材料

1. 钻杆

φ114×6.35mm 绳索取心钻杆，4.5m/根，3000m。

φ89×5.6mm 高强度绳索取心钻杆，4.5m/根，1500m。

由于钻孔一直使用 φ122mm 口径钻进，没有换径，所以没有使用 φ89mm 绳索取心钻杆。

图 2-43　气动绞车

2. 钻具钻头

φ146mm 岩心管。

φ114mm/φ146mm 变径接头。

φ154mm 电镀金刚石钻头，开孔用。

PQ 绳索取心钻具总成，20 套。

PQ 绳索取心钻具外管，30 根。

PQ 绳索取心钻具内管，60 根。

PQ 绳索取心打捞器、脱卡器、卡簧、卡簧座、挡圈、专用工具。

PQ 绳索取心液动冲击器 3 套。

φ95mm 绳索取心钻具、打捞器，配套钻头扩孔器，液动冲击器。

φ95mm 绳索取心钻具卡簧、卡簧座及钻具总成配件。

3. 套管

φ146mmDZ40 无缝钢管	50m
φ114mmDZ40 无缝钢管	500m
φ89mmDZ50 无缝钢管	1500m

套管只使用了 φ146mm 规格，其他规格没有使用。

三、钻探工艺

(一) 钻孔结构

1. 设计因素

由于该钻孔属于地质科研钻孔，设计深度 2500m，为中国某矿第一科学深钻。因此，该钻孔的钻孔结构技术方案设计十分重要。该钻孔结构设计主要考虑以下因素：

(1) 钻孔布置在两个地质构造相交的位置上，地层情况未知因素多。

(2) 设计孔深 2500m，深度大，有可能钻至设计深度还要继续加深施工。

(3) 施工区地层属于强造斜地层。

(4) 工程质量比一般的地质岩心钻要求高，如岩矿心采取率及取样质量、钻孔弯曲、钻孔终孔口径等。

(5) 施工设备采用 XD-35DB 型交流变频电动顶驱钻机。

(6) 采用金刚石绳索取心钻进工艺。

2. 总体方案

考虑到钻孔深度 2500~3000m，采用多级口径，套管层次为 4~5 层，开口孔径初步确定为 φ150mm，套管下入深度根据钻进情况和地层条件确定。根据实际施工情况，大口径钻进深度尽可能向下延伸。φ77mm 口径作为终孔口径，φ60mm 口径作为备用口径。根据实际施工情况，对设计钻孔结构进行科学调整。

3. 具体方案

(1) 采用四开（含孔口管）钻孔结构，井口管（表层套管）水泥固井，其他套管为活动套管。表层套管上端设计安装套管悬挂装置,便于下一级套管的悬挂。

(2) 一开采用 φ154mm 开孔,二开 φ122mm、三开 φ95mm、四开 φ77mm 全部采用液动冲击器+金刚石绳索取心钻进。设计套管程序如表 2-23 所示。

表 2-23 设计套管程序一览表

开次	钻头尺寸(mm)	井段(m)	套管(mm)	壁厚(mm)	钢级	套管总长(m)	固井段(m)
一开	φ154	0~10	φ146	4.5	DZ40	10	至井口
二开	φ122	0~500	φ114	5	DZ50	500	
三开	φ95	0~1500	φ89	4.5	DZ50	1500	
四开	φ77	0~2500					

(3) φ89mm 套管尽可能地向下延伸,以保证下部 φ77mm 绳索取心施工安全。

(4) 如果 φ77mm 孔段由于地层原因或发生严重孔内事故,难以继续向下施工时,可以下入 φ73mm 套管护孔,采用塔式钻杆换 φ60mm 口径施工。

(5) 采用 STM780 和 XGY850 材质绳索取心钻杆。

(6) 采用 DZ40、DZ50 地质管材作为套管管材。

(7) 各级套管的下入深度根据钻孔施工设计与实际施工情况进行调整。

4. 实际施工钻孔结构

在实际施工过程中,需要根据设备施工能力、岩层情况、钻进工艺参数与扭矩变化、孔内复杂程度、钻进效率、取心质量等情况对钻孔结构进行调整。实际钻孔结构为 φ154mm 施工至 45.88m,下入 φ146×5mm 套管,水泥固井。然后换 P 口径(φ122mm)金刚石绳索取心钻进至终孔深度 2818.88m,下部全部采用裸孔无套管钻进,下部裸孔施工长度达2773m。实际钻孔结构如表 2-24 所示。

表 2-24 实际钻孔结构

钻孔直径(mm)	深度(m)	套管规格(mm)	套管深度(m)
154	0~45.88	φ146	45.88
122	45.88~2818.88	无	

设计钻孔结构与实际施工钻孔结构对比如图 2-44 所示。

(二)钻进方法与钻具组合

1. 设计钻进方法与钻具组合

(1) 一开取心。松散层用 φ154mm 金刚石钻头单动双管取心钻具钻进。钻具组合:顶驱+φ114×6.35mm 绳索取心钻杆+φ150mm 单动双管钻具+φ154mm 金刚石取心钻头。

(2) 二开取心。采用 φ122mm 绳索取心钻进。钻具组合:顶驱+φ114×6.35mm 绳索钻

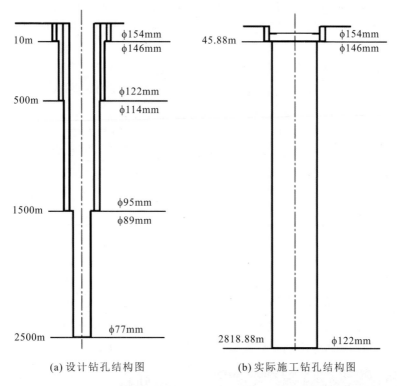

图 2-44 设计钻孔结构与实际施工钻孔结构对比图

杆＋φ122mm 绳索取心液动冲击回转钻具＋φ122mm 高效长寿金刚石绳索取心钻头。

（3）三开取心。采用 φ95mm 绳索取心钻进，钻杆 φ89×5.6mm。钻具组合：顶驱＋φ89mm 绳索钻杆＋φ95mm 绳索取心钻具。

（4）四开取心。采用 φ77mm 绳索取心钻进，钻杆 φ71×5mm。钻具组合：顶驱＋φ71mm 绳索钻杆＋φ77mm 绳索取心钻具。

二开、三开、四开取心钻进均应用液动冲击器＋绳索取心钻具钻进。

2. 实际钻进方法与钻具组合

一开取心 0～45.88m，开孔段用 φ154mm 金刚石钻头单管取心钻具钻进，钻具组合：顶驱＋φ1146.35 mm 绳索取心钻杆＋φ150mm 单管钻具＋φ154mm 金刚石取心钻头。

二开取心 45.88～2818.88m，采用 φ122mm 绳索取心钻进，钻具组合：顶驱＋φ114×6.35mm 绳索钻杆＋φ122mm 绳索取心液动冲击回转钻具＋φ122mm 高效长寿金刚石绳索取心钻头。

P 口径（φ122mm）金刚石绳索取心裸孔钻进长度 2773m。全孔共使用金刚石钻头 27 个，其中 φ150mm 开孔钻头 1 个，φ122mm 绳索取心钻头 26 个。φ122mm 金刚石绳索取心钻头平均小时效率 1.37m/h，钻头平均使用寿命 115.3m/个，最高使用寿命 290.38m/个。最大更换钻头孔深间隔 273.61m，最长更换钻头时间间隔 427h。

全孔岩矿心采取率平均为 99.89%，纯钻进时间利用率为 39.61%，台月效率 391m/台月。P 口径（φ122mm）金刚石绳索取心回次进尺长度为 2.49m。

从 387.16m 开始应用液动冲击器＋绳索取心钻进。冲击器共下井 881 回次，总进尺 2431.72m，51 次失败。最长工作时间 794.6h，依旧未坏，平均工作时间 289.87h。

在 45.88～869.8m 孔段分两个孔段进行对比试验。试验结果（表 2-25）表明，未用冲击器平均时效为 0.83m/h，使用冲击器后平均时效达到 1.52m/h，提高了 83%。未使用冲击器时回次岩心长度为 2m，使用冲击器后回次岩心长度提高到 2.76m。

表 2-25　液动冲击器对比试验数据

钻进方法	钻进孔段（m）	钻进时间（h）	进尺（m）	时效（m/h）	岩石
金刚石绳索取心钻进	45.88～387.16	412.97	341.28	0.83	碎斑熔岩
冲击器＋金刚石绳索取心钻进	387.16～869.8	352.81	482.64	1.37	碎斑熔岩

（三）泥浆技术

1. 绳索取心冲洗液配方

采用无固相泥浆，配方成分主要有 4 种：聚丙烯酰胺、HV-CMC 纤维素、磺化沥青、高效润滑剂，实物如图 2-45 所示，具体配方如表 2-26 所示。

聚丙烯酰胺　　　　HV-CMC纤维素

磺化沥青

高效润滑剂

图 2-45　泥浆材料

表 2-26　泥浆配方表

名称	加量（kg/m³）	名称	加量（kg/m³）
聚丙烯酰胺	3～5	磺化沥青	10～15
HV-CMC 纤维素	3～5	高效润滑剂	10～15

2. 泥浆性能评价

（1）润滑性能评价。钻井液的摩阻系数是评价钻井液润滑性能的重要指标。随着钻孔深度的延长，钻杆柱回转阻力和提拉阻力会大幅度升高，导致钻机回转扭矩和提升力增大。因此，除钻杆柱的合理级配以外，泥浆的润滑减阻性能对降低钻杆柱的回转扭矩、减少孔内阻力、降低钻具磨损、防止钻杆柱折断与丝扣脱落有着十分重要的作用。在现场泥浆循环系统的 5 个位置进行了取样,取样点位置如图 2-46 所示。

采用 EP-2 极压润滑仪对现场泥浆的摩阻系数测试,如图 2-47 所示。

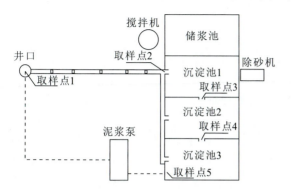

图 2-46 现场泥浆取样点位置示意图

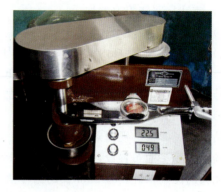

图 2-47 EP-2 极压润滑仪

考虑到现场泥浆制备与实验室相区别的因素,实验室内将配方量降低至四分之一配制泥浆并作评价。表 2-27 数据表明现场所使用的钻井液摩阻系数要低于常规钻井液体系,与专用于高温深井的三磺钻井液系数相差不大。不加磺化沥青、润滑剂的泥浆样品摩阻系数比基浆要高,这说明磺化沥青和润滑剂对改善体系的减阻性能起到很重要的作用,二者的协同作用使得现场泥浆具有良好的润滑性能,满足现场钻探施工作业的需要。

表 2-27 现场取浆与室内配浆评价数据

取浆位置	测试结果	润滑系数
清水	42.7	0.338
孔口出浆	22.3	0.177
循环槽口	23.0	0.183
沉淀池 1	22.8	0.181
沉淀池 2	21.5	0.171
沉淀池 3	22.6	0.179
室内配浆	23.6	0.187
室内配浆(不加磺化沥青)	25.6	0.203
室内配浆(不加润滑剂)	24.3	0.193
常规钻井液体系	33	0.262
三磺钻井液	23.8	0.189

注:室内配浆添加剂用量为现场的四分之一。

(2)净化性能评价。泥浆中的有害固相主要是钻探过程中进入泥浆中的钻屑。固相含量过多,会导致以下问题:

1) 加剧泥浆泵缸套、活塞的磨损。
2) 加快钻杆钻具的磨损。
3) 使钻具回转阻力增加。
4) 导致泥浆密度增大，泵压升高。
5) 使绳索取心钻杆内壁结垢，导致内管总成投放与打捞失败。
6) 钻头使用寿命缩短，机械钻速降低。
7) 泥浆滤失量变大、泥饼变厚，增加钻井液的处理难度。
8) 造成孔内埋钻事故。

钻探现场非常重视泥浆的净化工作，采用自然沉淀加机械除砂的方法进行泥浆净化。科钻现场从井场平面布置设计开始，就考虑到泥浆净化及孔内特殊情况下泥浆量的需求，设计了较庞大的泥浆系统。有22m长的循环槽、1个储浆池、3个沉淀池。储浆池和沉淀池的容量均大于48m³。整个泥浆系统全部用砖块砌成，外抹水泥浆，如图2-48和图2-49所示。

图2-48 泥浆循环槽

图2-49 储浆池与沉淀池

现场泥浆配备了旋流除砂器和振动筛。实际施工过程中，主要采用自然沉淀方法，在泥浆循环槽中每隔一段距离放置隔板，再通过3个泥浆沉淀池进行自然沉淀。

对孔口返浆和沉淀池中的泥浆用含砂量测定仪进行含砂量测试，得到的结果都小于0.1%。应用激光粒度分析仪分析各个样品中的粒度大小和分布情况。图2-50为不同取样点泥浆粒径分布图。图2-51为不同取样点泥浆累计粒径分布图。

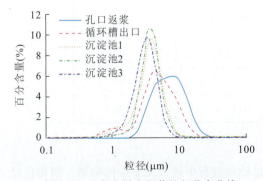

图2-50 各取样点泥浆粒径分布曲线

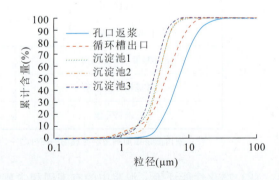

图2-51 各取样点泥浆粒径累计分布曲线

从图 2-50 和图 2-51 可以看出，返浆和沉砂池中的大颗粒固相非常少，颗粒粒径全都在 74μm 以下。从孔口返浆、循环槽出口、沉淀池 1、沉淀池 2、沉淀池 3 各个取样位置取得样品，经过测试，颗粒大小分别集中在 8μm、4.08μm、3.734μm、3.734μm、3.118μm，总体趋势变小。从表 2-28、表 2-29 数据可以看出，孔口返浆和沉淀池中的浆液黏度变化很小，说明返出来的泥浆和净化后的泥浆所含的无用固相颗粒少，对流变性能影响小。结果表明：采用长循环槽加隔板，经过 3 个沉淀池进行自然沉淀净化泥浆的方法有效。

表 2-28 现场取浆评价数据 1

取浆位置	Φ600/Φ300	AV (mPa·s)	PV (mPa·s)	YP (Pa)	n	K (Pa·s^n)
孔口返浆	10/5	5	5	0	1.0	0.005
循环槽出口	10/6	5	4	1	0.74	0.031
沉淀池 1	10/6	5	4	1	0.74	0.031
沉淀池 2	10/6	5	4	1	0.74	0.031
沉淀池 3	10/6	5	4	1	0.74	0.031

注：900 回次，约 2397.44m 深。

表 2-29 现场取浆评价数据 2

取浆位置	Φ600/Φ300	AV (mPa·s)	PV (mPa·s)	YP (Pa)	n	K (Pa·s^n)	密度 (g/cm^3)	pH 值
孔口返浆	9/5	4.5	4	0.5	0.848	0.013	1.012	9
循环槽出口	10/6	5	4	1	0.74	0.031	1.011	9
沉淀池 1	11/6	5.5	5	0.5	0.874	0.013	1.011	9
沉淀池 2	11/7	5.5	4	1.5	0.652	0.061	1.011	9
沉淀池 3	9/5	4.5	4	0.5	0.848	0.013	1.011	9

注：928 回次，约 2475.3m 深。

（四）防斜保直措施

江西相山地区是强造斜地层，在该地区施工的钻孔均发生不同程度的跑斜现象。由于采取相关的防斜保直措施，该孔钻孔弯曲度控制在合同规定的范围内。

（1）把好钻探设备安装关。

（2）把好开孔关，尤其是在复杂松散的覆盖层钻进时，应严格控制规程参数，把好开孔关。

（3）上一级口径下完套管后进行换径时，必须采用导向钻具进行导向钻进，保持前后两级钻孔为同心圆。当导向孔长度超过岩心管钻具的长度后，方可正常钻进。

（4）使用 P 口径绳索取心，钻杆直径较大，钻杆壁厚 6.35mm，钻杆总体刚度大，是其他 H、N 口径无法相比的。

(5) 液动冲击器的应用。

(6) 同心圆尖环齿钻头的应用。

(7) 稳定的钻进工艺参数，进尺速度平稳。

(8) 严格操作技术，防止频繁更改工艺参数。回次终了，正确提拔岩心，防止岩心脱落孔内而导致下钻套扫岩心。

(9) 长行程不倒杆钻进。

深钻在2570m进行过一次测井，根据井斜测井情况，有两个偏斜孔段，即1900～2000m、2450m段。0～1800m钻孔几乎竖直。测井数据显示，孔深2500m，顶角10.5°，方位角53.2°，钻孔弯曲控制效果很好，符合合同规定的全孔累计顶角偏差控制在15°以内的指标。

四、钻孔质量与技术成果

（一）钻孔质量

该钻孔开孔采用φ154mm口径，至45.88m，下入φ146mm套管。自孔深45.88m开始，采用φ122mm金刚石绳索取心钻进至2818.88m。岩心直径φ85mm，全孔平均岩矿心采取率99.9%。每次孔深校正误差均没超过0.5m/100m。钻孔弯曲情况：根据测井资料，钻孔的累计顶角偏差为10.5°，小于合同要求的15°。

（二）经济技术指标

自2012年7月21日开钻，至2013年3月20日止，完成设计孔深2500m工作量。实际施工时间8个月，比合同要求工期提前2个月。至2013年5月3日，孔深达到2818.88m终孔，工期9个月。实际施工进展如图2-52所示。

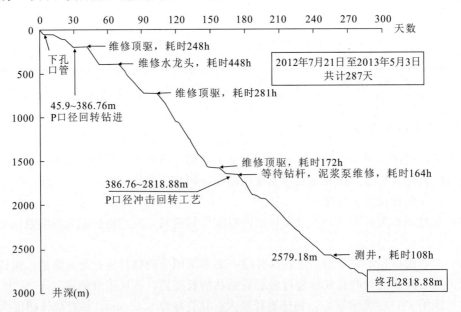

图2-52 实际施工进展图

(三) 主要成果

为了圆满完成科学深钻任务，北京中核大地矿业勘查开发有限公司进行了周密细致的部署与安排，成立了项目部。首次应用了国内第一台XD-35DB型交流变频电动顶驱式地质岩心钻机。从核工业216大队和核工业270研究所抽调了业务能力强、操作水平高的技术工人组成一支专业施工队伍，针对相山地区地层岩石硬、裂隙发育、易造斜、涌水漏水、地温较高等特点，本着"最高安全、最佳方案、最新技术、最高效率、最低成本"的原则，精心组织设计和施工，超额地完成目标任务，孔深达2818.88m。完成简易水文地质观测和测井等工作。终孔口径ϕ122mm，岩心直径ϕ85mm，全孔岩心采取率大于99%；所有岩心按照规定进行编号整理并装入木制岩心箱，原始记录齐全。终孔钻孔顶角累计偏差小于15°。

主要技术创新成果有：

(1) 采用XD-35DB型交流变频电动顶驱式地质岩心钻机。该钻机在江西相山中国某矿第一科学深钻的首次应用取得了巨大成功。

(2) 采用ϕ114×6.35mm绳索取心钻杆，P口径（ϕ122mm）金刚石绳索取心钻进2818.88m，创国内P口径绳索取心钻进深度纪录，创造国内ϕ122mm单一孔径裸孔取心钻进2773m的深度纪录。

(3) 探索出一条适用于3000m深度取心钻探工艺的电驱动钻探技术装备的运行模式。

(4) 在液动冲击器设计和应用上实现创新（图2-53、图2-54）。采用双差动式双作用原理，液流通道大，结构简单，易损件少，工作寿命长。冲击器最长工作时间794.6h，依旧未坏。平均工作时间289.87h。未使用冲击器平均时效为0.83m/s，使用冲击器后平均时效为1.52m/s，提高了83%。使用效果表明，液动冲击器在破碎岩层中使用，具有明显的解卡解堵效果。从294至301回次，岩层破碎，使用液动冲击器，平均回次进尺长度达到2.73m。

图2-53 新型液动冲击器的设计和应用

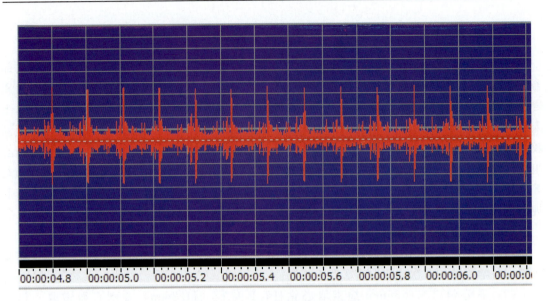

图 2-54 冲击器工作井内测试情况

使用液动冲击器具有以下优点：
1）解卡解堵，提高了回次进尺长度。
2）提高了钻进效率。
3）提高了钻头使用寿命。钻头在冲击器作用下的应用情况对比如图 2-55 所示。
4）减小了钻具回转阻力。
5）绳索取心钻具到位能实现报警。
6）防孔斜。

(a) 未使用冲击器　　　　　　　　(b) 使用冲击器

图 2-55 钻头在冲击器作用下的应用情况对比

（5）通过液动冲击器＋金刚石绳索取心＋高效长寿金刚石钻头组合钻进方法，用 287d 高效完成了施工任务。从 387.16m 开始应用液动冲击器＋绳索取心钻进。冲击器在孔内工作状况良好，总进尺达 2431.72m，共下井 881 回次，冲击器入孔正常工作回次比率占 94.3%。液动锤的应用对比如表 2-30 所示。

表 2-30 液动锤的应用对比

钻进方法	钻进孔段（m）	钻进时间（h）	进尺（m）	时效（m/h）	岩石
绳索取心钻进	45.88～387.16	412.97	341.28	0.83	碎斑熔岩
液动冲击器＋绳索取心钻进	387.16～869.8	352.81	482.64	1.52	碎斑熔岩

(6) 高效长寿孕镶金刚石钻头的应用。全孔共使用钻头 27 个、φ150 系列 1 个、φ122 系列 26 个，其中非正常使用 2 个，正常使用 24 个。其中有不少钻头仍然可以继续使用。

φ122 系列包括高低齿型 5 个、平底型 1 个、同心圆四环槽型 4 个、齿轮型 6 个、主副水口型 4 个、同心圆三环槽型 5 个。总进尺 2772.95m，平均时效 1.370m/h，钻头平均寿命 115.3m/个，更换钻头最大孔深间隔 273.61m（同心圆四环槽、HRC35-40），更换钻头最长时间间隔 427h（同心圆三环槽、HRC30-35）。正是高效长寿孕镶金刚石钻头的使用保障了全孔的纯钻时间按正常规律变化，如图 2-56 所示。

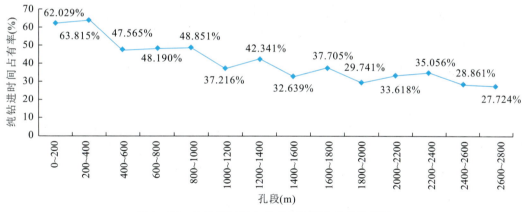

图 2-56 纯钻进时间占有率与孔深关系变化情况

(7) 钻杆防断防脱扣技术措施保障有力。

1) 控制钻杆在井下的连续工作时间。

2) 控制泥浆含砂量，提高泥浆的润滑性能。

3) 钻进参数方面：以孔内回转扭矩为基准，严格控制扭矩的变化范围，根据孔内钻进深度、岩层变化、钻头类型对钻进工艺参数进行调整。研究认为，在深孔钻进中保证扭矩的变化稳定在一定范围非常重要。纵观目前国内已经完成和正在施工的钻孔施工情况，几乎所有钻孔均发生过钻杆折断和脱落事故，处理时间有的高达数月，造成非常大的损失。在该工程中，没有发生过一次钻杆断、脱扣事故。这一成功经验对今后其他钻孔施工具有非常好的指导意义。

(8) 防斜保直措施到位。江西相山地区是强造斜地层，在该地区施工的钻孔均发生不同程度的跑斜情况。一方面，主要使用 P 口径绳索取心，钻杆直径较大，钻杆壁厚 6.35mm，钻杆总体刚度大，是其他 H、N 口径无法相比的。另外，液动冲击器的应用、同心圆尖环齿钻头的应用以及稳定的钻进工艺参数和长行程钻进对孔斜控制均是有利的。钻孔测斜显示，0~1800m 钻孔几乎竖直，1900~2000m、2450m 段有偏斜情况，但全孔累计顶角偏差控制在 15°以内。

第三章　深部岩心钻探关键技术

第一节　深部岩心钻探设备

一、概　述

深部钻探离不开深部钻探设备。虽然钻探界的主流观点认为，深部钻探成败的关键在于钻探工艺而非设备，设备只是服务于钻探工艺的工具，处于次要位置，但是不可否认，钻探界又非常肯定和重视钻探设备的重要性。因为无论钻探工艺再完美，还需要钻探设备、钻探机具的全力支撑。古人云"工欲善其事，必先利其器"，道理使然。

其实，钻探设备、钻探机具的发展与钻探工艺技术的进步始终是密不可分的，尽管钻探设备、钻探机具的发展还离不开整体工业技术的进步与发展，但钻探工艺技术的进步才是推动钻探设备发展的真正动力。先进的钻探工艺方法需要钻进工艺参数的不断优化，而要真正把钻探工艺方法的优越性淋漓尽致地发挥出来，就必然需要有与之相适应的先进可靠的钻探设备来实现。

深部钻探要根据预定的钻井深度合理选择钻机类型。选择的钻机过大会增加成本，过小则可能达不到预定的目标。选择钻机时应适当留有余地，"大马拉小车"有利于深井施工。

为安全、快速、高效地钻成深井超深井，国外主要研制大型化、自动化钻井设备。一方面，加大地面设备的功率；另一方面，由于勘探和开发的环境条件和地质构造越来越恶劣，自动化钻机因具有很高的适应性、经济性、可靠性和先进性，将是发展趋势。世界上第一台自动化钻机（RA-D）由英国于1991年研制成功，能自动操作所有管具，最大限度地减少人工操作，提高了安全性和可靠性。

先进的钻井设备是钻成深井超深井的关键之一，近年来为了满足勘探和开发更深地层油气藏的需要，深井石油钻机趋向大型化，要求功率大、性能好、自动化程度高，可满足和适应深井钻井的多种需要。目前钻机钻深能力已达15 000m，最大钩载达12 500kN。国外的深井超深井钻机分为6000m、7000m、8000m、9000m、10 000m和15 000m等规格，钻机装备先进精良。美国是目前拥有深井钻机最多的国家。国外超深井钻机的特点是：采用可控硅直流电机驱动，可使钻机在较大范围内调速，省去了庞大昂贵的变速装置及传动装置，传动控制方便，提高了传动总效率（机械传动效率约为75%，电驱动传动效率为86%），这种钻机可减少维护保养工作，有利于发展钻井自动化；配备多参数监控仪表和自动送钻装置，使钻机工作性能实现自动控制和始终处于最佳状况；动力机组与钻井设备可相互远离，布置安装方便，占地面积小，可避免噪音；配备大通径的转盘，8000m以上的钻机转盘通径为49.5in；配备大功率的三缸柱塞式泥浆泵，压力高，排量大；在钻杆方面采用耐高温，耐腐蚀（H_2S环境）的高强度合金钢。同时，美国研制了176MPa的防H_2S的常规防喷器和旋转防喷器等井控装置。

为了提高钻具的起升能力，绞车功率有了进一步提高的趋势。Emsco公司研制了世界上第一台输入功率为3676kW的绞车，该绞车由4台大扭矩的直流电动机驱动，采用强制水冷却盘式刹车，提升钢丝绳直径为50mm。据报道，功率为5000kW和5220kW的绞车也将问世。为了适应提高起升作业效率的需要，特深井施工采用4个单根组成的立柱，井架高度已超过50m。KTB是德国超深井钻井计划的简称，KTB钻机是由德国3家公司共同研制的用于项目计划的钻机。井架高83.17m，最大负荷800t，最大钻深能力12 000m，设备自重1300t。半自动钻杆操作系统由钻杆机械手、绞车、铁钻工、双吊卡、钻杆自动排放架、钻杆输送装置、液压大钳、控制板组成。液压或气动大钳和卡瓦、铁钻工及自动排放立根机构可以提高工效和减轻劳动强度；起下钻、接单根时，操作人员在值班房里通过控制面板给钻杆操作系统发出各种指令，由机械手、铁钻工等自动完成各项操作动作，完全替代了钻工在钻台上操作，节省了人力，减轻了操作人员的劳动强度，并大大提高了作业质量，缩短了作业时间（起下钻时间可减少30%）。

在钻井泵方面，目前，钻井泵单台最大功率可达1618kW，最高压力达52.7MPa。俄罗斯、罗马尼亚的钻机系列中，输入功率最大达1838kW。钻井泵使用长冲程、低冲次的钻井泵，陶瓷缸套的寿命可达1880～2400h；阀体阀座寿命超过800h，活塞寿命超过300h，以减少泵的维修保养时间。表3-1为国内外深孔钻机的主要技术参数对比表。

表3-1 国内外深孔钻机的主要技术参数对比

钻机型号	名义钻深（m）	最大钩载（kN）	井架高（m）	备注
ZJ70D	7000	4500	45	中国
ZJ90DBS	10 000	7000	48	中国
ZJ120/9000DB	12 000	9000	52	中国
F400-4DH	7000	4900	44	罗马尼亚
F-580	9000	5800	44	罗马尼亚
C-2-Ⅱ	7620	6370	43.3	美国
C-3-Ⅱ	9144	7350	45.7	美国
E3000	9114	9900	44.8	美国
UBT-1	14 000	10 500	63	德国
Payne86号	15 240	10 000	44.8	美国
PAKER	15 240	10 000	47.5	美国
4000-UDBE	12 192	11340	44.8	美国
Y-15000	15 000	4000	58	俄罗斯
F900	>10 000	9000	55.5	罗马尼亚

注：名义钻深所用钻杆为4-1/2（直径114mm）。

总之，深井钻机主要趋势为功率大、性能好、自动化程度高，可满足和适应深井钻井的多种需要，适应优化钻井和平衡压力钻井，为快速打好深井提供了物质上的准备。

深部钻井钻探装备的发展趋势：

（1）顶部驱动或复合驱动。转盘钻机配备顶驱系统取代单一转盘驱动。

（2）交流变频技术的应用。交流变频电驱动钻机将现代电力电子技术和石油钻井机械技术综合起来，具有高效节能的优良特性，成为当前钻井装备的主要方向。

（3）自动化管具处理系统的使用。为提高钻井效率，降低成本，针对不同的井况，钻机配备不同的管柱处理系统，具有高效、自动化程度高和可控性强等特点。

（4）智能化集成控制系统。系统采用可编程控制技术和工业网络通信技术，将钻机变频系统、仪表系统、顶驱系统和视频监控系统等组成集成控制系统，实现了钻机各个控制单元的有效整合，搭建了深井钻机自动化和智能化控制平台，引领了今后钻机集成控制的发展方向。

（5）自动送钻系统。目的是使钻头对井底的钻压保持设定的恒定值。压力过小影响钻井速度，压力过大容易造成钻具损坏或钻井倾斜。使用自动送钻装置，可以减轻司钻的劳动强度，提高机械钻速，延长钻头使用寿命，而且还可提高钻井质量，减少井下事故的发生率。

我国钻探设备的发展经历了"完全引进→全面仿制→消化吸收→合资生产→自主研发"几个阶段，已经发展成为世界上领先的钻探装备大国，特别是油气井钻探装备已经连续多年保持世界产量第一的地位，地质钻探设备的出口范围与数量也在快速增长，世界钻探界中的中国制造份额越来越突出。

我国岩心钻探设备经历了以下发展历程：自1897年英国、意大利和1919年美国等国家的钻机进入我国河南、河北和云南等地钻探开始，我国地质岩心钻探设备已经有了120年的发展历史，但早期的钻探设备均采用美国、日本设备。龙烟铁矿股份有限公司于1919年曾自制钻机，并用铁砂钻进，但最终没有形成规模性产品。1931—1945年日本在东北、华北及南方为了大肆掠夺我国矿产资源，通过钻探找矿，最多时开动钻机上百台，并使用了手镶天然金刚石钻头等先进工具。据统计，20世纪初到1949年，全国累计完成钻探进尺约17万米。中华人民共和国成立时，国民党政府留下了14台自美国进口和日本遗留的钻机，加上各矿山、各部门的各类钻机，共有约100多台。

中华人民共和国成立后，1952年地质部组建了白云鄂博、铜官山、大冶、庞家堡、白银厂、渭北6个大型综合勘探队，从苏联进口100台套手把式钻机及相应设备。而这些从苏联引进的钻探设备也成为我国现代岩心钻探设备发展历程的出发点，至今，岩心钻探设备逐渐形成了一套适合我国国情的岩心钻探系列设备。从早期的手把立轴钻机到液压立轴钻机、全液压钻机、电动顶驱式钻机等，不仅满足了我国固体矿产岩心钻探的需求，近年来还频繁出口到世界各地。

二、深孔钻机技术要求

深孔岩心钻机的结构形式如表3-2所示。

深孔岩心钻机按特征可分为以下几类：

（1）传动形式：机械传动、液压传动、电传动。

（2）回转结构型式：立轴式、动力头式、顶驱式、转盘式。

（3）司钻操控模式：机械、液压、电子（数字）。

表 3-2 深孔岩心钻机的结构形式分类表

传动方式	钻机结构形式			
	立轴式	动力头式	顶驱式	转盘式
机械传动	机械立轴	机械动力头（深孔 N）	N	机械转盘
液压传动	N	液压动力头 有卷扬	液压顶驱	液压转盘
		液压动力头 无卷扬		
电传动	变频立轴	N	变频顶驱	变频转盘

注：N 表示该类别当前无机型对应。

机械立轴钻机是以机械传动为主，钻进、倒杆、卡盘及移车等由液压操控，刹把、离合、分动、换挡由机械操控；电传动钻机可采用数字触摸屏和液压盘刹手柄操控；液压动力头钻机所有的执行单元均可以通过液压传动来实现，称为全液压钻机，全液压钻机又分为液压和电液手柄两种不同的操控模式。立轴钻机如图3-1所示。

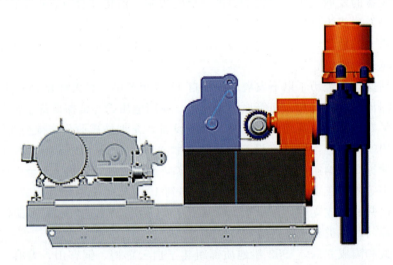

图 3-1 立轴钻机

深部钻探驱动模式主要有转盘驱动、顶驱驱动和井底驱动几种模式，如图3-2所示。

深孔岩心钻机大多具有一种回转器，也可同时配套两种回转器，如液压转盘与液压顶驱的组合、机械转盘与机械立轴的组合、电动转盘与电动顶驱的组合等。

不同类型的岩心钻机，简单地用几个技术参数进行直接对比，难以给予全面、客观、准确的结论；不同类型的岩心钻机，在不同的环境、深度、口径以及不同的领域和发展阶段，表现出不同程度的适应性和不同的应用效果。但是，面对大投资、高风险、深孔复杂地层的深孔岩心钻探项目，尤其是取心长度超过2000m或取心深度超过3000m的超深孔取心钻探项目，对深孔岩心钻探装备的选择，需要在能力、效率、安全、健康、经济等方面确定基本需求原则、价值选择导向和综合评价办法；需要针对不同深孔目标优化钻机功能，高效服务深钻项目。

第三章 深部岩心钻探关键技术

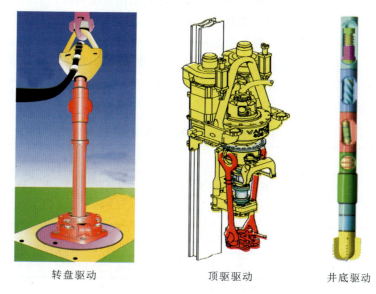

转盘驱动　　　　　　顶驱驱动　　　　　井底驱动

图 3-2　深井钻机的主要驱动模式

1. 传动方式的选择

（1）在设备运转效率方面。深孔、超深孔岩心钻探起下钻次数多、载荷大、时间长，起下钻频率远远大于石油钻井和工程钻孔，起下钻效率成为影响深孔地质取心钻探效率和成本的主要因素，尤其在超深孔提钻取心钻探中，起下钻环节的重要性压倒一切。在起下钻过程中，机械钻机、液压钻机、电传动钻机在空钩速度、重载钻具升降速度、加减速及制动等方面的性能区别明显，如表 3-3 所示。

表 3-3　不同类型钻机的起下钻效率比较

输出特点		钻机类型			
		机械钻机	液压钻机（卷扬起下钻）	液压钻机（油缸起下钻）	电传动钻机
空钩速度	升	差	优	差	优$^+$
	降	优	优	中	优
最大单绳速度	升	中	中	差	优$^+$
	降	优	中	中	优
加减速及制动时间		差	优	优	优

注：等级分为差、中、优、优$^+$ 4 个等级。

虽然起下钻效率还与立根长度、拧卸时间等因素有关，但是钻机的无级调速优于换档调速、单轴绞车优于行星绞车，能耗制动优于辅助刹车，当然传动效率越高越好。

（2）在钻孔安全控制方面。卡钻、缩径和掉块是深孔、超深孔钻探发生概率最大的事故类型，深孔钻机要求其绞车、转盘、顶驱有一定的过载能力，具备遭遇瞬间峰值扭矩与突发卡阻的快速通过能力；对深孔绳索取心而言，薄壁的绳索钻杆抗扭能力弱，钻杆丝扣拧断是最常见的孔内事故，钻机必须要有控制回转扭矩的能力，以确保孔内钻杆钻具的安全性。在这方面，电传动钻机的过载特性和转矩控制特性均表现优越，以电动机为动力的机械传动钻机过载特性较好，但其回转扭矩的控制特性很差；以柴油机为动力的液压钻机过载性能最弱，但其回转扭矩的控制特性较好。具体要根据钻具配套和工艺性进行安全性分析和选择性判断，如表 3-4 所示。

表 3-4 不同类型钻机的安全控制性能比较

输出特点	钻机类型			
	机械钻机	液压钻机（卷扬起下钻）	液压钻机（油缸起下钻）	电传动钻机
卷扬过载	中	差	N	优
回转过载	中	差	差	优
扭矩限制	差	优	优	优

（3）在钻探工艺适应性方面。无论哪一种驱动与控制技术、结构型式的钻探设备，都应以钻探工艺为核心，增强其适应性。钻探工艺类型较多，如大直径钻井与取心钻探复合的钻井工艺、定向孔钻探工艺、绳索取心钻探工艺、套管钻井工艺等。同时，不同规格钻具的钻压、泵量、转速等工艺参数都需要不同的变幅。在遭遇复杂地层时，需要根据通、扫、划眼、扩等作业需要调节工艺参数。在特殊的侧钻、定向、倒扣等作业过程更需要特殊的工艺参数。在深孔金刚石取心钻探过程中，工艺参数的调整幅度大、调整精度高、控制手段多，如恒扭矩、恒钻速、恒钻压、恒泵压等。电传动与液压传动的钻机，升降、回转、钻压、循环均可无级调速，与实际工况需求的吻合度高，而工艺适应性强，钻探效果好；而机械传动钻机在回转、升降、钻压、泵量调节等方面均不能很好满足深孔、超深孔钻探功能和时效的要求。

（4）在能量消耗方面。电传动钻机由于传动效率高、无功消耗少的良好特征，其深孔能耗比机械钻机好，传动效率提高 20%~30%，可用功率提高 20%~25%，维修费用节省 90%（交流），节约燃料 10%~15%；液压钻机与机械传动钻机相比，传动效率很低，根据功率等级不同，一般只有 40%~60%。功率越大，管路越长，传动效率就越低。

（5）在辅助作业的自动化方面。每一种钻机主机的运转，都需要大量的、繁杂的辅助作业流程。减少辅助作业时间，提高效率，降低劳动强度，避免生产安全事故，需要电液控制技术的融合，需要进行井口智能化辅助设备的研发，涉及卡、夹、拧、卸、吊、捞、摆、取等，需要辅助作业子系统的支撑。

（6）在工程维护及环境适用方面。液压传动和变频电传动取消了链条、齿轮、皮带、离合等冗长的机械传动链环节，提高了整机装备的可靠性，但同时对保养维护，电气、液压技术的专业性提高，液压传动钻机在高温地区和高寒地区施工会带来一定的困难；电传动和机械传动深孔钻机运转的环境适应性较好。

（7）在钻进过程的智能化方面。基于不同地层条件下的钻进参数自适应和智能化非常重要，可以最大限度地避免卡钻、烧钻等孔内事故。自适应能力包括扭矩控制、钻压控制、泵压控制、钻速控制等。

(8) 在钻探管理的远程化方面。对工程数据收集和质量管理实现无网区域、有网区域的网络化意义重大，可以实现多机台的管理。多类信息的远程传输，包括工程工艺数据和设备运转状态数据，在全寿命运转期内，都可以实现采集、存储、分析和传输，便于技术管理和工程管理人员进行事中和事后的分析总结。液压钻机增加一定数量的传感器和电子器件后，也可实现数据采集、传输功能，而机械传动钻机在工程数据方面配套数字系统比较困难。

(9) 在设计制造方面。液压元件的形体功率比较小，适用浅孔—中深孔岩心钻机的功能设计；电传动装置的形体功率比较大，比较适用于大中型深孔、超深孔钻探机械的功能设计；机械传动可用于中浅孔—深孔岩心钻机。

2. 回转器类型的选择

(1) 深孔立轴钻机。立轴钻机回转器的转速高，可达 1000r/min 以上，满足金刚石钻进工艺需求，油缸给进精度相对较高，油缸具备加压、减压钻进的能力；钻进过程为液压操控，劳动强度较低；钻柱与给进油缸在一个平面内，受力结构合理。但给进油缸行程短，从 400~1200mm 不等，需要频繁倒杆，加大了岩心堵塞的几率，这些问题在破碎地层尤为明显；卡盘能力受限，在重载钻具的回转与扭拉综合载荷下，容易打滑；因为主动钻杆的原因，不具备快速建立循环、回转、提升复合动作的条件。

(2) 深孔转盘钻机。当前的转盘钻机转速较低，一般不超过 200r/min，可满足硬质合金和 PDC 取心钻进的需求，但不完全适用于小口径金刚石取心钻进工艺；钻进行程较大是该类钻机的优势，根据主动钻杆长度的不同，可以实现 6m、9m、12.5m 等不同的钻进行程；由于有主动钻杆，因此不具备在复杂地层任何位置快速建立循环、回转、提升复合动作的条件；手动送钻的精度较低，尤其在深孔重载钻具条件下，而电控或液控的自动送钻精度较高。转盘钻机适用于牙轮钻头和大直径 PDC 取心钻头钻进，不具备小口径加压钻进能力，但具备深孔段的减压钻进能力。其钻柱、游车与转盘在一个中心线上，受力结构合理。

(3) 深孔动力头钻机。动力头的转速高，可达 1000r/min 以上，满足金刚石钻进工艺需求；给进油缸行程较长，从 1500~4500mm 不等，可打满一根标准的岩心管。动力头钻机在机械钻速、钻头寿命、回次长度和提钻间隔方面都要优于立轴钻机；油缸链条倍速给进机构的钻压调整精度相对较高，可达 3000~6000N；油缸具备加压、减压钻进的能力；钻柱与给进油缸不在一个平面内，用于深孔重载钻探的动力头受力结构不合理；最大的弊端在于如果采用桅杆式钻塔，立根长度有限，深孔钻探的起下钻效率太低。

(4) 深孔顶驱钻机。20 世纪 80 年代末，国外开始研制、生产和试用顶部驱动装置（以下简称顶驱），由于顶驱取代了常规旋转钻机的转盘驱动，从水龙头处直接驱动钻具，使钻井速度提高，操作安全，成本下降，特别是在一些深井、高难度井，可以完成常规转盘钻井难以完成的操作，现正迅速大面积推广。近几年在石油钻井市场萧条的情况下，顶驱的生产却一直保持着上升趋势。国外生产顶驱的公司有加拿大的 TESCO、CANRIG，美国的 NATIONAL、BOWEN 以及挪威的 MH，其主要技术参数如表 3-5 所示。

近年来，我国相继引进了顶驱。国内研制的第一台电动顶驱于 1997 年通过鉴定后，1998 年又研制了轻便顶驱。

顶驱钻机可实现低速、中高速、高速回转速度，可满足不同口径的硬质合金钻头、PDC

表3-5　VARCO、CANRIG 和 TESCO 所生产常见顶驱的主要参数

性能指标	型号			
	VARCOIDSI	VARCOTDSIISA	CANRIG1050E	TESCO500EC
额定功率（hp）	1100	700	1130	900
最大转速（r/min）	222	228	265	245
扭矩（N·m）	46080	44050	40700	48800
额定负荷（t）	450	450	450	450
测量高度（m）	钻头接头顶面至提环7.0	钻头接头顶面至提环5.5	钻头接头顶面至提环5.54	钻头接头顶面至提环6.1
质量（kg）	19500	10866	12700	9525（不含水龙头）

钻头和金刚石钻头等的取心工艺需求；顶驱送钻行程超长，可以实现18～27m立根的给进、扫孔、倒划眼、扩孔等深部钻孔复杂地层多功能的需求；自动送钻钻压控制精度较高，可以实现500kg以内的钻压控制精度；钻柱和送钻游车在一个中心线上，受力结构合理；顶驱钻进没有主动钻杆，有辅助管柱系统，具备在任何位置建立循环和回转的能力，遇掉块等孔内事故可以快速反应；数字化的自动送钻操控，劳动强度低，作业环境优良。顶驱不具备浅孔的机械加压能力，但具备深孔段的减压钻进能力。顶部驱动系统具有以下优点：

1）一次可接1根立根，使接钻柱的时间减少了2/3。
2）能进行倒划眼，提高了在易垮塌井段的钻进能力。
3）起下钻过程中可不断旋转钻杆和循环钻井液。
4）由于接钻柱的时间减少，因而减少了发生黏附卡钻的可能性。

3. 钻机综合评价指标

对比不同类型钻机的某一项特性指标给予单项相对分值，根据单项指标在工程中的重要性占比给定权重系数，最终即可得出钻机的综合评价指数。表3-6为深孔钻机的综合评价指标。

限于篇幅，本节仅以立轴式岩心钻机、全液压动力头式钻机、电动顶驱式钻机和转盘钻机等几种用于深孔取心钻探的典型钻机进行分述。

三、液压立轴式岩心钻机

长期以来，立轴式岩心钻机在我国地质勘探工作中占据主导地位，特别是地矿系统的XY系列立轴钻机，占据了国内地质勘探取心钻机的半壁江山，对于金刚石取心钻进来说，立轴钻机能够提供金刚石钻进规程所需要的压力、转速等参数，为我国地勘事业做出了不可磨灭的贡献。但对于深孔钻探而言，地层极为复杂破碎，钻进过程需频繁倒杆，正常的钻进过程需要经常被人为中断，本来或许已经建立起来的钻进平衡状态有可能就在这短暂的倒杆（停钻——倒杆——开钻）过程中被打破，每次倒杆不仅多耗时间，还可能造成岩心断裂，使得倒杆后的初始钻进速度低，并加大了岩心堵塞的几率，这些问题在破碎地层尤为明显，导致取心钻进极为困难，岩心采取率很难得到保证。立轴钻机是很难实现长行程给进的，国产XY-9型最大给进行程也只1200mm。

表 3-6 深孔钻机的综合评价指标

评价指标			相对分值	项目权重	单项分
作业过程	钻进特性	回转速度			
		给进速度			
		给进行程			
		加减压能力			
		钻进平稳性			
	下钻特性	提升能力			
		立根长度			
		升降速度			
		拧卸效率			
		立根摆放			
	辅助作业	加接单根			
		打捞效率			
		其他辅助			
安全控制	安全特性	扭矩限制			
		卷扬随动			
		防碰性能			
		下钻制动			
		打捞可靠			
	事故处理	过载能力			
		输出特性			
		加杆位置			
		扫孔行程			
客户体验		运转可靠			
		维修保养			
		操控性			
		钻参采集			
		操作环境			
		对外环境			
成本分析		购置成本			
		运转能耗			
		维护成本			

立轴式岩心深孔钻机系列也在原 XY-6 型（钻深能力 2000m）的基础之上发展到了 XY-8 型（钻深能力 3000m）、XY-9 型（钻深能力 4000m）。表 3-7 为我国常用深孔立轴钻机的技术参数表。

表 3-7 我国常用深孔立轴钻机的技术参数

型号	钻深能力		给进能力						卷扬单绳提升力(kN)	移车行程(mm)	配备动力(kW)	
	钻进深度(m)	钻杆直径(mm)	立轴转速(r/min)		立轴通径(mm)	立轴起拔力(kN)	立轴加压力(kN)	立轴行程(mm)			柴油机	电动机
			正转	反转								
XY-5	1000~1500	50~89	85~1232 八档	65、225	80、96	135	90	500	40	450	66	55
XY-6B	1500~2000	50~89	80~1000 八档	62、170	96	200	150	600	60	550	75	55
HXY-6B	1200~2400	50~114	96~1025 八档	78、218	118	196	150	720	125	700	84	75
XY-8	1000~3000	50~114	79~1024 八档	51、144	118	300	141	690	250	690	134	90
HXY-9	2000~4000	71~114	82~948 八档	29、82	118	640	340	1200	300	800	170	160

(一) XY-8型液压立轴式岩心钻机

XY-8型钻机是为满足深部找矿战略而研发的一种大孔径（通径 ϕ118mm）的深孔岩心钻机（1000~3000m）。其适用范围广，广泛用于以合金、金刚石为主的岩心钻探，也可用于工程地质勘察、水文水井钻进、浅层石油和天然气开采、矿山坑道通风、排水以及大口径基础工程施工。该钻机结构合理，能力大，性能广泛，可靠性强，标准化通用化程度高。最早由连云港黄海机械有限股份公司生产，命名为HXY-8型、HXY-8（B）型（附转盘）。技术参数如表 3-8 所示，结构和实物如图 3-3 和图 3-4 所示。HXY-8型钻机的主要特点如下：

表 3-8 HXY-8/HXY-8（B）型钻机的主要技术参数

	钻进深度（m）		1000~3000	钢丝绳规格（mm）	ϕ21.5
HXY-8	立轴转速（r/min）	正转	63；95；175；250；363；264；487；695；1011	卷扬机提升速度（m/s）	0.663、1.09、1.693、2.90、1.761、3.034、4.713、8.083
		反转	77；215	电动机型号	Y2-280M-4
	钻杆直径（mm）		50、60、71、89、114	电动机功率（kW）	90
	立轴行程（mm）		1000	电动机转速（r/min）	1480
	钻机移动行程（mm）		690	柴油机型号	YC6108ZLD（玉柴）
	钻机最大起重力（kN）		310	柴油机功率（kW）	134
	钻机最大加压力（kN）		145	柴油机转速（r/min）	1800
	单绳最大提升力（kN）		135	钻机外形尺寸（mm）	配电动机 3905×1692×2603
					配柴油机 4105×1892×2803
	卷筒最大容绳量（m）		160	钻机质量（kg）	7900

续表 3-8

HXY-8（B）	钻进深度（m）		1000～3200	钢丝绳规格（mm）	φ21.5
	立轴转速（r/min）	正转	63；95；175；250；363；264；487；695；1011	卷扬机提升速度（m/s）	0.663、1.09、1.693、2.90、1.761、3.034、4.713、8.083
		反转	77；215	转盘通径（mm）	395
	转盘转速（r/min）	正转	33；60；86；125；91；167；238；347	电动机型号	Y2-280M-4
		反转	26；74	电动机功率（kW）	90
	钻杆直径（mm）		50、60、71、89、114	电动机转速（r/min）	1480
	立轴行程（mm）		800	柴油机型号	YC6108ZLD（玉柴）
	钻机移动行程（mm）		690	柴油机功率（kW）	134
	钻机最大起重力（kN）		310	柴油机转速（r/min）	1800
	钻机最大加压力（kN）		145	钻机外形尺寸（mm）	配电动机 4413×1692×2653
					配柴油机 4413×1892×2803
	单绳最大提升力（kN）		135	转盘最大回转扭矩（N·m）	27690
	卷筒最大容绳量（m）		160	钻机质量（kg）	9100

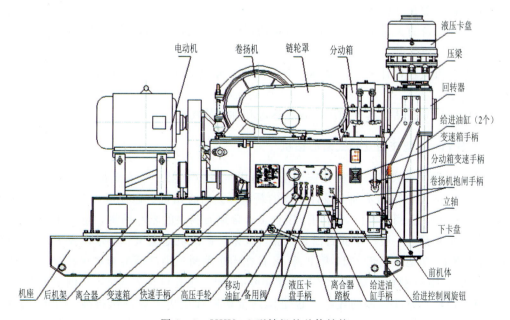

图 3-3　HXY-8 型钻机的总体结构

图 3-4　HXY-8 型液压立轴式岩心钻机实物

（1）钻机具有较多的转速级数（10 级）和合理的转速范围，立轴转速为 79～1011 r/min。

（2）设计功率大，电动机 90kW、柴油机 134kW，采用东风标准变速器和离合器，维护方便。立轴低速扭矩大，最大 9440N·m（电动机配置）。

（3）立轴通径大，为 ϕ118mm，适用钻杆 ϕ50～114mm（配以不同规格的卡瓦），双油缸液压给进，行程长（1000mm）。

（4）卡盘夹持力大，钻机采用双联齿轮油泵组合供油，节约降耗，适应多种钻进工艺，有利于提高钻进效率。

（5）卷扬机横置设计，方便排绳，提升力大，单绳最大提升力为 125kN，并配有防震仪表。

（6）HXY-8 型钻机具有加压、减压钻进和称重的功能。

（二）HXY-9 型液压立轴式岩心钻机

HXY-9 型立轴式岩心钻机是连云港黄海机械股份有限公司为满足用户深部探矿的要求，在 HXY-8 型钻机的基础上设计开发的新型深孔岩心钻机。通径可达 ϕ118mm，深度可达 2000～4000m，适用范围广，可用于以合金、金刚石为主的岩心钻探，也可用于工程地质勘察，水文水井钻进，浅、中深石油和天然气开采，矿山坑道通风、排水以及大口径基础工程施工。HXY-9 型钻机于 2010 年 9 月 18 日在山东莱州三山岛西岭金矿区开钻，历时 985 天，2013 年 5 月 29 日终止钻进，终孔深度 4006.17m，终孔口径 75mm，开创了国内固体矿产勘查小口径岩心深部钻探的先河，也是国内金矿勘探历史上第一次挑战 4000m 的深度。HXY-9 型立轴式钻机的主要性能指标如表 3-9 所示。

表 3-9 HXY-9 型钻机的主要技术参数（按 160kW、1480r/min 电动机动力计算）

参数		值	参数		值
钻进深度(m)		2000～4000	立轴通孔直径(mm)		118
立轴输出最大扭矩 (N·m)	正转	16 183	立轴转速 (r/min)	正转	82,119,170,234,333, 215,337,484,682,948
	反转	18 295		反转	29,82
主动钻杆(mm)		φ114/102、φ89/79	钻杆直径(mm)		114、102、89、71
立轴行程(mm)		1200	钻机移动行程(mm)		800
钻机最大起重力(kN)		640	钻机最大加压力(kN)		340
卷筒容量(m)		350	钢丝绳规格(mm)		26
单绳最大提升力(第三层)(kN)		150	卷扬机提升速度(m/s)		0.84,1.21,1.74,2.45,3.4
			钻孔倾角(°)		78～90
钻机(配电机)外形尺寸(mm)		5730×2040×3400	钻机(配电机)质量(kg)		1700
钻机(配柴油机)外形尺寸(mm)		6088×2040×3400	钻机(配柴油机)质量(kg)		17600

1. 钻机的主要特点

(1) 钻机具有较多的转速级数（12级）和合理的转速范围，立轴转速为 82～948r/min。

(2) 设计功率大，电动机 160kW、柴油机 170kW，采用法士特离合器变速箱，维护方便。立轴低速扭矩大，在电动机配置下，扭矩可达 16 183N·m。

(3) 立轴通径大（φ118mm），适用多种规格钻杆（φ71mm、φ89mm、φ102mm），双油缸液压给进，行程为 1200mm。

(4) 卡盘夹持力大，双液压卡盘，钻机采用双联齿轮油泵组合供油，节约降耗，适应多种钻进工艺，有利于提高钻进效率。

(5) 卷扬机横置设计，方便排绳，提升力大，单绳提升力 150kN，并配有防震仪表。

(6) 可拆性强，全机可分解成多个整体部件，便于运输和搬迁，适宜于多种复杂环境下工作。

(7) 具有加压、减压钻进和称重的功能。

(8) 压梁部分，采用一级轴承油循环润滑，具有润滑效果好、增加轴承寿命、散热快等优点。

2. 钻机的结构

HXY-9 型钻机总体结构为典型的立轴钻机结构，分为 7 个部分，即回转器、分动箱、卷扬机、变速离合总成、液压系统、动力机和机架，如图 3-5 所示。

(1) 回转器。回转器为典型的立轴钻机回转器结构，如图 3-6 所示，主要由回转装置、给进装置及上下卡盘组成，为满足深孔钻进要求，上部卡盘采用两个液压卡盘组合而成，底部为下卡盘，用于夹持钻杆和传递扭矩。中部是两只给进油缸实现加压钻进或减压钻进，使钻具提升或下降。回转器的两只给进油缸有较大的给进加压和起拔提升能力以及较长的给进

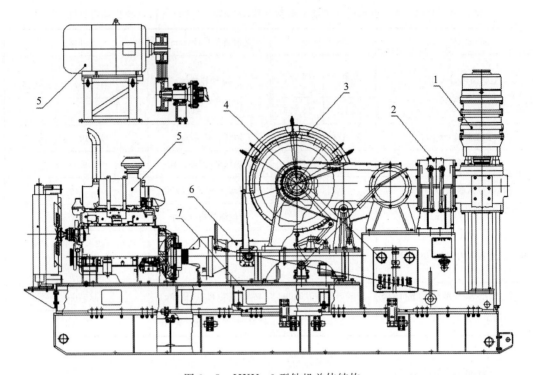

图 3-5 HXY-9 型钻机总体结构
1—回转器；2—分动箱；3—卷扬机；4—液压系统；5—动力机；6—变速离合总成；7—机架

长度，除用作正常给进外，也允许作为强力起拔钻具使用。回转器前部装有一根刻有尺度标记的导向杆，一小格为 1cm，便于操作者观察钻进速度。钻机的立轴采用花键的形式，以满足强度及导向精度要求。

（2）分动箱。分动箱的主要作用是将变速器传来的速度和扭矩再次进行更合理的分配，使变速器的 6 个档位的速度变为 12 个速度档位，10 个正转、2 个反转。变速范围更宽，在钻进时选择速度更合理，更符合钻探工艺的要求。通过变换档位，将动力传给（或脱开）回转器和卷扬机，如图 3-7 所示。

（3）卷扬机。卷扬机的主要作用是用于提升、下降钻具及起拔套管等，通过操作手柄控制左右抱闸，实现钻具的提升、下降和制动钻具 3 种不同的工艺要求。在卷扬机旁边装有水刹车装置，水刹车上设有排水阀，控制水量流出的大小，可使水刹车产生不同

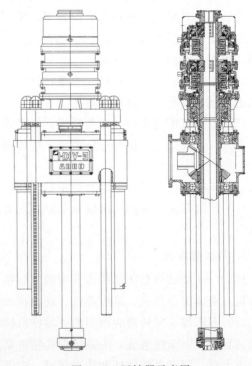

图 3-6 回转器示意图

第三章 深部岩心钻探关键技术

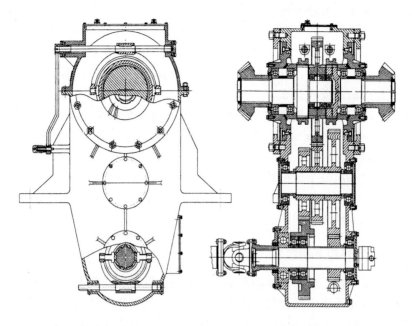

图 3-7 HXY-9 型立轴式岩心钻机分动箱结构

的制动力矩,控制卷扬机的急速转动,从而调节钻具下降的速度,使下钻平稳安全,防止事故的发生,并延长刹车带的寿命。卷扬机操作机构采用杠杆气动制动与杠杆手动刹车相结合,提升靠快速气动制动,刹车靠杠杆手动制动。

(4) 变速离合总成。变速离合总成选用著名品牌西安法士特产品(图 3-8),具有传递扭矩大、档位多等特点,有 8 档(封掉前 3 档),用后 5 个档位、一个倒档,换档轻巧、容

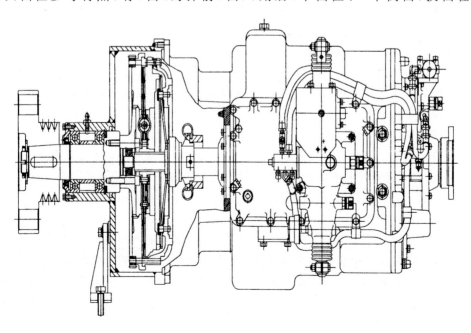

图 3-8 变速离合总成

易,噪音低,配件易购,维修方便。

(5) 液压系统。该系统的工作压力16MPa,液压元件采用国内外著名品牌,如西德福、黎明液压等,工作可靠,供油系统采用双联泵组合供油,可分开单独、合并使用。正常工作时用一个泵,快速时二泵合一,可节约降耗。系统中装有手摇油泵,当动力机不能工作时仍可用手摇油泵将孔内钻具提离孔底。

(6) 动力机。HXY-9型钻机的动力配置有电动机或柴油机,电动机型号Y315L1-4功率为160kW,转速为1480r/min;柴油机型号YC6M265L-D20功率为170kW,转速为1500r/min,方便用户选择。

(7) 机架。机架承担整个钻机的重量和移位。机架分为两个部分,上部由前机架和后机架组焊而成,下部为机座部分,机架经过退火处理,不变形,内置移动油缸,行程800mm。机座导轨面淬火处理,硬度高,耐磨损,寿命长。

(三) 立轴岩心钻机的变频升级

立轴钻机的优点突出,缺点也极为明显,特别是在钻遇各类复杂地层时,其操控性与所能够提供的钻进参数均无法满足对付复杂地层的需要。所谓稳定地层,是指能够较好抵抗外力扰动并能够在一个较宽的范围内(距离、时间、口径、压力窗口)保持稳定的地层。而不能在较宽范围内抵抗外力扰动并容易失稳的地层就被认为是复杂地层。钻探过程中,需要根据不同的地质条件采取不同的钻探工艺,尽可能保持所钻地层的平衡不被打破,这就需要钻探设备的完美配合,特别是要求钻机根据工艺的需要,提供最优钻进工艺参数,并在找到复杂地层钻进的平衡点之后尽可能维持这种平衡,而常规立轴钻机恰恰不具备这种随时调控钻进工艺参数的能力,比如无法无级变速、不能长行程给进等,导致在复杂地层钻进时,很难建立钻孔安全平衡条件。为此,工程师们对传统立轴式岩心钻机进行了必要的升级改造,尽可能消除其不足,使这种传统钻机焕发出新的生命力,而变频电驱动立轴式岩心钻机是所有升级改造尝试中效果最为显著的一种机型。

XY-8DB型变频电驱动立轴岩心钻机(图3-9),是以XY-8机械立轴式岩心钻机为基础,加入集成模块化的变频电动单元及数据采集单元,采用PLC与现场总线进行电气系统配置,采用智能化司钻房进行远程操控的新型深孔岩心钻探成套装备,满足3000m S75 (NQ) 深孔取心勘探需求。其具有如下特点:

(1) 可采用网电或柴油发电机作为主动力。

(2) 提升、回转、绳索打捞和泥浆泵分别由单独变频电机驱动,可无级调速。

(3) 采用ABB转矩控制变频器、SIEMENS高性能的PLC逻辑控制器及PROFIBUS现场总线控制模式,实现变频器、操作台、自动送钻、电子防碰、一体化仪表和HMI等系统间的高速通信、系统化控制。

(4) 采用伺服电机泵控液压控制系统,实现恒压待命功能,并具有负载及时补偿功能。

(5) 采用能耗制动、电磁制动及液压盘刹制动3种便捷安全的卷扬制动模式。

(6) 采用一体化司钻房与智能化远程司钻操作台,具有安全、清洁、集中、舒适的操控环境;具有方便操作、钻井数据实时显示、电气系统运行监控与显示、故障报警、诊断等齐备功能。

(7) 具备长行程给进、扫孔、划眼 (9m, 6m, 4.5m, 3m) 的综合功能;具备回转、

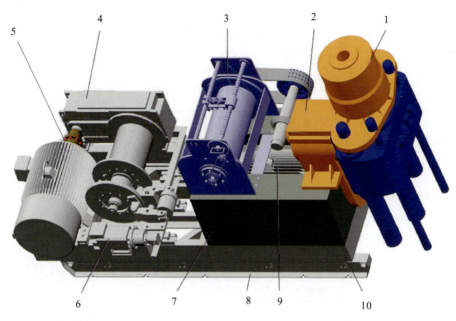

图 3-9 XY-8DB 型钻机的组成

1—提升电机；2—主绞车；3—绳索取心绞车；4—分动箱；5—立轴；6—液压电机；
7—油箱；8—底架；9—回转电机；10—滑架

起拔、提升同时作业的事故处理能力；具备浅孔段油缸给进、深孔段绞车自动送钻的钻进方式；在自动送钻模式下，可选择恒钻速钻进或恒钻压给进方式。

（8）具备钻压、转速、钻速、泵量、泵压、扭矩、钩载、钻头位置、游车位置、钻深等全工艺参数及全设备运转参数的监视与控制。

（9）全交流变频钻机在深孔钻探中的节能效果明显。

XY-8DB 型钻机技术参数如表 3-10 所示。XY-8DB 钻机井场布局和司钻系统如图 3-10 和图 3-11 所示。

表 3-10 XY-8DB 型钻机技术参数

功能模块	规格与技术指标		备注
钻进深度	75mm（NQ）(m)	3000	
	95mm（HQ）(m)	2400	
	114mm（PQ）(m)	1500	
提升系统	功率（kW）	90kW-10 级电机	变频电机（50Hz）
	钢丝绳径（mm）	20	
	单绳拉力（kN）	100	
	游车绳系	3×4	
	钻塔承载（kN）	680	
	钻塔高度（m）	24	

续表 3-10

功能模块	规格与技术指标		备注
回转系统	功率（kW）	75-10级电机	变频电机（50Hz）
	最大扭矩（N·m）	7870	
	最高转速（r/min）	1000	
打捞系统	最高绳速（m/min）	250	
	最大拉力（N）	25 000	
	钢丝绳径（mm）	8	
液压系统	功率（kW）	7.5-伺服电机	
	最高压力（MPa）	14	
循环系统	功率（kW）	30	变频电机（50Hz）
	最大压力（MPa）	16	
	最大流量（L/min）	300	
	缸径（mm）	80	

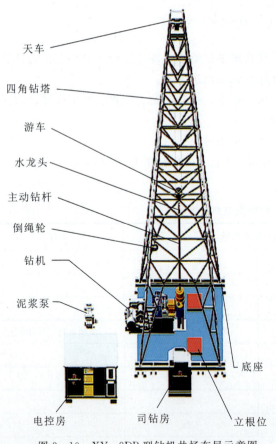

图 3-10 XY-8DB型钻机井场布局示意图

图 3-11 XY-8DB型钻机司钻房

XY-8DB 型钻机在核工业钻探和深孔钻探施工中均有较好的适应性。施工案例如表 3-11 所示，图 3-12 为松辽南部外围盆地群油气基础调查井蓝地 1 井施工现场，设计井深 2300m，终孔直径 φ76mm。

表 3-11　XY-8DB 型钻机施工案例

序号	施工单位	钻孔	深度（m）	终孔口径（mm）
1	中国核工业集团公司 270 研究所	CUSD-2	1616	122
2	中国核工业集团公司 270 研究所	CUSD-3	1535	122
3	中国核工业集团公司 270 研究所	CUSD-4	1435	122
4	山东省鲁南地质工程勘察院	蓝地 1 井	2300	76
5	中国地质调查局勘探技术研究所	黑富地 1 井	2089	75

图 3-12　蓝地 1 井施工现场

四、全液压动力头式岩心钻机

毫无疑问，动力头式岩心钻机具备实现长行程给进的技术条件，这也是国际上的地质勘探取心钻进基本上全部采用全液压动力头式岩心钻机的原因之一。其实，国内钻探技术人员早就意识到了这些问题，我国全液压动力头式岩心钻机的研发起步始于 20 世纪 70 年代末至 80 年代初，并没有落后国外多久，但因为受制于液压元件的质量问题，无法形成大深度钻机。改革开放以来，我国整体工业技术水平得到长足进步，钻机生产厂家不仅可以根据需要进口液压元件，国产液压元件的技术水平也基本上达到了国际先进水平。通过近年来深孔实践检验，全液压动力头钻机的可靠性有了大幅度提高。原地质矿产部实施的"八五"、"九五"科技攻关项目更成为此类钻机快速发展的助推剂，此后的"863 计划"项目的实施，则把我国全液压动力头式岩心钻机的研发提高到了一个新的高度。山东省地质探矿机械厂、连云港黄海机械股份有限公司、张家口中地装备探矿工程机械有限公司、北京天和众邦勘探技术有限公司等十几个厂家也纷纷推出了多种型号的全液压动力头式岩心钻机产品，如山东省地质探矿机械厂的 XD-5 型（1200m）、XD-6 型（2000m），连云港黄海机械股份有限公司的 HYDX-6 型（2000m）、HCR-8 型（3000m），张家口中地装备探矿工程机械有限公的 HCDF-6 型（2200m），北京天和众邦勘探技术有限公司的 YDX-3000 型（3000m）等。

与液压立轴式岩心钻机相比，全液压动力头式岩心钻机的优越性已为业内所共知，其在地质勘探领域的市场份额也越来越大，不仅以良好的性价比与服务逐渐把国外同类型产品挤出国内市场，还出口到世界各地。但是随着钻孔加深，这种优势逐渐减弱。

国内全液压动力头式岩心钻机已经形成一个与立轴式岩心钻机相对应的完整体系，目前钻深能力大于2000m的全液压动力头式岩心钻机技术参数如表 3-12 所示。

表 3-12 钻深大于2000m的全液压动力头式岩心钻机技术参数

功能单元与性能指标		参数			
		HCDF-6	HCR-8	HYDX-8B	CSD3000
钻进能力（m）	φ55.5mm	3000			3000
	φ71mm	2200	3000	2600	2300
	φ89mm	1500	2400	2000	1600
	φ114mm	900	1700	1500	1050
动力头	扭矩范围（N·m）	一档 5960~800；二档 1820~1166	7200	6600	7600
	转速范围（r/min）	一档 0~367；二档 0~1200	0~1250	0~1250	120~1300
	主轴通径（mm）	117	121	121	117
给进机构	给进行程（mm）	4800	5000	4800	3500
	提升能力（kN）	200	300	300	230
	给进能力（kN）	100	150	300	110
主卷扬	最大提升力（kN）	96~148	150	135	181
	提升速度（m/min）	78~120			33，70
	容绳量（m）	130	50	50	41
	钢丝绳直径（mm）	24	21.5	21.5	26
绳索取心卷扬	最大提升力（kN）	15.8	15	15	14
	提升速度（m/min）	550			200
	容绳量（m）	3200	3000	2800	3000
	钢丝绳直径（mm）	5	6.3	6.3	6.6
动力系统	型号	主 Y315M-4，辅 Y132M-4	潍柴 WP12.370	潍柴斯太尔	康明斯
	额定功率（kW）	主 132、辅 11	275	225	239
	额定转速（r/min）	1500	2100	2200	2200
桅杆	高度（m）	钻塔：24	13.5	13.5	12.6
	钻进角度（°）		45~90		
	滑动行程（mm）	主机后移：500	1100		1200
质量（kg）		15000	19000	15000	23500
备注		分体式，带钻塔	履带自行式		

下面以 HCR-8 型全液压动力头式岩心钻机为例，介绍其功能特点。

HCR-8 型全液压动力头式岩心钻机是在 HYDX 系列全液压岩心钻机市场反馈意见的基础上开发的一种高效、多功能全液压岩心钻机。如图 3-13 所示，该机适应平原、丘陵地带高温、严寒等恶劣环境下工作。主要适用于金属非金属固体矿床勘探、煤层气、天然气、水文水井、地热井、矿山坑道、通风排水孔及工程抢险施工，是广泛应用于地质、煤炭、冶金、有色、石油、水文、工程等行业，以金刚石和硬质合金钻进为主，满足绳索取心、顶驱钻进等多功能钻探要求的钻探设备之一。

1. 技术特点

（1）全液压驱动，钢履带行走，组合式桅杆，动力机、主副卷扬机、泥浆泵等一体布置，结构紧凑，集中操控，灵活方便。

（2）液压系统采用先导控制，负载传感，电、液比例联合集中操作控制。

图 3-13 HCR-8 型全液压动力头式岩心钻机

（3）动力头给进与提升采用油缸链条倍速结构，提升力达到 295kN，给进力达到 152kN。

（4）动力头主轴回转采用双马达驱动，辅以三档机械变速箱，主轴输出最大扭矩达到 7200N·m（170r/min），并有效地满足了高转速大扭矩的高效施工要求。

（5）动力头采用液压马达齿条平移装置，使主轴偏离钻孔孔口，便于绳索取心和其他机具进行作业。

（6）桅杆前端配有夹持卸扣器，便于钻杆的上卸扣操作，减轻了操作者的劳动强度，提高了工作效率。

（7）上下工作台方便操作者操作。

（8）孔口配有液压夹持器、导正器。

2. 性能参数

HCR-8 型全液压动力头式岩心钻机性能参数如表 3-13 所示。虽然全液压动力头式岩心钻机在岩心钻探中的优点极为突出，并在岩心钻探中得到了广泛应用，但随着深部找矿战略的实施，钻孔深度越来越大，全液压动力头式岩心钻机的不足之处也逐渐暴露出来，并越来越突出。具体表现在提下钻速度受钻机桅杆高度的限制而影响钻探效率，纯钻时间随孔深增大而大幅度下降，提下钻辅助作业时间大幅度提高。为弥补这种不足，工程师们进行了各种尝试，例如为全液压动力头式岩心钻机辅助安装钻塔，取心钻进时利用动力头行程完成取心回次的钻进作业，提下钻时则利用钻塔实现大立根快速升降，如中国地质装备集团有限公司与安徽省地质矿产勘查局 313 地质队联合研发的 FYD-2200 型分体塔式全液压钻机就是一个成功的范例。但鉴于油气井钻井行业中顶驱的广泛应用所取得的经济技术指标，顶驱钻

表 3-13 HCR-8 型全液压动力头式岩心钻机性能参数

动力机	潍柴 WP12.375 (r/min)	276kW/2100
钻进能力 （钻杆规格和钻孔深度）	NQ* (m)	3000
	HQ (m)	2400
	PQ (m)	1700
动力头能力	主轴转速范围 (r/min)	0～1250
	主轴最大回转扭矩 (N·m)	7200 (170r/min 时)
		1300 (1250r/min 时)
	主轴通孔直径 (mm)	121
	最大起拔力 (kN)	295
	最大给进力 (kN)	152
主卷扬机	提升力（单绳空毂）(kN)	120
	钢丝绳直径 (mm)	22
	钢丝绳长度 (m)	60
绳索卷扬能力	提升力 (kN)	15
	钢丝绳直径 (mm)	6
	钢丝绳长度 (m)	2800
桅杆	有效提升高度 (m)	9.6
	调整角度 (°)	0～90
	钻进角度 (°)	45～90
	给进行程 (mm)	4700
	滑移行程 (mm)	1100
其他	总质量 (kg)	25 000
	运输尺寸 (mm×mm×mm)	8300×2400×3260
泥浆泵	规格	BW320
下夹持器	适应口径 (mm)	55.5～117.5（通孔 φ154mm）

注：* 不考虑钻杆钻深能力。

机引入岩心钻探行业的时机已经成熟。替代动力头式岩心钻机的是小型化、高转速的顶驱钻机。

五、顶驱钻机

顶驱钻机是把钻机动力部分由下边的立轴、转盘移到钻机上部水龙头处，直接驱动钻具旋转钻进的钻机。与现有的地质岩心钻机相比，它可以直接从井架空间上部直接旋转钻柱，并沿井架内专用导轨向下送进，完成钻柱旋转钻进、循环钻井液，接单根，上卸扣和起钻划眼等多种操作。由于取消主动钻杆，无论在钻井过程中还是在起下钻过程中，钻机可以保持旋转以及循环钻井液，因而各种原因引起的卡钻、拉槽、缩径遇阻事故均可得到及时有效的处理，同时可以进行立根钻进，大大提高了钻速，平均提高钻进效率在25%左右。

顶驱钻机具有良好的输出特性、传动效率以及精确的控制性能，模块化组装、数字化操控、视频监控以及全自动工作流程，可有效地、科学地提高钻速和钻效，有效地防止孔内钻杆穿刺烧钻、垮孔、漏水埋钻，减少了出现孔内事故的几率，使深孔施工更高效、更安全。这种钻机可能在很大程度上取代其他的岩心钻机。交流变频电驱动动力头（顶驱）钻机应该是深孔岩心钻机的发展方向。

中国地质装备集团有限公司已经成功推出了DB/TD顶驱钻机系列，并在页岩气、浅层油气、煤层气等勘探开发中取得了很好的使用效果。从工程配套角度来看，DB/TD顶驱钻进系统可作为一个完整的顶驱钻机，也可作为电传动钻机的一个独立钻进系统；DB/TD电传动顶驱系统包括顶驱装置、送钻绞车装置、导轨装置和电气控制系统。无论作为一个独立的钻进系统，还是作为一个完整的顶驱钻机，均由以上3套装置和1套驱动与控制系统组成。

从工程应用角度来看，DB/TD系列顶驱钻进系统分为小口径高速金刚石顶驱钻进系统和大口径低速大扭矩钻进系统。前者适应于以地质取心为目的的深孔地质调查、深部找矿、深部油气地质调查，后者可作为以大口径钻孔、获取油气参数为目的的深部科学钻探、地热井、油气参数井的工程装备。

从顶驱核心装置的结构型式来看，DB/TD系列顶驱钻进系统有XD-DB/TD双电机顶驱装置和XDZ-DB/TD直驱顶驱装置两大类。

（一）XD-DB/TD系列双电机顶驱系统

图3-14为XD30DB/TD顶驱钻机外形图和实景图，该装备主要由顶驱装置、井架及平台、送钻绞车装置、导轨装置、绳索绞车、变频泥浆泵、液压动力站、电器控制系统、司钻房、工具卷扬和孔口夹持等部件组成。

1. 顶驱配置

以中国地质装备集团有限公司研制的XD30DB/TD顶驱钻机为例，顶驱装置所配置的设备及现场布局如图3-15所示，主要组成部分有：

（1）钻塔。70t以上K型或A型井架，净空高29m，可实现高、低平台两种配置。

（2）导轨。可采用油缸绷紧的两根钢丝绳导索，安装方便；可采用两侧井架上安装的型钢槽式导轨，增强中小口径的顶驱回转扭矩；也可采用井架后背安装的大扭矩导轨，提供大口径顶驱超长行程的移动导轨。

（3）主绞车。通过大小变频电机、离合器、减速箱、盘刹等装置，实现快速提降作业和

图 3-14 XD30DB/TD 顶驱钻机外形和实景图

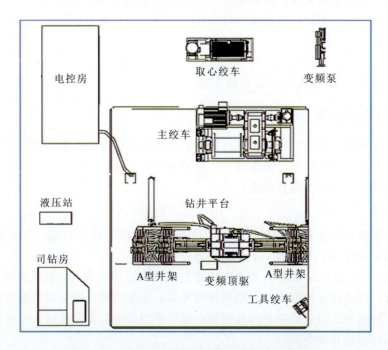

图 3-15 XD30DB/TD 顶驱钻机井场俯视布局图

自动送钻作业。

（4）液压站。为各液压动作提供动力，实现顶驱附属液压动作，起吊工具、盘刹制动等辅助动作。

（5）泥浆泵。变频电机驱动的泥浆泵可无级调速，实现流量和压力的实时监控和数字化显示。

（6）电气控制系统。变频控制房通过变频器装置和 PLC 实现各执行机构电机的变频控制和司钻过程的辅助动作。司钻房通过旋钮、屏幕、按钮等实现钻机的操作和监控。

2. XD-DB/TD 顶驱装置

XD-DB/TD 顶驱装置的组成主要有电机、水龙头、托架、变速箱、背钳、吊环（卡）、浮动油缸、液压阀组等。其中，电机、水龙头、托架和变速箱实现回转速度和传递扭矩的功能；背钳、吊环（卡）、浮动油缸和液压阀组实现加接单根和提下钻等辅助作业功能。XD-DB/TD 顶驱装置的自身结构特点为双变频电机对称布置、变速箱可高低档切换、液压卡盘式背钳以及嵌入式水龙头，如图 3-16 所示。

图 3-16　顶驱三维结构和外形图

3. XD-DB/TD 顶驱参数

XD-DB/TD 顶驱钻机主要技术参数如表 3-14 所示。

表 3-14 XD-DB/TD 顶驱钻机主要技术参数

序号	功能单元	性能指标		XD20DB/TD	XD30DB/TD	XD40DB/TD
1	钻进能力（m）	绳索钻杆	NQ	3000	4000	NULL
			HQ	2000	3000	4000
			PQ	1000	2000	2500
		API89 钻杆		NULL	1000	2000
2	钻塔	井架型式		A 型	A 型	A 型
		钻塔高度（m）		24	29	31
		最大钩载（kN）		500	700	900
3	变频顶驱	额定功率（kW）		45×2	55×2	75×2
		转速（r/min）	高档	0～600	0～600	0～600
			低档	0～250	0～250	0～250
		最大扭矩（N·m）		5000	9000	12000
		导向行程（m）		18	18	18
4	变频绞车	电机功率（kW）		75	110	160
		快绳拉力（kN）		60	80	100
		最大拉力（kN）		80	110	120
		钢绳直径（mm）		20	24	26
		钩速（m/s）		0～0.9	0～1.1	0～1.1
		刹车安全			3 倍	
		送钻电机（kW）		5.5	7.5	11
5	绳索绞车	额定功率（kW）		11	22	30
		单绳拉力（kN）		12	20	25
		最高绳速（m/min）		180	200	240
		钢绳直径（mm）		6	8	8
		容绳量（m）		2500	3200	4000
7	变频泥浆泵	型号		BW300/16DB	BW300/16DB	BW400/28DB
		最大流量（L/min）		300	300	400
		最高压力（MPa）		16	16	28

（二）XDZ-DB/TD 系列直驱顶驱钻进系统

1. 直驱顶驱钻进系统

如图 3-17 所示，XDZ-DB/TD 系列直驱顶驱钻机主要由顶驱装置、井架及平台、送钻绞车装置、导轨装置、绳索绞车、液压动力站、电器控制系统、司钻房、工具卷扬和孔口卡盘等部件组成。与 XD-DB/TD 顶驱钻进系统的区别在于，该顶驱系统采用带通孔的大扭矩变频直驱电机为动力，其提吊系统、回转系统与钻孔中心在一个中心线上；其导轨的下部主扭矩段与上部提升反扭段设计为不同的刚度。

2. 直驱顶驱及配置

以中国地质装备集团有限公司研制的 XDZ40-DB/TD 直驱顶驱钻机为例，直驱顶驱装置由直驱电机、提升承载机构、摆管上卸扣装置、水龙头循环装置、滑车导向机构以及电液控制系统组成。直驱顶驱装置及其所配置的设备如图 3-18 所示，其特点如下：

（1）可以配套 90t 以上 K 型、A 型井架或液压升高自升井架，可实现高、低平台两种配置。

（2）采用井架后背安装的大扭矩导轨，可提供大口径顶驱超长行程的移动导轨。

（3）自动送钻与快速扫孔均有两档切换，可提供快速和重载功能。

图 3-17 XDZ-DB/TD 系列直驱顶驱
钻机组成示意图

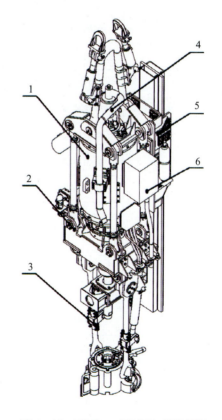

图 3-18 XDZ40-DB/TD 直驱顶驱
1—直驱电机；2—提升承载机构；3—摆管上卸扣装置；
4—水龙头循环装置；5—滑车导向机构；6—电液控制系统

3. 直驱顶驱参数

XDZ-DB/TD 系列直驱顶驱钻进系统的主要技术参数如表 3-15 所示。

表 3-15 XDZ-DB/TD 系列直驱顶驱钻进系统的主要技术参数

功能组件	技术指标	XDZ30DB/TD	XDZ40DB/TD
钻深范围（m）	HQ	3000	4000
	PQ	2000	3000
绞车系统	电机功率（kW）	200	300
	快绳拉力（kN）	80	120
	游车绳系	3×4	4×5
	钢丝绳直径（mm）	26	28
	绞车档数	2+2R 无极变速	2+2R 无极变速
	游钩速度（m/s）	0~1.4	0~1.4
	送钻电机（kW）	7.5	15
	送钻速度（cm/min）	0~50	0~100
顶驱系统	轴向载荷（kN）	800	100
	额定功率（kW）	150	180
	转速范围（r/min）	0~600	0~600
	额定扭矩（N·m）	0~6500	0~10 000
	卸扣扭矩（N·m）	10 000	15 000
	背钳夹持（mm）	φ120	φ120
	心管通径（mm）	50	76
	吊环	90t 双吊环	150t 双吊环
	吊卡直径（mm）	71~120	71~120
	吊卡承载（t）	100	150
	顶驱导轨（m）	25	25
打捞系统	额定功率（kW）	22	30
	钢丝绳径（mm）	6	8
	提升能力（N）	18 000	25 000
	提升速度（m/min）	≥120	≥120
循环系统	功率（kW）	30	45
	额定泵压（MPa）	16	28
	额定泵量（L/min）	300	400

六、转盘钻机

转盘式钻机与立轴式钻机及动力头式钻机最本质的区别在于回转器。转盘式钻机利用转盘带动钻具回转,主动钻杆通常为方形。其特点是重心低,比较稳定,适用于大扭矩、低转速回转钻进。同时,转盘结构尺寸不受安装方式的限制,可获得较大的通孔直径。深部钻探通常采用转盘钻机。转盘钻机与孔底动力机具可以实现复合钻进。其基本结构如图3-19所示,典型ZJ系列转盘钻机的性能参数如表3-16所示。

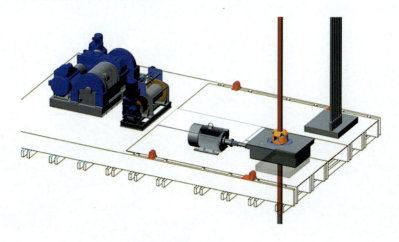

图 3-19 转盘钻机基本组成

表 3-16 典型 ZJ 系列转盘钻机的性能参数

性能指标	型号				
	ZJ15	ZJ20	ZJ30	ZJ50L	ZJ70L
名义钻深(m)	1500	2000	3000	5000	7000
最大钩载(kN)	900	1350	1700	3150	4500
最大钻柱重(kN)	500	750	900	1800	2500
钢绳直径(mm)	25.4	28.5	32	35	38
井架有效高度(m)(K型)	38	38	41.5	44.5	45
钻台高度(m)	2.1	4.5	4.5	7.5	7.5
绞车输入功率(hp)	408	550	800	1500	2000
绞车档数	三正一倒	六正一倒	四正二倒	四正二倒	四正二倒
转盘开口直径(in)	17-1/2	17-1/2	20-1/2	27-1/2	27-1/2
总装机功率(hp)	1300	2000	2400	3300	4300

图 3-20 为苏联科拉半岛超深钻 СГ-3 井场外貌图。该超深孔 0~7263m，采用乌拉尔机械-4 钻机（1970—1975 年），钻进 7263~12 262m 时换为乌拉尔机械-15000 钻机（1989 年终孔），该钻机在自动拧管的条件下，升降 12 000m 钻杆柱需 16~18h。采用直流驱动，无级调速。同时，实现了钻进工艺的可视化。乌拉尔机械 У-15000 钻机主要性能参数如表 3-17 所示。

图 3-20　苏联科拉半岛超深钻 СГ-3 井场外貌图

表 3-17　乌拉尔机械 У-15000 钻机主要性能参数

性能指标	参数	性能指标	参数
名义钻井深度（m）（铝合金钻杆）	15000	转盘开口直径（mm）	760
最大钩载（kN）	4000	转盘输入功率（kW）	368
绞车最大输入功率（kW）	2646	钻井泵型号及台数	У8-7М×3 台＋НБ-1250×2 台
提升系统最大绳系	6×7	井架有效高度/立根（m）	58/33
钻井钢丝绳直径（mm）	38	动力类型	直流电

图 3-21 为德国 KTB 井所采用的 UTB-1 型石油转盘钻机，该钻机设计钻深能力 14 000m，加装了一套高速回转的液压顶驱系统，配备了自动化钻杆摆排系统，配置绳索取心装置。表 3-18 为 UTB-1 型石油转盘钻机性能参数表。

目前，我国现有的最大石油钻机是宝鸡石油机械厂研制的 ZJ120/9000DB 型钻机，采用全数字变频控制，配备电动顶驱。其最大钻井深度能力为 12 000m。ZJ120/9000DB 钻机是一台交流变频电驱动钻机，具有能耗低、操控性好、超载能力强的特点。从载荷能力上说，

第三章 深部岩心钻探关键技术

图 3-21 德国 KTB 井采用的 UTB-1 型石油转盘钻机

表 3-18 UTB-1 型石油转盘钻机性能参数

性能指标	参数
钻塔（总高/净高）(m)	83/63
二层台高度 (m)	37
大钩负载 (kN)	5500/8000
底座（高度/净高）(m)	11.75/9.5
钻台面积 (m²)	13×13
转盘开口直径 (mm)	1257 (49½″)
绞车最大输入功率 (kW)	2220
钢绳直径 (mm)	44.45
泥浆泵台数	主泵 2×1240kW；副泵 1×620kW
钻杆移摆装置	钻杆直径 114.3~171.45mm，高度 53m，立根长度 40m
动力	电动机 9×740kW，可控硅整流（SCR）供电

该钻机已基本能满足 13 000m 科学超深井钻进施工的需求，因此可以此钻机为基础，对其进行适当改造，即可形成 13 000m 科学超深井钻机。钻机实物外形如图 3-22 所示，其主要参数如表 3-19 所示。

图 3-22 宝鸡石油机械厂研制的 ZJ120/9000DB 型钻机

表 3-19 ZJ120/9000DB 型钻机主要性能参数

性能指标	参数
名义钻井深度（114mm 钻杆）（m）	9000，12000
最大钩载（kN）	9000
绞车最大功率（kW）	4400
转盘开口直径 [mm（in）]	1257.3（49-1/2）
泥浆泵型号及台数	F-2200HL×3
井架型式及有效高度（m）	K 型，52
底座型式及高度（m）	旋升式，12
钻台面积（m^2）及净空高度（m）	13.9×15.7，10
传动方式	AC-DC-AC
柴油发电机组台数及功率（kVA）	5×1900
交流变频电动机台数及功率（kW）	4×1100，6×900，1×800

我国 ZJ90DBS 钻机采用全数字交流变频控制模式，具有高精度自动送钻控制功能。恒压方式可以实现恒钻压自动送钻。送钻电机在恒速方式时具有正反转功能，可以起到应急起放井架和钻具的功能，也可以恒速送钻。该钻机主要参数如表 3-20 所示，该钻机在松科二井施工现场实景如图 3-23 所示。

表 3-20　ZJ90DBS 钻机主要性能参数

主要性能指标	参数
名义钻深（114mm 钻杆）（m）	6000～10 000
最大钩载（kN）	7000
最大钻柱质量（kN）	3250
绞车功率（kW）	3200
提升系统绳数	7×8 顺穿
钢丝绳直径（mm）	45
泥浆泵功率×台数（hp）	1600×3
转盘开口名义直径（mm）	1257.3
井架有效高度（m）/型式	48/K 型
钻台高度（m）	12
提升档数	二档无级调速
转盘档数	一档无级调速
主柴油发电机组功率×台数	100kW×3
辅助柴油发电机组功率×台数	400kW×1
泥浆罐有效容积（m³）	480

图 3-23　ZJ90DBS 钻机在松科二井施工现场实景

CCSD-1井采用的国产 ZJ70D 型 7000m 电动钻机为宝鸡石油机械厂生产的 ZJ70D 钻机，主要技术参数如表 3-21 所示，ZJ70D 钻机整体实景如图 3-24 所示。

表 3-21　ZJ70D 电驱动钻机的主要技术参数

名义钻深范围（m）	钻杆直径（mm）	114	5000～7000
		127	4000～6000
最大钩载（kN）			4500
最大钻柱质量（t）			220
绞车最大输入功率（kW）			1470
游车绳系			5×6
钢丝绳直径（mm）			38
泥浆泵	型号		F-1600
	台数		2
	功率（kW）		2×1180
转盘	型号		ZP375
	开口直径（mm）		952.5
井架	型式		前开口
	有效高度（m）		45
井架底座	型式		双升式
	高度（m）		9
电动机	型号		YZ08
	台数		7
	总装机功率（kW）		7×800

图 3-24　ZJ70D 钻机整体实景图

七、钻 塔

钻塔又称井架，是在钻井或修井过程中，用于安放天车，悬挂游车、大钩、吊环、吊卡等机具，以及起下、存放钻杆的装置。井架是由主体、天车台、天车架、二层台、立管平台和工作梯组成的。钻机井架按整体结构形式的主要特征可分为塔形井架、K型井架、A型井架和桅形井架4种基本类型。地质岩心钻探深井也采用四角塔架。深部钻探常用的井架外形如图3-25所示。

　　　四角塔架　　　　　　塔型井架　　　　　　K型井架　　　　　A型井架

图3-25　深部钻探常用的井架外形图

对深钻井架的要求是：①应有足够的强度、刚度和整体稳定性。确保大深度和大重量的钻杆柱、套管柱起下作业。②有足够的工作高度和空间、足够的钻台面积。工作高度大，起下立根长度长，速度快，可节省时间。目前，国内外石油钻机中最大采用4立根作业，常见于对效率追求高的海洋高端钻机，陆地钻机为数不多。主流还是3单根作业，4单根处理方案已是国际先进水平，尚无5单根作业钻机。

塔形井架是一种横截面为正方形或矩形的四棱截锥体空间桁架。井架主体由四扇平面梯形桁架组成，每扇又分为若干桁格，同一高度的四面桁格在空间构成井架的一层，故整个井架也可视为由多层空间桁架组成。塔形井架适用于较少搬迁而要求承载能力大、稳定性好的钻机，较适合超深井钻机。

塔形井架具有以下主要特点：
(1) 井架主体部分为封闭结构，整体稳定性好，承载能力大。
(2) 整个井架由许多单一构件用螺栓联接而成，制造简单，运输方便。
(3) 井架内部空间大，起下操作方便、安全。
(4) 拆装工作量大，高空作业不安全，搬迁不方便。

K型井架又称前开口井架，亦称为Π型井架，有的最上段作成四边封闭结构以增强其稳定性。其整体稳定性较塔形井架差而较A型井架优。典型K型井架的主要性能参数如表3-22所示。这种井架的主要结构特征是：
(1) 整个井架主体由3～5段焊接结构组成。段间采用锥销定位和螺栓连接。
(2) 通常采取水平拆装、整体起落和分段运输的办法搬迁井架。搬迁方便、安全、迅速。

表 3-22 典型 K 型井架的主要性能参数

井架代号	JJ170/42-K	JJ225/43-K	JJ315/45-K	JJ450/45-K
最大静负荷（kN）	1700	2250	3150	4500
有效工作高度（m）	39	41	42	43

（3）因受运输尺寸限制，井架主体截面尺寸较小，使井架内部空间比较狭窄。

（4）井架各段两侧桁架结构形式相同，背扇则采用特殊腹杆布置形式如菱形，以保证司钻视野良好。

由于前开口井架具有结构简单，移运、搬迁方便，良好的承载能力和整体稳定性，而成为应用最广泛的陆地钻机井架。如美国陆地钻机几乎全部采用前开口井架，我国制造的各种钻机都可以配置此类井架。前开口井架都带有起升用的人字架，利用钻机自身的动力，通过绞车、游动系统、平衡滑轮、人字架起升钢绳、井架下部导向滑轮等完成井架起升和下放。井架起升后，人字架便构成井架整体的一部分，但两腿间联系较弱，致使井架整体稳定性较差。

A 型井架是由两个等截面的空间杆件结构或管柱式结构的大腿靠天车台和二层台及附加杆件连接而成的"A"字形空间结构。典型 A 型井架的主要性能参数如表 3-23 所示。

表 3-23 典型 A 型井架的主要性能参数

井架代号	JJ135/31-A	JJ170/41-A	JJ225/42-A	JJ315/43-A
最大静负荷（kN）	900	1700	2250	3150
有效工作高度（m）	31	41	42	43

大腿的前方或后方有撑杆支承，或在后方用人字架支承。整个井架仍和前开口井架一样，采取地面水平组装，整体起放，分段运输。

两个大腿都是由 3～5 段封闭的焊接结构用螺栓联结的整体结构。大腿断面依所选型材不同而采取不同的截面形状，一般为矩形或三角形。撑杆有杆系柱结构、矩形断面或管柱结构。

A 型井架的每根大腿都是封闭的整体结构，承载能力强，稳定性较好。井架内部空间大，钻台宽敞，司钻视野开阔。

第二节 深孔结构优化和套管程序

井身结构是指钻井由开孔至终孔，井身剖面中各井段的深度和口径的变化情况。一般来说，换径次数越多，井身结构越复杂；换径次数越少，井身结构越简单。在可能的情况下，应使井身结构尽量简单。

一、井身结构设计的依据和基本原则

为了确定井身结构设计，必须具备以下原始资料：

（1）钻井的用途和目的。

(2) 该地层的地质结构、岩石物理力学性质。
(3) 钻井的设计深度和钻孔的方位、顶角。
(4) 必需的终孔直径。
(5) 钻进方法、钻探设备参数。

深井和超深井所钻地层跨越的地质年代较多，地层变化大，地质条件相对复杂。如构造应力、地应力变化大，压力梯度相差较大，存在多层压力体系等复杂条件，这些地质因素增加了钻井难度，容易引起井漏、井喷、井斜、井壁垮塌和卡钻等事故发生，特别是地层层序预测误差大，缺少邻井参考资料，复杂地层井段难于确定，预告不准确而导致井身结构设计不合理，造成钻井过程中复杂情况的发生而延误钻井周期。因此，随着井深的增加，井下复杂情况多，不可预见因素增多，钻井施工难度及风险加大，给井身结构设计带来极大的难度。

另外，深井、超深井固井非常困难，主要原因是由于井下温度、压力很高，地质条件和工程条件异常复杂，往往是漏失、垮塌、井径异常扩大、小间隙等同时存在，造成各种技术措施难以有效发挥作用。且深井需要封固长裸眼井段，常常需要采用分级固井和尾管固井技术，深井中双级固井是常态，也有一些井采用三级固井，一是防止封固段过长而压漏地层；二是顶替效率等方面的考虑，一次固井水泥量过大，水泥浆性能难以保证长封固段的固井质量。另外，深井复杂井固井工具和附件多，包括分级注水泥接箍、尾管悬挂器、浮箍、浮鞋、扶正器等，其可靠性不易把握，如尾管坐挂成功率低等，增加了固井难度。

在固井浆液方面，深井、超深井的固井水泥浆密度一般较高，因此，在密度一定的情况下，最重要的性能就是失水控制。由于配制一定密度的水泥浆所需的水灰比小，所以，少量的失水就会对水泥浆性能，特别是稠化时间和黏度产生极大影响，因此 API 失水最好在 50mL 以内或更低。另外，深井固井过程中，难以采用紊流固井技术，最佳的顶替原则是保证水泥浆在环空的壁面剪应力接近 30MPa。如果井下条件不允许，至少也要保证有 15MPa 的壁面剪应力。固井前置液的设计也比较困难，需要特别考虑的问题是在保证顶替效率的情况下避免欠压固井。因此，往往需要对前置液作加重处理。

深井套管程序除了套管柱设计、固井浆液设计、固井工具设计方面有特殊性外，还面临以下难题：
(1) 高温高压环境对套管强度要求高。
(2) 钻头和套管系列存在局限性，难以满足深井要求。
(3) 长期起下钻，技术套管磨损、磨穿严重，导致下部钻进困难。
(4) 地下水质变化大，导致水泥石的腐蚀严重。
(5) 井下漏失和井涌问题等井壁稳定问题突出。
(6) 可能穿越高压层和低压盐膏（盐水）层。
(7) 可能穿越含硫地层。

井身设计的基本原则是：
(1) 套管层数要满足分隔不同压力系统的地层及加深的要求，以利于安全钻井。
(2) 套管与井眼的间隙要有利于套管顺利下入和提高固井质量，有效分隔目的层。
(3) 套管和钻头基本符合 API 标准，并向国内常用产品系列靠拢，以减少改进设备及工具的工作量。

(4) 目的层套管尺寸要满足测井和井下测试作业要求。

(5) 要有利于提高钻井速度，缩短建井周期，降低钻井成本。

在设计时要把握好两个"间隙"的问题。一是钻进过程中的循环间隙问题，另一个是套管与井壁之间的环隙问题。钻进过程中的循环间隙小，循环阻力大，泵压高；压力激动大，导致孔壁稳定性变差和钻孔漏失的可能性增加；循环间隙大，对泵的要求高，钻柱稳定性差。套管与井壁之间的环隙问题则涉及到深井钻井套管的下深能力问题。套管下深能力是指各种尺寸套管在不同约束条件下，如钻机起重能力、套管接头的连接强度、套管的抗外挤强度可下入的最大深度。其中，套管与井壁间隙非常关键。影响套管与井眼间隙大小的因素很多，除了套管类型和尺寸以及钻头尺寸的影响外，还与地层性质、井斜和狗腿度都有直接关系。间隙大小对钻井的影响很大，如果间隙过大，将明显增加钻井成本，影响水泥浆顶替效率，增加固井成本。而间隙过小，固井质量难以保证，不利于下套管作业，下套管的压力激动易压裂地层。间隙标准如表 3-24 所示。固井对套管与井眼间隙的要求如下：

表 3-24 常见井眼与套管间隙标准

套管尺寸		井眼尺寸		间隙值	
(in)	(mm)	(in)	(mm)	(in)	(mm)
36	914.4	42	1066.8	3	76.2
30	762	34~36	863.6~914.4	2~3	50.8~76.2
26	660.4	30~32	762.0~812.8	2~3	50.8~76.2
24-1/2	622.3	28~30	711.2~762.0	1.75~2.75	44.5~69.9
24	609.6	28~30	711.2~762.0	2~3	50.8~76.2
20	508	24~26	609.6~660.4	2~3	50.8~76.2
18-5/8	473.1	22~24	558.8~609.6	1.69~2.69	42.9~68.3
16	406.4	17-1/2~22	444.5~558.8	0.75~3	19.1~76.2
14	355.6	14-3/4~17-1/2	374.7~444.5	0.375~1.75	9.5~44.5
13-3/8	339.7	14-3/4~17-1/2	374.7~444.5	0.69~2.06	17.5~52.4
11-7/8	301.7	13-1/2~15-1/2	342.9~393.7	0.81~1.8	20.6~46
11-3/4	298.7	13-1/2~15-1/2	342.9~393.7	0.875~1.875	22.2~47.5
10-3/4	273.1	12-1/4~14-3/4	311.2~342.9	0.75~2.0	19.1~50.8
9-7/8	250.8	10-5/8~12-1/4	269.9~311.2	0.375~1.19	9.5~30.2
9-5/8	244.5	10-5/8~12-1/4	269.9~311.2	0.5~1.31	12.7~33.4
8-5/8	219.1	9-1/2~10-5/8	241.3~269.9	0.44~1.0	11.1~25.4
7-3/4	196.9	8-1/2~9-7/8	215.9~250.8	0.375~1.06	9.5~26.9
7-5/8	193.7	8-1/2~9-7/8	215.9~250.8	0.44~1.125	11.1~28.6
7	177.8	8-3/8~8-3/4	212.7~241.3	0.69~0.875	17.5~22.2
5-1/2	139.7	6-1/2~8-1/2	165.1~215.9	0.5~1.5	12.7~38.1
5	127	5-7/8~6-1/2	149.2~171.5	0.44~0.75	11.1~19.1
4-1/2	114.3	5-7/8~6-1/8	149.2~155.6	0.69~0.81	17.5~20.6

(1) 避免形成水泥桥的最小间隙。美国的几家注水泥公司建议套管的最小环隙为 0.375～0.5in（9.5～12.7mm），最好为 0.75in（19mm）。

(2) 注重顶替效率与环隙的关系。研究表明，要从窄边处把泥浆充分清除，居中度必须大于或等于 67%，在直井段，0.4375in 的环空间隙内仍可以获得界面胶结较好的水泥环。

(3) 水泥环强度及环空间隙应得到保证。资料调研表明，0.75in 的环空间隙可以保证水泥浆的充分水化和有足够的水泥环强度；要达到要求的水泥环强度，管子每边最小的环空间隙为 0.375～0.5in。

环空压力激动对套管与井眼间隙的要求通过计算表明：下入 13-3/8″套管的最小间隙可以为 16mm；下入 10-7/8″套管的最小间隙可以为 13mm；下入 9-5/8″套管的最小间隙可以为 12mm；下入 7″套管的最小间隙可以为 8.5mm。

二、国内深井套管和钻头系列

深孔钻孔结构可参考石油行业。但目前国内生产的钻头系列主要只适应现在的套管系列，对复杂地质条件下的深孔钻探很不利，常因恶性事故而被迫事故完钻，达不到预定的勘探目的，延迟了勘探周期。随着钻井深度越来越深，深井钻井的数量也越来越多。深部钻探合理的井身结构及套管系列有待进一步研究和完善。

目前采用的套管、钻头系列主要存在以下几方面的问题：

(1) 套管层数少，不能满足封隔多套复杂地层的要求。目前采用的套管程序中有两层技术套管，在钻达设计目的层前只能封隔两套不同压力系统的地层，遇到更多的不同压力系统的地层只能把目的层套管提前下入，结果是提前下入一层套管井眼就缩小一级，最后无法钻达设计目的层。对于复杂地质条件下的深井和超深探井，需要更多层技术套管的井身结构。

(2) 目的层套管（7″和 5″）与井眼的间隙小，易发生套管阻卡，固井质量也难以保证。7″套管接箍的外径为 194.5mm，5″套管接箍外径为 141.3mm。在 8-3/8″（212.7mm）井眼内下 7″套管，其间隙为 9.1mm。在 5-7/8″（149.2mm）井眼内下 5″套管，接箍处间隙只有 4.0mm。由于套管与井眼的间隙小，再加上井下复杂（如泥浆固相含量高、高压层、缩径等），常常发生下套管遇阻或下不到预定深度。即使固了井，由于水泥环很薄，也很难保证层间不窜通，固井质量较差。如英科 1 井，四开后用 8-3/8″钻头钻达井深 6406m，计划下 7″尾管封隔已发现的气层后加深钻探。7″尾管下至 6131m 被卡死，需要试油的层位全部裸露在下边，造成井下出现严重异常情况。类似的情况还有塔里木的克参 1 井、英买力 8 井、大宛 1 井等，在盐岩层井段下 7″尾管都发生过阻卡，固井质量也不好。

(3) 下部井眼尺寸小，不能满足地质加深的要求，也不利于快速、优质、安全钻井。采油和井下作业等希望用 7″或 5-1/2″套管完井。探井要求井身结构要留有余地，以满足地质加深、取心作业等方面的需要。钻井方面也不愿在下部地层钻危险性大的小井眼，希望使用 8-1/2″～9-1/2″钻头钻井，这样可以使用 5″钻杆，然而，目前在复杂地层深井超深井钻井中，多数采用 5-7/8″～6″钻头下 5″尾管完井。这种小井眼不利于开采和井下作业，也不利于进一步加深钻进，更不利于钻井作业。

增加套管柱层次是对付复杂井钻探最有效的方法。增加套管柱层次的方法主要有：增大上部井眼和套管的尺寸；钻小井眼增多套管柱层数；采用无接箍套管，缩小相邻套管柱及套管与井眼之间的间隙以及优化套管/井眼尺寸组合，设计新的套管钻头系列等。

目前，我国石油行业井身结构设计套管程序一般分为3层：表层用17-1/2″（444.5mm）钻头钻进，下13-3/8″（339.7mm）套管，然后用12-1/4″（311.2mm）钻头钻进，下9-5/8″（244.5mm）套管，最后用8-1/2″（215.9mm）钻头钻进，下5-1/2″（139.7mm）套管。这样的套管程序在地质条件不太复杂的地区是很适用的，但是如果地质预告不准或钻井过程中遇到复杂情况，往往不能满足要求。在复杂地质条件下，这种单一的套管、钻头系列便显示出局限性。国内陆上油田典型的深井、超深井套管序列如下：深井套管程序一般为φ508.5mm（20″）+φ339.7mm（13-3/8″）+φ244.5mm（9-5/8″）+φ177.8mm（7″）+φ127mm（5″）和φ508mm（20″）+φ339.7mm（13-3/8″）+φ244.5mm（9-5/8″）+φ139.7mm（5-1/2″）+φ101.6mm（4″）。少数陆地超深井已采用φ762.0mm+φ508.5mm+φ339.7mm+φ244.5mm+φ177.8mm+φ127.0mm的套管程序。

深井钻探推荐的深井井身结构设计方案如表3-25所示。

表3-25 推荐的深井井身结构设计方案

方案	项目						
方案一	钻头尺寸 in (mm)	26 (660.4)	17-1/2 (444.5)	12-1/4 (311.2)	9-1/2 (241.3)	6-1/2 (165.1)	
	套管尺寸 in (mm)	20 (508)	13-3/8 (339.7)	10-3/4 (273.1)	7-5/8 (193.7)	5 (127)	
	间隙 (mm)	76.2	53	19.1	23.8	19.1	
方案二	钻头尺寸 in (mm)	26 (660.4)	18-1/2 (470)	14-3/4 (374.7)	9-1/2 (241.3)	6-1/2 (165.1)	
	套管尺寸 in (mm)	20 (508)	16 (406.6)	10-3/4 (273.1)	7-5/8 (193.7)	5 (127)	
	间隙 (mm)	76.2	31.8	50.8	23.8	19.1	
方案三	钻头尺寸 in (mm)	30 (762)	20 (508)	14-3/4 (374.7)	9-1/2 (241.3)	6-1/2 (165.1)	
	套管尺寸 in (mm)	24 (609.6)	16 (406.6)	10-3/4 (273.1)	7-5/8 (193.7)	5 (127)	
	间隙 (mm)	76.2	76.2	50.8	23.8	19.1	
方案四	钻头尺寸 in (mm)	26 (660.4)	18-1/2 (470)	14-3/4 (374.7)	10-5/8 (269.9)	8-1/2 (215.9)	6 (152.4)
	套管尺寸 in (mm)	20 (508)	16 (406.6)	11-7/8 (301.6)	9-5/8 (244.5)	7 (177.8)	5 (127)
	间隙 (mm)	76.2	31.8	36.6	12.7	19.1	12.7
方案五	钻头尺寸 in (mm)	30 (762)	22 (558.8)	17-1/2 (444.5)	12-1/4 (311.2)	8-1/2 (215.9)	6 (152.4)
	套管尺寸 in (mm)	24 (609.6)	15-5/8 (473.1)	13-3/8 (339.7)	9-5/8 (244.5)	7 (177.8)	5 (127)
	间隙 (mm)	76.2	42.9	53	33.4	19.1	12.7
方案六	钻头尺寸 in (mm)	32 (812.8)	24 (609.6)	17-1/2 (444.5)	12-1/4 (311.2)	9-1/2 (241.3)	6-1/2 (165.1)
	套管尺寸 in (mm)	26 (660.4)	18-5/8 (473.1)	13-3/8 (339.7)	10-3/4 (273.1)	7-5/8 (193.7)	5 (127)
	间隙 (mm)	76.2	68.3	53	19.1	23.8	19.1

国内通过研究，也出现了新型套管程序设计方案：①20″+16″+13-3/8″+9-5/8″+7″+5″，在20″~13-3/8″之间增加16″套管，常规接箍；②20″+13-3/8″+11-3/4″+9-5/8″+7″+5″，在13-3/8″~9-5/8″之间增加11-3/4″套管，平接箍；③20″+14″+10-3/4″+7-5/8″+5-1/2″，用7-5/8″无接箍套管替代7″套管，用9-1/2″钻头钻进下入7-5/8″套管；④20″+16″+11-7/8″+9-7/8″+7-5/8″+5-1/2″，用7-5/8″无接箍套管替代7″套管；⑤24″+18-5/8″+14″+10-3/4″+7-5/8″+5″，用7-5/8″无接箍套管替代7″套管，全井不使用偏心钻头。新型套管程序设计如表3-26至表3-30所示。

表3-26 方案— 20″+16″+13-3/8″+9-5/8″+7″+5″

套管柱类型	表层套管	技术套管	技术套管	技术尾管	目的层尾管	目的层尾管
套管尺寸（in）	20	16	13-3/8	9-5/8	7	5
套管类型	普通	普通	平接箍	普通	普通	平接箍
钻头尺寸（in）	26	18-1/2	14-3/4	12-1/4	8-1/2	5-7/8
套管间隙（mm）	76.2	31.8	17.5	33.3	19.1	11.1
接箍间隙（mm）	63.5	19.1	17.5	20.6	10.7	11.1

表3-27 方案二 20″+13-3/8″+11-3/4″+9-5/8″+7″+5″

套管柱类型	表层套管	技术套管	技术套管	技术套管	目的层尾管	目的层尾管
套管尺寸（in）	20	13-3/8	11-3/4	9-5/8	7	5
套管类型	普通	普通	平接箍	普通	普通	平接箍
钻头尺寸（in）	26	17-1/2	12-1/4×14-3/4（偏心钻头）	10-5/8×12-1/4（偏心钻头）	8-1/2	5-7/8
套管间隙（mm）	76.2	52.4	38.1	33.3	19.1	11.1
接箍间隙（mm）	63.5	39.7	38.1	20.6	10.7	11.1

表3-28 方案三 20″+14″+10-3/4″+7-5/8″+5-1/2″

套管柱类型	表层套管	技术套管	技术套管	目的层尾管	目的层尾管
套管尺寸（in）	20	14	10-3/4	7-5/8	5-1/2
套管类型	普通	普通	平接箍	普通	平接箍
钻头尺寸（in）	26	17-1/2	12-1/4	9-1/2	6-1/2
套管间隙（mm）	76.2	44.5	19.1	23.8	12.7
接箍间隙（mm）	63.5	31.2	19.1	12.7	12.7

表3-29 方案四 20″+16″+11-7/8″+9-7/8″+7-5/8″+5-1/2″

套管柱类型	表层套管	技术套管	技术套管	技术尾管	目的层尾管	目的层尾管
套管尺寸（in）	20	16	11-7/8	9-7/8	7-5/8	5-1/2
套管类型	普通	普通	平接箍	普通	普通	平接箍
钻头尺寸（in）	26	18-1/2	14-3/4	10-5/8×12-1/4（偏心钻头）	8-1/2	5-7/8
套管间隙（mm）	76.2	31.8	17.5	33.3	19.1	11.1
接箍间隙（mm）	63.5	19.1	17.5	20.6	10.7	11.1

表3-30　方案五 24″+18-5/8″+14″+10-3/4″+7-5/8″+5″

套管柱类型	表层套管	技术套管	技术套管	技术尾管	目的层尾管	目的层尾管
套管尺寸（in）	24	18-5/8	14	10-3/4	7-5/8	5-1/2
套管类型	普通	普通	普通	平接箍	普通	平接箍
钻头尺寸（in）	30	22	17-1/2	12-1/4	9-1/2	6-1/2
套管间隙（mm）	76.2	42.9	44.5	19.1	19.1	11.1
接箍间隙（mm）	76.2	25.4	31.8	19.1	10.7	11.1

海上钻井为适应复杂的深井钻井的要求，采用了一种强化型套管、钻头系列，并得到了成功的应用。海洋复杂深井强化型套管、钻头系列：30″（36″）+20″（26″）+13-3/8″（17-1/2″）+11-3/4″（14″）+9-5/8″（12-1/4″）+7″（8-1/2″）+4-1/2″（6″）。在14″井眼用 8-3/4″×12-1/4″×14″偏心钻头钻进，11-3/4″尾管采用无接箍套管，在12-1/4″井眼段，用 7-7/8″×10-5/8″×12-1/4″偏心钻头钻进。9-5/8″套管柱的上部用普通接箍的套管，进入11-3/4″尾管及以下井眼的套管为无接箍套管。

海洋复杂深井采用的套管和钻头系列如表3-31所示。

表3-31　海洋复杂深井套管程序方案

类型	导管（mm）	表层套管（mm）	技术套管（mm）				生产套管（mm）	
井眼	φ914.4	φ660.4	φ444.5	φ355.6	φ311.2	φ215.9	φ152.4	
套管	φ762.0	φ508.0	φ339.7	φ298.5	φ244.5	φ177.8	φ114.3	

我国深部钻探工程松科二井设计井深6400m。其套管程序方案如表3-32所示，套管串结构如表3-33所示，井身结构如图3-26所示。

表3-32　松科二井套管程序方案

开钻次序	井段（m）	钻头尺寸（mm）	套管尺寸（mm）	套管下入深度（m）	水泥返深（m）
导管	0.00~20.00	900.0	720.0	20.00	地面
一开	20.00~450.00	660.4	508.0	450.00	地面
二开	450.00~2840.00	444.5	339.7	2838.00	地面
三开	2840.00~4500.00	311.2	244.5	4498.00	地面
四开	4500.00~5800.00	215.9	177.8	4350.00~5798.00	4350.00
五开	5800.00~6400.00	152.0	127.0	5650.00~6398.00	5650.00

表3-33　松科二井套管串结构

开次	套管串结构
一开	φ508mm 浮鞋+φ508mm 套管3根+φ508mm 插入式浮箍+φ508mm 套管串+联顶节
二开	φ339.7mm 浮鞋+φ339.7mm 套管1根+φ339.7mm 浮箍+φ339.7mm 套管1根+φ339.7mm 浮箍+φ339.7mm套管串+φ339.7mm分级箍+φ339.7mm套管串+联顶节
三开	φ244.5mm 浮鞋+φ244.5mm 套管1根+φ244.5mm 浮箍+φ244.5mm 套管1根+φ244.5mm 浮箍+φ244.5mm套管串+φ244.5mm分级箍+φ244.5mm套管串+联顶节
四开	φ177.8mm 浮鞋+φ177.8mm 套管1根+浮箍+φ177.8mm 套管1根+浮箍+φ177.8mm 套管1根+φ177.8mm球座+φ177.8mm套管串+悬挂器+φ127mm送入钻杆
五开	φ127mm 浮鞋+φ127mm 套管1根+浮箍+φ127mm 套管1根+浮箍+φ127mm 套管1根+φ127mm 球座+φ127mm套管串+悬挂器+φ88.9mm送入钻杆+φ127mm送入钻杆

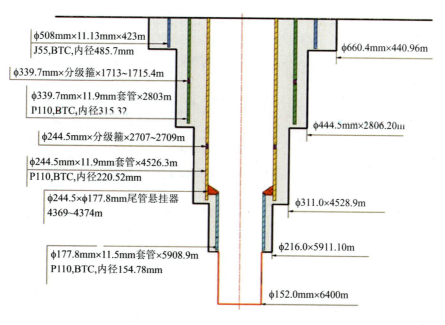

图 3-26 松科二井设计井身结构

目前我国 13 000m 科学超深井的科学目标正在规划中，施工地点尚未确定。这个超深井可能在沉积岩，也可能在结晶岩中钻进，研究和制定的方案应兼顾这两种情况。沉积岩钻井的井身结构和套管程序比结晶岩复杂得多，本技术方案提出的井身结构和套管程序设计以沉积地层为目标；钻进方法和经济性分析要考虑两种地层条件。除导管之外，采用 7 层套管方案，留 1 级储备。确定采用"超前孔裸眼钻进方案"下入活动套管后采用 215.9mm 钻具进行取心钻进和全面钻进，需要下套管护壁时回收活动套管并扩孔。为保证钻井质量和钻井目标的实现，钻井的上部（从开钻至 7000~8000m）采用 φ215.9mm 自动垂孔钻进系统保直钻进。套管程序设计方案如表 3-34 所示，井身结构如图 3-27 所示。

表 3-34 13 000m 特深井套管程序设计方案

井眼大小		套管尺寸		计划深度	备注
(mm)	(in)	(mm)	(in)	(m)	
812.8	32	762	30	×××	
720	非标	609.6	24	×××	
580	非标	508	20	×××	
347.6	非标	406.4	16	×××	
269.9	10-5/8	298.5	11-3/4	×××	
215.9	8-1/2	244.5	9-5/8	力争 7000~8000	尾管
		139.7	5-1/2	13000	尾管

注：×××—根据地层复杂情况确定。

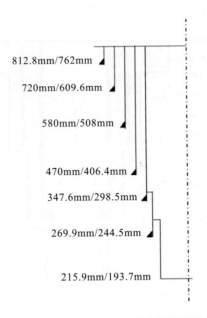

图 3-27 13 000m 科学钻孔井身结构设计方案

2005 年 4 月完钻的科钻一井井身结构介绍如下。

实际先导孔井身结构和套管程序如表 3-35 所示。

表 3-35 实际先导孔井身结构与套管程序

开钻次序	钻头尺寸		钻达深度 (m)	套管尺寸		套管下深 (m)	备注
	(mm)	(in)		(mm)	(in)		
1	人工开挖		4	508	20	4	导管
2	444.5	17-1/2	101	339.7	13-3/8	100.36	固井
	下入 φ244.5 mm 活动套管，下入深度 101 m						
3	157	6-3/16	2046.54	先导孔完工，二孔合一，主孔扩孔			

实际的主孔井身结构与套管程序如表 3-36 所示。

表 3-36 实际科钻一井主孔井身结构与套管程序

开钻次序	钻进		套管		备注
	钻头尺寸 mm (in)	钻达深度 (m)	套管（尾管）尺寸 mm (in)	套管下深 (m)	
一开	444.5 (17-1/2)	101	339.7 (13-3/8)	100.36	全面钻进
二开	157 (6-3/16)	2046.54			取心钻进
第一次扩孔	311.1 (13-3/8)	2033	273 (10-3/4)	2028	固井
	再下入 φ193.7 mm 活动套管，下入深度 2019 m				
三开	157 (6-3/16)	3665.87			取心钻进
第二次扩孔	244.5 (9-5/8)	3624.16	193.7 (7-5/8)	3620	固井
四开	157 (6-3/16)	5118.20			取心钻进
	157 (6-3/16)	5158	127 (5)	4779.72	钻具试验
	下入 φ127 尾管，下入深度 4799.72 m，尾管上部悬挂位置 3543 m，固井，完井				

三开取心钻进到3665.87m时，因孔内情况复杂进行了φ244.5mm扩孔钻进，侧钻绕障纠斜，下入φ193.7mm技术套管并固井，然后继续φ157mm金刚石取心钻进，其中省去了初步设计中的φ219.1mm无接箍尾管程序。

四开取心钻进到5118.2m，由于孔内状况较好，取消了初步设计中的四开φ200mm扩孔和φ177.8mm无接箍尾管程序。在钻具试验后，钻进到5158m终孔，然后下入φ127mm尾管并固井、完井。减少了一级φ200mm（7-7/8″）孔径的扩孔钻进，降低了成本，缩短了施工时间。

科钻一井实施的先导孔和主孔井身结构如图3-28和图3-29所示。

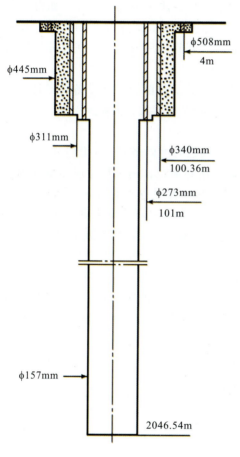

图3-28 科钻一井先导孔实际井身结构与套管程度

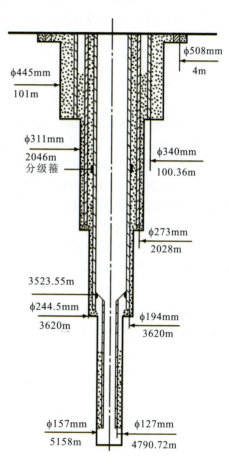

图3-29 科钻一井主孔实际井身结构与套管程度

三、国外深井套管和钻头系列

深部钻探井身结构一般建议一开井眼直径大，复杂地层井眼更大。国外一般采用增加套管柱层次的方法来满足复杂地质条件下深井、超深井钻井的需要。国外复杂深井超深井套管、钻头系列具有以下特点：

（1）开眼直径大。国外的大多数深井及超深井都采用一层或两层较大尺寸的导管来封隔疏松表层，常用的导管尺寸有 20″、24″、26″、30″、36″、42″等，最大到 48″。上部采用大尺寸套管结构的优点：

1) 可以选择多层技术套管封隔多套不同压力系统的复杂地层，确保安全钻井。

2) 给下部井段套管及钻头尺寸的选择留有充分的余地，在遇到井下复杂情况时有调整的余地。

3) 下部井眼可采用较大尺寸钻头钻进，有利于优化钻井、取心作业、打捞落鱼及下套管固井施工等。

4) 可采用较大井眼完井，下入 7″或以下套管或尾管，有利于开采和井下作业。

(2) 完钻井眼大。在国外深井超深井钻井中，完钻井眼常采用较大尺寸。如得克萨斯 L. M. Magoun 1 井、路易斯安那 Hutfman Mc Neely 1 号井、阿联酋库夫 1～4 号井、加利福尼亚 934 - 29R 井等最终井眼尺寸都为 8 - 1/2″，下入 7″套管或尾管完井。在总井深处采用较大井眼尺寸具有以下几个突出的优点：

1) 全井都能用 5″或更大尺寸钻杆钻进，可使用性能合适的配套钻井设备及工具，使水力、钻头类型等钻井参数得以优化，钻具扭断和钻杆扭断机械事故大大减少。

2) 有利于取心作业、打捞作业和生产测试等。

3) 井身结构留有一定的余地，在遇到较大的钻井问题时可以多下一层套管柱。

(3) 套管/井眼尺寸的合理选择及配合。对不取心钻井来说，钻头尺寸应尽量选用可以通过最后一层套管的最大尺寸钻头，通用的准则是要让钻头直径等于或稍小于最后下入套管的通径。使用最大钻头钻出最大的井眼，可为成功地下入下一层套管提供更大的安全系数，也使得有可能选择更好的钻头和在下部井眼中有最佳的钻速。石油钻井实践证明，井眼尺寸过小将减小钻头寿命，降低钻速，增加钻井成本，而钻较大尺寸的井比钻小井眼经济。例如：从 6 - 5/8″～7 - 1/2″钻头中选择，则应选择 7 - 1/2″钻头，虽然钻孔截面积大了一些，有更多的岩屑量，但钻头（牙轮）轴承也大了，钻头使用寿命增加，导致最终钻井成本减少，甚至使用 8 - 1/2″钻头还可以降低成本。国外通常采用的套管与井眼间隙配合如表 3 - 37 所示。

表 3 - 37　国外通常采用的套管与井眼间隙配合表

套管尺寸（in）	钻头尺寸（in）	管体-井眼间隙（mm）	外层套管尺寸（in）
24	26	25.4	30
20	22	25.4	24
16	17 - 1/2～18 - 1/2	19.0～31.7	18 - 5/8～20
13 - 5/8	14 - 3/4	14.3	16
10 - 3/4	12 - 1/4	19.0	13 - 3/8
9 - 5/8	10 - 5/8	12.7	11 - 3/4
8 - 5/8	9 - 1/2	11.1	10 - 5/8
7 - 5/8	8 - 1/2	11.1	9 - 5/8
7	8 - 3/8	17.5	9 - 5/8
6 - 5/8	7 - 1/2～7 - 7/8	11.1～12.7	8 - 5/8
5 - 1/2	6 - 1/2	12.7	7 - 5/8
5	5 - 7/8	11.1	6 - 5/8～7

美国、法国、罗马尼亚、奥地利、沙特阿拉伯及阿联酋等国家的深井超深井采用的套管、钻头系列的种类很多，随地区、井深、钻井目的及钻井工艺技术水平的不同而不同。套管层次有三层、四层、五层、六层、七层等。套管尺寸最大达到 36″（914.4mm），最小为 3-1/2″（88.9mm）。井眼尺寸最大 42″（1066.8mm），最小 4-3/4″（120.7mm）。套管与井眼之间的间隙为 9.5～76.2mm。表 3-38 为复杂深井、超深井采用的套管柱程序。

表 3-38 复杂深井、超深井采用的套管柱程序　　　　　　　　　　（单位：mm）

地区及井号	套管柱程序
美国加利福尼亚 934-29R 井	914.4＋560.4＋508＋406.4＋273.1＋196.9（尾管）＋127（尾管）
沙特阿拉伯 Khuff 井	914.4＋762＋609.6＋473.1＋339.7＋244.5＋177.8（尾管）＋114.3（尾管）
美国得克萨斯 NPI 960-L1 井	1219.2＋914.4＋560.4＋473.1＋355.6＋273.9（尾管）＋228.6 裸眼完井
美国怀俄明州 Bighorn1-5 井	762＋560.4＋406.4＋301.6＋250.8（尾管）＋196.9（尾管）＋139.7（尾管）
美国俄克拉荷马州 Danville A1# 井	762＋609.6＋406.4＋301.6（尾管）＋244.5（尾管）
德国 KTB 超深井	622.3＋406.4＋339.7＋244.5（尾管）＋193.7（尾管）
拉丁美洲及墨西哥湾地区	762＋609.6＋508＋406.4＋346.1（尾管）＋295.3（尾管）＋244.5（尾管）＋193.7（尾管）

1) 36″～26″～20″～16″～10-3/4″～7-3/4″～5″。这是美国加利福尼亚最深井 934-29R 井（7445m）采用的套管程序（图 3-30）。这种设计的主要目的是使全井都能用 5″钻杆及较大尺寸钻头钻进，以避免因水敏性页岩在水基泥浆中浸泡时间过长引起的井壁坍塌而造成钻具扭断和钻杆扭断等井下事故。

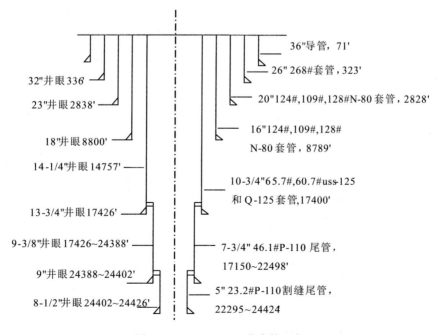

图 3-30　934-29R 井套管程序

2) 36″~30″~24″~18-5/8″~13-3/8″~9-5/8″~7″~4-1/2″。阿拉伯美国石油公司在沙特阿拉伯钻 Khuff 井时成功地采用了这种套管程序（图3-31）。

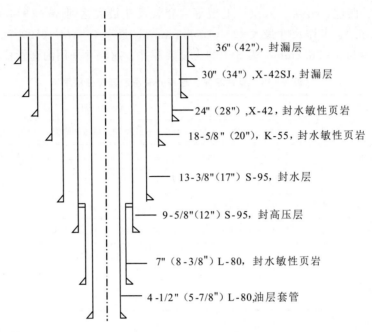

图3-31 沙特库夫井 4 1/2″尾管套管程序

3) 20″(26″)~13-3/8″(17-1/2″)~10-3/4″(12-1/4″)~7-5/8″(9-1/2″)~5″(6-1/2″)。这种套管程序在美国西德克萨斯、俄克拉荷马州、密西西比—亚拉巴马等地区获得了成功的应用，如表3-39所示。

表3-39 套管程序应用实例

地区	井径（in）	套管（in）	井深（m）
美国西德克萨斯	26	20	150
	17-1/2	13-3/8	600
	12-1/4	10-3/4	3300
	9-1/2	7-5/8*	4800（尾管）
	6-1/2	5**	6600（尾管）
美国密西西比州，亚拉巴马	36	30	15
	26	20	600
	17-1/2	14	4200
	12-1/4	10-3/4	6000
	9-1/2	7-3/4	6600（尾管）
	6-1/2	5	6900（尾管）

续表 3-39

地区	井径（in）	套管（in）	井深（m）
美国俄克拉荷马州	26	20	30
	17-1/2	13-3/8	1350
	12-1/4	10-3/4	4650
	9-1/2	7-5/8	5400（尾管）
	6-1/2	5	6990（尾管）
美国怀俄明州	30	20	600
	17-1/2	13-3/8	2100
	12-1/4	10-3/4	4800
	9-1/2	7-3/4	5700

注：* 回接到地面；** 回接到 7-5/8″尾管顶部。

4) $30''\sim 20''\sim 16''\sim 11\text{-}7/8''\sim 9\text{-}7/8''\sim 7\text{-}3/4''\sim 5\text{-}1/2''$。这种套管程序在美国怀俄明州 Madden 地区的 Bighorn 1-5 井（7582m）实践过（图 3-32）。

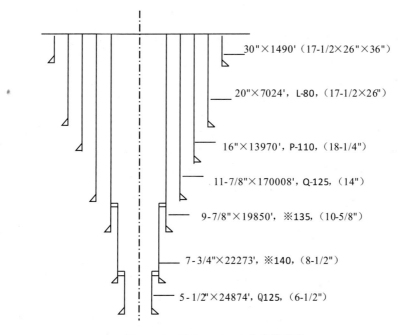

图 3-32　Bighorn 1-5 井套管程序

5) $24\text{-}1/2''\sim 16''\sim 13\text{-}3/8''\sim 9\text{-}5/8''\sim 7\text{-}5/8''$。基于此套管程序，德国 KTB 超深井采用的套管程序如图 3-33 所示。

6) $30''\sim 24''\sim 20''\sim 16''\sim 13\text{-}5/8''\sim 11\text{-}5/8''\sim 9\text{-}5/8''\sim 7\text{-}5/8''$。这是拉丁美洲和墨西哥湾地区复杂深井超深井钻井中采用的套管程序，如图 3-34 所示。采用了新型的无接箍套管，既增加了套管层次来封隔多套复杂地层，又可以使用较小尺寸的导管和表层套管。

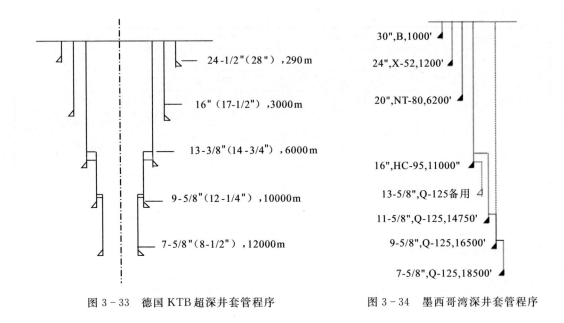

图 3-33　德国 KTB 超深井套管程序　　　图 3-34　墨西哥湾深井套管程序

第三节　深部钻探取心技术

一、概　述

"地层信息和地下资源是要用钻探进尺来换取的"。随着地球科学的发展和向深部要资源的需求，钻探深度越来越深，对取心钻探技术的要求越来越高。岩心包含大量的信息，目前岩心分析技术也越来越先进，如岩心显微技术包括偏光显微镜、阴极发光显微镜、荧光显微镜、激光显微镜、电子显微镜、显微镜图像分析技术，还有紫外光谱、红外光谱、X 射线荧光光谱、穆式鲍尔光谱分析、X 射线衍射、电子探针、差热及热重分析、中子活化、核磁共振、核伽马共振、薄片染色微化分析等技术，因此岩心获取作为第一手资料的重要性是不言而喻的。

深部钻探所钻遇地层趋于复杂，岩心采取追求高品质和高效率，钻探工程中常用采取率、完整性、纯洁性及代表性来衡量取样的质量。所谓完整性即取出的岩心、土样或矿心要保持其天然的结构和构造（原生结构），如岩层的胶结状态、孔隙度、层理、片理、原始接触界面、矿物的颗粒形状、大小等。观察其原生结构和共生关系，以便划分岩层类型，所以，要求在钻进取岩心时尽量避免人为的破碎、颠倒和扰动。纯洁性要求取上的岩心不受外污的侵蚀，以免影响矿石的品位、品级和物理性质，如煤心混入黏土后，灰分必然增加，滑石混入泥浆后，二氧化硅的含量将提高。代表性是指钻进时，一般都采用结构性能好的钻具，采取相应的技术措施及控制钻进规程参数等方法来保证原来的品位和品级，避免丧失其代表性。如岩心的选择性磨损，会使其内在物质成分发生变化，造成矿物人为的贫化和富集，如矿心的磨损、淋滤和烧灼。

与石油钻井不同，深部钻探，特别是科学深钻主要采用取心钻进方法。在地质岩心钻探行业，根据普查与勘探程度及岩层的不同，对岩心采取率要求也不同，一般岩心不低于65%，矿心不低于75%的标准也悄然发生了变化。目前科学深钻岩心采取率一般要求在85%以上，甚至更高，如松科二井取心钻井要求岩心采取率达到95%以上。对于环境科学钻探工程，由于地层记录了特定地质年代地表环境与气候的演化过程，1cm的地层资料可蕴含数千乃至上万年的地质信息，因此环境科学钻探对岩心采取率和岩心质量的要求更高于其他类钻探工程，而环境科学钻探均在复杂的湖相、海相及陆相盆地沉积地层中进行，因而其取心难度也相对增加。衡量岩心质量指标有多种描述方式，如取心比率、岩心采取率和分层采取率等。

$$取心比率 = \frac{规定需要采取岩心的孔段长度（m）}{全部钻探孔段的长度（m）} \times 100\%$$

$$岩（矿）心采取率 = \frac{岩（矿）心长度（m）}{取岩（矿）心井尺长度（m）} \times 100\%$$

$$分层采取率 = \frac{分层岩心总长}{分层总进尺} \times 100\%$$

第一种比率要求在重要的井段才采取岩心，为了降低钻探成本，根据工程目的确定取心井段的位置和长短，而其他深度位置则通过岩屑录井或测井的方法来代替相当一部分岩心，在《地质岩心钻探规程》（DZ/T0227—2010）中也提出了类似的要求，即"根据设计部门或合同要求，可全孔取心，部分孔段取心或全孔不取心"。第二种比率称为全孔岩心采取率，它是全孔要求取心孔段所采取的岩心总长与取心孔段总长度之比，理论上只要采取必要的措施，任何地层都可以达到100%的岩心采取率，但要在综合考虑成本的前提下，确定既能满足地质要求又符合经济性的合适指标，过分追求高的岩心采取率只会增加钻进成本。第三种比率则作为地层分层取样质量的衡量标准。

国内外取心钻进技术种类较多，分类各异。根据取心目的和作业方式，钻井取心可分胶体取心（国内称密闭取心）、常规取心、随钻取心、低污染取心、马达取心、保形取心、高压和液体保持取心以及小井眼取心等。按取心方式可分为绳索取心和提钻取心；按取心管（或岩心管）的结构型式可分为单管取心、双管取心和三层管取心，其中双管取心又分双动双管和单动双管取心；按碎岩工具可分为金刚石取心钻进、硬质合金取心钻进和牙轮取心钻进；按碎岩方式可分为回转取心钻进和冲击回转取心钻进；按循环方式可分为正循环取心钻进和反循环取心钻进，其中反循环取心钻进按循环介质又可进一步分为无泵反循环、喷射反循环、水力反循环、空气反循环和气举反循环等。如表3-40列举了国内外取心钻进的典型应用。

对取心钻进的研究，无论国内还是国外，都把注意力集中在如何提高取心质量、取心效率、岩心采取率以及如何在取心困难的地层获取尽量多的岩心上。目前深部钻探取心钻进方法主要包括地表回转提钻取心钻进、井底动力提钻取心、绳索取心钻进、液动锤绳索取心钻进、不提钻换钻头取心钻进等。

深部钻探钻孔深度大，钻遇不同压力体系的地层概率更大，井壁稳定性差，硬、脆、碎、涌、漏、坍塌、缩径等各种复杂情况都会遇到，由于取心比例大，钻井效率和质量至关重要。不同取心钻进方法需要根据设备、地层条件和井身结构进行选择，如在深度大，提、下钻辅助时间长的小口径钻孔中采用绳索取心钻进方法居多，而在深井大口径的钻孔中使用

表 3-40　部分国内外取心钻进深度及指标

序号	钻井名称	国家	井深（m）	施工目的	终孔直径（mm）	采取率（%）
1	Cezallier	法国	1400	结晶岩地热储	60	100
2	Sancerre	法国	3500	巴黎盆地基底磁异常	102	上部100
3	Schafisheim NA80-B	瑞士	2006	核废料储堵点	137	100
4	Weiach	瑞士	2482	核废料储堵点	159	100
5	Mallerguin-1	巴拉圭	2987	石油勘探	76	100
6	冰岛科学钻井	冰岛	1920	大洋洋壳调查	60	100
7	Sellafield	英国	2000	核废料储堵点	159	100
8	金矿超深井	南非	5422	深部金矿	80	100
9	萨阿特罗超深井	前苏联	8327	地壳结构、深部铁矿	216	100
10	KTB先导孔	德国	4000	地壳结构、地温差率	152	89
11	KTB主孔	德国	9100	地壳结构、动力演变	244	10
12	VC-2B	美国	1762	高温地热系统	76	100
13	索尔顿湖井	美国	3220	热液系统与成矿过程	156	12.5
14	深部金矿勘察井	美国	5071	金矿勘察	122	下部100
15	卡洪山口钻井	美国	3510	地应力、地热机制	165	5
16	山东黄金科学钻探	中国	4006.17	综合地质研究与资源预测	75	99.8
17	江西相山科学钻探	中国	2818.88	深部铀资源调查和成矿作用机理	122	99

长筒提钻取心方法，这些方法在许多科学钻探项目中证明是理想的方法。目前国内绝大多数超千米小口径岩心钻探深孔采用绳索取心钻探技术来完成，台月效率400m以上；松科二井长筒取心技术在φ311mm和φ216mm大口径井段回次取心长度达到了30～40m，取心效率大为提高，大有颠覆对提钻取心技术效果的传统认知之势。为获得更高的机械钻速，可以设计采用地质岩心钻探的钻具或石油系列厚壁取心钻具，在满足钻探设备和管材能力的前提下，往往采用多工艺取心技术，如螺杆马达＋潜孔锤＋单动双管取心钻具等复合工艺，取到了很好的效果，"三合一"、"多合一"等钻具组合已经逐渐引起重视。如表3-41所示为CCSD-1井不同取心钻进方法的使用效果，表3-42为螺杆马达＋液动锤金刚石取心钻进方法的使用效果。

表 3-41　CCSD-1井不同取心钻进方法的使用效果

取心钻进方法	钻进回次	进尺（m）	回次长（m）	钻速（m/h）	岩心采取率（%）
转盘取心钻进	12	19.55	1.63	0.47	58.2
顶驱取心钻进	8	5.87	0.73	0.36	5.1
顶驱＋绳索取心	5	7.62	1.52	0.63	13.8
顶驱＋液动锤＋绳索取心	3	8.27	2.76	0.89	99.5
螺杆马达＋绳索取心	8	6.72	0.84	0.33	71.9
螺杆马达取心	398	908.36	2.28	0.74	88.2
螺杆马达＋液动锤取心	640	4038.88	6.31	1.13	85.8
总计	1074	4995.27	4.65	1.02	86.0

注：资料来源于张伟学术报告，2016。

表 3-42 CCSD-1 螺杆马达+液动锤金刚石取心钻进方法的使用效果

井段	钻进回次	进尺(m)	回次长(m)	钻时(h)	钻速(m/h)	心长(m)	岩心采取率(%)
CCSD-PH	269	1100.76	4.09	991.7	1.11	959.40	87.2
CCSD-MH	107	830.22	7.76	632.45	1.31	669.81	80.7
CCSD-MH-1C	79	634.85	8.04	506.16	1.25	533.25	84.0
CCSD-MH-2C	185	1473.05	7.96	1429.3	1.03	1304.25	88.6
总计	640	4038.88	6.31	3559.6	1.13	3466.71	85.8

注：资料来源于张伟学术报告，2016。

取心钻进时需要根据地层条件确定钻头的种类。极松软地层多采用转盘驱动合金钻头，软岩多采用螺杆马达驱动金刚石聚晶复合片钻头，硬岩采用螺杆马达或涡轮钻具配合孕镶金刚石钻头（表 3-43）。研究与试验结果表明，涡轮钻具的转速可达每分钟几百至上千转，与孕镶金刚石钻头配合，可大幅提高硬岩钻进的机械钻速。

表 3-43 取心工艺初选参考表

地层条件	井眼直径	取心钻头类型	驱动方法	备注
极松软	大直径	合金钻头	地表驱动	
软岩	大直径	PDC 钻头	螺杆马达	
	小直径	PDC 钻头或巴拉斯钻头	螺杆马达	
硬岩	大直径	牙轮钻头	地表驱动/螺杆马达	采取率低
	小直径	孕镶金刚石钻头	螺杆马达或涡轮马达	可加液动锤

目前，绳索取心钻进工艺多用于 3000m 以浅的小口径钻孔中，如图 3-35 所示。在岩石坚硬和钻孔深度较大的场合进行绳索取心钻进的主要难点是：钻头寿命低，导致提下钻次数多；在破碎带岩心采取率低并且岩心卡、堵，导致回次进尺短，回收岩心次数多，绳索取心优势得不到充分发挥。为了提高钻孔的施工效率，降低施工时间和成本，人们在常规的金刚石绳索取心系统的基础上，对取心钻进方法和工具作进一步改进，形成了绳索取心液动锤取心钻进工艺。该工艺方法由常规的金刚石绳索取心系统与液动锤组合而成，是一种十分有效的硬岩钻进方法。该方法的突出优点是：能使钻进速度、钻头寿命和回次进尺长度同时得到改善，均能提高 25% 以上，还有助于降低孔斜。该方法用于深孔需要解决的问题是，如何保证在获得足够冲击能量的前提下，尽量减少液动锤对钻井液流量的需求，以改善小间隙条件下钻孔环空中的流动状况，减少压力损失。在我国，几种类型的液动锤都已实现了与绳索取心方法的结合，均已成为成熟使用的取心钻进工艺方法。

不提钻换钻头方法是绳索取心方法的进一步发展，在我国尚未

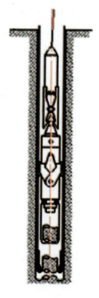

图 3-35 绳索取心原理图

推广应用。不但岩心管，而且钻头都可通过绳索打捞回收至地表，它比常规的绳索取心方法更能增大提钻间隔，减少提下钻次数，因此在深孔取心钻进中具有很好的发展前景。该方法在俄罗斯应用较为成熟。从原理上说，该方法的最大使用深度与绳索取心方法相同，其不足之处是钻头克取岩石面积比常规绳索取心钻头的稍大，在硬岩中对钻进不利。

孔底马达取心钻进工艺近年来已经成为一种发展趋势。如深部钻探涉及的钻孔直径和钻孔深度一般较大，地质钻探设备往往不能满足钻孔施工的负载要求，因而不得不采用石油钻井钻机或水井钻机。但这类钻机的转盘转速低，不能满足金刚石钻进工艺对转速的匹配要求。可以采取以下方法解决：一是采用孔底马达驱动金刚石钻头，如苏联科拉超深井、卡洪山口科学钻孔及我国的 CCSD-1 井等的取心方案，该方案的缺点是目前只适于提钻取心，松科二井工程正尝试将井底动力与绳索取心技术相结合，应用至不小于 216mm 口径的取心钻进中。二是在转盘钻机上加装顶驱动力头，如德国 KTB 先导孔和美国 Paker 钻探公司的钻机方案，采用该方案既有利于提钻取心钻进，又可进行绳索取心钻进，可使施工达到高效率、低成本。

绳索取心在深孔钻进过程中能减少起下钻具的时间，具有极大的优越性。尽管绳索取心钻头的壁厚比普通取心钻头厚，钻进时的机械钻速略低于普通钻头，但由于减少了辅助作业时间，增大了纯钻进时间占比，所以总的钻进效率仍比提钻取心高，且这种趋势随孔深的增大而增大，并且由于起下钻具次数少，因此减轻了劳动强度，孔越深，钻具越长，这个优点越明显。绳索取心钻进可用于钻进各种地层，在 6~9 级中硬岩层中效果最好；对于 10~12 级岩石，尤其是岩石的组织致密、颗粒细小无研磨性的极坚硬岩石，如石英闪长岩、石英砂砾岩、石英磁铁矿等，或研磨性很强的硬、脆、碎岩石，钻头极易磨损，钻进效率极低，不能充分发挥绳索取心钻进的优越性，但绳索取心技术与液动冲击器相配合，钻进此类地层有良好的前景。取心钻具结构形式多样，可满足不同地层、不同工艺、不同装备和不同行业的需求。由于岩心采取与地质条件和工艺因素息息相关，因此，为了保障岩心采取的品质，不同工艺方法中采用的取心方法和工具各不相同。地质岩心钻探的取心钻具类型和规格如表 3-44、表 3-45 所示。

表 3-44 取心钻具类型代号

钻具设计类型	口径代号								
	R	E	A	B	N	H	P	S	U	Z
单管	RS	ES	AS	BS	NS	HS	PS	SS	US	ZS
T 型双管	RT	ET	AT	BT	NT	HT	PT	ST	UT	ZT
M 型双管			AM	BM	NM	HM				
P 型双管					NP	HP	PP	SP	UP	ZP
绳索取心			AWL	BWL	NWL	HWL	PWL			

由于深部钻探钻柱重量大，钻压控制精度下降，因此，对取心钻具的强度要求更高，为避免压弯钻具和压坏钻具丝扣，一般采用厚壁式钻具，如图 3-36 所示。

表 3-45 取心钻具规格参数（外径/内径） （单位：mm）

钻具类型	部件	口径代号									
		R	E	A	B	N	H	P	S	U	Z
单管	钻头	30/20	38/28	48/38	60/48	76/60	96/76	122/98	150/120	175/144	200/165
	岩心管	28/24	36/30	46/40	58/51	73/63	92/80	118/102	146/124	170/148	195/170
T型双管	钻头	30/17	38/23	48/30	60/41.5	76/55	96/72	122/94	150/118	175/140	200/160
	外岩心管	28/24	36/30	46/39	58/51	73/65.5	92/84	118/107	146/134	170/158	195/182
	内岩心管	22/19	28/25	36/31.5	47.5/43.5	62/56.5	80/74	102/96	128/121	152/144	174/166
M型双管	钻头			48/33	60/44	76/58	96/73				
	外岩心管			46/40	58/51	73/65.5	92/84				
	内岩心管			38/35.5	48.5/46	63.5/60.5	80/76				
P型双管	钻头					76/48	96/66	122/87	150/108	175/130	200/148
	外岩心管					73/63	92/80	118/102	146/124	170/148	195/170
	内岩心管					56/51	76/70	98/91	120/112	144/136	165/155
绳索取心	钻头			48/25	60/36	76/48	96/63	122/81	150/108		
	外岩心管			46/36	58/49	73/63	92/80	118/102	146/124		
	内岩心管			31/27	43/38	56/51	72/66	92/85	120/112		

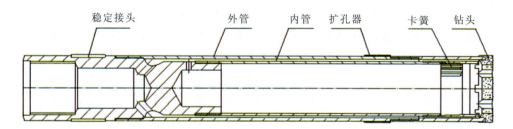

图 3-36 厚壁双动双管金刚石钻具

针对岩心堵塞，国外采用了一些防卡取心技术。防卡取心技术使用叠式内管衬管来减少卡心的影响，当卡心发生后可以继续取心，直到解决 3 次卡心或内管填满，取心作业才结束。国外设计的 JamBuster 取心设备配有高扭矩的 171.5mm×88.9mm 取心筒，其特点是：

（1）两个叠式衬套配有一层铝合金内管。

（2）采用销钉把叠式衬套锁在一起，出现卡心后剪断销钉，叠式衬套自由上行，销钉的强度与地层的硬度相适应。

（3）内装卡心指示器（图 3-37），卡心指示器是一种发现卡心和避免岩心损失的取心辅助机构，可避免岩心的磨损消耗。在取心过程中，岩心被卡一般很难发现，结果会造成很低的岩心采取率。卡心指示器能及时提醒操作者。当出现岩心被卡时，被卡岩心强制内管上升，引起立管压力异常，此时操作者应立即采取措施，在岩心被磨损之前

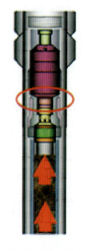

图 3-37 卡心指示器

将取心钻具提离井底。

JamBuster 取心钻具的优点：

（1）取心筒每次可充填筒长的 70%～100%。

（2）能防止 3 次堵心（卡心），减少 2/3 的起下钻次数，与常规的取心钻具相比，岩心采取率可提高 2 倍。

（3）消除了岩心磨损，提高了岩心样品的质量。

二、深部岩心钻探取心技术

（一）KT 型系列深孔取心钻具

KT 型系列深孔取心钻具是中国地质调查局勘探技术研究所针对我国科学钻探连续取心作业研制的，初型 KT-140 钻具首先在中国大陆科学钻探工程科钻一井（CCSD-1）应用并逐渐完善。采用了螺杆钻+液动锤井底动力复合回转冲击钻进，在变质岩地层完成了 4638m 取心工作量之后，KT-140 钻具又在"973 计划"项目"白垩纪地球表层系统重大地质事件与温室气候变化"的松辽盆地科钻一井（SK-1）沉积岩地层中取心 1630m。该项目地层为极松散砂层，松软泥岩，软硬互层泥岩、砂岩，致密泥页岩等。2008 年汶川大地震后，我国迅速启动汶川地震断裂带科学钻探工程（WFSD），对此，中国地质调查局勘探技术研究所针对地震断裂带极破碎、松散地层完善了 KT-140 钻具结构，并研制出衍生产品 KT-114 钻具，在该项目中运用了半合管技术，两种型号钻具在 WFSD 工程累计进尺超过 2000m。2014 年 4 月，松辽盆地资源与环境深部钻探工程（SK-2）开钻，取心井段为 2865～6400m 的松辽盆地深层，中国地质调查局勘探技术研究所又将钻具系列化，设计研制完成了 KT-194、KT-273 及 KT-298 钻具，均已在 SK-2 井取得良好的效果。

通过几大不同类型科学钻探工程的运用，KT 型系列深孔取心钻具已成为一种可用于科学钻探、地质勘探、石油天然气钻井、页岩气钻井、干热岩钻井等取心钻进，适应坚硬、破碎、松散等复杂多变地层、结构简单可靠的高强度钻具。它结合传统石油钻井大口径钻具及岩心钻探金刚石钻进技术，兼顾薄壁取心技术的特点，适应性强，尤其在钻穿多套地层的连续取心作业中具有巨大的技术优势。其规格型号如表 3-46 所示，推荐取心钻进参数如表 3-47 所示。

表 3-46 KT 型系列深孔取心钻具规格型号

型号	外管规格（mm）	内管规格（mm）	最大岩心直径（mm）	推荐钻头外径（mm）	顶端扣型
KT-114	114	89	77	122	NC31
KT-140	140	108	95	152	NC38
KT-194	194	140	128	216	NC50
KT-273	273	219	198	311	NC56
KT-298	298	245	214	311	7-5/8REG

注：实际钻头外径可在一定范围内调整。

表 3-47 KT 型系列深孔取心钻具推荐取心钻进参数表

钻具型号	推荐参数			
	钻头尺寸（mm）	钻压（kN）	转速（r/min）	排量（L/s）
KT-114	122	6～30	60～300	5～9
KT-140	152	6～40	60～300	10～15
KT-194	216	10～60	60～250	20～25
KT-273	311	20～90	60～200	35～45
KT-298	311	20～90	60～200	35～45

注：使用孕镶金刚石钻进时，转速可增加50%。

1. 结构特点

KT型钻具由上接头、单动机构、调节结构、外管、内管、卡簧组件、取心钻头及其他配套工具组成。钻具单动机构采用全泵量开式循环及重型推力轴承设计，轴承安放在外总成上，提高承压和抗冲击能力；强制开式润滑确保单动可靠性，且便于现场维护保养；单动机构和调节结构合为一体，结构紧凑，调节方便，内管与钻头内台阶间隙调节通过心轴与内管螺纹调节，可调范围大，便于现场调配内、外管等钻具配件；内管总成以梯形直螺纹连接，抗拔断力远大于岩心拉断力，略去拔心缓冲机构，可根据需要增加防掉装置，其结构特点确保了该钻具几乎不受任何井内条件的限制。在钻进破碎等复杂地层时，可选用半合管作为内管，方便退心；可配合金刚石、PDC、巴拉斯、合金等多种钻头使用；可使用转盘、动力头、顶驱地表回转驱动，也可采用螺杆钻、涡轮钻及液动锤井底动力驱动，提高深孔钻进效率。KT型单动双管钻具如图3-38所示。

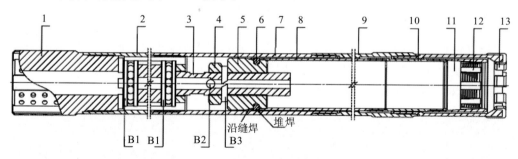

图 3-38 KT 型单动双管钻具

1—上接头；2—轴承腔；3—心轴；4—背母；5—内管接头；6—销；7—外管；8—内管；9—扩孔器；
10—短接；11—卡簧座；12—卡簧；13—钻头；B1—轴承；B2—钢球；B3—垫圈

中国地质调查局勘探技术研究所为满足地震科学钻探与环境科学钻探的岩心采取高质量的要求，针对松散地层、强塑性松软地层和多岩性交替变化复杂地层，在钻头、卡簧等结构上做了系统的研究，大幅提高了各类复杂地层的岩心采取率。在KT系列钻具基础上，又衍生研制了KS-140绳索取心钻具，其三维透视图如图3-39所示，并配套研制出绳索和提钻两用的钻杆，既可采用双层管结构也可采用三层管结构，KS-140钻具与KT-140钻具外总成则通用,现场可灵活地根据地层变化选择内总成而不用提大钻。钻具外总成螺纹强度高,适合于超强工况下工作,如长钻铤柱、大规程、长回次钻进工况,孔内安全性高,允许钻具在大钻压与高转速下工作。KS-140绳索取心钻具内总成悬挂由下弹卡结构实现,与传统的座环-悬挂环设计相比,克服了内空间不足而被动地缩小内管规格的弊端。

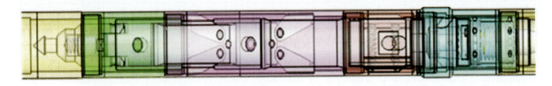

图3-39　KS-140钻具三维透视图

该钻具割心时缓慢上提钻具,注意观察指重表显示,视地层岩性及钻具规格,一般增加悬重50~300kN又立即消除,证明岩心被拔断。如果出现悬重增加而割不断岩性,则应停止上提钻具,保持岩心受拉状态。转盘钻进时,回转钻具直至岩心拔断,如井底动力回转,则开泵直至岩心拔断。

2. 三层管取心

针对复杂地层出心难的问题,在内管内可松插入容纳第三层管(衬管),选用透光好,刚度高,物理、化学性质稳定且不易老化的PVC管(图3-40)。

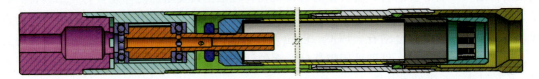

图3-40　三层管单动钻具结构原理

三层管钻具形式主要用于极松散地层,或对岩心原状性要求极高的科学钻探中,松科一井(主井)就大量采用了该方法,在流沙层中岩心采取率达80%以上。出心时,只需将PVC衬管整体抽出,分段切割并密封后保存(图3-41)。

图3-41　三层管钻具在松科一井(主井)获得的岩心

3. 长筒取心

目前大口径的绳索取心技术尚在研发尝试中，φ152mm口径及以上深孔中基本都使用提钻取心，而增加回次进尺长度是提高取心钻进综合效率最直接的方法。长筒取心钻具是由中国地质调查局勘探技术研究所研制的可用于深孔钻进的高效取心钻具，已成功运用于松科二井科学钻探工程，回次取心长度可达30～40m（图3-42），该钻具是基于KT型单动双管钻具，单动机构和调节结构合为一体，结构紧凑，调节方便，内管与钻头内台阶间隙调节通过心轴与内管螺纹调节，可调范围大，卡簧座与钻头内台阶间隙一般为5～10mm。

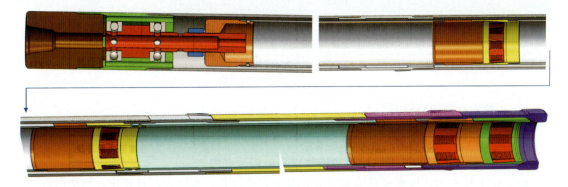

图3-42 基于KT钻具的长筒取心多卡簧双管钻具

转盘转进中若需接单根，拔断岩心后，确保井下钻具不转动，接好单根后，缓慢下放钻具到底，加上比取心钻压大30%～80%的钻压（视地层硬度），利用余心顶松卡簧，上提钻具恢复悬重后，恢复正常钻进。

基于KT钻具的长筒取心钻具在松科二井实践中取得的显著成效，φ311mm、φ216mm和φ152mm 3种口径全部实现三筒联装超长钻程取心技术，单回次进尺都突破30m。该系列钻具现已逐渐在我国地质大调查非常规油气勘探井中推广应用，并取得了非常好的效果。

4. 半合管取心

半合管是为了避免非胶结类岩心在出岩心管时人为造成破坏所采取的技术方法，在松软、易碎易散和未固结地层中取心时能保护岩心外形。根据不同钻具结构，半合管有可能是双层管的内管，也有可能是三层管钻具中的第三层衬管。半合管绝大多数用钢管制作而成，也可采用铝合金材料或玻璃钢等非金属材料。半合管的形式也多种多样，有180°对开缝，端头固定，有对开缝腰间锁合，也有单开缝的PVC管。

针对汶川地震断裂带科学钻探工程极破碎、松散地层，中国地质调查局勘探技术研究所研发出了长半合管应用至KT-140和KT-114钻具。钢管切开后强度大幅降低，采用半合管作为内管时，破碎地层钻进几乎不可避免地伴随着堵、卡心，时常会出现钻压全部作用于半合管的情况，导致半合管弯曲、卡箍胀裂。汶川科学钻探因孔深大、地层极其复杂，回次长度对取心钻进效率影响甚大，半合管的长度起到了决定性的作用，通过长期的研发与应用经验相结合，中国地质调查局勘探技术研究所逐渐将半合管长度增加，形成3m、4.5m、6m、9m系列半合管钻具，极大地提高了汶川科学钻探的钻进效率。图3-43为9m半合管钻具在WFSD-4号孔的取心效果。

图 3-43 9m 半合管钻具在 WFSD-4 号孔的取心效果

(据王稳石，2017)

(二) 贝克休斯取心钻具

相比较 KT 型系列钻具，美国贝克休斯公司取心钻具也有其独到的特点，贝克休斯公司设计的 250P 系列取心钻具为双筒单动钻具，其结构特点为：

(1) 安全接头的连接螺纹是耐用螺纹，在钻台易卸开，回收岩心过程快，如果取心外管在井下被卡住，能够从外管处卸开将内岩管和岩心提到地面。

(2) 为了保持机械钻速和岩心采取率，悬挂总成提供最大限度的自由旋转。

(3) 止推轴承靠钻井液或空气润滑清洗内孔，不受井底温度和压力的影响，可在高温和高压井眼使用。

(4) 压力释放塞允许给定流量的钻井液经岩心管循环，当球坐在释放塞里时，钻井液经内管上面的孔在内外岩心管之间通过，减少了岩心的污染，并对钻头起清洗和冷却作用。

(5) 长距离可调装置补偿内管因热膨胀引起的误差，保证内管的合适长度。

(6) 外管选用高强度厚壁无缝钢管，扩大取心钻具的使用范围，延长其寿命。外管带有耐磨短节，可减少外岩心管接触井壁，减少粘卡的风险，防止岩心管过早磨损。

(7) 内管选用高强度无缝钢管，为岩心提供一个密室，防止岩心受钻井液污染和侵蚀，也可使用铝合金或玻璃钢做内管。

(8) 内管鞋短节为螺纹短节，可减少内管和内管鞋之间的螺纹磨损，延长螺纹寿命。

(9) 导向内管鞋使内管底部在取心钻头内扶正，引导岩心快速有效地进入岩心爪和内岩心管，减少岩心侵蚀。

(10) 弹簧岩心爪抓住岩心，防止岩心丢失。

(11) 取心筒长度可变，以增加取心长度，减少取心次数，降低费用。

贝克休斯公司的 Coremaster 取心钻具包含螺纹加强的 $\phi 120.65$ mm (4-3/4″) 抗大扭矩取心钻具，能在特殊的井眼里进行长筒取心。其外管由 4142H 钢筒制作，适于长度为 9.14m 的标准管，也可把标准管连接起来提高工具的长度，连接长度可达 82.3m，用扶正器使钻具稳定工作。

Coremaster 工具要求钻头带有标准的连接接头和相应的钻头上卸扣器。该工具配有可调接头，可调整内岩管和钻头间的间隙，补偿内岩管热膨胀引起的误差 (表 3-48)。

表 3-48 Coremaster 可调取心钻具的技术参数

工具规格（mm）	120.65	171.45
外管规格（mm）	120.65×82.55	171.45×136.53 与 184.15×136.53
内管规格（mm）	73.15×60.45	120.65×107.95
取心钻头接头外径（mm）	120.65	184.15
推荐上扣扭矩（N·m）	18000	26500
最大扭矩（N·m）	23600	33200
标准稳定器位置（m）	0、6、9、18、28	0、6、9、18、28
每节（9.14m）质量（kg）	530	800
可选择的稳定器位置		每段间隔 4.57m

Coremaster 取心钻具在结构上与 250P 系列取心钻具基本相同，所不同的是增加了内管扶正器和卡心指示器。内管扶正器可提供最佳的稳定性，当组成长筒取心时可提高内管的刚度。卡心指示器在因卡心而使立管压力升高时会给地面发出卡心信号，确保岩心不被磨损破坏。此外，Coremaster 取心筒可使用马达在井斜角超过 90°的情况下取心。

贝克休斯 HT 系列取心钻具是为适应大扭矩设计的，工具强度高，双台肩连接，适合各种标准取心操作，以及长筒取心、马达取心和大斜度井的取心，可在高机械钻速和大钻压条件下工作，安全可靠。HT 系列取心钻具还配有可调接头、卡心指示器和内管扶正器（表 3-49）。内管可用铝合金或玻璃钢，也可用钢制作。

表 3-49 HT 系列取心钻具技术参数

工具规格（mm）	120.65×66.68	171.45×101.6	203.2×133.35
取心筒长（m）	9.14 的倍数	9.14 的倍数	9.14 的倍数
外管规格（mm）	120.65×95.25	171.45×130.18	203.2×168.28
内管规格（mm）	85.73×73.03	120.65×107.95	158.75×139.7
顶端螺纹	API IF/NC38	API IF/NC50	6-5/8 API Reg
顶部接头孔直径（mm）	61.9	80.17	80.17
钢球直径（mm）	25.4	31.75	31.75
岩心直径（mm）	66.675	101.6	133.35
推荐井眼（mm）	146.05~177.8	203.2~228.6	228.6~311.15
质量（kg）	878.9	2012.2	2683
推荐量大拉力（kN）	1323.7	2588.5	3005.6
屈服扭矩（N·m）	30033.9	75152.7	88199.1
上扣扭矩（N·m）	13590	40770	54360

（三）SDB 系列钻具

SDB 系列钻具是适用于砂卵石覆盖层和裂隙发育、松散破碎等复杂地层以及基岩金刚石取心钻进的专用系列钻具，配有普通内管和半合式内管互换的两级单动机构的双层岩心管，包括 SDB150、SDB110、SDB94、SDB77 等系列口径。它适用于未胶结的砂卵石覆盖层及所有基岩地层金刚石岩心钻探，配合植物胶类泥浆，岩心采取率高，可随钻取原结构岩样，其具体结构包括除砂打捞机构、双级单动机构、内管机构和外管机构等，如图 3-44 所示。该钻具可以根据地层特点选配相应的热压金刚石钻头、电镀钻头、复合片钻头、硬质合金钻头等。

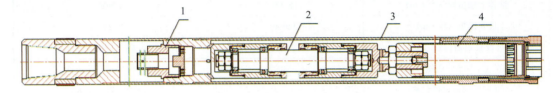

图 3-44 半合式内管单动双管钻具结构
1—除砂打捞机构；2—双级单动机构；3—内管机构；4—外管机构

为保证岩心采取质量，该系列钻具结构的设计具有以下特点：

（1）双级单动机构。为了提高钻具的单动性能，保障单动机构的可靠性，采用上下两级单动机构，更好地避免了岩心的磨损。

（2）内壁磨光的内管和半合管。该系列钻具可采用两种内管，一种是内壁磨光的普通内管，另一种是内壁磨光的半合管，可以根据需要互换，内管及半合管内壁光滑，可以减小岩心进入的阻力以及岩心的磨损。半合管是在钻进松散、破碎地层时为了取原结构岩心时才使用，避免了在取出破碎岩心时对岩心造成再次人为的破坏和扰动。

如图 3-45 所示，半合管通过销钉定位，上端与内管接头内螺纹相连，下端与定中环管相连，兼起抱紧半合管的作用，半合管中部每隔 20~30cm 设置抱紧机构，通过开口钩头抱箍与半合管外壁上梯形槽相配合，每道环槽开有两条轴心槽缝，槽缝呈梯形分布，梯形槽在轴向不同位置所夹弧长不同，开口抱箍两端钩头在梯形槽缝小弧长处置于槽缝内，然后推到下端大弧长位置，则抱紧半合管。

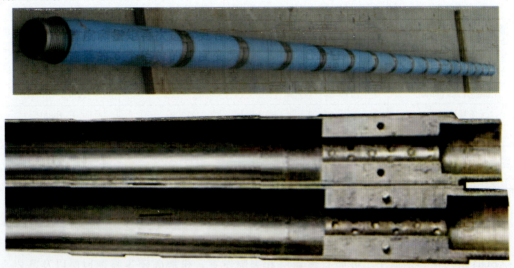

图 3-45 半合式内管

(3) 缩短了岩心管，增设了沉砂管和隔砂管。随着回次时间和进尺的增加，岩心被破碎、磨损、分选和污染的机会增大，因此有效地保护了岩心，缩短了内、外管长度，同时也保证了钻具有良好的单动性。在沉砂管内设有隔砂管，进入沉砂管内的钻井液，由于高速转动时的离心分离作用，岩屑分离下沉，避免进入单向阀和内外管之间，起到了除砂作用，同时避免了因此造成的单动失效。

SDB 系列钻具的管材规格如表 3-50 所示。

表 3-50　SDB 系列钻具的管材规格

管材	SDB 150-1	SDB 150-2	SDB 110	SDB 94	SDB 77
内管（mm）	114×5	108×5	89×4	77×3.5	62×2.75
外管（mm）	139.7×7.72	139.7×9.19	102×4.5	89×4	73×3.75

该类钻具不仅用于水电勘探，还广泛应用于城市建筑、公路、铁路、地铁、桥梁勘探，金属矿床勘探，煤田地质勘探，地质灾害勘探等，在汶川地震科学钻探中也取得了较好的应用效果。SDB 钻具采取的弱胶结卵砾石岩心如图 3-46 所示。

图 3-46　SDB 钻具取出的弱胶结卵砾石岩心

（四）三层岩心管取心钻具

三层岩心管取心钻具典型的结构特征是在双层岩心管钻具的内管中增设一层岩心容纳管，可以是双动结构，也可以是单动结构，其基本结构有多种组合形式。三层岩心管结构有以下特点：可提高复杂地层取心质量，钻进、起钻过程中可有效保护岩心，地表退心时减小对岩心的扰动程度，避免岩心散落，在松散、破碎、易冲蚀地层能进一步提高取心质量。但三层岩心管之间的配合间隙要求较高，既要保证内外管之间的过流面积，也要保证第三层岩心管的顺利安放和取出，因此，岩心管壁厚较薄，结构强度较低，加工精度较高，特别是半合管式三层管，为保证配合精度，一般设置较短，约为 1.5m。由于三层岩心管钻头特别是内管钻头超前或底喷式钻头的底唇面较普通钻头一般要厚一些，切削面积较大，加之取心间隔较短，对钻进效率有一定影响，钻进效率有所降低。三层岩心管钻具的基本结构形式如下：

（1）完整圆筒式衬管。将壁厚超薄的完整圆筒加装于双层岩心管的内管中，圆筒衬管可以是金属材料，也可以是非金属高强透明或不透明材料。这种组合形式一般不需对原有的双层岩心管结构作大的改变。

（2）半合管式组合结构。该结构有两种组合形式。一种是双层岩心管的内管为半合管式结构，第三层衬管为完整圆筒结构；另一种是双层岩心管的内管为完整圆筒结构，第三层岩心管为半合管式结构。

此外，三层岩心管钻具还可与隔浆活塞式结构、喷反式结构、底喷钻头或内管钻头超前式等结构组合。

绳索取心三层岩心管钻具主要用于松散、破碎地层的绳索取心钻进，能有效提高复杂地层绳索取心钻进的岩心采取率。

（1）绳索取心三层岩心管钻具结构。绳索取心三层岩心管钻具结构如图 3-47 所示。钻

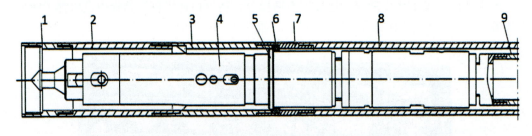

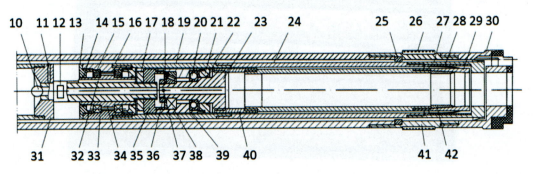

图 3-47　绳索取心三层岩心管钻具结构

1—接头；2—弹卡挡头；3—弹卡室；4—弹卡总成；5—悬挂环；6—座环；7—上扩孔器；8—外管；9—连接管；10—钢球；11—弹性销；12—连杆轴；13—压盖；14、22—O 型圈；15—轴承；16—连接套；17、36—锁紧母；18—密封环；19—内管上节；20、38—轴承；21—下压盖；23—悬挂接头；24—内管下节；25—扶正环；26—扩孔器胎体；27—爪簧座；28—爪簧总成；29—卡簧座；30—钻头；31—上接头；32—键；33—轴承套；34—中间轴承套；35—压盖；37—开口销；39—半合管轴承座；40—半合管短节；41—下扩孔器；42—卡簧

具的外管总成、打捞机构、弹卡机构、悬挂机构、到位报信、岩心堵塞报信、调节与缓冲机构等与常规绳索取心钻具基本相同，但在单动内管中增设导向键滑移机构、爪簧总成、单动半合管和卡簧、卡簧座。单动机构主要由上接头、连杆轴、压盖、轴承、连接套、键、下接头等元件组成，它是由两个单动回转机构和一个轴向滑移机构组成，以保证取心机构的平稳

性和单动性，同时也起到连接弹卡总成和取心机构的作用。

取心机构包含内管下节、爪簧座总成、半合管短节、半合管、卡簧座、卡簧等构件。提取岩心时，内管下节和爪簧座总成在自重力作用下通过单动装置的轴向滑移机构下滑，包裹半合管、卡簧座及岩心，此时爪簧座总成的爪簧片收拢，从而在岩心提取时对岩心形成二次保护，提高岩心的采取率。

（2）钻具结构参数。绳索取心三层岩心管钻具的主要技术参数如表3-51所示。

表3-51 绳索取心三层岩心管钻具的主要技术参数 （单位：mm）

钻具型号	钻头直径		外层岩心管		内层岩心管		第三层半合管			钻杆规格
	外径	内径	外径	内径	外径	内径	外径	内径	长度	
JSC75	75	44.5	73	63	55	51	50	46	1000	JS75/XJS75/NQ
JSC95	95	58	89	77	72	67	65	61	1000	JS95A/JS95B/HQ
JSC122	122	77.5	114.3	101.6	95.6	88.9	88	80	1400	JS122/PQ

注：引自唐山市金石超硬材料有限公司相关产品数据。

（五）超前和隔离型取心取样钻具

对于容易冲蚀和松软破碎的地层，为了避免钻井液直接冲刷岩心，除了双层管结构保护之外，岩心进入岩心容纳管之前，需要进行超前保护或隔离保护。这种取心方法有3个关键技术：

（1）低侵入钻井液。国外使用类似碳酸钙来提供固体架，在岩心上迅速形成泥饼，这种泥饼在岩心的外表面产生保护膜，来防止滤液侵入岩心的空隙。

（2）低侵入取心钻头。特殊设计的钻头底部设有排屑迷宫槽，使钻井液流远离形成的岩心柱。钻头设计时采用尽量短的内保径齿，使岩心少受到干扰，顺利进入内管，岩心得到保护但不影响岩心进入。

（3）加长内管引鞋。加长内管引鞋保护岩心，避免与钻井液接触。

典型的超前保护为内管或内管钻头超前保护（图3-48）。延伸卡簧座超出外管一定距离，通常为0～35mm之间。外管钻头切削之前，岩心已经进入内管保护腔体，避免岩心被冲刷。当然超前距离需要根据地层的软弱程度进行调整，由于内管较薄，受力时很容易成凹形破坏，超前过多很容易压坏内管或造成岩心堵塞。因此，有的钻具根据地层的软硬程度能自动调节伸长的距离，但总体来说，该结构仅能在相对软弱或极其松散地层使用。

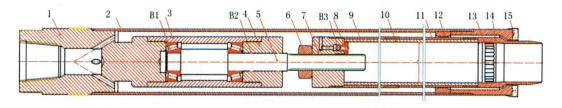

图3-48 内管超前保护钻具基本结构

1—转换接头；2—外管；3—轴承外套；4—轴承下端盖；5—心轴；6—调节螺母；7—内管堵头；8—螺栓；9—内管上接头；10—内衬半合管；11—内管；12—导正环；13—卡簧；14—延伸卡簧座；15—钻头；B1—轴承；B2—O型圈；B3—钢球

特殊设计的隔液保真钻头和岩心水压退心装置，既可用于极难取心地层，又可有效地保护岩心的原生结构，内管钻头（即压筒）超前于外钻头，另外，通过设计特殊结构的钻头，如设计成底喷式钻头、侧喷式钻头以及带隔离环槽型的钻头可以很好地隔离泥浆的冲刷，保障岩心采取率，如图3-49至图3-52所示。

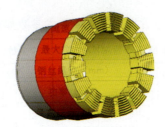

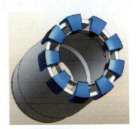

图3-49 底喷式复合片钻头　　图3-50 底喷式金刚石钻头　　图3-51 侧喷式复合片钻头　　图3-52 内隔离环钻头

双管钻具工作模式原理上是局部反循环，亦即是泥浆在钻具下部实现分流，一大部分流体以正循环方式进入外环空间，实现携带岩粉、冲洗孔底和冷却钻头的作用；另一部分随岩心进入内管，该水路确保钻井液与岩心进入钻具内管的方向一致，再经上部单向阀返出。该部分液流从钻头底唇部进入钻具岩心管，托举岩心上升，对岩心有一定的润滑作用，减小或防止因堵塞而造成岩心磨损。一般正循环流量占总流量的一半以上，而反循环流量较小。

为了更好地保护岩心，流体应尽量避免接触岩心或少冲刷岩心。采用一定的底喷式、侧喷式水路或隔水环钻头，正反水路相互隔离，确保岩心中不会掺入岩粉（屑）和掉块，保证岩心的高保真。通过调整取心钻具结构尺寸或泵的流量，可以控制合理的正反循环流量比例。一般小口径钻具内管卡簧座与钻头内台阶间距多设置为2~4mm，此时，正循环流量占总流量的一半以上，而反循环流量较小，对于易冲刷岩心，则间距尽量调整到小值，只需建立起微弱的反循环，避免大量流体的冲刷。底喷式钻头、侧喷式钻头就是通过减小钻头唇部的内水口的过水断面面积来实现隔离的。有的专门设计隔水环，钻头与隔液卡簧座配合，如图3-53所示，或卡簧座采用密封式结构，甚至在卡簧座与钻头内台阶处之间加入密封圈来

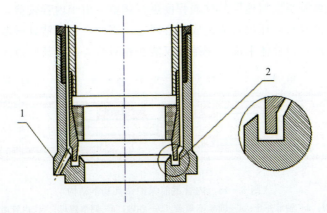

图3-53 隔水钻头的工作原理图
1—底喷或侧喷钻头；2—隔水面

达到减少反循环流量的比例。内部设计独立"U"环形水槽,设计斜向水眼,水眼顶部采用径向设计,泥浆径向冲向井壁而非井底,保证松软岩心不被钻井液冲蚀。图 3-54 为中国地质调查局勘探技术研究所设计的隔水环钻具,既可有效隔离泥浆对破碎、松软岩心的冲蚀,又具有良好的排水性能,用于钻进松软—中硬的、裂隙充填物发育的地层。

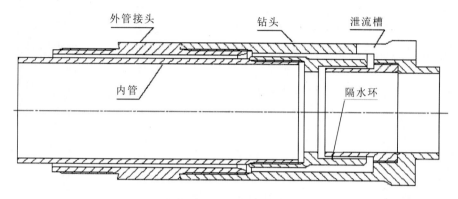

图 3-54 隔水环钻具

1. 隔水单动双管钻具 (图 3-55)

该钻具适用于可钻性为 3~7 级的中等硬度、破碎、节理发育、易磨、易振、易冲刷的岩层。其结构特点是:具有特制的侧泄式钻头和隔水罩,另外还配备 3 种岩心提断器(单卡簧、单爪簧、爪簧加卡簧),可满足不同岩层取心的需要。钻头外侧开有水槽,将内外管间隙内的钻井液引向孔底;钻头内侧有隔水罩,可防止钻进时内管的摆动和钻井液进入钻头内冲刷岩心。

钻具下到距孔底 1~1.5m 时,即开泵冲孔,然后开车扫孔到底。钻进过程中,禁止上下提动钻具,回次进尺一般为 0.8~1.5m。提钻前,上下活动钻具几次,即可提断岩心。

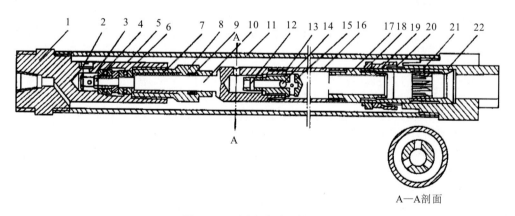

图 3-55 隔水单动双管钻具

1—外管接头;2—油堵;3—开口销;4—螺母;5—轴承垫圈;6—推力轴承;7—轴承套;8—螺丝套;9—密封圈;10—心轴;11—外管;12—挡销;13—球阀;14—胶皮圈;15—回水阀座;16—内管;17—内管接头;18—导向块;19—隔水罩;20—提断环座;21—岩心提断器;22—钻头

2. 活塞单动双管钻具（图3-56）

该钻具适用于可钻性为4～6级的松散、粉状、节理发育、易污染的岩层，在蚀变带取心效果尤其显著。

钻具主要由分水接头、单动装置、特制半合管、胶质活塞和阶梯钻头等组成。最大的特点是采取了严密防止钻井液接触、污染和冲刷岩心的技术措施。为了保持岩心的原生结构，在内管中设有咬合严密的半合管。半合管内装有胶质活塞，使岩心与泥浆隔绝，胶质活塞在钻进中还起刮浆和减振作用，并且随着岩心顶着活塞进入半合管，产生一定的抽吸作用，提高了岩心的纯洁度和取心的可靠性。在阶梯钻头体中部开有斜水口，使钻井液不致冲刷孔底。半合管下端伸入到钻头内台阶上。另外，在钻头水口下部与半合管间还设置有密封圈，能防止岩心受到污染。

下钻前，要检查半合管的同心度和稳固性，活塞是否过紧，半合管与钻头内台阶的间隙是否符合0.5～1mm要求。扫孔前，先送水将活塞推到底部，再开车扫孔。扫孔完毕后，由钻杆内投入钢球钻进。钻进中要保证水压推动球阀向下打开通水孔，改变液流方向，使活塞上部免受动水压力的负荷，防止孔底缺水造成岩心烧灼变质。要严禁提动钻具，以免污染岩心。在软硬互层中钻进时，要特别注意由硬变软的过程中进尺不得超过0.5～1m，以免打丢地层。一旦发现进尺下降，立即提钻，以免强行磨损岩心。

3. 内管钻头超前单动双管钻具

如图3-57所示，该钻具由异径接头、内管、外管、内外管钻头、单动装置、缓冲装置、摩擦离合器等组成。它适

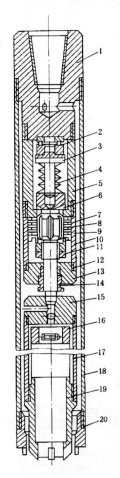

图3-57 内管钻头超前单动双管钻具

1—异径接头；2—轴承；3—支承垫；4—碟形弹簧；5—连接管；6—花键轴；7、8、9—摩擦片；10—花键套；11—轴承；12—密封圈；13—接头；14—螺母；15—内管接头；16—半合管；17—内管；18—外管；19—内管钻头；20—外管钻头

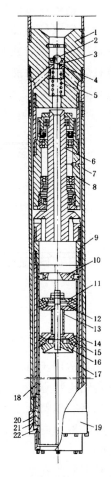

图3-56 活塞单动双管钻具

1—分水接头；2—球阀；3—球阀垫；4—球阀座；5—弹簧；6—单动轴；7—外管；8—轴承外壳；9—上接头；10—加固横梁；11—活塞上压盖；12—上托盘；13—支撑管；14—活塞下压盖；15—胶圈；16—下托盘；17—半合管（公）；18—半合管（母）；19—下接头；20—稳钉；21—密封圈；22—钻头

用于可钻性为1~3级松软的和夹矸少的煤系地层或易被冲毁的松散地层。

钻进松软岩层时，内管钻头超前于外管钻头，隔离钻井液对岩心的冲刷，并且此时转矩不传到内管和内管钻头。内管钻头起压筒的作用。如果遇到硬夹层，则内管钻头受到的地层反力增大，压缩碟形弹簧，摩擦离合器中摩擦片结合，转矩就传到内管和内管钻头，使内管钻头也回转钻进。

下钻距孔底1m左右，先开泵冲孔5~10min，然后再将钻具轻放到底。钻进中不得任意提动钻具，回次进尺要限制。回次终了，要停泵静止1~2min再提钻。下钻前，顶板岩心要取净，否则残留岩心会堵住内钻头，造成岩心严重磨损。

4. 超前形复杂地层绳索取心技术

日本利根公司研制的SQR型绳索取心钻具，针对松软地层有较好的效果，其结构如图3-58所示，主要原理是利用超前钻头在软硬地层中受到的阻力不同，在软地层不旋转起到保护岩心的作用，在硬岩地层旋转从而既保护了岩心，又不影响钻进效率。

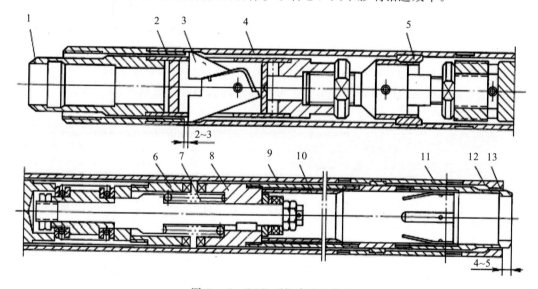

图3-58 SQR型绳索取心钻具

1—提引接头；2—回收管；3、7—弹簧；4—弹卡室；5—座环；6—上牙嵌；8—下牙嵌；9—内管；10—三层管；11—拦簧；12—超前钻头；13—钻头

（六）喷反型取心取样技术

1. 喷射式反循环金刚石单动双管钻具

钻具结构如图3-59所示。它的单动装置采用外套式，喷射器部分置于单动装置与内管之间，内管连接在分水接头的下部，钻进时内管和喷射器部分不转动。这种钻具在硬、脆、碎地层中的钻进时效、回次长度和岩心采取率都高于普通金刚石单动双管，还可以用于捞取孔底岩心碎块和岩粉。

2. TG-1型取心钻具

钻具结构如图3-60所示。单动系统采取开式润滑的轴承腔总成，上轴承规格大一级，

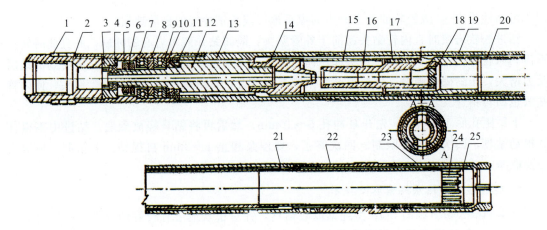

图 3-59 喷射式反循环金刚石单动双管钻具

1—合金；2—异径接头；3、10—上密封圈壳；4—密封圈；5—锁母；6—垫圈；7—轴承外壳；8—轴承套；9—推力轴承；11—密封圈；12—空心轴；13—外管接头；14—喷嘴接头；15—连接管；16—承喷器；17—分水接头；18—丝堵；19—外管；20—内管；21—内管短接；22—扩孔器；23—钻头；24—卡簧；25—卡簧座

有利于整体提高钻具寿命；在心轴上设置了喷嘴与承喷室；在内管中增设了一个石墨岩心标，通过观察岩心标是否滑落到卡簧座上，可判断管内岩心是否已取净。

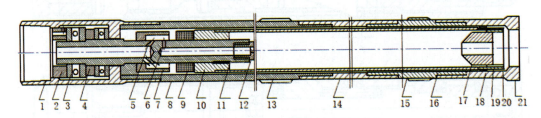

图 3-60 TG-1 型取心钻具

1—上接头；2—压盖；3—轴承；4—心轴；5—喷嘴；6—回流孔；7—射流挡圈；8—上扩孔器；9—背帽；10—内管接头；11—防松键；12—岩屑过滤器；13—内管；14—外管；15—下扩孔器；16—内管短节；17—岩心标；18—扶正环；19—卡簧；20—卡簧座；21—钻头

3. 双卡簧喷反单动双管取心钻具

钻具结构如图 3-61 所示，其特点是：单动结构上仍采用轴承外置形式，以便加大轴承规格；在内总成上放置了簧片式卡簧和卡簧两道卡心工具，如图 3-62 所示。在内总成下端的短接和卡簧座上各打一圈斜水眼，一部分水流从内、外管环隙正循环到水眼处即可返至内管悬浮岩心；钻头为底喷形式，水眼底部有一护圈将岩心与液流隔开。

4. 内管滚动扶正式喷射式反循环钻具

图 3-63 为中国地质大学（武汉）设计的专用于大斜度孔的喷射式反循环金刚石单动双管钻具。单动的内管具有居中能力，喷射器部分置于单动装置与内管之间，内管连接在分水接头的下部。钻进时，内管和喷射器部分不转动。这种钻具在硬、脆、碎岩层中的钻进时效、回次长度和岩心采取率都高于普通金刚石单动双管，可以用于捞取孔底岩心碎块和岩粉。

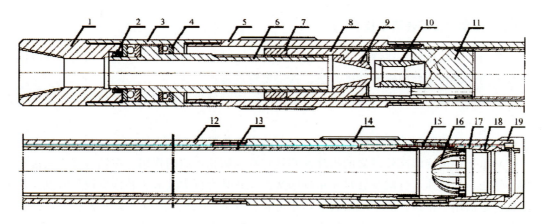

图 3-61 双卡簧喷反单动双管取心钻具

1—上接头；2—压盖；3—轴承腔；4—轴承；5—上扩孔器；6—心轴；7—背帽；8—碰嘴体；9—喷嘴；10—射流腔；11—内管接头；12—外管；13—内管；14—下扩孔器；15—短节；16—簧片式卡簧；17—卡簧座；18—内槽卡簧；19—钻头

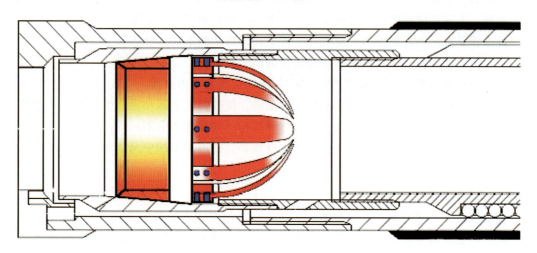

图 3-62 双卡簧结构

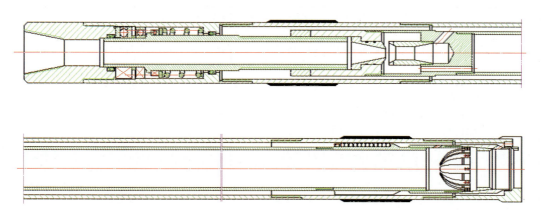

图 3-63 大斜度孔取心喷射式反循环金刚石单动双管钻具

(七) 液动冲击回转取心技术

冲击回转钻进是钻头在静压作用下进行回转,同时施加纵向冲击动载,从而形成以回转切削与纵向冲击相结合的碎岩钻进方法。其主要特点是:

(1) 冲击动载作用下岩石易产生大剪切破碎,这对硬岩(特别是粗颗粒硬岩)效果更为明显。

(2) 在有一定预压下冲击破碎岩石,岩石的强度会降低 50%~80%。

(3) 由于冲击旋转高效碎岩的机理及其具有减少钻孔弯曲的作用,在钻进规程上由于它采用小钻压、低转速,可减少管材及钻具的磨损,并具有可大大减少孔内事故的特点。冲击回转钻进最适用于粗颗粒的不均质岩层,在可钻性为 6~8 级、部分 9 级的岩石中,钻进效果尤为突出。近几年来,冲击回转钻进不仅应用于硬质合金钻进,还应用于金刚石钻进及牙轮钻进,所以,它既可钻进较软的岩层,又可钻进坚硬的岩层。冲击回转钻进应用于小口径金刚石钻进,不仅可提高钻进效率和钻头寿命,一定程度上解决了坚硬致密地层的"打滑"问题。对取心来说,冲击回转钻进最大的益处是小钻压不容易堵心,冲击振动有利于解决堵心的难题。尤其是破碎带地层钻进中堵心几率小,也有利于岩心采取率的提高。

冲击器是冲击回转钻进的关键部件。根据动力形式的不同,分为以下 3 种:

(1) 液动冲击器。采用高压水或泥浆作为动力介质。

(2) 风动冲击器。又称风动"潜孔锤",压缩空气为动力介质。

(3) 机械作用式冲击器。利用某种机械运动,使冲锤上下运动而产生冲击力,这些机械可以是电机、电磁装置,也可以是涡轮或特种机构(如牙嵌离合器)等。

上述分类中,以液动、风动两种型式比较成熟,在地质勘探中又以液动冲击器使用比较广泛。

1. 冲击器的主要技术参数

我国液动冲击器的生产厂家很多,结构类型也很多。主要有正作用、反作用、双作用、射吸式、射流式以及复合作用的冲击器等。表 3-52 和表 3-53 为中国地质调查局勘探技术

表 3-52 液动锤的主要技术参数

类型	系列型号	外径 (mm)	钻头直径 (mm)	泵量 (L/min)	泵压 (MPa)	冲击频率 (Hz)	长度 (m)	质量 (kg)	主要用途
正作用式	YZ-54、73、89	54~89	56~105	60~180	0.7~3.0	15~50	1.3	17~48	岩心钻探
双作用式	YS-43、54、66、74、89、108、130、219、273	43~245	46~375	80~850	0.4~3.0	10~50	1.2~1.8	10~320	岩心钻探
	SYC-178	178	190~311	400~1500	1.5~4.0	10~20	2.3	230	石油、天然气钻探
	HH-5、7	127、178	152~216	600~1500	4.0~6.0	10~20	1.8~2.8	130~450	水井钻探
复合作用	YQ-150、173、219	150~219	165~311	400~850	1.0~3.0	10~15	1.4~1.6	140~200	水文水井钻探
绳索取心式	SS56C、59C、75C、91C	54~89	56~95.5	50~180	0.5~4.0	25~40	5.27~6.0	58~120	绳索取心钻探
	SZ56C、59C、75C、91C	54~88	56~91	40~140	0.7~2.5	15~40	5.27~6.0	58~118	绳索取心钻探
	KS-157	146	157	200~400	3.0~5.0	15~20	12	600	科钻一井

表 3-53 YZX 系列液动锤的结构参数

型号	外径(mm)	钻孔直径(mm)	冲锤质量(kg)	冲锤行程(mm)	自由行程(mm)	冲击频率(Hz)	冲击功(J)	工作泵量(L/min)	工作泵压(MPa)	总长(mm)	总质量(kg)	冲洗介质
YZX54	54	56~65	3.5	15~25	5~8	25~45	10~50	60~90	0.5~2.0	863	12	清水、乳化液、优质泥浆
YZX73	73	75~85	5.5	20~25	6~10	20~45	15~70	90~150	0.8~3.0	1000	25	
YZX89	89	91~105	7.0	20~30	7~12	20~40	20~90	120~190	1.0~3.0	1000	35	
YZX98	98	112~120	15.0	30~40	10~12	20~40	80~120	200~300	1.5~4.0	1600	72	
YZX127	127	136~158	35.0	40~50	10~15	7~15	120~250	350~550	2.0~5.0	1950	120	
YZX146	146	165~190	37.0	40~50	10~15	7~15	150~300	600~1000	2.0~5.0	2280	220	
YZX165	165	190~216	50.0	40~50	10~15	7~15	200~350	900~1500	2.0~5.0	3180	380	
YZX178	178	216~245	68.0	30~60	10~15	7~15	200~400	900~1800	2.0~5.0	2880	410	

研究所研发的液动锤主要技术参数和结构参数。

2. 液动冲击回转绳索取心钻具

常规绳索取心钻具实现了不提取全部钻具打捞岩心，但当遇到复杂地层尤其是硬、脆、碎地层时，钻具的工作环境变得十分恶劣，如钻头磨损过快、钻进速度缓慢、易堵、进尺短和提钻间隔时间短以及岩心脱落、不易出心等。需要采取特殊的结构或工艺措施保障岩心的采取，液动冲击回转绳索取心钻具能在一定程度上解决堵心问题，绳索取心强制取心钻具能解决岩心脱落的问题，特别是解决松软破碎以及硬、脆、碎地层取心难的问题，绳索取心三层岩心管技术能在一定程度上解决出心难的问题。

(1) TK 型液动冲击回转绳索取心钻具。早期国内使用的是 TK 型液动冲击回转绳索取心钻具，其结构如图 3-64 所示。TK 型液动冲击回转绳索取心钻具的工作原理如下：

1) 钻具未下至孔底时处于悬吊状态。外管总成上的花键轴向下滑动，花键套与扭力接头间脱开一定的距离；冲击器的锤套下接头与排水接头间也离开一定距离；活塞杆与阀脱开，钻井液畅通，通过进水接头、阀及活塞杆的内孔及排水接头，经过内、外岩心管间隙及钻头，再经钻具与孔壁之间的环状间隙返回到地表。此时，冲击器并未工作，可以在钻进前冲孔。

2) 钻具下至孔底时，扭力接头与花键套被压紧而紧贴在一起，与此同时排水龙头与锤套下接头也紧贴在一起，从而使冲锤系统上升，活塞杆与阀也在此时接触而关闭了过水通路，于是阀内压力剧增，产生水锤作用；在水锤压力下，使阀与冲锤活塞系统一起加速向下运行，并压缩阀弹簧和锤弹簧，当阀上台阶被阀座阻挡后，阀停止运行而冲锤靠惯性继续向下运行，冲击打击砧子，此时，活塞杆与阀已经脱开，水路被打开，液流流向孔底，泄流后阀区压力下降，从而使阀在阀簧作用下恢复原位，此时，冲锤在锤簧及砧子的反作用下复位，完成一次冲击。

3) 冲击荷载自砧座轴、排水接头，并通过传振环、受振环、花键轴、扭力接头、外岩心管、扩孔器而传给钻头。

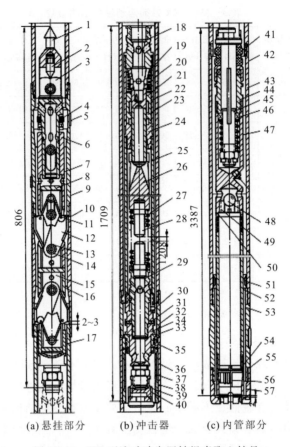

图 3-64 TK 型液动冲击回转绳索取心钻具

1—变丝接头；2—定位接头；3—矛头；4、30—弹簧套；5—弹簧销；6—悬挂销；7—心杆；8、13—密封圈；9—止推头；10—悬挂套；11、19、31—弹簧；12—悬挂环；14—悬挂接头；15—推力轴承；16—螺纹套；17—密封环；18—内管接头；20—外管；21—内管；22—定位销；23—蝶簧；24—螺母；25—心轴；26—接头；27—重锤；28—冲击杆；29—安全销；32—内滑套；33—小接头；34—钢球；35—导向头；36—金刚石扩孔器；37—岩心管；38—异径接头；39—支撑环；40、50—稳定器；41—岩心打捞器；42、52—岩心采集管；43、53—喷射器；44、54—振动器；45、55—轴承滑块；46—阀动机构；47—定位器；48、57—钻头；49—支撑环；51—岩心打捞器；56—阀动机构

4）冲锤完成一次冲击后复位，活塞杆与阀便重新接触而关闭水路产生第二次冲击。这样，冲击作用按此周而复始地进行。

（2）JD-75SYZX 绳索取心液动锤钻具。为解决在破碎岩层岩心易堵塞、回次进尺少、打捞频繁、纯钻进时间低、台钻效率低的问题，湖北金地公司研究了 JD-75SYZX 绳索取心液动锤钻具，主要性能参数如表 3-54 所示。该钻具分为双管和打捞器两部分，打捞器和 φ75S 的绳索取心钻具通用。

钻具包括外管总成和内管总成，如图 3-65 所示。外管总成含异径接头、弹卡室、上扩孔器（内装上扶正环）、上外管、承冲环接头（内装承冲环）、下外管、下扩孔器（内装下扶正环）和钻头等；内管总成包括打捞、弹卡、冲击（YZX 液动锤）、传功和到位报信、上下分离、调节、缓冲、单动、岩心容纳及卡取岩心和扶正等机构。各机构的工作原理如下：

1) 打捞机构。由上锥轴、伸缩轴、锥轴弹簧、弹簧垫座和提引套筒等零件组成。其作用是当捞取岩心时，打捞器上的打捞钩抓住捞矛头，迫使回收管压迫弹卡合拢，从而脱离挡头的限制，进入提引套筒内。此时内管总成属于自由状态，可以被提出孔外。上锥轴和伸缩轴可以实现360°旋转，方便工作人员操作。

2) 弹卡机构。由主轴、卡板、卡板弹簧、异径接头和弹卡室等零件组成。其作用是内管总成进入外管总成后，卡板借助涨簧弹性张开从而贴在弹卡室内壁上，其上部受异径接头的限制，在钻进过程中内管总成不会向上窜动。

3) 扶正机构。由主轴外凸、上下扩孔器和上下扶正环组成。其作用是扶正内总成使卡簧座对正钻头内孔，让岩心顺利进入内

表3-54 JD-75SYZX绳索取心液动锤钻具性能参数

主要参数	JD-75SYZX
配套绳取钻具	S75
配套液动锤型号	YZX54
钻具外径（mm）	73
钻头直径（mm）	75.5
自由行程（mm）	5~18
工作泵量（L/min）	60~90
工作泵压（MPa）	0.5~2.0
冲击频率（Hz）	25~40
冲击功（J）	10~50
长度（mm）	5200
质量（kg）	75
推荐钻井液类型	清水、乳化液或低固相泥浆

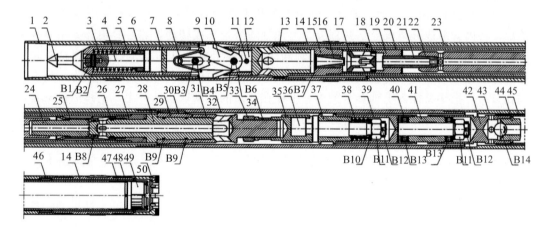

图3-65 JD-75SYZX绳索取心液动锤钻具
1—异径接头；2—上锥轴；3—锥轴弹簧；4—伸缩轴；5—提引套筒；6—弹簧垫座；7—主轴；8—卡板弹簧；9—弹卡室；10—卡板；11—铆钉；12—卡板座；13—上扶正环；14—扩孔器；15—上接头；16—上喷嘴；17—上阀；18—阀程调节垫；19—上缸套；20—液动锤外管；21—上活塞；22—冲锤体；23—上外管；24—下活塞；25—下缸套；26—卡瓦；27—锤套；28—锤轴；29—传动环；30—承冲环；31—锤轴接头；32—承冲环接头；33—调整螺母；34—活接头；35—活接头套；36—上心轴；37—上轴套；38—减震弹簧；39—下心轴；40—轴承挡盖；41—下轴套内管接头；42—外管；43—球阀座；44—定位销；45—内管；46—导正环；47—卡簧座；48—卡簧挡环；49—卡簧；50—金刚石钻头；B1~B14销、螺母等标准件

管，以减少岩心磨损，提高岩心采取率。同时，捞取内管总成和投放时，有利于其在绳索取心钻杆中穿过。在斜孔和破碎地层钻进时，这种机构尤其必要。

4) 冲击（YZX液动锤）机构。由上接头、上喷嘴、上阀、上缸套、上活塞、外管、冲

锤体、下活塞、下缸套、卡瓦、锤轴和锤套等零件组成。其作用是利用水泵送入的钻井液产生冲击功作用到锤轴上。传功机构将冲击功传到钻头上，提高钻进效率；增加回次进尺长度，当岩心堵塞时，内管总成受力上移，传功环相对承冲环上移，此时，液动锤产生的冲击载荷几乎全部作用在内管总成上。岩心受冲击振动，可顺进卡簧中，实现解堵。

5) 传功和到位报信机构。由传功环、承冲环和承冲环接头组成。其作用是将锤轴上的冲击功通过传功环传递到承冲环，由承冲环将冲击功传递到承冲环接头，进而传递到下外管、下扩孔器再到钻头上。传功环和承冲环因接触密封还起到密封和到位报信的作用——将内管总成投入钻杆后加大泵量往下压送。若内管总成投放不到位，钻井液从内管总成和外岩心管之间通过，只有少量钻井液能进入液动锤，使液动锤不能正常工作——冲击频率很低或不工作。当内管总成到位，则传功环坐落在承冲环上，内管总成处于悬挂状态，防空打间隙在重力作用下闭合；送入孔内的钻井液流到承冲环时，因通路封闭，被迫全部进入液动锤内，由于正常压差的建立，液动锤开始正常工作——高压胶管产生高频颤动，泵压表指针颤动，从而实现到位报信功能。

6) 缓冲机构。由弹簧和上心轴等零件组成。其作用是在卡取岩心时，起缓冲作用来保护内管和卡簧座：内管总成悬挂在承冲环上，岩心卡断力先使弹簧压缩，实现内管总成伸长，卡簧座落在钻头内台阶上，岩心卡断力则由钻头向上传给卡簧和卡簧座，将岩心卡断，从而预防损伤内管和卡簧座及其螺纹。

7) 单动机构。由下心轴、轴承、轴承挡盖和下轴套等零件组成。其作用是通过两盘压力轴承，将内管总成分离成上下两部分，上部分随外管总成转动，岩心容纳部分相对静止。

8) 上下分离机构。由活接头、下心轴和活接头套组成。其作用是打捞内管总成时，可以将其分成上下两部分，防止因内管总成过长造成其弯曲或折断。其操作步骤为：当下心轴提到孔口时，把垫叉插入上轴套卡槽内，平放在孔口的绳索取心钻杆上，上移活接头套，即可拆开为上、下两部分。摘下内管总成的上部分，再用打捞器与组合式提引接头相连，即可将下心轴及以下部分提出。投放过程则相反。

9) 调整机构。由锤轴接头、调节螺母和调活接头等零件组成。其作用是调整卡簧座与钻头内台阶之间的间隙（调解范围为±15mm），保证其间隙为3～5mm。

10) 岩心容纳及卡取岩心机构。由内管、卡簧挡圈、卡簧和卡簧座等零件组成。其作用是容纳和卡取岩心。该机构和我国冶标S型绳索取心双管钻具相同，零件可以通用。

液动锤的组装：①先将液动锤的所有零件清洗干净，晾干，涂抹润滑油，备用；检查下活塞下部（有螺旋槽的那端）的十字槽（又叫起振槽）（十字槽深2mm，宽4mm），若其在使用过程中被磨平，应用手砂轮将十字槽磨深、磨宽；将上喷嘴放入上接头中（小端朝下），采用孔用挡圈钳将挡圈放到挡圈槽中，防止上喷嘴串动。②将上下活塞的锥度部分和冲锤体的锥孔分别擦干净，再将上活塞锥部插入冲锤体侧面有小孔的一端，将下活塞锥部插入冲锤体的另一端，并分别在木块上墩紧（三件组合体简称冲锤）。③将30mm（外径）×3.1mm的O型密封圈涂抹润滑油，装入下缸套内部的密封槽中。④先将锤套套到锤轴上（从锤轴上有小孔的一端套进），再将两半卡瓦对放入卡瓦槽中，提起锤套，再将下缸套插到锤轴上（有长条孔的一端朝下），往下按到位。若因密封圈的原因插放不到位，可用铜棒或橡胶锤敲击下缸套上端使其到位。⑤将液动锤外管的一端（外管两端结构对称，可用任何一端）与轴套拧到位，再将冲锤放进外管中（带十字槽的下活塞朝下），再放入上缸套（小孔端朝下），测量自由行程——上阀下端面到上活塞上端面的距离，5~12mm 为正常。再放入上阀（注意：上阀一定是小头朝下，否则液动锤不工作），最后将放好上喷嘴的上接头与液动锤的外管拧紧。注意：若自由行程小于 5mm，会造成液动锤不能正常工作，则视测量结果将阀程调节垫中的一个（5mm 和 10mm 厚各一个）垫到上阀下面，即先放入调节垫，再放入上阀；若自由行程大于 12mm，会造成液动锤不能正常工作，则需要更换零件，如图 3-66 所示。⑥装好的液动锤中上阀和冲锤应运动灵活，没有阻卡现象；抬高液动锤一端，应听到"嗒、嗒"响两声；抬高另一端也应如此，否则应拆开液动锤检查。⑦液动锤的拆卸过程与组装过程相反，即组装时从下往上，拆开时从上往下。

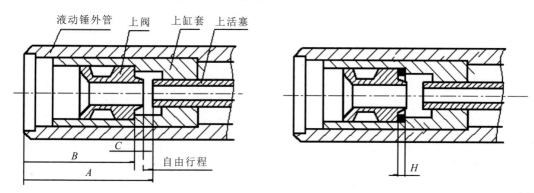

图 3-66 自由行程的测量与调整
自由行程 = $A-B-C+H$，其中 A—上活塞上端面到液动锤外管上端面的距离；B—上缸套上台阶到液动锤外管上端面的距离；C—上阀凸台的高度；H—调整垫厚度

（八）强制型取心取样技术

对完整的地层来说，岩心不易脱落，但对复杂地层尤其是硬、脆、碎地层来说，往往会产生岩心脱落的现象。强制取心是指在内管总成的下方安装可强制取心的岩心爪，当回次结束取心时，内管在机械剪切力或泥浆液压力的作用下下行，岩心爪遇到钻头斜内台阶时，迫使爪向内收缩，卡断岩心的同时封闭内总成，有效防止钻具内松散的岩心脱落，如图 3-67 所示。

图 3-67 强制封闭的岩心爪

岩心爪割心封闭变形的原理如图 3-68 所示，正常钻进时，岩心爪处于自由状态[图 3-68（a）]，岩心通过岩心爪不断进入岩心管；当内管下行时，岩心爪逐渐封闭[图 3-68（b）、(c)]，最后完成强制抓心的过程[图 3-68（d）]。

该类型钻具两个重要特有机构是悬挂机构和岩心爪机构。悬挂机构实现在下钻和钻进过程中的可靠悬挂，回次结束提钻前使悬挂装置脱离悬挂下行。岩心爪机构的重点是基于钻头内台阶产生下行变形封闭，需要考虑受力关系和材料的形变特性。

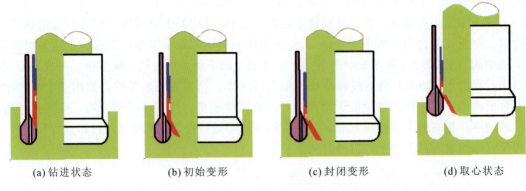

(a) 钻进状态　　　　(b) 初始变形　　　　(c) 封闭变形　　　　(d) 取心状态

图 3-68　岩心爪割心封闭变形的过程

常规销钉悬挂结构如图 3-69（a）所示。定位接头下端连接取心钻具外管，悬挂接头与取心钻具内管组合相连，整个内管总成的重量全部作用在销钉上。当取心钻进结束后，机械加压机构给承压座一个向下的压力，剪断悬挂内管总成的销钉，使内管总成向下移动，随之迫使岩心爪瓣收缩割心。该结构形式的不足之处就是在取心钻具入钻孔过程中，时常出现突进、突停现象，内管总成在突然行进和停顿的过程中容易出现较大的加速度，产生冲击力，此力经常会剪断钉，使内管总成提前被释放，岩心爪提前开始收缩，最终致使取心作业失败。

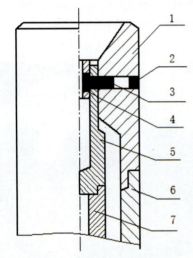
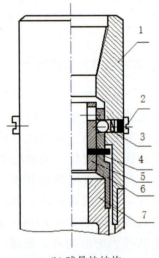

(a) 销钉悬挂结构　　　　　　　　　　　　　(b) 球悬挂结构
1—定位接头；2—销套；3—销钉；4—承压座；　　1—上接头；2—球套；3—钢球；4—销钉；
5—悬挂接头；6—外岩心筒；7—内岩心筒　　　　5—滑套；6—悬挂轴；7—轴承头

图 3-69　悬挂结构

球悬挂结构如图 3-69（b）所示，钢球悬挂固定于内外管之间，克服了销钉悬挂加工精度要求高及在钻进中遇到不可预知的因素而被提前剪断的问题，球悬挂效果较销钉更可靠。由于钢球悬挂的可靠性远高于销钉悬挂，故常采用球悬挂加压方式。球悬挂结构增加了滑套，加压接头施压剪断控制销钉，使滑套向下滑行。当滑套压到轴承头上时，滑套上孔对准钢球,钢球脱出,球悬挂解除,内管随之下行,在加压接头作用下,迫使岩心爪沿钻头内腔斜坡向下收缩变形。如果去掉加压接头,可以变为水力加压割心的方式,通过投球憋压,剪断销钉,继续憋压,可以收缩岩心爪,实现加压割心护心的目的。

同机械加压式取心钻具一样,液力加压式也是靠加压收缩岩心爪达到割断岩心和保护岩心的目的。由于不是靠钻杆柱的压力,故省去了加压接头,只需在钻进结束后向钻杆柱内投入一特定尺寸的钢球,然后加大泥浆泵压力,进行憋压加压,直到下部的岩心爪瓣全部压缩到位。液力加压式取心钻具的加压部分和岩心爪部分如图3-70所示。

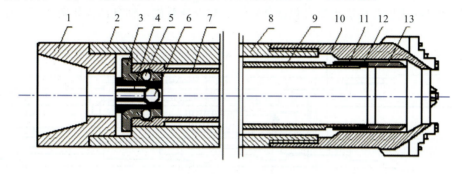

图3-70 液力加压式悬挂装置与岩心爪装置

1—上接头;2、8—外管;3—悬挂轴;4—滑套;5—钢球;6—投球;7—内管悬挂套;9—内管;10—取心钻头;11—岩心爪挂套;12—岩心爪锁;13—岩心爪片

该钻具的上部结构是通过带劈槽滑套的变形来达到锁住和解锁目的。当投球后滑套下行,解开球悬挂,内管靠自重下行,使岩心爪沿截面收缩,抱住岩心。

液力加压式取心钻具适于特别松软地层及高含水层。岩心爪片在内管(含岩心)重力下可完全收缩,同时避免球悬挂销钉提前失效的现象,且在钻进前可大排量清洗内管泥砂。

岩心爪结构设计非常关键,需要考虑向下受力和形变机制,如图3-71所示,岩心爪尖端为梯形面,形变处设计形变槽和应力减弱孔。

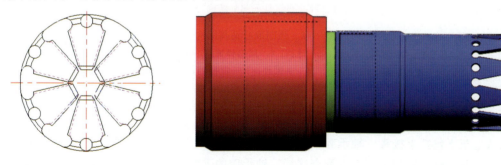

图3-71 岩心爪设计图

针对松软和破碎地层岩心采取质量低的问题,中国地质调查局勘探技术研究所研制了一种强制取心钻具,其钻具特点是:保留常规取心钻具的卡簧机构,并在岩心管下部增设岩心爪强制取心护心机构,使其也可应用于复杂地层。

该强制取心钻具是集悬挂、液力加压于一体的结构设计,由于球挡是被压缩弹簧的张力向上推举而不能下行,因此依靠球室和球挡的相对禁止运动,限制止动球的径向活动,进而内总成在止动球的作用下被悬挂在外总成内，使各组件在无外力作用的情况下相互制约禁止，组成悬挂机构。当钻进完成，在阀上段的内孔中投入一钢球，开泵后，在钻井液压力的作用下压缩弹簧进一步收缩，活塞、第一轴承、第二轴承、球挡下行，此时球挡和球室对止动球的限位因错位消失，止动球径向向外活动，松开心轴，内总成即在液力的作用下下行，强大的液力作用迫使岩心爪遇到斜内台阶时使爪向内收缩，卡断岩心的同时封闭内总成，有效防止钻具内松散的岩心脱落，并能防止提钻过程中抽吸作用对岩心的抽吸，即在液力加压作用下实现强制取心和护心功能。

常规的悬挂式岩心爪取心钻具包括外管总成和内管总成，钻具结构如图3-72所示。外

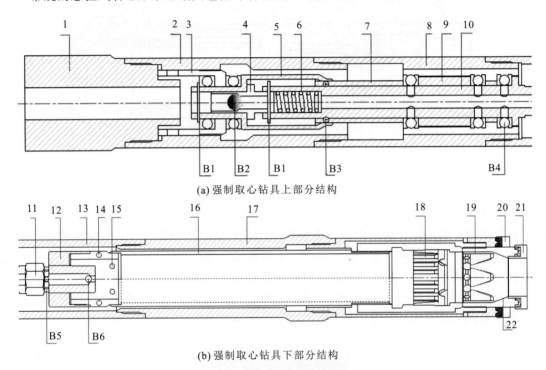

图3-72 强制取心钻具结构

1—上接头；2—活塞套；3—活塞；4—阀；5—球挡；6—压缩弹簧；7—球室；8—轴承腔；9—套筒；10—心轴；11—背母；12—内管接头；13—外管；14—半螺纹；15—定位销；16—内管；17—扩孔器；18—卡簧；19—岩心爪；20—外钻头；21—内钻头；22—斜内台阶；B1—挡圈；B2—球体；B3—止动球；B4—轴承；B5—垫圈；B6—钢球

管总成从上至下包括上接头、轴承腔、外管、扩孔器和取心外钻头，其中上接头插入轴承腔的上端中，并与轴承腔的上端螺纹配合连接；轴承腔的下端插入外管的上端中，并与外管的上端螺纹配合连接；扩孔器的上端插入外管的下端中，并与扩孔器的下端螺纹配合连接；取心钻头的上端插入扩孔器的下端中，并与扩孔器的下端螺纹配合连接。内管总成主要包括心轴、内管接头、内管、卡簧、岩心爪，内管通过内管接头与心轴螺纹配合连接，内管接头可通过安装于心轴上的背母锁紧定位，岩心爪与内管的下端螺纹配合连接，卡簧安装于岩心爪内。悬挂式岩心爪取心钻具在进行取心钻进时，外管总成旋转，内管总成不旋转，但由于内管总成可以在外管总成内做轴向上移动，因此需要设置悬挂机构，使内、外管总成在钻进时

相对轴向定位。而液力加压是指在钻进结束后,内管总成在液压力的作用下,相对外管总成下行,迫使岩心爪在接触钻头斜内台阶后径向收缩,封闭内总成,防止钻具内松散的岩心脱落,并能防止提钻过程中抽吸作用对岩心的抽吸。

该强制取心钻具集球悬挂机构和液力加压于一体。其外管总成还包括螺纹连接于上接头与轴承腔之间的活塞套,内管总成的悬挂机构主要包括活塞、阀、球挡和球室,该活塞为桶状,球挡包括第一轴和第二轴的中空且两端开口的阶梯轴,第一轴的外径和内径分别小于第二轴的外径和内径,球挡的第一轴与活塞的桶底为孔配合,第一轴的开口端设置一挡圈 B1,活塞与活塞套的内孔滑动配合,活塞的内壁与第一轴之间安装一轴向上定位于挡圈与桶底之间的第一轴承,活塞套与第一轴之间安装一轴向上定位于桶底与球挡的外台肩之间的第二轴承;阀的外壁上具有一沿径向外凸的卡合件,阀的上段与第一轴的内孔配合,下端与心轴的内孔配合,卡合件和球挡与内台肩相抵,阀下段的端面与心轴的内台肩设置一压缩弹簧,阀的上段内腔具有用于与一球体 B2 组成从上至下截止的单向阀的台肩;球室套装于心轴上,球室的壁上设置有至少两个贯穿的开孔,每个开孔内均设置一直径大于球室壁厚的止动球 B3,第二轴开口端的内径小于第二轴其他部分的内径,球室的设置有开孔的轴段与第二轴的开口端的内孔滑动配合,心轴的外壁上设置有供止动球相对球室外露的部分嵌入的凹槽,即在第二轴的开口端抵住止动球 B3 时即可将内管总成悬挂于外管总成内,当阀下行继而使球挡下行时,第二轴的开口端的内壁脱离止动球 B3,而第二轴其他部分的内径相对较大,进而使止动球 B3 因失去径向向内的压力作用而无法悬挂住内管总成,这样内管总成将在外力的作用下下行。

GW 系列取心钻具是一种结合松散地层取心钻具和硬地层取心钻具优点而设计的强制取心钻具。该取心钻具主要由加压总成、悬挂分流总成、扶正器、外管、内管、双岩心爪复合割心总成、取心钻头等组成,结构如图 3-73 所示。采用液压全封闭割心与自锁式卡箍岩心爪割心相结合的方式。

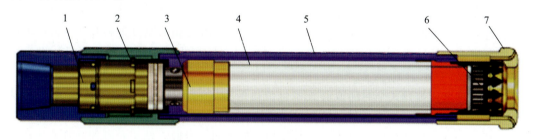

图 3-73 GW 系列取心钻具结构
1—加压总成;2—扶正器;3—悬挂分流总成;4—内管;5—外管;6—割心总成;7—取心钻头

该钻具的工作原理是:对于软地层取心,钻进结束后,在取心钻具不离开井底的情况下投入加压钢球蹩压。在高压作用下,整个内管下移,割心总成的全封闭岩心爪收缩切断岩心,卡箍岩心爪起辅助作用;双岩心爪复合割心总成如图 3-74 所示。软地层以全封闭岩心爪为主,硬地层以卡箍岩心爪为主,二者互为补充,起到双重割心与承托岩心的作用。

对于硬地层、破碎地层取心,复合割心岩心爪的全封闭岩心爪不能收缩切断岩心,导致内管无法下移而蹩泵,加压泄压总成会在高压下将高压安全销钉剪断而自动泄压,通过上提取心钻具启动割心总成的自锁式卡箍岩心爪直接拔断岩心。取心钻具在较低的工作压力下实

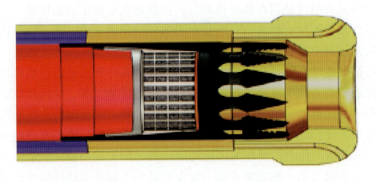

图 3-74 双岩心爪复合割心总成

现加压功能,在高压时实现自动泄压功能,其压力值的大小通过泄压与加压的压力梯度进行控制,不需要额外单独使用泄压接头。在硬地层、软地层、破碎地层中取心均可采用同一套取心钻具和相同的工艺,实现了钻具的全适应。

加压泄压一体化总成是该套钻具关键技术之一。该总成的外体即为取心钻具的安全接头,活塞采用两级活塞原理,一级活塞和二级活塞的受力面大小不同,从而形成不同的剪切压力梯度,在全封闭岩心爪工作压力内一级活塞实现加压功能,当高于额定工作压力时,为防止高压憋泵事故,第二级活塞在设计的安全预设压力下自动泄压。一体化设计总成简化了取心钻具结构,提升了取心钻具的可靠性,降低了配件的成本。

GW 系列取心钻具具有高压下的自动泄压功能,因此对于软、硬地层均可采用相同的割心工艺,即停钻—投球加压—上提取心钻具—起钻出心。该钻具也可在对地层认识比较清楚的情况下采取针对性强的特殊的割心工艺:软地层取心,当钻完取心进尺后,钻具不提离井底,投入加压钢球,推动全封闭岩心爪弯曲切断并承托岩心,割心完成后起钻出心;对于胶结良好、成柱性好的地层,取心完成后,直接上提取心钻具,依托卡箍岩心爪割心;对于硬地层破碎岩心,根据井深先上提钻具 0.5~1.0m,保证取心钻头刚好提离井底,依托卡箍岩心爪割断岩心,然后投入加压钢球,推动全封闭岩心爪弯曲并承托岩心从而保证岩心采取率。

国外一种液压提升式全封闭取心技术也值得借鉴(表 3-55)。液压提升式取心钻具取心作业过程与常规取心作业类似,钻井液通过内管循环,确保内管和井眼在取心开始前是干净的,然后投球,使钻井液通过内、外管间的环形空间,对取心钻头起冷却和排屑作用。当取心钻进完成后,投第 2 个钢球使液压提升装置工作,钻井液的压力迫使内管提起几英寸,岩心保护衬套从岩心爪组合中抽出,弹簧和凸轮使两块蛤壳封闭,弹簧型岩心爪也暴露出来,二重岩心爪结构可以适用于软、硬两种地层。

这种取心钻具可与各种取心钻头配合使用,其结构有以下特点:

(1) 蛤壳用一个加强弹簧完全关闭密封内岩心管,不使岩心缺失。
(2) 第 2 只弹簧式岩心爪可对蛤壳全封闭提供支撑。
(3) 聚氯乙烯衬管或铝合金、玻璃钢内管便于处理和保护岩样。
(4) 压力释放塞允许任意流量钻井液通过取心管循环,确保取心开始前清洗井眼和内岩心管。

表 3-55 液压提升式取心钻具技术参数

工具规格（mm）	171.45×101.6	203.2×120.65
取心管长度（m）	9.1	9.1
外管（mm）	171.45×136.53	203.2×168.28
内管（mm）	120.65×95.25	158.75×139.7
顶端螺纹	4-1/2 FH	6-5/8 REG
内孔（mm）	80.2	80.2
钢球直径（2个）(mm)	25.4/31.75	25.4/31.75
推荐钻头尺寸（mm）	203.2～222.25	228.6～311.5
岩心直径（mm）	101.6	120.65
质量（kg）	1100	1590
推荐最大拉力（kN）	1089	1809
最大扭矩（N·m）	18850	37020
上扣扭矩（N·m）	8200	16150
岩心爪	全封闭和硬面弹簧型	全封闭

对于未固结、破碎的难取心地层，岩心强度较弱，使用常规的岩心爪难以抓住岩心，未固结的岩心堆积使标准岩心爪失败。除此之外，标准岩心爪可能破坏岩心，造成卡心，采用液力提升全封闭取心技术，可消除固结性差的地层取心采取率低的问题。

这种技术的配套设备具有以下优点：

(1) 由于岩心爪完全隐藏在光滑的钢衬筒之外，所以岩心毫无阻力地进入衬筒。

(2) 全封闭岩心爪利用液力提升钢衬筒，可活动的蛤盖完全封闭内管。

(3) 备用的岩心爪是弹性岩心爪，它对成柱性岩心起到抓住岩心且割断岩心的作用。平滑的岩心进入内管，避免了岩心的破坏和钻头喉部的卡心，全封闭岩心爪完全封闭岩心管和抓住成柱性差的岩心。实践证明，这种设备对于采取未固结的岩心极其可靠，它还适用于破碎或易于卡心的地层。液压提升设备可与铝合金和玻璃钢内管配合使用，也可与常规的和螺纹加强的取心筒配合使用。

贝克休斯公司的液压提升式全封闭取心钻具工作原理如图 3-75 所示，在完成取心后岩

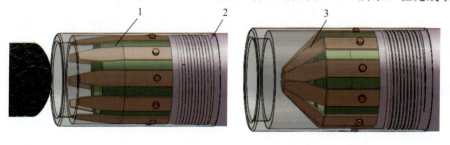

图 3-75 液压提升式全封闭取心钻具结构示意图
1—内管；2—外管；3—全封闭岩心爪

心爪将内管完全封闭，可有效地获取软、疏松或未固结地层的岩心。岩心爪的硬面藏在全封闭岩心衬套的后面，液压提升装置可使岩心毫无阻力地进入内管，避免岩心通过弹簧岩心爪时对岩心爪的破坏。

(九) 多工艺组合取心技术

对于深部钻探而言，钻孔深度大，钻遇不同压力体系的地层几率更大，井壁稳定性差，硬、脆、碎、涌、漏、坍塌、缩径等各种复杂地层都会遇到，取心量大，取心效率和质量至关重要。深部钻探取心方法根据地层复杂程度和工艺要求，可采用绳索取心、提钻取心，可以设计采用地质岩心钻探的钻具，也可采用石油系列厚壁取心钻具，在满足深孔钻探设备和管材能力的前提下，为了提高取心效率，往往采用多工艺取心技术，如螺杆马达＋潜孔锤＋单动取心钻具等复合工艺，能取到很好的效果。

多工艺取心钻进工艺种类和选用原则如表 3-56 所示。

表 3-56 多工艺取心钻进工艺种类和选用原则

取心工艺		选用原则与特点
提钻取心	常规	工艺及设备成熟程度较高，主要采用金刚石双管取心钻具
	液动锤提钻取心	可提高钻进效率，减少岩心堵塞和孔斜，提高取心质量
	螺杆钻提钻取心	上部钻柱不回转或低速回转，负荷及磨损小，安全性较高，主要采用金刚石双管取心钻具
绳索取心	常规	工艺及设备成熟程度较高
	液动锤绳索取心	优先选用的组合钻进技术，可进一步提高钻进效率，提高取心质量，减少岩心堵塞和孔斜
	螺杆钻绳索取心	只有孔底的钻具回转，因而扭矩小，钻柱负荷及磨损小，安全性较高，结构复杂
	涡轮钻绳索取心	只有孔底的钻具回转，因而扭矩小，钻柱负荷及磨损小，安全性较高，结构复杂

众所周知，井底动力钻具多用于受控定向钻探，如定向井、水平井、对接井、丛式井、开窗侧钻及钻孔纠斜等，通常是螺杆马达或涡轮马达直接驱动钻头（牙轮钻头、PDC 钻头等）钻进。而孔底动力驱动取心钻具是近几年在我国兴起的取心钻进方法。

螺杆马达取心钻具就是把螺杆马达上端与钻铤连接、下输出端与双管取心钻具连接。从直观上来看，螺杆马达驱动有其独特的优点，如由于采用井底动力，钻杆柱（包括钻铤）不回转或低速回转，从而可大大降低钻具功耗和钻具与井壁之间的摩擦，减少钻具磨损和钻具对井壁的扰动，有利于保护井壁、减少井内事故等。井底马达取心技术有利于破碎地层、硬岩石地层的钻进，新发展的大功率马达带动取心钻具一次可取 90m 长的岩心。

螺杆马达取心技术具有以下优点：

(1) 为取心钻头提供平稳的扭矩。
(2) 减小钻压。
(3) 减少钻头引起的地层破碎。
(4) 提高机械钻速，增加钻头扭矩。

不同类型和规格的螺杆马达,具有不同的输入、输出特性。只有掌握了钻具的特性关系,才能指导正确选择钻具、合理使用钻进参数,获得最好的经济效益;而掌握了参数间的相互关系,就可以指导现场通过调节泥浆密度和输入泵量来控制螺杆钻具的输出性能,获得最佳的钻进效果。如孕镶金刚石钻头磨削岩石要求较高的转速,经验表明,驱动 $\phi 152mm$ 钻头的螺杆马达转速应在 150r/min 以上。北京石油机械厂、大港中成螺杆钻具制造厂的产品性能参数如表 3-57 所示。

表 3-57 螺杆马达性能参数表

制造厂家	北京石油机械厂		大港中成螺杆钻具制造厂	
马达型号	C5LZ95×7.0	LZ120×7.0	4LZ120×7Y	4LZ95×7Y
输入排量(L/s)	5~13.33	6.22~15	7~19	4~11
输出转速(r/min)	140~380	245~600	128~348	116~320
马达压降(MPa)	6.5	4.0	4.0	3.2
工作扭矩(N·m)	1490	790	2086	1075
最大扭矩(N·m)	2235	1265	3340	1720
输出功率(kW)	21.8~59.3	20~50	76	36
推荐钻压(kN)	40	20	50	30
最大钻压(kN)	80	40	80	55
钻具长度(m)	6.88	6.40	6.40	5.15

依托于我国大陆科学钻探工程项目,我国已经陆续研制成功了绳索取心与液动潜孔锤钻具二合一、绳索取心与螺杆马达钻具二合一以及螺杆马达与液动潜孔锤钻具二合一等组合型钻具。传统的绳索取心钻具在钻进硬岩地层时效果往往不好,一般不适合钻进致密极坚硬岩石,而应用于松、散、软的地层时,又会常见岩心堵塞事故,造成取心比较困难。将绳索取心钻具与液动冲击回转钻进相结合形成了一套二合一钻具(图3-76)。充分发掘冲

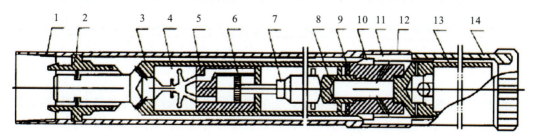

图 3-76 绳索取心液动射流式冲击器
1—钻杆;2—弹卡;3—上接头;4—射流原件;5—缸体;6—活塞;7—冲锤;8—砧子;9—冲程调节垫;10—传震环;11—承震环;12—花键轴;13—内岩心管;14—外岩心管

回转钻进方法破碎岩石的性能优势，提升了绳索取心在打滑、致密、坚硬地层进行取心钻进的效率。引入的冲击振动会减少在松、散、软地层中进行钻进时常出现的岩心堵塞事故。总之，液动潜孔锤与绳索取心二合一的方法是一种钻进取心成功率更高、应用范围受地层岩性影响不大的技术。但是该机构绳索取心部分也缺乏对岩心的保护，使得在软硬互层的地层钻进时会发生丢失岩心的情况。

绳索取心三合一钻具是集绳索取心技术、螺杆马达技术和液动潜孔锤技术于一体的较新类型的取心钻具（图3-77），兼具三者的优势，钻进效率高，岩心堵塞少，取心速度快，不需全孔钻柱回转，大大改善了钻杆受力状况，有利于孔壁的稳定，还可解决深孔取心钻进钻杆摩阻损耗过大、地表钻机动力不足或转速不够、钻进效率低等问题，在中深孔、深孔和超深孔复杂地层取心钻进中有着广阔的应用前景。这套钻具主要结构由3种结构共同形成的连接机构、钻井液分流机构、扭矩与反扭矩的传递机构、外管单动机构、到位补偿机构等组成。该套钻具可以将螺杆马达用作孔底动力发动器，避免了全孔段钻柱回转，减少了扭矩损失，液动潜孔锤钻进工作效率得到提高，发生岩心堵塞的情况也相对减少，融合了绳索取心钻探具有的不提钻取心的优点。岩心堵塞报警机构警示后，表明本次钻进回次完成，用绳索取心打捞器把装满岩心的内管总成提升到地表，将另一套备用的内管总成从井口投入钻杆中，待到位报信机构显示内管总成已经投放到位后，进入下一回次钻进。

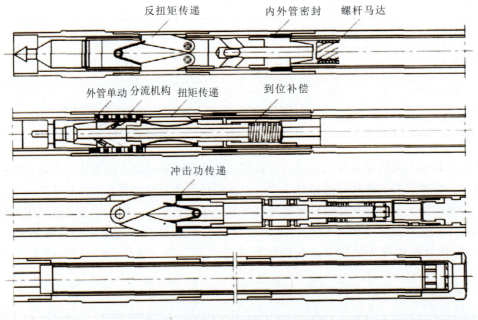

图3-77 三合一钻具结构示意图

如以S系列绳索取心钻具为主要机构，加装阀式结构的液动潜孔锤和多头螺杆钻具就形成三合一钻具。利用绳索取心钻具的悬挂机构解决螺杆马达与外管总成的密封问题，保证全部钻井液供螺杆马达工作；利用绳索取心钻具的定位弹卡消除螺杆马达定子产生的反扭矩；利用伸缩式传扭板将螺杆马达输出的扭矩传递到外管总成并带动钻头回转钻进；设计了分流机构，解决螺杆马达与液动潜孔锤所需流量不匹配问题，按比例进行分流并保证液动潜孔锤工作性能不受影响；设计了内管总成到位补偿机构，使内管总成悬挂到位后，液动潜孔锤的传功机构同时到位；设计了径向微调机构，防止内管总成投放过程中因弯曲被卡在钻杆或外管总成中。钻进回次结束后，用绳索打捞器将螺杆马达、液动潜孔锤和装满岩心的内管总成提升到地表。

以 ϕ157mm 钻孔为例，钻头外径 ϕ157 mm，钻头内径 ϕ85mm，内岩心管长度 4.5m，钻具总长 16.64 m，匹配螺杆马达、液动潜孔锤的主要技术参数如表 3-58 所示。

表 3-58 螺杆马达、液动潜孔锤绳索取心钻具匹配技术参数

螺杆马达				液动潜孔锤				
型号	工作流量 (L/s)	输出扭矩 (N·m)	输出转速 (r/min)	外径 (mm)	工作流量 (L/s)	工作压力 (MPa)	冲击功 (J)	频率 (Hz)
C5LZ95×7.0	5～13.3	1490	140～320	98	4～6	2～4	80～100	10～20

提钻取心三合一钻具结构如图 3-78 所示。在普通单动双管钻具的基础上，以螺杆钻具提供回转动力，以液动锤提供冲击载荷，可避免钻柱回转所带来的问题，同时可获得较高的钻进效率和岩心采取率。

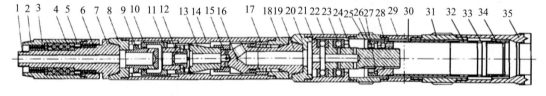

图 3-78 螺杆马达+液动锤驱动+双管取心钻具结构

1—螺纹连接头；2—井底马达外壳连接结构；3—上硬质合金轴承；4—推力球轴承；5—井底马达外壳；6—下硬质合金轴承；7—井底马达驱动轴；8—阀式冲击器上接头；9—上阀；10—缸套；11—上活塞；12—心阀；13—冲锤；14—阀式冲击器外管；15—传功座密封套；16—传功座；17—密封套；18—花键套；19—带外花键下接头；20—取心钻具上接头；21—压盖；22—轴承腔；23—轴承；24—心轴；25—上扩孔器；26—背帽；27—钩头楔键；28—岩心管接头；29—外管；30—岩心管；31—下扩孔器；32—短节；33—卡簧座；34—卡簧；35—取心钻头

其关键技术是保证取心钻具性能（单动性能、卡心性能、岩心管强度等）、液动锤工作性能（可靠性、工作寿命等）、金刚石取心钻头性能（与地层的配伍性、抗冲击能力、工作寿命等），该方法在中国大陆科学钻探工程中试验成功。

（十）石油系列取心钻具

石油钻井全孔段取心比率较低，当达到目标地层，有取心要求时才下入取心钻具进行取心作业。石油取心钻具的特点是承载能力大，钻头壁厚大。目前我国石油勘探与开发所用的取心钻具有国内生产的，也有国外生产的，国外常规取心钻具分标准式（陆地式）和海洋式两种，两者的主要区别在于海洋式外管的管壁比标准式的厚，刚性相对好，强度较高。国外常规取心钻具主要参数如表 3-59 所示。国内常规取心钻具主要分加压式和自锁式两种，川式钻具和胜利钻具技术参数如表 3-60 和表 3-61 所示。下面以自锁式取心钻具为例介绍其

结构特点和适应范围。

表 3-59　国外常规取心钻具主要参数

公司	外管尺寸（mm） 外径×内径×壁厚	内管尺寸（mm） 外径×内径×壁厚	岩心直径（mm）	备注
科德西德	92.1×73.0×9.5	66.7×54.0×6.9	47.7	标准式
	146.1×120.7×12.7	108.0×92.1×7.9	85.7	
	174.6×142.9×15.9	136.5×114.3×11.1	108.0	
	120.6×88.9×15.9	79.4×66.7×6.4	60.3	海洋式
	158.8×108×25.4	95.3×82.6×6.4	76.2	
克里斯坦森	120.6×95.2×12.7	85.7×73.0×6.4	66.7	标准式
	146.0×120.6×12.7	108.0×95.3×6.4	88.9	
	171.5×136.5×17.5	120.7×108.0×6.4	101.6	
	114.3×82.6×15.9	73.0×60.3×6.4	54.0	海洋式
	158.8×108×25.4	95.3×82.6×6.4	76.2	

表 3-60　深部钻探常用川式钻具技术参数　　　　　　　　　　（单位：mm）

型号	川6-3	川6-3A	川6-3B	川8-3	川8-3A
外管尺寸 外径×内径×壁厚	133×101×16	133×101×16	133×101×16	180×144×18	180×144×18
内管尺寸 外径×内径×壁厚	88.9×75.9×6.5	88.9×75.9×6.5	88.9×75.9×6.5	127×112×7.5	127×112×7.5
岩心直径×取心长度	70×9000（单节）	70×9000（单节）	70×9000（单节）	105×9000（单节）	105×9000（单节）
取心钻头外径	150.9	150.9	150.9	213～215	213～215
扶正器外径×棱长	148.9×210	148.9×210	148.9×210	211×300	211×300
上接头扣型	NC38	NC38	NC38	NC50	NC50

注：川6-3采用泥浆润滑，无密封；川6-3A黄油润滑，小间隙密封；川6-3B采用黄油润滑，密封圈密封。

表 3-61　胜利油田常规取心钻具技术参数　　　　　　　　　　（单位：mm）

工具代号	R-8120型	Y-8120A型	Y-8120B型	Y-670型	Y-8100型
钻头（外径×内径）	215×115	215×120	215×120	150×67	215×101
外管（外径×内径）	194×154	194×154	194×154	133×101	172×136
内管（外径×内径）	140×127	140×127	140×127	89×76	121×108
外管长度	8500	8500	8500	8500	9140
适应地层	松散、松软	非松散	破碎性中硬—硬	非松散	非松散

（1）自锁式取心钻具结构特点及适用范围。自锁式常规取心钻具一般由外岩心管、悬挂总成、稳定器、岩心爪、取心钻头和辅助工具等部分组成（图3-79）。适用于中硬地层取心，一次可下一至三节岩心管，可取心9～27m。

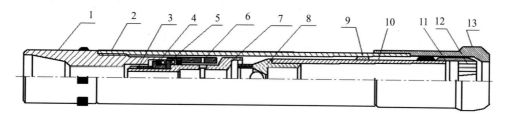

图3-79　自锁式常规取心钻具

1—上接头；2—外岩心筒；3—锁紧螺母；4—轴承总成；5—轴承座；6—锁紧螺母；7—悬挂心轴；8—单流阀座；9—扶正环；10—内管；11—卡簧座；12—卡箍；13—钻头

（2）工作原理。该工具下钻到井底以后，开泵循环清洗内管和井底沉砂。取心钻进前，将凡尔球投入钻柱内，开泵送球入座。取心钻进时，内管悬挂于轴承上不转动。割心时，上提钻具，卡箍与卡箍座锥面产生相对位移，卡住并割断岩心。

每节内、外管组合件是一个长度单元，每次取心可下一至三节内、外管组合件，用一个差值短节（或扶正器）来补偿悬挂总成的差值，组合、修复、更换方便。利用岩心爪，采用割心接单根的方法，实现连续取心。

下钻完后，用大排量循环冲洗内管和井底，待钢球投入到位后开始取心钻进。由于岩心爪内径略小于岩心直径，所以岩心总是与岩心爪的内壁相接触而存在一定的摩擦力；当取心完毕上提钻具时，岩心爪与岩心有摩擦力而相对静止，下内管鞋则随同钻具上行，其相对位移迫使岩心爪收缩、自锁、卡紧并拔断岩心。由于自锁岩心爪具有较好的弹性和耐磨性，其收缩和张开都属于弹性变形，故可反复使用。当长筒取心钻进需要接单根时，便可通过"割心—接单根—顶开岩心爪—再取心钻进"的办法，实现连续取心。当井下工具遇卡时，可从安全接头处倒开，将内管组合和岩心一起提出地面，外岩心管留在井内另外处理。

（3）设计特点。岩心管为双筒单动、螺纹连接和内洗式。外管用高强度厚壁无缝钢管制作，并加有稳定器，刚度高，稳性好，有利于长筒取心。岩心爪为自锁式新型卡箍岩心爪，其内径一般比岩心直径小2～3mm，当上提钻具时，能自动卡紧岩心，自锁割心，可反复使用，操作方便。由于取心钻具本身的结构特点，这种岩心管能用割心接单根的方法实现连续取心，在长筒取心时，只需在短筒取心钻具的基础上增加等长的内外岩心管，而不需其他的特殊装置，因而简化了中、长筒取心接单根的装置和复杂的结构。其外管还配有镶焊硬质合金块的稳定器，可以选用玻璃钢、铝管作内管与塑料内衬套。钻具自带安全接头，便于卡钻事故的处理。

（4）适用范围。适用于中硬—硬地层以及岩心成柱性较好的软地层取心。当地层易破碎时，为提高破碎性地层的岩心采取率，可采用外返孔式取心钻具。外返孔式取心钻具结构如图3-80所示。

外返孔式取心钻具和自锁式常规取心钻具基本相同，不同的是外管多了个返出孔，和内管相通。在破碎性地层取心时，采用外返孔结构可形成水力并联通路，保证取心钻进时有部分循环钻井液不通过钻头水眼，而是经内管自下而上，从工具上部返到井眼环形空间，从而

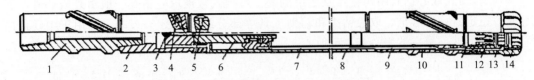

图 3-80 外返孔式取心钻具结构示意图

1—上扶正器；2—分水接头；3—堵孔钢球；4—外返孔嘴；5—防松螺钉；6—悬挂总成；7—内岩心管；8—外岩心管；9—内管短接；10—下扶正器；11—组合内管鞋；12—多瓣卡籁岩心爪；13—整体卡籁岩心爪；14—取心钻头

对岩心块产生向上的作用力（力的大小可通过变换外返孔直径来调节），使岩心块被携带并悬浮于内管上部，达到提高岩心采取率和单筒进尺的目的。川式外返孔取心钻具的技术参数如表 3-62 所示。

表 3-62 川式外返孔取心钻具技术参数

型号	WQX121-66	WQX133-70	WQX172-101	WQX180-105
长度（mm）	9200	9200	9200	9200
外管（mm）（外径×内径）	121×93	133×101	172×136	180×144
内管（mm）（外径×内径）	85×72	89×76	121×108	127×112
钻头尺寸（mm）	149.2～165.1	149.2～165.1	190.5～244.5	215.9～244.5
岩心直径（mm）	66	70	101	105

使用要求及注意事项：

（1）应检查内管外露长度和钻头内台阶深度，保证卡籁端面与钻头内台肩有 8～10mm 的间隙，如间隙太大，可加调节环以达到要求。

（2）检查卡籁尺寸。自由状态下内径比取心内径小，川 6-3 钻具小 2～3mm，川 8-3 钻具小 3～4mm，弹性适宜，碳化钨敷焊均匀、平整。

（3）把装好的钻具悬挂在井口，在装金刚石钻头之前用手拨动内管，悬挂轴承应转动灵活，内管无弯曲、摩擦，否则应检查是何故障，如发现内管或外管弯曲应校直。

（4）扶正器磨损到比取心钻头尺寸小于 3mm 时，必须修复到正确尺寸或更换。每节内外管的直线度不超过总长度的 1/2000（约 4.5mm）。卡籁座底面与下扶正器扣端面的距离川 6-3、川 6-3A、川 6-3B 型为 249～251mm，川 8-3、川 8-3A 型为 330～332mm，否则用调节环进行调整。

(十一) 密闭取心技术

所谓密闭取心就是在水基钻井液条件下，采用密闭取心钻具与密闭液，使岩心几乎不受钻井液污染的一种特殊取心技术。依据密闭取心钻具结构工作原理，一般的密闭取心钻具主要有加压式密闭取心钻具、自锁式密闭取心钻具。此外，按取心质量要求，还有保压密闭取心钻具、保形密闭取心钻具。从高压井眼里安全而成功地获得岩心，需要将岩心管长度限制在 9.14m 内,这是由于被圈闭的气体会引发事故。

在高温高压环境中密闭取心时,在取出岩心管再卸扣期间,悬挂着的岩心管可能会终止卸扣而突然冒气,引起伤害。把岩心管提到地面,内管里的圈闭高压气体可能爆炸,解决这一高压状态的简易办法是在内管上钻孔,但是,如果作用在岩心顶部的液体压力增加(如提升内管时),这种方法取心成功的把握并不大。鉴于此,贝克休斯公司设计了一种"永久孔"技术,借助某种方式控制这些高压流体,即使在高压井里进行长筒取心也能成功。其方法是在铝合金内岩心管钻孔使用了压力释放检查阀,这种检查阀由小球和球座组成,在取心钻进期间允许内管里的静水压力流出,且防止钻井液进入内管,而在起钻时允许高压空隙流体安全流出。

内管周围每隔 0.6m 需使用 2 个压力释放检查阀,为确保使用的有效性,所用阀在使用前必须通过压力试验。试验涉及铝合金内管的装配段与检查阀,方法是逐渐增加外边的压力至 14.12MPa,稳压 10min,然后释放,再增压至 14.12MPa,稳压 1min 后释放,如此重复 5 遍,没有漏失发生才能使用。

通常密闭液也称胶体,在取心开始前,胶体与钻井液是不相混合的,一旦形成岩心,胶体就被进入内管里的岩心顶替出来,岩心裹在胶体内被保护起来,以防止钻井液侵蚀,在整个取心过程中,岩心一直被高黏度、非侵入的保护介质保护着。国外设计的胶体取心设备,不仅取心钻进时可以减少钻井液浸污,而且在地面回收处理和运输期间也可防止岩心污染,经过岩心减压装置处理后增加了岩心的完整性,获得带有湿度和含水饱和度的更有价值的岩样。胶体在下钻之前被装进取心钻具里,并且与钻井液隔离,在取心过程中胶体被岩心顶替,胶体从岩心和内管之间的环空向下流动,多余的胶体通过取心钻头喉腔处外溢,与钻井液相混,整个过程胶体保护着岩心,防止钻井液滤液侵入。胶体材料是一种不溶解的高分子聚丙烯化合物,它具有很好的润滑性、耐温性、高黏度和非失水性。其中胶体 3 号、4 号、200 号和润滑 400 号分别是聚合物和植物油基混合的具有黏性的胶体。胶体材料特性如表 3-63 所示。

表 3-63 胶体材料特性

胶体材料	胶体 3 号	胶体 4 号	胶体 200 号	润滑 400 号
构成	聚丙烯乙二醇	聚丙烯乙二醇	聚乙烯	植物油
颜色	白	白	黑	黄
在水里溶性	无	无	不	无
荧光	弱桔色(无机的)	弱桔色(无机的)	无	弱蓝—白
流变特性	假塑性的 在 $6.8 \sim 17 s^{-1}$ 的剪切速率下黏度为 $24.2 \sim 8.9 Pa \cdot s$	假塑性的 比胶体 3 号的黏度低	室温下为固体	假塑性的 比胶体 3 号的黏度低
密度(g/cm^3)	1.21	1.14	—	1.03
最高循环温度(℃)	104.4	104.4	148.9	232.2
适用地层	硬—中硬地层	低温中硬地层	高温中硬地层	高温软、松地层

国内密闭取心钻具主要型号及技术参数如表 3-64 所示。

表 3-64　国内密闭取心钻具主要型号及技术参数　　　　　　　（单位：mm）

取心方式	工具型号	取心钻头 外径×内径	外岩心管 外径×内径	内岩心管 外径×内径	钻具长度	接头螺纹	密闭液用量 (L/次)
加压密闭	QMB194-115	215×115	194×154	140×127	9000		
	WB243	243×136	219×196	168×150	9000	5½″FH	165
	RM-9-120	235×120	194×170	146×132	9500	5½″FH	116
自锁密闭	TM-215	215×115	178×152	140×124	9500	5½″FH	120
	YM-8-115	215×115	194×154	140×121	9500	5½″FH	105

国内几种密闭液配方（重量比）如表 3-65、表 3-66、表 3-67 所示。

表 3-65　密闭液配方 1（重量比）

类型	应用单位	蓖麻油	过氯乙烯树脂	硬脂酸锌	膨润土或重晶石
油基	大庆、胜利、青海	100	12~14	0.84~1.68	依密度而定
	中原、河南	100	8~9	0	

表 3-66　密闭液配方 2（重量比）

类型	应用单位	应用范围	$CaCl_2$ 或 $CaBr_2$	$CaCO_3$	HEC	$BaSO_4$	H_2O
水基	大庆	保压取心	56	40	1.4	33	100
		密闭取心	0	30	1.8	24	100

表 3-67　密闭液配方 3（重量比）

类型	应用单位	H_2O	PAM（干粉）	田菁粉	硼酸	消泡剂（NDL-1）
水基	胜利、滇黔桂	100	2~2.5	2~3	0.8	不等量

近年来，针对硬、脆、碎和节理、片理、裂隙发育的破碎地层，北京探矿工程研究所研制出一种新型密闭取样技术，结构原理如图 3-81 所示。

密闭胶体取样钻具采用单动三层管结构，在取样器内管内部安置透明的塑料内衬管，密闭胶体由密封活塞封闭在内衬管中。取心钻进前，下钻至离孔底 0.5m 处循环钻井液，缓慢下放钻具，取心钻进时，随着岩心进入内衬管，驱动密封杆与密封活塞相对位移，内衬管中密封的密闭胶体开始流出，岩心继续进入内衬管驱动密封杆与密封活塞一起向上运动，密闭胶体被不断顶出，一部分及时地包裹岩心，另一部分从钻头底部挤出排到外环状空间，破碎岩心在内管中处半胶结状，碎岩之间由胶体充填，既缓冲岩心之间的摩擦又能固定破碎岩心的位置。取心钻进结束后，用爪式卡簧卡紧岩心上提钻具进行割心，同时爪式卡簧上的爪式弹簧片自动收缩，抱紧岩心，防止岩心在提钻过程中脱落。起钻到地面后，将内衬管与其内部的岩心一起取出，并可进行封装处理，以避免岩心在运输的过程中受到破坏。该技术可以有效减少岩心脱落，避免岩心受钻井液冲刷，提高破碎、无胶结复杂地层的取心率，但胶体包裹的岩心其原状性保持不够。

加压式密闭取心钻具由密封活塞、取心钻头、岩心爪、岩心管组合和机械加压接头5部分组成，如图3-82所示。其特点为：

（1）整个内管是密封的，里面装满了密闭液，上端由丝堵密封，下端由密封活塞及内管插入钻头腔的盘根密封，密封活塞连接活塞头并通过销钉固定在钻头进口处。

（2）内管的悬挂总成中无轴承，无单流凡尔，工具的岩心管为双筒双动结构。

（3）取心钻头多采用斜水眼且偏向井壁。取心钻进前，在钻井液中加入示踪剂——硫氰酸铵（NH_4SCN），API滤失量不大于3mL，开泵循环，使其分散均匀且含量达到(1 ± 0.2) kg/m³，然后将钻具缓慢下到井底，逐步加压。由于活塞头伸出钻头一段距离，所以当钻头接触井底之前，活塞固定销先行被剪断，整个活塞开始上行，筒内的密闭液开始排出并在井底逐步形成保护区。取心钻进时，岩心推着活塞上行，由于内管上端是密封的，故管内的密闭液从内管与岩心之间的环形间隙向下排出，并涂抹在岩心表面形成保护膜，从而达到保护岩心免遭钻井液自由水污染的目的。

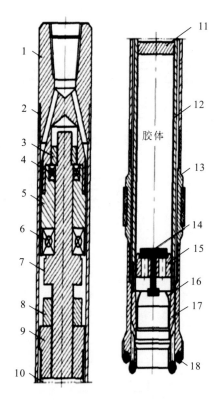

图3-81 硬、脆、碎地层用密闭胶体取心钻具结构示意图

1—双管接头；2—外管；3—小锁母；4—上端轴承；5—轴承外壳；6—下端轴承；7—心轴；8—大锁母；9—内管接头；10—内管；11—衬管封头；12—衬管；13—扩孔器；14—密封杆；15—密封活塞；16—爪式卡簧；17—卡簧座；18—底喷隔水钻头

由于内外管无相对运动，内管组合与钻头配合面成为可靠的静密封，防止钻井液浸入内管。取心钻头的水眼偏向井壁，钻井液射流不直接冲刷岩心根部。钻进完毕，投球加压割心。取出的岩心在不受任何污染的条件下按规定取样，并及时送到化验室（一般设在现场）分析。当岩心受钻井液污染时，示踪剂浸入岩心，可利用显色剂鉴别岩样中有无示踪剂存在，通过比色法可确定岩样中示踪剂含量，再根据已知钻井液的示踪剂含量换算出钻井液自由水对岩心的浸入量。

自锁式密闭取心钻具由取心钻头、岩心爪、密封活塞、浮动活塞和岩心管组合五部分组成（图3-83）。内管组合由缩径套、内岩心管、限位接头和分水接头组成，岩心爪置于缩径套之中；上接头之下同时连接着分水接头和外管，密封活塞通过销钉固定在取心钻头进口处，内管与钻头的配合面上装有密封圈，内管在井口灌满密闭液，浮动活塞置于限位接头之上形成密闭区。其特点为：

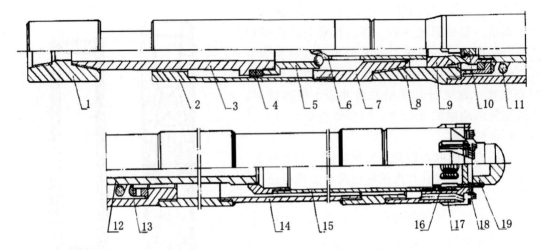

图 3-82 加压式密闭取心工具结构示意图

1—加压上接头；2—六方套；3—六方杆；4—密封盘根；5—加压球座；6—加压中心杆；7—加压下接头；8—工具上接头；9—分水接头；10—密封丝堵；11—悬挂弹簧；12—悬挂中心管；13—弹簧壳体；14—外岩心管；15—内岩心管；16—岩心爪；17—取心钻头；18—活塞固定销；19—密封活塞

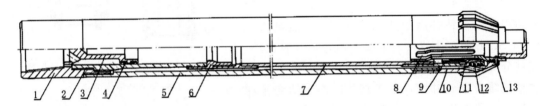

图 3-83 自锁式密闭取心钻具结构示意图

1—上接头；2—分水接头；3—浮动活塞；4—"Y"型密封圈；5—外管总成；6—限位接头；7—内管总成；8—密封活塞；9—缩径套；10—取心钻头；11—岩心爪；12—O型密封圈；13—活塞固定销

(1) 内管上部采用浮动活塞结构，以消除井眼液柱压力对工具密封性的影响。在下钻过程中钻具密闭区内外的压力能自动保持平衡，因而钻具应用不受井眼深度的限制。同时，也使得固定在钻头上的密封活塞基本不受力，不仅减少了固定销的数量，而且也避免了取心钻进前专门的大载荷静压井底的剪销操作。

(2) 在有密闭液润滑的条件下采用自锁式岩心爪，实现提钻自锁割心，适用于深井。

(3) 取心钻头为切削型和微切削型，斜水眼结构。钻头外径为 215mm。

(4) 岩心管仍为双筒双动结构，但内管组合与外管组合为螺纹连接，简单可靠。

自锁式密闭取心钻具工作原理为：下钻中，随井深的增加，密闭区外压增大，推动浮动活塞压缩密闭液，使密闭区内外的压力自动保持平衡，从而保证了内管密封的可靠性。钻进前，先在钻井液中加入一定量的示踪剂，开始取心时，不需要专门静压井底剪断密封活塞固定销，由钻压作用自然剪销。取心钻进完毕，上提钻具自锁割心，岩心密闭过程及分析化验方法与加压式密闭取心钻具一样。

提钻式保真取样钻具的结构如图 3-84 所示。外接头和内接头之间采用花键连接，内连轴上端与内单动机构连接，下端与压力补偿装置连接，多通分流接头上端与压力补偿装置连

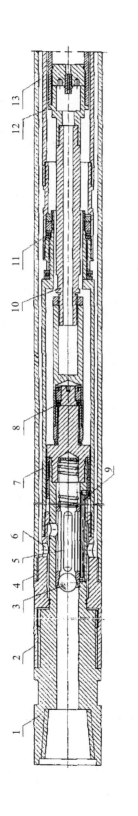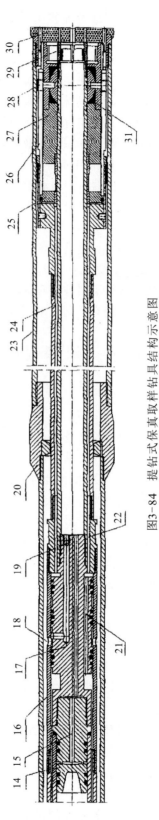

图3-84 提钻式保真取样钻具结构示意图

1—外接头；2—内接头；3—钢球；4—外管；5—滑阀导流变向机构；6—水眼；7—外连管；8—内连轴；9—内通道；10—内连轴；11—中间单动机构；12—中间短接；13—外环隙；14—压力补偿装置；15—补压孔；16—进水钢管；17—多通分流接头；18—回水孔；19—回水球阀皮通道；20—扶正器；21—液压过流孔；22—内环隙；23—钻头上短接；24—岩心容纳管；25—环形活塞；26—齿条；27—球阀；28—齿轮；29—卡簧及卡簧座；30—取心钻头；31—球体

接，下端与岩心容纳管连接，多通分流接头设有回水球阀及通道、液压过流孔和压力补偿孔，进水钢套上有回水孔。

下钻时，暂不投放钢球，花键处于伸开状态，达到孔底后，外接头向下移动并和内接头完全啮合，岩心卡簧及卡簧座下移并穿过球阀到达取心钻头的内台肩，钻压、扭矩通过外接头及内接头的公母花键和外管、扶正器、钻头上接头等传递给取心钻头。取心时，上提钻杆并带动外接头和内接头之间的花键相对滑动，内管上行，岩心卡簧及卡断器卡断岩心，并随卡簧及卡簧座上行到球体的上端，开泵输送液流，推动活塞与机构使球阀转动90°关闭，达到密封岩心容纳管的目的。蓄能压力补偿装置的一端与岩心容纳管相通，在关闭球阀的同时，一旦容纳管发生泄露，蓄能器可向岩心容纳管内补充压力，达到尽可能保持样品原始压力的目的。钻具采用被动保温方式，岩心管采用双层结构，双层岩心管之间充填聚胺脂隔热材料。

该钻具的主要技术参数如下：钻具长度9m、钻具外径215.9mm、取心直径50mm、取心长度3m、保真压力30MPa、钻孔直径245mm、钻杆直径114～140 mm。

该钻具曾在陆地地热井进行了钻进取心试验，钻具保压达到了设计压力的89%，在736 m处取出了保压的岩心样品，尚有个别技术问题需进一步改进和完善。

第四节　深部岩心钻探工艺技术

一、概　述

岩心钻进工艺，是指在钻探设备选定、钻孔结构设计完成、取心钻具选择完成后，选择合适的钻头类型、结构，运用合理的钻头驱动方式，选择合适的钻进参数，向深部钻进并获取岩心的过程。在这个过程中人为因素起到了决定性的作用，需要有理论和丰富的经验支撑。取心钻进工艺选择并运用得当，关系到钻探工程中岩心采取率、综合钻进效率、钻探施工的安全、能源的有效利用等方面，最终体现在深部钻探的各项技术指标上。采用不同的钻进方法，或同样的钻进方法由不同的人来实施，很可能在岩心采取率、岩心质量、施工周期、成本控制上出现巨大的差异。

国内外取心钻进技术种类较多，分类各异。目前，从宏观方面划分，取心钻进工艺主要分为提钻取心和绳索取心工艺。顾名思义，提钻取心即是每一次岩心管取满以后，通过将全部钻柱提出井口的方式将岩心从深部地层中取出至地表。其优点是适应性广，不受任何条件的限制，可运用井底动力驱动和优质泥浆，仍是我国目前在复杂地层和大口径井眼中取心钻进中唯一的选择。绳索取心则是在每一次岩心管取满后，钻柱不提出井口，通过钢丝绳将其打捞出地表。回次完成后，再把内管投放至井底，随即开始下一回次的取心钻进，只有当需要更换钻头或其他非正常原因时再将钻柱全部提出，其优点是非钻进的辅助时间少，综合效率高，目前被广泛运用于小口径岩心钻探工程中。

绳索取心钻进技术是减少提下钻次数、提高钻进效率、降低钻探劳动强度、改善钻探质量的有效方法，是目前地质岩心钻探最常用的钻进方法。可及时打捞岩心，避免堵塞与岩心消耗，既保证了岩心质量，也提高了纯钻效率和钻头寿命；对于一般地层，提下钻次数的减少有利于孔内压力平衡，起到维护孔壁的作用，还可快速穿过复杂孔段，避免孔壁坍塌；钻杆与钻具内径还可以用于钻孔弯曲度测量和其他孔底监测等。绳索取心钻进技术适合于中、深钻孔钻进。从理论上来说，绳索取心的综合效率要高于提钻取心，且随着孔深的加深这种优势更明显。但绳索取心往往受各种条件的制约，随着钻孔深度的增加，按照目前的配套标准和追求小直径钻进的想法，绳索取心也存在许多技术上的问题，主要表现在：

（1）环状间隙小。在深孔钻进中的环状间隙小，会造成泵压高、压漏、压裂地层等许多危害，所以目前一般采用加大钻头外径的方法解决问题，但加大钻头外径又受到套管内径的限制。

（2）钻杆强度相对降低。由于钻杆材质和处理工艺的限制以及绳索取心钻杆要求口径小、壁薄的特点，深孔钻进能力明显不足。特别是对较小的口径如S75，国内外设计钻深能力最大不超过3000m。因此绳索取心钻进要发挥更大作用，必须加强对钻杆强度的研究。

（3）孔底动力使用条件差。要解决孔内阻力大、岩心堵塞等问题，最好的办法是使用孔底动力机具，但绳索取心工艺对孔底动力要求极高，限制了应用。

（4）总成结构有待进一步完善。深孔钻进中内管总成的下降速度和到位率是影响施工效率与质量的关键因素。

（5）在破碎、松散、松软、高应力释放、水敏等地层中钻进，需采用优质的泥浆，甚至使用加重泥浆来维护井壁稳定，并需要反复地在不稳定井眼中扫孔，以防止坍塌、掉块、缩径等导致的卡钻、埋钻等恶性事故，而绳索取心目前还难以满足这些条件。

我国虽在探索大口径的取心技术，但至今大于$\phi150mm$的井眼中取心钻进，还没有成熟的绳索取心钻具。近年来，在科钻一井（CCSD-1）、汶川科钻WFSD-2井和松科二井中进行了一些可行性试验，虽取得了不错的效果，但要在工程实践中推广应用，仍需大量的试验和改进。因此，目前在不适应绳索取心的复杂地层和大口径取心钻进中，仍采用提钻取心工艺，除了需提大钻以外，提钻取心较绳索取心具有以下优势：

（1）提钻取心可以使用高强度API钻杆，因为无苛刻的内通径限制，管体壁厚不受限制，可采用标准的API螺纹。近年来，各国都研制出强度更高的钻杆杆体和螺纹，进一步提高了钻杆的抗拉、抗扭强度。

（2）钻杆与井壁之间大的环空间隙，可使用更广泛的泥浆体系，因此，适应更多地层的取心钻进施工，在一些特殊的地层使用大排量还能充分发挥泥浆在钻头处的喷射效应。

（3）可采用螺杆马达、涡轮马达井底动力回转驱动。液动锤用于绳索取心钻进已得到推广，但回转井底动力仍受钻杆内径的限制，无法在绳索取心中推广应用。近十多年来我国在科学钻探中形成了一套井底动力取心钻进工艺，在一些大科学钻探工程中发挥了事半功倍的作用。

（4）取心钻具上可以使用钻铤等加重钻柱，或采用其他有针对性的钻具组合，可采用大钻压钻进，有利于钻压的传递，因柔性钻杆始终处于拉伸状态，减小了因钻杆弯曲而导致的井壁破坏，这在深井大口径取心钻进中尤其重要。

正在实施的松科二井工程在大口径井底动力取心工艺方面又获得重大突破，$\phi311mm$、$\phi216mm$、$\phi152mm$ 3种口径都实现了长回次取心，回次进尺都突破了30m。该技术的成功运用，弱化了提钻取心提、下钻次数多的弊端，甚至在部分地层中，因钻头寿命的限制，其综合效率已逼近绳索取心。

钻探工艺按钻头的类型大致可分为合金钻头取心钻进、金刚石钻头取心钻进（含孕镶和表镶)、聚晶金刚石取心钻进（包括 PDC 复合片钻头、巴拉斯钻头等类型）、中空牙轮钻头取心钻进、复合型钻头取心钻进。合金钻头主要运用在软地层或松散地层中，其优点是成本低，钻探施工现场也可使用铜焊等方法对切削刃进行修复，钻头钢体重复利用率高，在合适的地层中，辅以优质泥浆技术，可以实现快速钻进。金刚石钻头是目前运用最广泛的取心钻头形式，可适应全部的中、硬地层，破碎、多变地层，其碎岩形式为高速磨削，可使用螺杆马达、涡轮钻具、液动锤井底动力驱动。PDC 钻头在软和中硬地层中有非常好的应用效果，可充分发挥钻头寿命长、剪切破碎方式进尺快的技术特点，被广泛应用于石油钻井在较软的沉积岩地层取心钻进。巴拉斯钻头是近年研发出来、适应致密纯泥岩地层的高效钻头，该钻头成本高且寿命低，遇到软硬互层会迅速崩刃。中空牙轮钻头在苏联和德国等科学钻探中有应用的记录，用于坚硬地层取心，但对一般地层，岩心采取率低且岩心原状性难以保持。复合型钻头可以是孕镶金刚石钻头与 PDC 钻头结合、PDC 钻头与牙轮钻头结合，或牙轮钻头与孕镶金刚石钻头结合，充分发挥各自的优势。

按驱动方式可分为转盘、动力头或顶驱回转地表驱动，地表回转＋井底动力回转驱动，地表回转＋液动锤回转冲击驱动，地表回转＋井底动力回转冲击驱动。现阶段回转井底动力有螺杆马达和涡轮钻具，其中螺杆马达应用更为广泛，冲击钻进是在取心钻具之上增加液动潜孔锤。小直径岩心钻探多使用动力头地表高速回转，或动力头回转和液动锤冲击复合驱动；大直径提钻取心则多为转盘或顶驱地表纯回转驱动；地表回转＋井底动力回转驱动技术逐渐推广应用，只有在坚硬地层提速或破碎地层岩心解卡时增加液动锤实现冲击回转驱动取心钻进。在深孔大直径取心钻进中，地表纯回转钻进多用于浅部较软地层驱动合金钻头、PDC 钻头或巴拉斯钻头，以剪切破碎为主要的碎岩方式，无须高转速就可以实现快速钻进；而在深部高温井中，当井底动力使用受限时，也被迫使用地表回转，一般使用牙轮钻头或金刚石钻头，但机械钻速往往很低。使用井底动力驱动几乎已成为深井和超深井大直径取心钻进唯一的选择，已经得到业内的共识。该技术在我国几大科学钻探中充分发挥了作用，并逐渐在石油钻井、非常规油气勘探和其他领域推广应用。当使用井底动力驱动时，有以下几大明显的优势：

（1）可实现高速回转。转盘和顶驱在深井、超深井大口径取心钻进时，转速很难达到 100r/min 以上，螺杆钻的输出转速多为 150r/min 以上，常速涡轮钻则多在 600～1500r/min，适应深部硬地层金刚石取心钻进和软—中硬地层 PDC 钻头取心钻进。

（2）近钻头驱动大幅提高了回转驱动的效率。地表转盘或顶驱仅仅需要 15r/min 左右的低速回转以消除井壁摩阻，转速、扭矩、钻压传递效率大幅提高，直接的效果便是机械钻速大幅提高，岩心完整性提高。通过汶川科钻极破碎地层的应用效果表明，在破碎地层中因扰动减小，可大幅提高岩心采取率。

（3）可有效降低井斜。钻压小、转速快，提供的各钻进参数传递效率高，都是防斜打直的重要因素。

（4）有利于井壁稳定。因全部转速都是低速回转，对井壁的破坏极小，这在硬脆地层中可大幅降低井壁坍塌、掉块导致卡钻的概率。

目前在小口径地质岩心钻探中，绳索取心技术运用成熟，各项配套也相对完善。但在近些年深井大口径连续取心钻进作业中，则表现出了取心钻具、钻进工艺等准备不充分的现象。我国在深井大口径取心钻进方面，除了几大科学钻探工程外，经验甚少，无论是石油钻井、水井钻进还是地热勘探，多采用了点取心的方式，对取心钻具及工艺要求较低，而随着取心钻进水平的提高，成本逐渐降低，地学研究人员也更加重视对岩心的研究，长井段连续取心的钻孔逐渐增加，因此，有必要系统地完善针对深井多变地层的取心钻进工艺。

二、钻探工艺技术的选择

对取心钻进的研究，无论国内还是国外，都把注意力集中在如何提高取心质量、取心效率、岩心采取率以及如何在取心困难的地层获取尽量多的岩心上。具体来说，主要进行了碎岩材料与工具、取心工具、取心工艺等方面的研究。

井底动力区别于地表驱动，其直接安装在近钻头部位，直接带动钻具回转或近井底对岩石作用，具有高效安全的作业特点，同时能减小钻柱振动和回转阻力。井底动力钻具作为一类钻井手段，具有以下优点：

(1) 有利于提高机械钻速和减少钻头事故；在软—中硬地层中，比转盘钻井钻速可提高50%~70%，甚至可提高1~2倍。

(2) 有利于减少钻具事故。使用动力钻具，钻柱转速很低或不旋转，减少了钻具和套管的磨损，延长钻杆寿命2~10倍。

(3) 可有效地控制井斜。

(4) 有利于实现中、长筒取心。

钻进工艺的分类必须结合工艺方法和井内机具的典型特征来划分。按起下钻取心方式分为以下两类。

1. 金刚石绳索取心钻进方法

常规金刚石绳索取心钻进适合于小口径中深孔钻进。我国深孔绳索取心钻探与国外相比有一定的差距，我国地质岩心钻探孔深大多在3000m以内（大口径科学钻探除外）。相比之下，南非、美国、法国等国家走在了前列。目前我国唯一一口超过3000m的地质岩心钻探孔，采用绳索取心工艺进行连续取心的是中国岩金勘查第一深钻ZK96-5孔，其终孔直径为φ75mm，终孔深度为4006.17m，据了解在世界同类钻探中孔深排名第5位。

对石油取心钻探而言，由于石油钻井一般口径较大，所需取心比例很低，一般不超过5%，取心成本也很高，如果采取绳索取心方法，需要在全面钻进和取心钻进的转换过程中倒换钻杆，既费时也不方便，且钻杆成本很高，因此绳索取心钻进方法在石油取心钻进中很少采用。

目前，绳索取心工艺在不断发展创新，基于常规绳索取心工艺，创新了液动锤绳索取心工艺、井底马达绳索取心工艺等组合钻探工艺（表3-68）。

表3-68　绳索取心钻进工艺种类和选用原则

工艺分类	选用原则及特点
常规绳索取心	常规的取心钻进工艺，设备成熟程度较高
液动锤绳索取心	优先选用的组合工艺，提高硬岩钻进效率和破碎层取心质量、减少孔斜
螺杆钻绳索取心	井底钻具回转，扭矩小，钻柱负荷及磨损小，安全性较高
涡轮钻绳索取心	井底钻具回转，扭矩小，钻柱负荷及磨损小，耐温高，一般转速较高

2. 提钻取心钻进方法

常规的提钻取心钻进是单纯通过地表动力带动井底取心钻具回转，待岩心容纳管装满后，通过提钻来取心的一种方式。对于深钻而言，由于深井钻探孔井身大，起下钻时间长，回次辅助工作时间将随井深度的增加极大延长，效率低下，加之钻柱的整体回转，摩阻力高，设备所需负荷大，对钻具的寿命也有极大的影响，对于破碎易堵地层纯钻时间占比更小，因此常规提钻取心方法在深钻井中需要进一步创新发展。顶驱长行程钻进取心工艺就是解决岩心堵塞和提高岩心钻探效率的一种创新工艺。松科二井的长筒取心工艺也是为了增加回次进尺而采用的提钻取心钻进工艺。全盘否定转盘驱动的常规提钻取心方法也是没有说服力的，松科二井超过6000m以后，井底温度高，不适于螺杆马达工艺，直接通过转盘回转取心，也取得了较好的成效。研究认为，问题的关键在于钻具的选择。

常规提钻取心与井底动力配合，如螺杆钻具、涡轮钻具以及液动锤进行配套可以有效地解决回转阻力、岩心堵塞，也是提高钻进效率的手段。如转盘与螺杆马达的组合钻进工艺已成为深井钻探工艺的主流。表3-69为提钻取心钻进工艺分类和选用原则。

表3-69 提钻取心钻进工艺分类和选用原则

工艺分类	特点与选用原则
常规提钻	工艺及设备成熟程度较高。取心筒多采用金刚石双管取心钻具
液动锤提钻	提高硬岩钻进效率，减少岩心堵塞和孔斜，提高取心质量。多采用双管取心钻具
孔底马达	适于深孔。钻柱基本不回转，负荷小，钻杆磨损小。取心筒多采用金刚石双管取心钻具
马达+液动锤	适于深孔硬岩钻进，和金刚石取心钻具组合成三合一钻具

在正常钻探生产中，深井钻探起下钻辅助工作时间与井深、钻塔高度、立根长度和提钻间隔均有关系。井深一定的条件下，立根长度越长，累计起下钻辅助时间就越短；立根长度一定的情况下，回次长度大，提钻间隔大，起下钻累计时间就相对较短；提下钻间隔一定的情况下，立根长度越长，起下钻总计时间就越短。影响起下钻时间的因素分析如图3-85所示。

井底动力以前通常用于受控定向钻探，如定向井、水平井、对接井、丛式井、开窗侧钻及钻孔纠斜或用于特殊项目、特殊地层的钻进等。设计有可调型万向壳体，可方便地在井台上进行0°~3°无级无垫片调整。弯角与工具面高边在工具上直接对应，受控定向钻探更为方便。现代深部钻井技术把马达驱动取心钻具进行取心钻进变为常规，如美国曾在卡洪山口科学钻探项目中在部分孔段采用螺杆/涡轮马达取心钻进，我国目前也已经推广应用螺杆马达取心钻进。

深部钻探采用井底动力驱动是必然的选择。目前可选用的井下动力钻具主要有螺杆钻具、涡轮钻具（提供回转动力）和液动锤（利用冲击能量破岩）3种。根据目前我国的技术水准，螺杆钻具和液动锤的耐温能力约为180℃；涡轮钻具是全金属部件，是目前能适应高温井施工的唯一动力钻具，其耐温能力可达300℃。

深井使用的井下动力钻具，首先应保证所在工况条件下的适应性和安全性，应保证其在高温高压条件下的密封可靠、操作简单、使用安全和较长的使用寿命等要求。为此，应从钻井工艺与钻井参数、工具结构设计、材料选择、钻具的匹配等方面进行深入研究，以提高其深井适应能力。

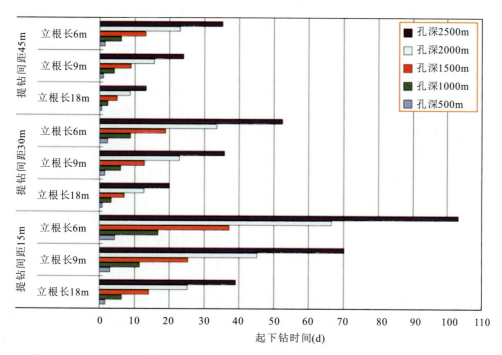

图 3-85　影响起下钻时间的因素分析

(据张伟，2017)

科钻一井、松科二井均是将石油转盘钻机、地质勘探取心钻进工艺和孔底动力驱动金刚石钻进技术有机地结合在一起，形成了一种适用于深孔大直径科学钻探要求的组合式钻探技术。

三、螺杆钻具井底动力钻进

螺杆钻具（screw drilling tool，或 positive displacement motors，缩写为 PDM），由传动轴总成、马达总成、万向轴总成、防掉总成和旁通阀总成五大部分组成，是一种以钻井液为动力，把液体压力能转为机械能的容积式井下动力钻具。泥浆泵泵出的泥浆流经旁通阀进入马达，在马达的进出口形成一定的压力差，推动转子绕定子的轴线旋转，并将转速和扭矩通过万向轴和传动轴传递给钻头，从而实现钻井作业。螺杆马达的结构如图 3-86 所示。

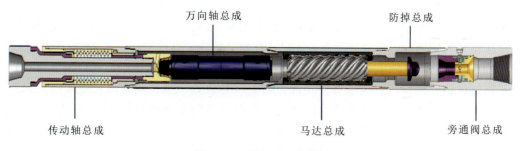

图 3-86　螺杆马达结构图

螺杆马达井底驱动取心技术是一种新兴的高效、安全的取心钻进工艺技术，国内外都有广泛的应用记录，尤其是在我国科学钻探工程中发挥着重要的作用。在螺杆钻和取心钻具中间再增加液动锤，进一步形成井底动力冲击回转钻进，是我国CCSD-1井形成的一种更为高效的硬岩取心技术。

螺杆钻具最早是用来打垂直孔，现在已经作为深井钻探的常规配置。在石油天然气钻井中，低速大扭矩螺杆钻具能很好地配合牙轮钻头和PDC钻头，有效地延长钻头的使用寿命和增加机械钻速。深部取心钻探时，在螺杆驱动轴与钻头间加上取心钻具实现取心钻进。德国已研制出螺杆钻具取心系统（KIBM），我国也很早就研制出取心专用螺杆钻具，大港油田中成公司生产的螺杆钻具在中国大陆科钻一井中应用于"绳索取心+螺杆马达+液动锤三合一"取心技术中，取得了良好的效果。

国外螺杆钻具主要以美国的产品为代表，外径从73～287.5mm可选。美国在20世纪50年代中期开始研制螺杆钻具，国外井下动力钻具平均无故障工作时间已普遍提高到200h或更高水平，其抗高温性能力也达到200℃以上。如美国贝克休斯公司（Baker Hughse）的Navi-Drill、代纳钻具科技股份有限公司（Dyna-Drill）的Dyna-Drill、斯伦贝谢公司（Schlumberger）的PowerPak、威德福能源服务与装备有限公司（Weatherford）的螺杆钻具、华高国民油田公司（National Oilwell Varco，NOV）的Trudrill、Vector、BlackMax等。其中NOV是世界上最大的独立供应马达供应商。国内生产螺杆钻具的厂家也有十几家，在市场上比较有影响力的主要有渤海装备中成机械制造公司、天津立林螺杆机械有限公司、北京石油机械厂等，其他还有天合石油集团股份有限公司、德州石油机械厂、贵州高峰机械厂、廊坊奥瑞托有限公司等。研究机构有中国石油大学（华东）、中国科学技术研究院、北京石油勘探开发研究院、西南石油大学等。

目前，我国螺杆钻具的应用已完全国产化，规格直径44.5～304.8mm不等，整体水平接近国际先进水平，螺杆马达已成为一种非常成熟、高效的井底动力钻具，研究方向主要是增加螺杆的单次井下工作寿命和超高温螺杆技术。

国内外螺杆技术的研究还在继续。加长型马达能使输出扭矩和功率成倍增加。中空转子可最大限度地减少转动惯量。由于螺杆钻具使用的材料中定子衬里采用的橡胶的稳定性与温度有密切的关系，随着井深的加大，螺杆钻具产生了温度瓶颈问题。当温度超过橡胶耐热的极限值，橡胶就会迅速软化，螺杆钻具的结构遭到破坏。等壁厚螺杆马达采用等壁厚定子，保证了在长度不变的情况下具有两倍于常规马达的功率和扭矩，不仅显著提高了机械钻速，而且提高了马达在高温深井中的可靠性和连续工作时间，一定程度上解决了定子热膨胀不均匀性问题，常规螺杆和等壁厚螺杆如图3-87所示。目前国内可生产耐180℃高温的螺杆。高温氟橡胶定子技术和异形金属定子的加工技术是将来的发展方向。空气泡沫马达可提高空气及泡沫钻井的钻速，工作寿命达千余小时。在提高螺杆钻具性能的工艺方面，如贝克休斯公司的轴承是金刚石球轴承，代纳公司研制了硬对硬的PDC止推轴承，威德福对转子进行了沉淀镀铬处理等。一些国外公司通过增大马达级数、延长动力段长度来增大钻头功率，延长马达的使用寿命，且其止动扭矩高，可以与切割作用最强的PDC钻头配合使用，提高钻井效率。20世纪90年代以来，美国的几家公司还致力于串联马达的研究和改进，Halliburton能源服务公司采用高强度钛作为两个动力段的连接杆，并提高了扭矩传递能力，辅助动力段的级数不小于2，此串联马达的扭矩和功率比四级单马达高出50%之多。国内公

图 3-87 常规螺杆和等壁厚螺杆

司吸纳了国外的先进技术，如生产加长螺杆钻具、中空螺杆钻具，弹性体采用丁腈橡胶和丁基橡胶等，产品也已经打入国际市场。

根据螺杆马达工作手册，在给定的介质密度和泥浆泵排量下，螺杆马达各参数间的关系如图 3-88 所示。

由图中可见，输出转速与其他各参数基本无关，输出功率、输出扭矩与压降成正线性关系，机械效率有一个最大值。

图 3-88 螺杆马达特性曲线图
ΔP—压降；N—输出功率；T—输出扭矩；
η—机械效率；n—输出转速

螺杆马达各参数间的理论关系是：

$$n_2 = n_1 \frac{Q_2}{Q_1} \quad T_2 = T_1 \frac{\Delta P_2}{\Delta P_1}$$

式中：Q——泥浆泵排量；

ΔP——螺杆马达压降；

n、T——分别为螺杆马达对应于 Q 和 ΔP 时的输出转速与输出扭矩。

实践研究表明，马达正常有效工作时，每级马达（一个导程为一级）所能承受的压降以不超过 0.8MPa 为宜，否则马达就有漏失——转速很快降低，严重时则完全停止转动，造成马达损坏。现场使用的泥浆流量应在推荐的使用范围内，否则将影响马达效率，甚至加大磨损。螺杆马达的性能参数是螺杆钻具的主要性能参数。马达的理论输出扭矩与马达压降成正比，输出转速与输入泥浆流量成正比，随着负荷的增加钻具转速降低，通过控制钻压和泵的流量，观察压力表的读数，就能控制井下钻具的扭矩和转速。

不同类型和规格的螺杆马达具有不同的输入、输出特性。只有掌握了钻具的特性关系，才能指导正确选择钻具、合理使用钻进参数，通过调节泥浆密度和输入泵量来控制螺杆钻具的输出性能，获得最佳的钻进效果和经济效益。厂家推荐的螺杆马达性能和工作参数如表 3-70 所示。

四、涡轮钻具井底动力钻进

1. 涡轮钻具

涡轮钻具钻进是利用高压液流通过涡轮驱动主轴带动钻头回转破碎岩石的孔底动力钻进方法。涡轮是一种把液体能量转化为轴上机械能的特殊结构的水力机械。涡轮定子和转子的

表3-70 螺杆马达性能参数表

制造厂家	天合石油		大港中成	
马达型号	5LZ203×7T-5	5LZ172×7T-4	4LZ120×7Y	4LZ95×7Y
输入排量（L/s）	19~37	16~31	7~19	4~11
输出转速（r/min）	79~158	78~154	128~348	116~320
马达压降（MPa）	4.0	3.2	4.0	3.2
工作扭矩（N·m）	6277	4160	2086	1075
最大扭矩（N·m）	8866	5525	3340	1720
输出功率（kW）	130	126	76	36
推荐钻压（kN）	155	100	50	30
最大钻压（kN）	250	170	80	55

叶片呈反向弯曲，当高压液流沿定子叶片的偏斜方向流动后，有力地冲击转子叶片，使转子带动用键与其连接的中心轴和下面的钻具旋转。

涡轮钻具是先于螺杆马达研发的井底动力钻具。1873年，C.G.Gross在美国首次提出涡轮钻具概念，随后，德国的Max Blumerreich和M.C.Baker对C.G.Gross的钻具进行了大量的改进工作，揭开了涡轮钻井的新篇章。20世纪50年代以前，苏联、美国、法国都开展了涡轮钻具的研制和开发，并有部分产品在钻井现场得到了应用。苏联是使用涡轮钻具最早的国家，其井下动力钻具行业发展最快，技术水平也最高。在井下涡轮钻具的发展方面，一直处于世界的前列，20世纪60~70年代中期，涡轮钻具的钻井工作量曾一度占全苏联钻井总量的80%以上，但由于涡轮钻具过高的转速，对于深井取心钻探而言，一方面需要额外配套减速机构才能进行正常的钻井作业，增加了系统的复杂性和不稳定性，同时增加了成本；另一方面转速高导致轴承的寿命很短，限制了涡轮钻井技术的推广应用。尽管涡轮钻具在扭矩、压降、长度等方面没有螺杆钻具的普适性，但涡轮钻具作为一种重要的钻井驱动方式，技术改进一直没有停止过。以俄罗斯和法国为代表的世界各国一直致力于完善涡轮钻具技术的研究和开发。目前俄罗斯的涡轮钻具已发展到减速器涡轮钻具阶段。配套减速器的涡轮钻具由于扭矩大、钻速高的特点，则能满足小井眼钻井的技术要求。表3-71为两级减速器涡轮钻具特性参数。

表3-71 俄罗斯TRO-121mm两级减速器涡轮钻具特性参数

排量（L/s）	工作转速（r/min）	工作扭矩（N·m）	工作压降（MPa）
10.725	115	1627.5	3.80
12	129	2012.6	4.76
13	140	2391	5.58

涡轮钻具另一个特征是整机尺寸过长。由于单式涡轮钻具的力矩过小，不能产生足够的破岩能力，为了增大功率，复式涡轮钻具一般都在 20m 以上，一般不能满足大曲率的钻井工艺要求，而且单位长度产生的能量与钻具直径成 5 次幂正相关关系，随着井眼直径的减小，小尺寸涡轮钻具产生的功率急剧降低。对于直径小于 152mm 的井眼涡轮钻具效率和取心效果如何提高值得研究。另外，涡轮钻具的装配和调整极其繁琐，辅助工作时间长，每次维修时，单式涡轮节内部的 100 多副涡轮定子/转子都必须逐级地进行装配调试。

国外以斯伦贝谢、NOV、Neyrpic、Drilex systems 为代表的公司发布的数据表明，在高温高压环境下，一些产品连续无故障工作的时间已经能够达到 400h。斯伦贝谢公司网站给的 Neyrfor Turbodrill 说明书介绍了一种涡轮钻具的性能特点，如与螺杆钻具相比其能量效率高，输出功率基本不衰减，稳定运行时间一般 400h，在有些地层中可达 600h，动态稳定性高，抗高压、高温能力强，因此适合超深孔钻进。由于涡轮钻具的转速过高，相较螺杆钻具，其轴承寿命过短，在较长一段时间内限制了其发展。目前，借助先进的加工技术，提高了轴承的寿命和弹性体或密封橡胶的抗高温性能。无橡胶元件的涡轮钻具轴承组寿命更长，其更适应深井、超深井高温作业条件。涡轮钻具有螺杆钻具无法比拟的优点，如造斜率比螺杆钻具大很多。在获得相同造斜率的前提下，涡轮钻具可具有良好的侧切能力。涡轮钻具所需要的弯曲角度比螺杆钻具小很多，若侧钻点较深，钻遇较硬地层时无法进行有效的侧钻施工时，常用的技术措施是打水泥塞，但打水泥塞后侧钻的成功率比较低。较大弯曲度的导向涡轮钻具能在中硬及硬地层中方便地进行开窗侧钻，对深孔侧钻来说，涡轮钻具具有良好的发展前景。

我国的涡轮钻具研制起步晚，国内的研究机构有长江大学机械工程学院、兰州石油机械研究所、中国石油大学（北京）、勘探技术研究所等。20 世纪 80 年代中期，江汉石油学院（现长江大学机械工程学院）、中国石油大学（北京）、中石油钻井研究院筹建了专门从事涡轮钻具研究的井下工具研究室，在研究和试验方面做了大量工作。20 世纪 90 年代起因为国内螺杆马达的快速发展，对涡轮钻具的依赖度降低，设计和制造水平发展缓慢，一直未形成稳定的系列产品，总体上要低于国际先进产品的水平，而轴承组寿命的差距尤为突出。进入 21 世纪以后，随着超深井和高温地热井的发展，涡轮钻具转速高、耐高温的优势逐步在工程应用中凸显出来，国内对涡轮钻具的需求量也开始加大，中国石油大学（北京）、中国地质调查局勘探技术研究所等单位开始展开更加深入的研究。其中中国石油大学（北京）以石油钻井全面钻进为应用目标，在涡轮叶栅设计、减速叶片设计、PDC 轴承上都有长足的进步，已形成了稳定的产品，一次井下工作已超过 400h，主要应用于超深井、水平井和高温井提速、防斜等方面。中国地质调查局勘探技术研究所研制的涡轮钻具立足于金刚石取心钻进工艺的特点，近年在干热岩地层和松科二井进行了一系列的取心钻进试验，产品也逐步成熟。总体来说，随着国内设计、精密铸造、精密加工、超硬材料的进步，国内涡轮钻具的设计和制造水平迅速提高。

涡轮钻具是一种叶片式井底动力，与螺杆钻相比，有以下特点：

（1）最突出的特点是输出转速高，涡轮钻具一般由涡轮节和支撑节组成，涡轮节是液能转化为机械能的能力机部分，支撑节的作用是传递钻压及承担钻头的反作用力，涡轮节和支撑节之间还可以增加减速器，降低输出钻速，增大输出扭矩。

（2）如不带减速器，整机为全金属结构，几乎不受井底高温的限制，是高温井目前唯一可用的井底回转动力钻具。

（3）随着 PDC 轴承的应用，涡轮钻具的整机寿命大幅提高，一次下井时间可达数百小时，目前国际上主流产品寿命都已在 500h 以上，我国的产品也已接近国际先进水平。

涡轮钻具未得到大面积推广应用的主要原因有：

（1）成本高，涡轮钻具的单机成本数倍于螺杆马达，因此，随着螺杆马达技术的突飞猛进，在常规钻进中，涡轮钻具已逐渐被螺杆马达所替代。

（2）不带减速机的涡轮钻具较难满足全面钻进驱动 PDC 钻头和牙轮钻头的要求；金刚石钻头取心钻探则线速度较高，影响岩心采取率指标。涡轮钻具主要用于深井、超深井坚硬岩层钻进。

（3）涡轮钻具往往需要较大排量，产生较高的泵压，需要配备高压泥浆泵和循环管线，对钻柱要求也相应提高。

2. 涡轮钻具的选择

按涡轮钻具的结构不同，可分为单节式和多节式（复式）涡轮钻具。复式涡轮钻具由两套以上单节式涡轮钻具组合而成，这种钻具主要是为了满足钻深孔时的功率和扭矩要求而发展起来的。按用途不同，可分为全面钻进涡轮钻具、取心涡轮钻具和专门用于定向孔施工的弯曲涡轮钻具。涡轮钻具的重要特性是转速高、工作排量大、泵压高、功率大，但扭矩较螺杆马达小很多。相同规格的涡轮钻具，因叶片设计的差异，其输出特性存在很大的差别。选择的原则为：

（1）依据钻探设备中泥浆泵、循环管线的耐压能力及所能提供的排量范围选择合适的涡轮钻具，同时，也因注意管柱的耐压状况，高压降有可能引起钻杆刺漏。

（2）依据取心钻进口径选择合适规格的涡轮钻具，涡轮钻具因钻速高，所需要的钻压远小于螺杆马达，因此，对钻具的抗压强度要求相对较低，同时，要考虑钻头卡钻后的打捞等事项。

（3）对于输出转速，在坚硬及胶结完整地层，因岩石强度高，取心钻进时岩心不易折断或产生碎块，可选用转速较高的涡轮钻具；如地层破碎或地应力释放后岩心易碎裂，在高转速的情况下容易因岩心互相高速摩擦消耗岩心，则可选择转速较低的涡轮钻具。

（4）在长回次取心钻进中，为了获得更高的扭矩，可选用多级涡轮节的结构，如维持排量不变，则扭矩、压降翻倍，但转速与单节涡轮相同；也可适当降低排量，获得更低的转速和压降。

（5）使用带减速机的涡轮钻具也可获得类似螺杆马达的低转速输出特性，但往往在该情况下可以螺杆马达替代涡轮钻具，非特殊情况下不建议选择。

3. 取心钻具和钻头的选择

选用单动性能好、轴承强度高的取心钻具，内、外管同心度要好，且应有扶正措施；外管螺纹强度要高，以免在高转速下造成螺纹断裂；取心钻具应在上、下两端安装扩孔器（或稳定器）确保钻具在钻孔中居中。上述措施主要是为了确保取心钻具在高转速下保持稳定，否则会加速钻头内、外径磨损，进而导致岩心的非正常消耗。

钻头的选择至关重要，一般来说，不带减速机的涡轮钻具因匹配孕镶金刚石钻头，应选用胎体硬度高、金刚石评级高的钻头，防止钻头过快地消耗。如松科二井取心钻进试验中，涡轮钻具取心严重磨损的金刚石钻头（图3-89），即属非正常磨损造成的钻头损坏。

4. 涡轮钻进规程

钻进规程主要取决于涡轮的结构、流量和钻压的控制。涡轮钻具的理论特征曲线比较复杂，涡轮钻具具有软的机械特性，过载能力差，随着钻压增大，导致切削阻力矩增大，引起转速急剧下降，即所谓的因"压死"而造成的制动。在流量不变的条件下，涡轮钻具随着钻压增大使转速降低，力矩和功率增至最大后会下降，降幅变化也不大。涡轮钻具的涡轮节叶片结构不一样，其转速差别较大，且转速明显比螺杆钻具的转速高很多。一般涡轮钻具的空载转速为1000r/min以上，工作转速在600~1000r/min之间。

图3-89 涡轮钻具取心严重磨损的金刚石钻头

普通涡轮钻具以苏联的钻具为例，苏联部分普通涡轮钻具水力特性如表3-72所示。

表3-72 苏联部分普通涡轮钻具水力特性

型号	直径（mm）	流量（L/s）	转速（r/min）	扭矩（N·m）	压力降（MPa）
T12M3B	228.6	45	600	1805	3.83
T12M3B	203.2	45	595	1334	3.09
T12M3B	190.5	32	760	922	4.27
T12M3E	168.3	24	685	584	4.07
TS4A	127.0	14	885	597	8.73
TS4A	101.6	8	810	191	5.4

根据SY/T 5401—91标准，国产涡轮钻具直径系列有102mm、127mm、172mm、195mm、215mm、240mm、255mm等。不同厂家有所差异。中国地质调查局勘探技术研究所涡轮钻具规格及相应的推荐工作参数如表3-73所示。

表3-73 中国地质调查局勘探技术研究所涡轮钻具规格及工作参数

规格型号	涡轮外径（mm）	排量（L/s）	泥浆密度（g/cm³）	转速（r/min）	工作扭矩（N·m）	制动扭矩（N·m）	压降（MPa）	整机长度（m）	最大钻压（kN）
KWL108	108	8~10	1.1~1.2	720~1500	392~934	417~995	<10.5	6.21	35
KWL127	127	10.5~12	1.1~1.3	584~1321	520~1080	650~1320	<8.3	7.82	45
KWL140	140	12.5~15	1.1~1.3	480~1154	467~1192	849~1890	<8.0	8.21	50
KWL178	178	18~22	1.1~1.3	570~1240	948~1920	1216~3140	<6.8	9.12	75
KWL194	194	20~25	1.1~1.4	450~1015	1076~2465	1630~4108	<7.3	9.15	80
KWL216	216	22~26	1.1~1.4	352~800	1859~3292	3098~4789	<6.7	9.75	85

中国石油大学（北京）WZ系列涡轮钻具的相关技术规格和推荐的工作参数如表3-74所示。

表3-74 中国石油大学（北京）涡轮钻具推荐的工作参数

序号	规格	涡轮外径(mm)	适宜井眼(mm)	排量(L/s)	泥浆密度(g/cm³)	工作转速(r/min)	工作扭矩(N·m)	制动扭矩(N·m)	压降(MPa)	整机长度(m)
1	121	121	142.9~152.4	12~15	1.10~1.30	480~600	624~1152	722~1334	7.72~14.25	7.158
2	127	127	152.4	15~18	1.10~1.30	450~540	797~1357	928~1580	7.96~13.54	7.158
3	140	140	165.1~171.5	15~20	1.20~1.40	675~900	739~1533	1049~2177	6.28~13.02	7.158
4	172	172	215.9	25~30	1.10~1.30	375~450	2330~3695	2827~4811	8.79~14.95	8.564
5	178	178	215.9	25~30	1.10~1.30	750~900	1659~2573	2584~4396	8.59~14.62	7.158
6	185	185	215.9	25~30	1.30~1.40	350~420	2365~3688	2914~4520	8.54~13.24	8.564
7	195	195	215.9~241.3	30~35	1.10~1.30	405~473	1990~3201	3221~5181	8.80~14.16	7.158
8	203	203	241.3~250.8	35~40	1.20~1.40	350~400	3245~4945	3330~5075	5.18~7.90	7.158
9	245	245	311.2	45~50	1.20~1.40	720~800	3103~4470	5241~7549	7.76~11.17	9.012
10	267	267	311.2~333.4	45~50	1.20~1.40	630~700	3955~5697	7731~11135	8.57~12.35	9.450
11	273	273	311.2~333.4	50~55	1.20~1.40	600~660	3950~5576	7339~10360	7.40~10.44	8.830
12	311	311	406.4~444.5	60~66	1.20~1.40	300~330	4990~7044	7154~10099	3.78~5.34	7.158

5. 涡轮钻具取心操作步骤及注意事项

（1）操作步骤。

1）钻前确定井眼通畅，确保下钻到底，如出现下钻不到位，需要长井段扫孔，则需立即提钻，涡轮钻具扫孔会快速磨损钻头外径。

2）下钻前检查钻具，涡轮钻具井口转动灵活，取心钻具单动灵活且内管居中，新涡轮则需在井口试压，记录在不同排量下的压降，作为钻进时的参考数据。

3）下钻到底后，钻头接触井底之前，小排量循环泥浆、清洗井底，目的是先不损耗钻头，待井底清洗干净、泵压稳定后再下放钻具。

4）保持小排量缓慢下放钻具，待钻头距离井底约0.5m时（可依据井深情况而定）逐渐将排量增至正常的钻进排量，并校准钻压，记录悬重。

5）缓慢下放接触井底，小钻压钻进数十厘米后再逐渐增加钻压开始正常钻进。

（2）注意事项。

1）涡轮钻具空转转速是额定转速的2倍，因此，在接触井底前转速很高，需要降低排量以达到降低转速的目的，此时钻头最易快速磨损外径。

2）正常钻进后，逐渐增大钻压至获得较为理想的机械钻速，如发现增加钻压反而钻速降低，则应立即停止送钻，待钻压减小后继续钻进，并在后续钻进中保持该钻压。过大的钻压会导致钻头的反扭矩超出涡轮钻具的制动扭矩，涡轮钻具制动不进尺，此时因略微上提钻具释放钻压，恢复正常钻进，但又不能将钻头完全提离井底。

3）力求均匀送钻，确保始终将钻压维持在一定范围内，如长时间不送钻，则钻压降低会导致转速急剧升高，井底钻具不稳定。

4）保持好的泥浆性能，要求泥浆流变性好、重晶石含量低。若采用过稠、密度过大的泥浆，当取心钻具高速回转时，内管会在泥浆的带动下高速回转，进而消耗岩心，尤其在破碎地层中极易消耗岩心，但岩心极其坚硬、胶结好时影响会小一些。

5）由于转速太高，即使钻进中出现堵心磨耗岩心的情况，机械钻速依然较快，因此，需要工程技术人员记录好钻进参数，要从细微的变化中判断是否正常进尺。

涡轮钻具常见故障及排除方法如表3-75所示。

表3-75 涡轮钻具常见故障及排除方法

常见故障	发生原因	排除方法
轴停止运转或机械钻速忽然降低	1. 钻压过大，轴被制动	减小钻压
	2. 钻头失效	更换钻头
	3. 止推轴承过度磨损导致定、转子断面相碰；工作异常	更换涡轮钻具
	4. 短节或转子螺母松动，导致轴功率下降	起钻拧紧短节或更换涡轮钻具
	5. 流量减小或钻具刺坏，泵压下降	修泵或起钻检查钻具
	6. 轴承橡胶膨胀	改善洗净液质量
加不上压（一加钻压轴就制动）	1. 止推轴承钻压面过度磨损	更换涡轮钻具
	2. 钻头牙轮卡死	活动牙轮钻头无效，起钻更换钻头
	3. 钻头牙轮落井	处理落井牙轮，待井底清洁后更换钻头
	4. 井底有其他落物	打捞落物
泵压忽然急剧下降	1. 钻具被刺漏或掉喷嘴	起钻检查钻具，更换钻头喷嘴
	2. 钻具折断或脱扣	起钻打捞钻具
泵压急剧上升	1. 钻井液不清洁，钻头喷嘴被堵	多次上提或下放钻具冲不开喷嘴，则起钻更换喷嘴
	2. 钻进过程中忽然停泵，井内岩屑下沉使钻具被堵	反复提放钻具，并开泵小流量循环顶通被堵环空

6. 国内外涡轮钻具的应用情况

涡轮钻金刚石取心技术在全世界都很少应用，国内更是才开展这方面的研究和试验。随着深井、超深井及地热井、干热岩井的增加，以及地学研究对深层岩心的依赖，涡轮钻具仍是高温井唯一可用的井底回转动力，且涡轮钻取心的需求将逐渐增加。

实践表明，涡轮钻井可以取得较高的机械钻速。但在取心钻进领域应用甚少。苏联在科拉半岛超深科学钻探工程中，大量使用减速涡轮钻配中空式牙轮钻头进行取心钻进，岩心采取率仅40%左右，岩心外观粗糙，柱状性也不好，这是因为牙轮钻头主要靠振动碎岩且内切削刃粗大造成的。美国卡洪山口科学钻探项目使用涡轮钻进行了2个回次的取心钻进，其与螺杆钻取心钻进的对比数据如表3-76所示，涡轮钻钻进效率远远高于螺杆钻乃是不争的事实，取心钻进也是如此。从钻具的设计原理上分析，螺杆钻定、转子间必须有一定的偏心距才有扭矩输出，因此钻具运转时有较大的横向振动。而涡轮钻定、转子则完全是同心回转,其高转速、高平稳度的工况应更有利于岩心采取质量的提高,但事实却并非如此。

表 3-76 美国卡洪山口科学钻探孔底动力钻具取心钻探技术指标

钻具	钻探进尺(m)	回次数(次)	钻时数(h)	岩心总长(m)	回次进尺(m/回次)	机械钻速(m/h)	岩心采取率(%)	岩性
螺杆钻	56.78	16	52.80	43.43	3.54	1.00	82.65	花岗岩,片麻岩
涡轮钻	3.36	1	0.90	2.68	3.36	3.73	79.76	片麻岩
涡轮钻	0.92	1	0.20	0	0.92	4.60	0	片麻岩

中国地质调查局勘探技术研究所运用其研制的φ127mm和φ140mm涡轮钻具在干热岩井中进行了取心钻进试验,松科二井工程也进行了大量的试验。2015年11月下旬,φ127mm涡轮钻具在福建漳州东南沿海深部地热科学钻探1井入井实钻,使用KT-140取心钻进和孕镶金刚石钻头,钻进2个回次,岩性为破碎花岗岩,泥浆排量12L/s。试验在额定流量条件下,由于是首次进行井下试验,以是否可获得岩心为目标,并不追求机械钻速,尝试了不同钻压,并观察其他各参数的表现情况,最高机械钻速1.32m/h。实钻效果如表3-77所示。

表 3-77 φ127 涡轮钻具钻进技术指标

起止井深(m)		进尺(m)	心长(m)	采取率(%)	最高钻速(m/h)	平均钻速(m/h)
自	至					
2812.01	2813.61	1.6	1.35	84.38	1.32	0.76
2965.88	2968.88	3.0	1.8	60	0.90	0.69
合计		4.6	3.15	68.48	—	0.71

2016年4月中旬,φ140mm涡轮钻具在青海省共和地区干热岩资源勘查GR1号井入井实钻。同样使用KT-140取心钻具和孕镶金刚石钻头,取心钻进2个回次,岩性为破碎花岗岩;泥浆排量13~14L/s,泵压18~20MPa。试验采用额定流量条件下变钻压的方式进行钻进,实钻的技术指标如表3-78所示,实钻现场如图3-90、图3-91所示。

表 3-78 φ140mm 涡轮钻具钻进技术指标

起止井深(m)		进尺(m)	心长(m)	采取率(%)	最高钻速(m/h)	平均钻速(m/h)
自	至					
2156.93	2160.13	3.2	3.2	100	2.8	1.6
2273.42	2276.00	2.58	2.58	100	2.72	1.41
合计		5.78	5.78	100	—	1.51

(a) φ127mm涡轮钻具入井

(b) φ127mm涡轮钻具出井

(c) 出岩心

(d) 试验所取岩心

图 3-90 φ127mm 涡轮实钻试验

(a) φ140mm涡轮钻具下井

(b) 岩心满管提钻

(c) 第一回次岩心

(d) 第二回次岩心

图 3-91 φ140mm 涡轮实钻试验

第五节 深部钻探测斜和控斜技术

深部钻探的钻孔轴线较长，钻孔孔斜即使是较小的偏差，往往也会使钻孔轨迹产生较大的位移偏差，因此，深部钻探对钻孔测斜与控斜的精度要求较高，必须采用合理的测斜与控斜技术才能保证深部钻探工程质量。

一、测斜技术

（一）测斜仪器的基本类型

自19世纪30年代以来，钻孔弯曲测量技术不断发展，新的测斜仪器层出不穷，国内外研究开发并已在工程中广泛应用的钻孔测斜仪器有很多类型，图3-92是地质钻探与石油工程领域对钻孔测斜仪按照测斜方法和测斜传感器类型进行的分类。

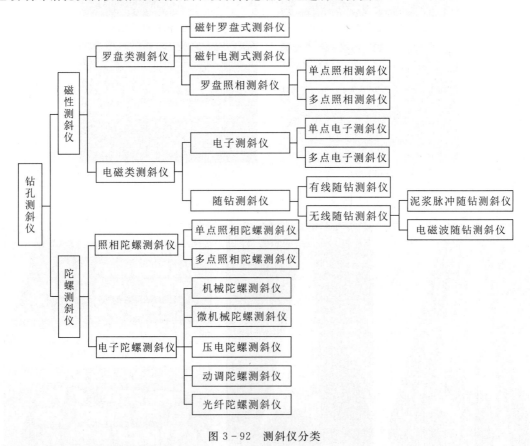

图3-92 测斜仪分类

（二）各类测斜仪的原理及特点

（1）磁性测斜仪测量钻孔方位角是以大地磁场为基准，常采用磁罗盘、磁通门等磁敏元件，陀螺测斜仪测量钻孔方位角与大地磁场无关，主要有高速旋转的机械陀螺、电子陀螺元件。

（2）罗盘类测斜仪的方位角测量元件主要是磁针（球）罗盘，磁针罗盘式测斜仪采用定时机械锁卡固定罗盘指针和顶角悬锤指针，需将仪器提至地表读数，一般为单点测量。罗盘照相测斜仪是采用映射成像记录钻孔顶角、方位角。这两类测斜仪的测量精度相对较低。磁针电测式测斜仪是将罗盘指针方位角和悬垂指针顶角的变化量转换成电量，通过电缆传输到地表测读，一般为多点测量，精度较前者有所提高。

（3）电磁类测斜仪主要是采用重力加速度和磁通门固态传感器测量钻孔顶角、方位角，也可实现定向钻进时的工具面角测量，测量精度高，可靠性好。电子测斜仪按照数据测读方式又可分为孔内存储提出式、自浮式、电缆传输式等。随钻测斜仪（measurement while drilling，MWD）可随孔内钻具在钻前和钻进过程中实时测量钻孔顶角、方位角、工具面角等参数，孔内测量数据可通过电缆、泥浆压力脉冲、电磁波等方式向地表传输，具有速度快、效率高、抗震性好等特点。泥浆脉冲随钻测斜仪信号的传输受泥浆的性能和泵的不均匀性影响，要求泥浆的含砂量不大于1%，含气量不大于7%，电磁波随钻测斜仪信号的传输受电磁感应媒质的影响，在套管中信号无法传输，在低电阻率地层中信号衰减严重，传输孔深受到限制。

（4）机械陀螺测斜仪是采用高速旋转的三自由度陀螺马达的定轴性测量钻孔方位角，由于陀螺具有定轴性，在孔下测量时，钻孔方向偏转或仪器转动与振动都不会改变陀螺的指向，测量钻孔轴向与陀螺指向的夹角即可测出钻孔的方位。机械陀螺测斜仪存在陀螺漂移大（$3°\sim10°/h$）、测量精度不高、调试维护困难、需地面定向以及体积不易做得更小等缺点。

（5）微机械陀螺测斜仪（micro electro mechanical systems gyroscope）是以微米/纳米材料进行设计、加工、制造、测量和控制的21世纪前沿技术，它将机械构件、光学系统、驱动部件、电控系统集成为一个整体单元的微型系统，没有旋转部件，是一种利用振动式角速率传感器诱导和探测科里奥利力（旋转物体在有径向运动时所受到的切向力），测量旋转变化角速率，通过对角速率的数学积分处理，得到方位角的变化角度。相对于机械陀螺测斜仪，微机械陀螺测斜仪体积小，漂移小。

（6）压电陀螺测斜仪采用特制的压电角速率陀螺和石英加速度计测量钻孔顶角、方位角，压电陀螺测斜仪具有陀螺寿命长、价格低、探管抗震性好、结构简单、工作可靠、功耗低、操作方便等优点；仪器采用存储卡记录方式，探管用钻杆（或钢丝绳）下放和提升，也可以采用电缆直接在地面进行读数。但压电陀螺测斜仪也存在不能自动寻北、测斜前需要在地面进行人工定向、方位测量会随时间产生漂移的缺点。

（7）动调陀螺测斜仪（dynamically tuned gyro，DTG），简称动调陀螺，是一种利用挠性支承悬挂陀螺转子，并将陀螺转子与驱动电机隔开，其挠性支承的弹性刚度由支承本身产生的动力效应来补偿的新型二自由度陀螺仪，动调陀螺作为方位角测量元件、石英加速度计作为顶角测量元件，通过动调陀螺测出地球自转角速度水平分量，石英加速度计测出地球重力加速度分量，所测信号通过相关计算得到该点的顶角和方位角值。动调陀螺测斜仪可以自动寻北，测量前后无须校北；自主性强，可靠性好，测量时无须地面定向；各测点数据不相关联，测点间没有误差传递，不存在累计误差，测量精度高。由于仪器内部有高速旋转电机，因此存在抗震性能不足的缺点。

（8）光纤陀螺测斜仪是基于狭义相对论及萨格奈克（Sagnac）效应的新型光学陀螺仪，

从同一光源发出的光束分成两束相同特征的光在光导纤维线圈制成的环形闭合光路中以相反的方向传播，最后汇聚到原来的分束点，如果环形闭合光路所在平面相对于惯性空间存在转动，则正反两束光所传播的光程将不同，于是产生光程差，这就是萨格奈克相移，当波导几何参数和工作波长确定，相位差的大小只与系统转动角速度有关，通过光纤陀螺测量出地球自转角速率分量，通过加速度计测量出地球重力加速度分量。光纤陀螺测斜仪的主要特点是：寿命长、抗冲击和抗振动能力强，自动寻北，零点漂移小，测量精度高；受探管尺寸限制，陀螺灵敏部件不能做大，灵敏度还不很高；价格较高，耐高温性能不足；寻北时间长（大约 2min）。

（三）钻孔测斜仪及性能

常用国产磁性测斜仪及主要技术性能如表 3-79 所示，常用国产陀螺测斜仪及主要技术性能如表 3-80 所示。

（四）测斜仪的选择和提高测斜精度的措施

1. 测斜仪的选择

选择测斜仪时应遵循以下原则：

（1）非磁性矿区测斜，可选用常规的磁性测斜仪，在磁性矿区及套管、钻杆内测斜，必须选用抗磁性干扰的仪器。

（2）高精度垂直孔，应选择小顶角、灵敏度及分辨率高的仪器。钻孔顶角不小于 60°时，应选择大顶角测量仪器。

（3）钻孔轨迹控制精度要求较高时，需选择高精度测斜仪，进行高精度定向钻进时，尽量选择随钻测量系统。深孔应选多点测斜仪，以提高测斜效率。

（4）由于深孔温度高、水压大，应选择耐温、密封性能满足孔深要求的仪器。

（5）所选测斜仪探管最大外径应小于钻孔最小直径处孔内测量的安全直径。

2. 提高测斜精度的措施

钻孔测斜的误差主要来自两方面：一是测斜仪器本身的精度误差，二是测斜仪器在孔内的测量环境不当。测斜仪器自身的误差可通过测斜仪校验台进行检测，使其不超过仪器误差允许范围。仪器在孔内测量环境不当主要包括以下两个方面：①仪器的孔内位置与角度不当，仪器轴线与被测孔段的钻孔轴线不一致导致钻孔顶角、方位角出现测量误差；②防磁技术措施不当，受到附近磁性体的干扰，导致钻孔方位产生误差。消除上述影响因素的主要措施有：

（1）减小仪器测量误差。误差理论把测量误差分为系统误差、随机误差和异常误差三类，都可以设法减小或消除。

1）系统误差及其消除方法。测量仪器的系统误差是指仪器出厂时存在的误差，即仪器测量精度所致。加工、组装、运输、使用环境等因素都会影响仪器的测量误差。

消除系统误差的方法是将仪器置于校验台上，通过重复测出不同顶角和 360°范围内不同方位角的误差值及其重复状况，找出仪器系统误差范围及规律性，然后采用地表仪器读数补偿或求其修正值的办法来消除。

表 3-79 常用国产磁性测斜仪及主要技术性能表

仪器类型	仪器型号	外径(mm)	测量范围(°) 顶角	测量范围(°) 方位角	测量精度(°) 顶角	测量精度(°) 方位角	一次下孔测量点数	下孔方式	最大耐水压(MPa)	最高工作温度(℃)	生产厂家	备注
磁针罗盘式测斜仪	KXF-2	40	0~50	0~360	1~2	±4	两点	钢丝绳或钻杆	15	80	上海力擎	
	KXP-3D	40	0~45	0~360	±0.5	±3	多点	钢丝绳或钻杆	20	75	上海力擎,上海地学仪器研究所	存储式
	KXP-2A	40	0~50	4~356	1~2	±4	单点	钢丝绳或钻杆	10	80	上海昌吉	
	KXP-2X	40	0~50	0~360	±0.5	±4	两点	钢丝绳或钻杆	15	85	上海力擎	存储式
	KXP-2G	40	0~50	0~360	±0.1	±4	多点	钢丝绳或钻杆	15	85	上海力擎	
	KXP-2T	30	0~50	0~360	±0.5	±4	多点	电缆	15	85	上海力擎	
	JXY-2	70	0~50	0~360	1~2	±4	单点	钢丝绳或钻杆	15	80	上海力擎	
	JXY-2X(2G)	60	0~50	0~360	0.5(0.1)	±4	多点	钢丝绳或钻杆	15	85	上海力擎	存储式
	CQ-1	42	0~100	0~360	±0.5	±2	单点	钢丝绳或钻杆	5	80	中国地质调查局探矿工艺研究所	
磁针电测式测斜仪	KXP~1	40	0~50	4~356	±0.5	±4	多点	三芯电缆	15	50	上海昌吉 上海力擎	
	KXP-1G	40	0~15	0~360	±0.1	±4	多点	电缆	15		上海力擎	
	JJX-3A	60	0~50	4~356	±0.5	±4	多点	电缆	15	50	上海禹吉	
	JJX-3G	60	0~15	0~360	±0.1	±4	多点	电缆	15		上海力擎	
	KXP-2D	40	0~50	0~360	±0.2	±4	单点	钢丝绳	20	55	上海昌吉 上海地学仪器	存储式
	CQ-2	65	0~100	0~360	±0.5	±2	多点	电缆	10	60	中国地质调查局探矿工艺研究所	电视显示
罗盘照相测斜仪	LHS-R	45	0~90	0~360	±0.2	±0.5	单点	钢丝绳或自浮式	75	125	北京六合伟业	
	BZM-R	35~45	0~90	0~360	±0.2	±0.5	单点	钢丝绳或自浮式	90	90	北京北正伟业	
	M-ZFD	48	0~20	0~360	±0.2	±0.5	单点	钢丝绳或自浮式	80	140	牡丹江隆昌石油	
	HKCX系列	35~45	0~90	0~360	±0.25	±0.5	单点	钢丝绳或自浮式	125	125	北京合康科技	

续表 3-79

仪器类型	仪器型号	外径(mm)	测量范围(°) 顶角	测量范围(°) 方位角	测量精度(°) 顶角	测量精度(°) 方位角	一次下孔测量点数	下孔方式	最大耐水压(MPa)	最高工作温度(℃)	生产厂家	备注
磁性电子测斜仪	JJX-3A1(2)	54	0~50	0~360	±0.2	±3	多点	电缆或钢丝绳	15	55	上海昌吉	
	JJX-3D	40~50	0~45	0~360	±0.1	±4	多点	电缆			上海地学仪器	
	SDC-1(W)	40	0~50	0~360	±0.5	±4	多点	电缆(或无缆)	15	85	上海力擎	
	SDC-IG(W)	40	0~50	0~360	±0.1	±4	多点	电缆(或无缆)	15	85		
	CT-2	38	0~50	0~360	±0.5	±4	多点	钢丝绳或钻杆	10	60	中国地质调查局探矿工艺研究所	存储式
	CAV-1	33	0~70	0~360	±0.2	±2	多点	钢丝绳或钻杆	20	75		
	CXJ-1	18	0~90	0~360	±0.5	±4	多点	钢丝绳或钻杆	10	6		
	JQX-2	42	0~60	0~360	±0.1	±4	多点	电缆	10	85	重庆地质仪器	
	CX-5C	49	0~60	0~360	±0.1	±2.0	多点	钢丝绳	15	50	武汉基深测斜仪	存储式
	EMS系列	35(45)	0~180	0~360	±0.2	±1.5	多点		100	125	北京市普利门	
	FES-1	48	0~180	0~360	±0.2	±1.5	多点	自浮式	80	125		自浮式
	GEMS	45	0~180	0~360	±0.1	±1.0	多点	投测、吊测	100	125		
	HKCX-DZ系列	50	0~180	0~360	±0.15	±1.2	单点	钢丝绳或投测	125	125	北京合康科技	定点式
		48	0~180	0~360	±0.15	±1.2	单点	自浮式	105	125		定点式
		45	0~180	0~360	±0.15	±1.2	多点	钢丝绳或投测	90	125		存储式
	LHE-3702	30	0~180	0~360	±0.2	±1	多点		30	85	北京六合伟业	存储式
	YSS-32	45	0~180	0~360	±0.2	±1.5	多点		100	125	北京海蓝科技	存储式
	YSS-48FD	48	0~180	0~360	±0.2	±1.5	单点	吊测或自浮式	60	125		存储式
	PSF系列	45	0~57	0~360	±0.2	±1.0	多点		100	125	北京派特罗尔钻井	
	PSSQ	35(45)	0~180	0~360	±0.1	±0.5	多点		100	125		
	BZE系列	35(45)	0~180	0~360	±0.2	±1.0	多点	钢丝绳或自浮式	45~90	90	北京北正伟业公司	存储式

表 3-80 常用国产陀螺测斜仪及主要技术性能表

陀螺类型	仪器型号	外径(mm)	测量范围(°) 顶角	测量范围(°) 方位角	测量精度(°) 顶角	测量精度(°) 方位角	最大耐水压(MPa)	最高工作温度(℃)	生产厂家	备注
机械陀螺测斜仪	JTL-50A	50	0~30	0~359	±0.1	±4	20	70	上海地学仪器	
	JTL-50D	50	0~50	0~360	±0.2	±5	12	55	上海昌吉	
压电陀螺测斜仪	YT-L	45	0~50	0~360	±0.2	±4	15	75	中国地质调查局探矿工艺研究所	存储式
微机械陀螺测斜仪	JTL-40D	40	0~6	0~360	±0.05	±4	20	70	上海地学仪器	
	STL-1GW	40	0~50	0~360	±0.1	±4	15	85	上海力擎	存储式
	JTL-40W	40	0~15	0~360	±0.2	±4	20	70	上海地学仪器	
	CX-6B	48	0~60	0~360	±0.2	±2	15	60	武汉基深测斜仪	存储式
动调陀螺测斜仪	JTL-40DT	40	0~45	0~360	±0.1	±4	20	50	上海地学仪器	
	DTC-1	45	0~70	0~360	±0.2	±2	20	70	中国地质调查局探矿工艺研究所	
	JTC-2	38	0~45	0~360	±0.1	±2	20	70	重庆地质仪器	
	DCX-1	48	0~65	0~360	±0.2	±3	100	125	重庆天箭传感器	
	LHE2508	45	0~60	0~360	±0.2	±2	50	60	北京六合伟业科技	
	HKTL-45H	45	0~60	0~360	±0.2	±2	120	175	北京航天凯悦科技	
	MDKO-071	45	0~70	0~360	±0.15	±1.5	140	100	北京三孚莱石油科技	
	TLX-46	46	0~80	0~360	±0.1	±1	110	125	航天科工惯性技术	
	SinoGyro	46	0~70	0~360	±0.5	±1	100	125	北京信诺七星科技	
光纤陀螺测斜仪	JTL-40GX	40	0~45	0~360	±0.1	±2	20	70	上海地学仪器	
	XBY-2G(W)	40	0~50	0~360	±0.2	±3	15	60	上海力擎	
	JTL-40FW	40	0~50	0~360	±0.2	±3	15	60	上海昌吉	
	JTG-1	40	0~45	0~360	±0.1	±4	20	70	重庆地质仪器	
	FOC-101	48	0~70	0~360	±0.15	±2	100	80	北京三孚莱	
	TLX-01A	90	0~90	0~360	±0.1	±2.5	120	175	航天科工	

2) 随机误差及其消除方法。受钻孔测量环境（温度、口径、钻孔轨迹形态等）、人的操作技能等因素影响，造成同点测值波动产生的误差称为随机误差。清除随机误差的主要方法是在同一测点进行多次测量。测值波动越大，重复测量次数就要越多，采用算术平均值或通过数理统计取得测量误差置信区，以减小钻孔测量中的随机误差。

3) 异常误差及其消除方法。异常误差是仪器故障（绝缘性差、钻孔中撞击损坏等）、人为错误等粗大误差，使读数重复性差值大，且无规律性。应查明原因后在统计数据中予以剔除。

4) 减小钻孔轨迹参数测量误差的其他方法。在确保孔内测量安全的前提下，减小测量仪器与钻孔间的环状间隙；有条件时测量仪上下安装扶正器，以确保仪器轴线与钻孔一致。适当增加井下仪探管长度，给短仪器加配长杆，给轻探管加配重管。将磁性测量仪放置在无磁钻杆中，或在测量时将绳索取心钻杆上提，使仪器露出钻头一段距离（一般大于 5m）避让铁磁物质的影响。条件允许时，在仪器下放和上提过程中各测量一次，然后取两组数据的平均值。对于精度要求较高的钻孔，可选择两种以上仪器对比测量，分析测量数据的可信度。若结果都在允许误差范围内，取测量精度高的测量数据或取平均值。

(2) 合理选择钻孔测量间距。

1) 深孔钻探中，在常规回转钻进的孔段，测量间距一般取 50m，高精度轨迹控制钻孔的测量间距可每 25m 测量钻孔顶角、方位角。

2) 当相邻两测点钻孔顶角差值超过 2°或方位角差值超过 30°，应在两测点间适当加密测点。

3) 定向钻进作用中，应在造斜起始点、造斜段长中点、造斜结束点分别测量钻孔顶角、方位角，当造斜段较长时，测量间距可取每 2～5m 测量钻孔顶角和方位角。

(3) 提高小顶角钻孔方位角测量精度。

1) 当钻孔顶角小于 3°，选用小顶角高精度钻孔方位角测斜仪测量钻孔方位角。

2) 在校验台上进行小顶角方位角测量校验，一般每一个校验点的测量次数不小于 50 次，求取平均值并获取测斜仪在小顶角时方位角测值的固有误差，小顶角孔段方位角的测量一般不少于 10 次，且每测一次上下活动孔内探管，待静止稳定后再次测量钻孔方位角，取平均值和修正固有误差。

二、控斜技术

深部钻井一般设计为直井，钻探过程中主要以防斜为主，通常采用钻具组合来达到防斜和控斜目的，在有条件的情况下可采用垂钻保直技术达到控斜目的。在遇到井内复杂情况或井内事故时，也采用控斜技术绕过复杂段或事故段。在小口径岩心深部钻探中，经常采用控向技术调整轨迹。本节介绍的旋转导向技术主要应用于石油天然气钻井中，但其创新理念对深部地质岩心钻探技术人员有借鉴意义。

(一) 扶正器组合钻具控斜钻进技术

1. 扶正器组合钻具

如图 3-93 所示，扶正器（满眼稳定器）、钻铤以不同形式组合，形成钟摆钻具、满眼钻具等，在回转钻进中有不同的降斜、稳斜、增斜控斜效果。该类控斜钻具是全面钻进，钻具直径也较大，是油气井工程传统的转盘钻井防斜控斜钻具，技术成熟，效果良好。钻探工程中，在岩心采取不作要求的部分大直径孔段也有成功应用。

钟摆钻具的关键参数是钻头至第一扶正器的间距 L_{z1}，L_{z1} 长度控制的基本原则是其间钻铤在回转钻进中的弯曲不与孔壁接触，常用公式 (3-1) 计算确定；满眼钻具、钟摆钻具的关键参数是第一扶正器至第二扶正器的间距 L_{m2}，常用公式 (3-2) 计算确定。满眼钻具与增斜钻具中的第一扶正器又称近钻头扶正器，其与钻头之间距一般控制在 0.5m 左右。

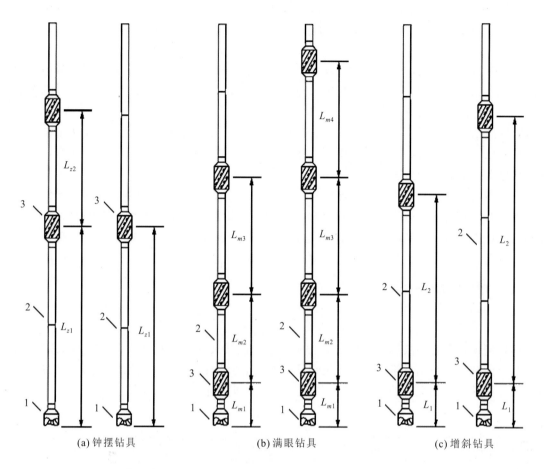

(a) 钟摆钻具　　　(b) 满眼钻具　　　(c) 增斜钻具

图 3-93　扶正器与钻铤组合钻具
1—钻头；2—钻铤；3—扶正器

$$L_{z1} = \sqrt{\frac{\sqrt{B^2+4AC}-B}{2A}} \qquad (3-1)$$

式中：$A=\pi^2 q_m \sin\alpha$；$B=82.04Wr$，其中 W——钻压（kN）；r——钻铤和井眼间的视半径（m）；$C=184.6\pi^2 EIr$，其中 $r=(d_h-d_c)/2$。

$$L_{m2} = \sqrt[4]{\frac{16\varepsilon EI}{q_m \sin\alpha}} \qquad (3-2)$$

式中：$\varepsilon=(d_h-d_s)/2$，其中 d_h——钻孔直径（m），d_s——钻铤外径（m）；

EI——钻铤的抗弯刚度（kN·m²）；

q_m——钻铤在钻井液中的线重（kN/m）；

α——钻孔顶角（°）。

2. 扶正器组合钻具的应用特点

（1）满眼钻具一般由 3~5 个外径与钻头直径接近的稳定器和外径较大的钻铤组成，钻具的刚度大，在孔内居中，限制钻柱弯曲和抵抗地层横向力，减少孔斜的变化，实现保直钻进,但是不能纠正易弯曲的钻孔,满眼钻具组合的关键是"满",扶正器与孔壁的间隙尽可能小,一般为0.8~1.6mm,在特别易斜的地层,可将两个扶正器串联起来。钻进中,钻压对钻具的稳定性影响较小,可以采用较大的钻压,快速钻进,以快保满。

(2) 钟摆钻具是利用斜井内切点以下钻铤重量的横向分力"钟摆力"达到逐渐减小孔斜的效果。在保证安全的情况下尽量采用大外径厚壁钻铤,不仅可以增大钟摆力,还可减小钻铤的挠度。钟摆钻具的钟摆力随井斜角的增大而变大,井斜角等于零,则钟摆力也等于零,所以,钟摆钻具主要用于纠斜和降斜,在直井内无防斜作用。钟摆钻具组合在使用中必须严格控制钻压,钻压加大,则增斜力增大,钟摆力减小,甚至将扶正器以下的钻柱压弯,出现新的接触点,从而完全失去钟摆作用。

(3) 增斜钻具是利用两个扶正器之间钻柱的弯曲使钻头上翘达到增斜的作用。增斜钻具钻进参数对钻具的增斜效果有一定的影响,一般在采用增斜钻具组合时应保持较低的转速,在相同的钻进参数下,钻压越大,增斜能力越强。两个扶正器之间钻柱的长度L_2越长,增斜能力越弱,近钻头扶正器直径减小,增斜能力减弱。

(二) 取心钻具控斜钻进技术

1. 防斜保直钻具

(1) 满眼式取心钻具组合。如图3-94所示,该钻具为金刚石(或PDC)取心保直钻具,与全面钻进满眼钻具组合类似,该钻具主要由至少3个扶正器(扩孔器)提高钻具单元刚度和保持钻具在钻孔中的满眼同轴,有防斜作用,但不能用于钻孔纠斜。

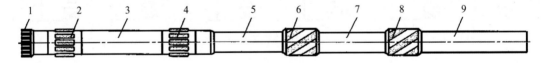

图3-94 满眼式取心钻具组合
1—金刚石(或PDC)取心钻头;2、4—扩孔器;3—岩心管钻具;5、7、9—钻杆;6、8—扶正器

组合中的钻杆可以是提钻取心的外螺纹钻杆或内螺纹钻杆,也可以是绳索取心钻杆。由于取心钻具的壁厚薄、重量轻,自身的抗弯刚度小,因此,安设扶正器的间距相对较小。组合钻具下部岩心管一般不宜超过2.5~3.0m,扶正器的外径与扩孔器相同,或以扩孔器取代。在松软或破碎的易斜地层,钻头外保径规可以加长到40mm,扩孔器的扩孔翼加长到110mm,扶正器的扶正翼可取0.5~1.0m。

大直径取心钻进时,钻杆可以是钻铤,钻铤的根数按孔底加压值1.5倍重量配置,每根钻铤间宜接扶正器。

(2) FB型保直防斜钻具。FB型保直防斜钻具的设计思路是使钻头上产生抵消或削弱孔斜的抗斜力——侧向反偏力。该反偏力只有钻进中出现孔斜和有孔斜趋势时才存在,钻孔不斜或没有斜的趋势时就没有反偏力。图3-95为FB型保直防斜钻具的结构和工作原理图。

该钻具包括导正部分和活动部分。导正部分主要由上、中、下扶正器和偏心导正套组成;活动部分主要由双臂球头轴、岩心管、扩孔器、钻头组成。其中偏心导正套和双臂球头轴是产生反偏力的关键部件。

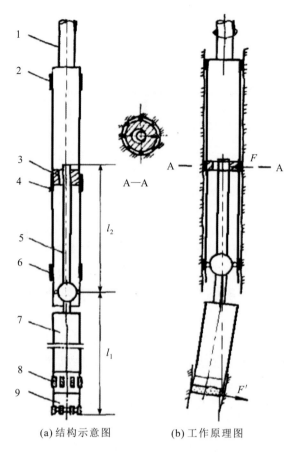

图 3-95 FB 型保直防斜钻具
1—钻杆；2—上扶正器；3—偏心导正套；4—中扶正器；5—双臂球头轴；
6—下扶正器；7—岩心管；8—扩孔器；9—钻头

保直防斜钻具的工作原理：钻进直孔时，钻具导正部分与活动部分同心，与常规钻具一样钻头上无反偏力。钻孔偏斜时，则双臂球头轴以下的钻具与导正部分不同心。在回转钻进过程中，由于钻具导正部分处于直线孔段，要绕原钻孔轴线旋转，而下部钻具要绕偏斜的钻孔轴线旋转，每回转一周，则双臂球头轴的上臂从偏心导正套内孔偏心距大的位置转到偏心距最小的位置时，偏心导正套就会在与钻孔偏斜的相同方向上，给球头轴上臂的上端施加一导正力 F。此力通过球头传至球头轴的下臂和钻头，使钻头侧刃以偏力 F 向钻孔偏斜的反方向克取岩石，力图恢复活动部分与导正部分的同轴性，因而防止了孔弯曲（包括顶角与方位弯曲），使钻头基本保持原钻孔方向钻进，起到保直稳斜作用。

双臂球头轴以下的钻具 l_1 越短，作用在钻头上的反偏力 F' 则越大，$l_1 \geqslant 3\mathrm{m}$ 时，反偏力明显下降。由于该钻具的反偏力 F' 不可能很大，因而在造斜力很大的强造斜地层，反偏力不能完全抵消地层造斜力使钻孔仍会产生一定程度的弯曲。

FB 型保直防斜钻具导正部分扶正器与孔壁间的间隙直接影响其反偏力的形成。间隙过大将使导正部分丧失导正功能，因此该钻具适用于较完整地层。

（3）TSZ 型保直防斜绳索取心钻具组合。TSZ 型保直防斜绳索取心钻具中的 S75 动双管钻头超前于 S95 单管钻头 0.3m，S95 绳索取心钻具外管组合有 φ97.5mm 的扩孔器 5、7、9、10，形成三重管双钻头满眼扶正保直钻具（图 3-96）。

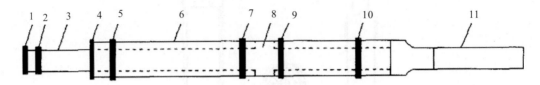

图 3-96　TSZ 型塔式绳索取心钻具组合

1—φ77mm 钻头；2—φ77.5mm 扩孔器；3—φ73mm 岩心管；4—φ97mm 钻头；5、7、9、10—φ97.5mm 扩孔器；6—φ89mm 岩心管；8—内外管连接接头；11—φ71mm 钻杆

组合双钻头钻具总长为 9.5m，上接 φ71mm 绳索取心钻杆，钻具超前取心钻进口径为 φ77mm，扩孔口径为 φ97.5mm。其特点是超前钻头具有良好的导向作用，粗径钻具跟进扩孔，起到扶正、增大刚性和满眼钻进保直防斜作用；另外，孔内钻柱采用 φ71mm 绳索取心钻杆，增大了保直防斜钻具以上的环状间隙，有利于减小泥浆环空阻力。

2. 防斜保直钻进技术

防斜保直钻进除选用合理的钻具组合外，还应采取以下措施：

（1）确保钻探设备安装质量。钻塔基础要坚实平稳，钻机滑轨不松旷，天车中心、钻机主轴和孔口轴线应在一条直线上。

（2）开孔用的粗径钻具要直，其长度应随钻孔的加深逐渐加长，孔口要设导正管，开孔顶角和方位角应符合设计要求。

（3）选择合适的钻具级配，控制孔壁间隙，实现满眼钻进。

（4）钻孔换径或扩孔时要带扶正器和导向管。

（5）采用重量大于所需钻压的钻铤实现孔底加压，使钻杆处于拉伸状态。

（6）钻进破碎、松软地层时应减小泵量，选用底喷式钻头，以免钻孔超径；遇溶洞应采用长岩心管钻进，穿过溶洞后要采取隔离措施（下套管或封水泥）。

（7）遇到软硬不均地层，采用锐利钻头、低轴压、高转速钻进。

（8）遇到卵砾石地层，尽量采用冲击回转钻进。

（9）钻孔顶角上漂时，采用冲击回转钻进改变岩石破碎方式可有一定防斜效果。

（10）当钻孔方位角顺时针增大时，在条件许可的情况下，可采用反转纠偏。

3. 斜孔增斜钻进技术

斜孔增斜钻进的基本原理：使钻具在孔内产生顺孔斜方向倾斜，增大粗径钻具在孔底的倾斜角，以增加钻孔的弯曲。图 3-97 所示是分别采用组合

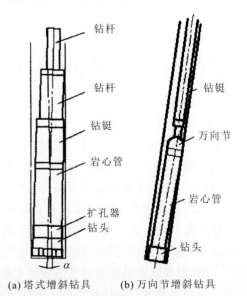

(a) 塔式增斜钻具　(b) 万向节增斜钻具

图 3-97　增斜钻具组合示意图

有钻铤的塔式钻具和万向节钻具实现钻具在孔内产生顺孔斜方向的倾斜，为了提高粗径岩心管的可偏转性，防止岩心管自身的弯曲，岩心管的长度不宜过长，一般取正常岩心管长度的 1/2~2/3。

施工中塔式增斜钻具常采用大一级钻头+短粗径钻具（岩心管长度 0.8~2m）+细钻杆（增加钻具柔性）的组合方式。万向节增斜钻具是在钻具上接一个万向节，以增大钻具在孔内倾倒角和增斜侧向力。为保证增斜定向的稳定性，还可在万向节上部加接钻铤，使万向节处于倾斜钻孔重力底边，从而达到钻孔上漂的目的。

4. 斜孔减斜钻进技术

针对钻孔上漂的常用减斜（使钻孔下垂）钻具结构如图 3-98 所示。

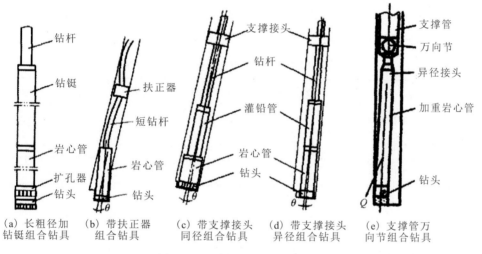

图 3-98 减斜钻具结构示意图

(1) 短岩心管上加钻铤[图 3-98 (a)]，使粗径钻具重心下移利于钻孔下垂。

(2) 在粗径钻具上面加扶正器[图 3-98 (b)]，改变粗径钻具上端的受力状态，使粗径钻具上端抬起，给钻头一矫正力促使钻孔逐渐下垂。扶正器与岩心管之间的距离应以钻杆半波长的 1/2 为宜。

(3) 同径、异径减斜钻具如图 3-98 (c) 和图 3-98 (d) 所示。在上部支撑接头的衬垫作用和下部钻具的自重作用下，使钻具与原孔中心形成一夹角，在钻头上产生一个矫正力，在钻进过程中逐渐减小钻孔顶角。

(4) 支撑管万向节组合钻具如图 3-98 (e) 所示。比支撑管小一级的岩心管为一短的加重管，通过万向节与支撑管连接，利用重锤原理产生偏斜力，增大钻头克取孔壁下帮的切削力，以达到控制钻孔上漂的目的。

（三）定向钻进技术

随着钻井深度加大，井斜一般也会加大。井斜加大后会带来诸多问题，如过高的摩阻力及扭矩；在下入和提出测量仪器时遇阻；下套管困难；套管、钻具、稳定器及钻头出现严重的磨损等。钻孔深度加大后，孔斜超标的几率加大，深孔钻探经常采用定向钻进方法进行纠斜或绕障，纠斜在深孔取心钻进施工中已经成为常见的技术手段。同时，深孔事故几率大，通常采用侧钻绕障避开孔内事故钻具，可大大缩短事故处理时间，使钻孔免于报废。

所谓定向钻进技术是指为了钻达预定的地下目标，使钻孔轨迹在特定方向偏斜的工艺技术方法。定向钻进技术的实施通常需借助于专用的机具，在深部钻探工程控制钻孔轨迹弯曲方面，定向钻进技术常用于增减钻孔顶角、方位角的钻孔纠斜。定向钻进技术的发展过程：连续造斜器→螺杆马达/弯外管定向钻进（有缆随钻测量）→导向钻进（无缆随钻测量/螺杆马达/弯外管定向钻进＋复合钻进）→自动控制定向钻进（孔底闭环钻进）。

定向钻进技术纠正钻孔弯曲常用的机具主要有偏心楔（又称斜向器）、机械式连续造斜器、液动螺杆钻具等。由于偏心楔是采用偏转一定角度的导斜槽引导钻头偏斜钻进，使钻孔轨迹自楔顶位置发生折线式弯曲，一次纠正钻孔弯曲的角度有限，且工艺过程复杂，常用于较小的全弯曲角改变量钻孔纠斜、钻孔侧钻偏斜或补取岩矿心。对深部钻探工程钻孔纠斜，建议采用机械式连续造斜器或螺杆钻具。定向钻进方法的适用条件及效果如表 3-81 所示。

表 3-81 定向钻进方法的适用条件及效果

指标	连续造斜器	弯螺杆/有缆随钻	弯螺杆/无缆随钻
钻孔方向控制精度	低	高	高
造斜率控制精度	低	高	高
控向操作时间	较长	较长	较短
导向钻进的可能性	不能	不能	能
定向钻进施工时间	长	较长	短
定向钻进施工效果	差	好	好
适用孔深	≤1000m	任何深度	任何深度
适用地层	较完整岩层	任何岩层	任何岩层
适用钻孔直径	小直径—大直径	小直径—大直径	≥122mm
成本	低	较高	高

1. 机械式连续造斜器

（1）机械式连续造斜器结构工作原理。如图 3-99 所示，机械式连续造斜器是一种以侧向力切削井壁为主的连续造斜机具，其结构由转子和定子两大部分组成，定子部分主要包括上轴承室、传压弹簧、外壳、上半楔、滑块、下半楔等；转子部分主要包括接头、上半轴、复位弹簧、花键轴套、下半轴、短管、钻头等。机械式连续造斜器造斜钻进时，回转动力仍是地表钻机，通过钻杆柱传递扭矩、钻压，使孔底造斜器转子部分钻进碎岩，利用造斜器定子部分的滑块机构，使造斜器在孔内产生固定方向的侧向造斜力，并随钻进过程与钻头同步滑行，实现连续造斜。

依据机械式连续造斜器结构工作原理，孔内造斜钻进时，可推导出滑块机构滑出对孔壁施加的卡固力 Q 和钻头侧向力 A 的计算式：

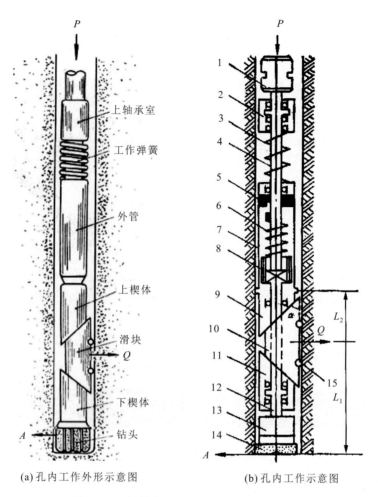

图 3-99 机械式连续造斜器结构原理示意图

1—接头;2—上轴承室;3—传压弹簧;4—上半轴;5—离合机构;6—复位弹簧;7—外壳;8—花键轴套;
9—上半楔;10—滑块;11—下半楔;12—下半轴;13—短管;14—钻头;15—滚轮

$$Q = \frac{2P(\cos\alpha - f\sin\alpha)}{\sin\alpha + f\cos\alpha + f_1\cos\alpha - ff_1\sin\alpha} \tag{3-3}$$

$$A = \frac{Q \cdot L_2}{L_1 + L_2} \tag{3-4}$$

式中:P——钻压(kN);

α——滑块楔角(°);

f——钢与钢的摩擦系数;

f_1——钢与岩石的摩擦系数;

L_1——滑块轴向中截面与钻头底端面的距离(cm);

L_2——滑块轴向中截面与上半楔凸环的距离(cm)。

(2)机械式连续造斜器使用要点。

1)机械式连续造斜器主要用于钻孔纠斜、定向孔造斜分支,增、减顶角与增、减方位角,但以增顶角效果最好,此时,滑块位于钻孔下帮,定子卡固位置最稳定,不易产生偏转。

2）造斜钻进孔段应选择在 5~8 级中硬完整地层。当地层太软、滑块定位卡固时，滚轮吃入孔壁岩石，不能随进尺同转子同步下行，会产生"悬挂"现象。

3）造斜器连接钻杆下入孔内造斜位置之上 0.2~0.5m 处，定向后，下放到孔底（不回转），加压使离合机构分离，滑块滑出定位后才能开动钻机回转钻进。

4）造斜钻头一般选用全面合金或金刚石不取心钻头（或取细小岩心）。粗岩心与钻头内径之间有导正作用，不利于钻具的侧向切削和不对称破碎孔底岩石。

5）造斜完毕后，一般还需用锥形钻头修扩孔。

6）机械式连续造斜器的造斜强度在一定范围内（0.3°/m~2.0°/m）可调，选用不同长度的短管可实现造斜强度的调节，加长短管，造斜强度减小。

2. 螺杆钻具

(1) 螺杆钻具结构工作原理。螺杆钻具是一种孔底动力钻具，它是以钻井液为动力传递介质，通过螺杆马达将水泵泵送的高压液体的能量转化为回转机械能，直接驱动钻头破碎岩石。目前，孔底动力机配合造斜件是实现定向钻进理想的人工弯曲工具，也是一种能在孔内产生回转的孔底动力机。

图 3-100 为螺杆钻具结构原理示意图，按照螺杆马达波齿数的不同，常用的螺杆马达

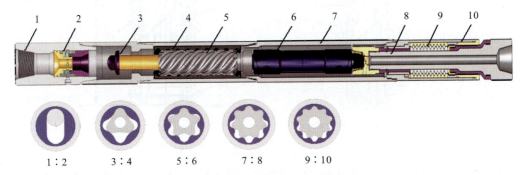

图 3-100　螺杆钻具结构原理示意图

1—接头；2—旁通阀；3—防脱悬挂螺帽；4—螺杆马达定子；5—螺杆马达转子；6—万向联轴节；
7—外壳；8—传动轴；9—轴承；10—驱动轴外管

波齿比有 1:2、3:4、5:6、7:8 和 9:10 等。螺杆马达结构参数与输出特性之间的理论关系表示为：

$$M = \frac{\Delta P D_m e z T_s}{2} \tag{3-5}$$

$$n_t = \frac{60Q}{q} \tag{3-6}$$

式中：M——螺杆马达理论输出扭矩（kg·m）；

ΔP——液体的压力降（MPa）；

D_m——螺杆齿的平均直径（mm）；

e——偏心距（mm）；

z——螺杆的线数；

T_s——衬套导程（mm）；

n_t——理论转速（r/min）；

Q——输入体积流量（L/min）；

q——每转排量（L）。

同时，螺杆钻具的输出特性还随着外载荷特征发生变化，某规格螺杆钻具在一定输入流量时输出特性曲线如图3-101所示。

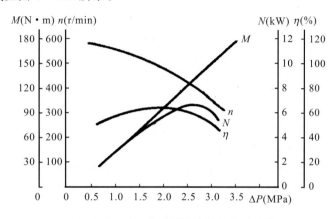

图3-101 某规格螺杆钻具输出特性曲线

(2) 螺杆钻具定向钻进技术要点。

1) 螺杆钻具应用于定向钻进或钻孔纠斜时需在钻具上配置造斜件，常用的造斜件主要有弯接头、弯外壳等，必须根据所需要的造斜强度适当选择。

2) 螺杆钻具在使用清水、卤水、泥浆等各种类型的冲洗液条件下均能有效地工作，但冲洗液应尽量洁净，其含砂量应低于0.5%，颗粒直径应小于0.3mm。

3) 第四系松软地层造斜钻进配用2°弯接头或1.5°弯外管，同时在钻杆柱与弯接头之间接一个长1.5~2.0m、直径与钻孔直径相同的稳定器。

4) 螺杆钻具工作时，螺杆马达定子会产生一个逆时针方向的反扭矩，因此，螺杆钻具在孔内的定向工具面向角必须补偿该反扭矩所产生的反扭角。

5) 在单一稳定的地层中，造斜钻进可连续地一次性完成；在软硬互层或是易斜地层，造斜钻进可分段进行；在坚硬地层中，为了减少造斜工作量，有时需加大造斜强度，可采用交替钻进法。

6) 根据岩石可钻性选择造斜钻头，Ⅴ级以下的岩石可选用硬合金造斜钻头，Ⅵ级以上的岩石则选用金刚石造斜钻头。

7) 螺杆钻具下钻过程中必须将钻杆接头螺纹上紧，以防止螺杆钻具工作时反扭矩上紧螺纹所造成的工具面向角误差。

8) 螺杆钻具在孔内定向结束后，必须在无载荷条件下启动，缓慢扫孔到底后，逐渐加钻压直到正常工作钻压。

9) 造斜钻进时，操作者应时刻观察水泵压力的变化，如泵压稳定，说明螺杆钻具工作正常，孔内情况也正常；如泵压突然升高，钻杆柱上的反扭矩明显增加，应立即减小钻压或用钻机立轴提升钻具。

10) 每一个造斜钻进回次结束后,必须对造斜孔段进行修孔,修磨孔壁可采用锥形硬合金钻头和锥形金刚石钻头。

3. 造斜工具的定向

采用专用定向仪或具有定向功能的测斜仪,测量或指示出造斜机具在孔内的工具面向角,并通过地表旋转钻柱等方法将工具面向角调整到需要的角度,该工作称为造斜工具的孔内定向。除补取岩矿心、绕过孔内事故钻具等少数情况,钻孔纠斜和定向钻进必须对孔内造斜机具进行定向。

(1) 定向方法。依据不同的定向测量原理,定向方法可分为直接定向法和间接定向法。直接测量工具面向的方位角(当采用磁性定向仪时,该角度又称磁工具面角)并将工具面向方位角定位到设计方位角度的定向方法称为直接定向法。以原钻孔重力高边为基准,在垂直于倾斜钻孔轴线的平面上测量工具面向与钻孔重力高边之间角度(该角度又称重力工具面角)的方位角,并将工具面向方位角定位到设计方位角度的定向方法称为间接定向法。直接定向法、间接定向法的适用条件如下:

1) 当钻孔是垂直孔时,由于无倾斜方位,所以只能用直接定向法。

2) 原钻孔是斜孔,且钻孔顶角较大(一般要求钻孔顶角大于 3°),定向仪的重力敏感元件对钻孔重力高边有精确反应,直接定向法、间接定向法均能使用。

3) 原钻孔是斜孔,但钻孔顶角较小(一般小于 3°)时,尽可能采用直接定向法。

4) 当使用磁性定向仪时(直接定向法),必须在造斜工具上端连接 5~10m 的无磁性钻杆或无磁钻铤。

(2) 工具面角的确定。针对预定目标靶点的定向钻进,工具面角的确定比较复杂,与造斜点上部孔段的顶角、方位角以及目标靶点与造斜点垂深、水平距有关,可参考定向钻孔轨迹设计相关文献。目前,深部钻探工程应用较多的是根据钻孔顶角、方位角的指标控制要求对钻孔轨迹进行纠斜,包括钻孔顶角的增减、钻孔方位角的增减。

工具面角的确定方法有作图法和计算法。

1) 作图法确定工具面角。假设已有的钻孔顶角为 θ_1、方位角为 α_1,根据工程需要,纠斜后需要该钻孔顶角为 θ_2、方位角为 α_2,作图法求解重力工具面角 β(造斜工具在孔内的安装角)的步骤如下:

如图 3-102 所示,从某 O 点引方向线 OC、OD,使 $\angle COD = \alpha_2 - \alpha_1$,在 OC 线上按设定比例 k 截取 θ_1 的长度(通常取 k 为°/cm),得点 A,在 OD 线上按同样比例 k 截取 θ_2 的长度,得点 B,连接 AB,量取 $\angle CAB$ 即为所需要重力工具面角 β,AB 线段长度按设定比例 k 换算的角度即为达到目标顶角 θ_2 和方位角 α_2 所需要的纠斜全弯曲角 γ。

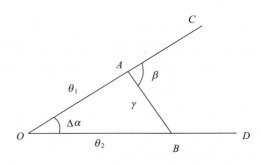

图 3-102 作图法确定工具面角

依据同样原理,已知造斜点原钻孔顶角 θ_1、方位角 α_1、纠斜目标顶角 θ_2、纠斜全弯曲角 γ,可以作图求解出安装角 β,即造斜后的钻孔方位角。

确定工具面角的作图法是一种近似方法，其适用于钻孔顶角较小（一般钻孔顶角小于16°），且纠斜全弯曲角 γ 不大的情况。

2）计算法确定工具面角。同样，已知造斜之前的钻孔顶角为 θ_1、方位角为 α_1，纠斜后的目标顶角为 θ_2、方位角为 α_2，依据斜面圆弧造斜段钻孔轨迹模型，确定纠斜目标的安装角 β 可采用公式（3-7）计算：

$$\tan\beta = \frac{\sin(\alpha_2 - \alpha_1)}{\cos\theta_1 \cdot \cos(\alpha_2 - \alpha_1) - \sin\theta_1 \cdot \cot\theta_2} \tag{3-7}$$

实际定向时，根据所选择的造斜工具类型的不同，计算法或作图法得出的安装角 β 还必须考虑造斜工具的组合差和孔底动力钻具的反扭转角的影响，并加以补偿修正。

（四）垂直钻井系统

20世纪90年代以来，国外成功研制开发垂直钻井系统和旋转导向钻井系统，并在定向井工程中得到日趋广泛的应用，是现代定向钻进技术的最新发展方向。垂直钻井系统属于井下闭环控制钻井系统中的一类，是一种能够自动控制井斜、保证钻头始终沿垂直方向钻进的机电液集成钻井装置。

1. VDS 垂直钻井系统

VDS 垂直钻井系统（Vertical Drilling System）源于20世纪90年代初联邦德国的大陆超深井计划（即 KTB 计划），KTB 计划钻井深达万米，而且井深部地层很多都是结晶岩，地层倾角一般为60°左右，钻井关键问题是尽可能地保持上部井眼轨迹的垂直与光滑，减少摩阻和扭矩，在这样的条件下用常规的钻井工具很难使井眼保持垂直。自动垂直钻井系统是德国专为 KTB 计划而设计的，1988 年到 1992 年，先后开发了 5 种型号的 VDS 系统。在钻进过程中可自动使井眼保持垂直。在 KTB 项目中，VDS 垂直钻井系统共下井 81 次，每次工作约 42h，最大使用井深达到 7200m，大部分井的井斜都小于 1°，最大的 2.5°，对井斜的控制取得了显著的效果。

经过研究与试验，KTB 项目组与 Eastman 和 Teleco 公司联合研究开发了三代 VDS 系列产品，分别为外导向垂直钻井系统 VDS-1、内导向垂直钻井系统 VDS-3 和外导向垂直钻井系统 VDS-5。

（1）结构原理。如图 3-103 所示，VDS-1 属于最初的试验性产品，不旋转的导向套

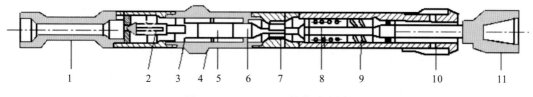

图 3-103 VDS-1 结构示意图

1—柔性轴；2—脉冲阀；3—传感器；4—上稳定器；5—电子控制系统；6—发电机；
7—控制阀；8—中心轴；9—井下马达；10—伸缩导向块；11—钻头

与旋转中心轴之间通过轴承连接，在导向套四周均匀分布了 4 个可以伸缩的导向块，由泥浆提供驱动力的 4 个活塞可以分别控制导向块的外伸。钻进过程中的井斜数据由井斜传感器测

量并反馈到装置的微处理器单元，微处理器单元经过计算，发出控制命令给液压阀，由液压阀控制驱动活塞的运动，从而使得导向块伸缩。当导向块向外伸出时压靠井壁，因此产生作用于旋转轴上的纠斜导向力，由于系统的导向块布置在外部，工作时外伸并作用在井壁上，因此这种结构形式称为外导向式垂钻结构，如图 3-104（a）所示。

在 KTB 计划中实际投入应用的是 VDS-3 和 VDS-5。VDS-3 在电子部分用数字电路取代了 VDS-1 的模拟电路，在导向块的结构形式上，导向块不直接作用于井壁，而是作用在内部的旋转中轴上，如图 3-104（b）所示。4 个导向活塞内的压力可以独立控制，动力来源于内部的泥浆压力。当钻具未发生偏斜和弯曲时，4 个导向活塞均匀外伸抵靠旋转中轴，如果井眼偏离了垂直方向，井斜数据经微处理器单元运算反馈，将使其中一个或两个控制阀关闭，使得相应的导向活塞失压而收缩，外伸的导向活塞作用在旋转中轴产生纠斜力，保持井眼轨迹到垂直方向。

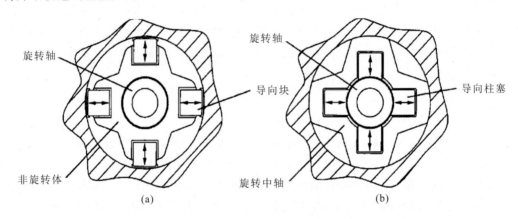

图 3-104　VDS 导向块结构布置示意图

VDS-3 在钻进时有时会引起悬挂现象，为了改进这一问题，并且为了使其应用于井径扩大的井眼和井下 200℃的高温环境，VDS-5 采用负液压外导向式，当钻具处于完全垂直的井眼中时，4 个导向块均在压力作用下外伸并支撑于井壁上，使得钻具与井眼中轴线对中。如果井眼偏斜或弯曲，处于井眼低边处的导向块由于对应液压缸失压而缩回，其对面的导向块产生导向力把底部钻具推向井眼低边，从而达到纠斜目的。此外，其改进之处还体现在系统中的机械、液压及电子组件是严格分开，增加了系统的可靠性并便于维护；采用了井下交流发电机来代替抗高温电池，有更好的环境适应性和更长的井下工作时间。

（2）VDS 垂直钻井系统的应用。VDS 垂直钻井系统总共在 KTB 井中使用 81 次，平均使用寿命为 42.2h，当使用 VDS 垂直钻井系统以后，逐渐使井斜降低，最后保持在 0.5°以下。在完成了 6760m 以后，最大水平位移只有 20m，由于井眼轨迹近乎是垂直的，在 6700m 处钻柱的摩擦力小于 120kN。此外，VDS 垂直钻井系统在我国华北油田 17-1/2″井眼中也进行了试用，从使用情况来看，井斜控制效果较好，只要垂钻系统正常工作，井斜可控制在 0.3°~0.5°之间；一次下井使用时间 80~100h，通过更换密封件后可继续使用。

该系统的特点和作用主要表现在：可施加较大钻压，大幅度提高机械钻速，缩短钻井周期，降低成本；具有井下自动闭环控制功能，无须人工干预，钻井效率高；井眼狗腿度小，钻柱摩阻/扭矩小，可减少钻具和套管磨损，降低钻具扭断落井风险；特别适用于解决高陡构造及易井斜地区的防斜打快问题。

2. 国外其他类型的垂直钻井系统

由于垂直钻井系统可以连续检测任何偏离于垂直方向的偏斜，实现了随钻、随测、随纠，并在实践上取得了良好的使用效果，自 20 世纪 90 年代以来，国外许多大型国外石油技术服务公司开始研究各种先进的自动垂直钻井系统，具有代表性的还有 SDD 垂直钻井系统、Verti Trak 垂直钻井系统和 Power V 垂直钻井系统等。

（1）SDD 垂直钻井系统。20 世纪 90 年代中期，美国贝克休斯公司（Baker Hughes）与意大利阿吉普公司（Eni Agip）合作，在 VDS 垂直钻井系统的基础上开发研制的一种新型垂直钻井装置 SDD（Straight‐Hole Drilling Device），如图 3‐105 所示，它与 VDS 垂直钻井系统基本相同，但其结构形式更为复杂一些，针对 VDS 系统泥浆固相颗粒大，润滑性差，

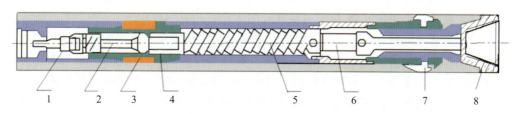

图 3‐105 SDD 垂直钻井系统结构示意图
1—泥浆脉冲发生器；2—交流发电机；3—液压油泵和油源；4—井斜传感器及电子部件；5—井下马达；
6—挠性轴；7—外伸式导向块；8—钻头

电磁换向阀、液压缸等元件易磨损、卡死等问题，在液压系统和电子线路方面，对 VDS 系统进行了大量改进，采用隔离式的电磁阀，将电磁阀与液压缸活塞之间工作介质改为液压油，减小了电磁阀及液压缸等液压元件的磨损，导向块的数量也由 4 个减少为 3 个，提高了装置的使用寿命和可靠性。

SDD 垂直钻井装置能够自动把井眼钻直，不需地面人工干预，其降斜率由钻头、上稳定器和可膨胀式稳定器的位置以及偏心度来决定，因此，可在下入井底钻具组合之前通过移动上稳定器的位置来调节降斜率，但这种钻具调整比较困难，当地层构造多变时，这种钻具不够理想。20 世纪 90 年代，SDD 垂直钻井装置成功应用于意大利南部、沿地中海周围和南美许多高难度垂直井中，使用该系统钻进了约 40 000m，可以在井下连续工作 200h，取得了较好的防斜效果，并有效提高了钻速。

（2）Verti Trak 垂直钻井系统。Verti Trak（简称 VTK 工具）是 Baker Hughes 公司在 SDD 成功应用的基础上研制开发的一种不旋转套筒滑动导向垂直钻井系统，整个系统如图 3‐106 所示。

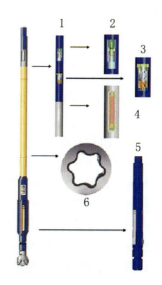

图 3‐106 Verti Trak 垂直钻井系统
1—MWD 控制短节；2—脉冲发生器组件；
3—涡轮；4—电液控制部分；5—导向
执行机构；6—动力部分

MWD 控制短节由重力传感器、控制电路、涡轮发电机、脉冲发生器以及液压控制系统组成。涡轮发电机给整个系统供电，并同时驱动液压泵。上传的数据包括井斜/温度、液压力、交流电压以及导向块的工作状况。泥浆马达是 Baker Hughes 公司新型高性能大功率的 X-TREME 系列马达，采用专有马达定子线型制造技术，减少 90% 的橡胶含量，输出功率比普通泥浆马达高 60%，提高了马达的可靠性和工作寿命。导向单元的外套上有 3 个环向间隔 120°均匀分布的导向块，相当于常规马达的近钻头稳定器，其伸缩由液压系统控制 3 个独立的液压柱塞缸分别驱动。

钻进过程中，当井眼完全垂直时，3 个导向块肋板全部伸出，并对井壁施加相同的力，将钻头居中，保持井眼按垂直方向钻进。当井眼偏斜仅有 0.1°时，井斜传感器就会感应到井斜，启动液压系统内部的液压油泵工作，通过控制阀将液压力传递到相应的导向块，将 1～2 个肋板以 30kN 作用力推向井眼高边，使之顶向井壁，达到纠斜的目的。通过选择欠尺寸扶正器在钻具组合中的位置及扶正器外径的大小，可在（0.8°～1.5°）/30m 范围调节降斜率，钻进时通过调整钻压、排量等技术参数也可以对降斜率作适当的微调。

Verti Trak 垂直钻井系统有两种工作模式。钻进工作模式（steer mode）时有 1 个或 2 个肋板在液压的作用下伸出；划眼工作模式（ribs off mode）时 3 个肋板全部收回。两种工作模式可以很方便地通过控制开泵后 2min 内的排量来进行设定。

目前，Verti Trak 垂直钻井系统有 6-3/4″和 9-1/2″两种，分别用于 8″～9-7/8″和 12″～28″井眼的直井钻井防斜。在地层倾角达到 30°～60°的意大利地中海地区、墨西哥湾密西西比峡谷深水域钻井及我国川东北大湾 1 井、塔里木秋南 1 井、克拉 4 井等工程中已有大量成功应用，对钻压限制小，适用于钻压敏感地层，井眼质量高，摩阻小，曾在 7006m 井深钻进最大倾斜度 0.18°，钻压达到 240～280kN，机械钻速 3.15m/h。

（3）Power V 垂直钻井系统。Power V 垂直钻井系统是 Schlumberger 公司在旋转导向钻井工具 Power Drive 系列产品的基础上研发的自动垂直钻井系统，它属于动态旋转推靠式闭环测控导向系统中的一种。Power V 和 Power Drive 的原理基本相同，但是为了适应复杂地质条件下深井垂直钻井防斜打快的市场需求，Power V 使用了高精度的陀螺仪和三轴加速度计等测量井斜、方位的技术，钻进过程中能够实时地在已钻井段井斜角小于 1°（甚至只有约 0.5°）时精确测得近钻头处的井斜，自动追踪地心引力，感应井斜的变化角度，自动设定和调整钻具的侧向力，使钻井轨迹快速归位到垂直状态。

该系统主要由控制器总成（Control Unit，简称 CU）和纠偏器总成（Bias Unit，简称 BU）两部分组成，两者中间还有一个辅助的加长短节（Extension Sub，简称 ES）。CU 是 Power V 系统的测控中枢，主要由涡轮发电机、传感器及电子控制集成块、扭矩发生器、轴承支撑及密封部件等组成，由它来控制垂直钻井的转进方向。BU 是纠正井斜的机械执行机构，主要由一个钻井液导流阀和 3 个带泥浆喷嘴的柱塞及推靠井壁的伸缩导向块组成，通过控制短节控制上盘阀的扇形偏心孔与下盘阀孔的导通或闭合实现防斜纠斜的功能。ES 实质上是 Power V 中的钻井液分配系统，大部分钻井液被分配至钻头，少部分钻井液根据需要成为防斜打直执行机构中推靠导向块的工作介质。

Power V 垂直钻井系统的工作原理为：开泵后，发电机供电，测量系统测量出井底的井斜角和方位角，然后按照控制要求通过控制器 CU 发送指令，使控制器内部产生一个扭矩力让系统控制轴对准需要纠斜的方位，并且相对于钻头钻铤静止，从而实现无论钻柱如何旋转,控制轴始终对准在需要的方位上,这时 BU 偏置部分开始工作,控制系统控制钻井液导流上盘导流阀,使其开口位于上井壁(高边),当钻井液导流下盘阀的圆孔旋转到上井壁高边时,钻井液通道打开,与该控制阀下盘阀的对应圆孔相通的导向块在钻井液压力作用下伸出推挤井壁,对钻头产生一个反方向的作用力,使钻头切削下井壁(低边),从而把钻头推向所需纠斜的正确方位。当第 1 个导向块转过此位置后,泥浆将转向下一个旋转到此的第 2 个导向块,并同样推动第 2 个导向块伸出,而第 1 个导向块在井壁对它的挤压下缩回。如图 3-107 所示,导向块共有 3 个,成 120°周向均布,在旋转过程中,3 个导向块依次顺序伸出和收回。导向块伸出的方位及伸出的频率可以由地面操作人员通过控制单元进行调节,如果需要调整控制轴的方位角,可以由地面工程师给控制器发送命令,按照一定的时间编排方式,在不同的时间开不同的工作排量,控制器内部的传感器检测到排量序列的变化后,由其内部程序进行核对,如果与预先设定的某个指令吻合,就开始执行这个新的工作指令。

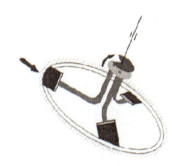 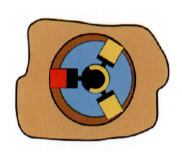

图 3-107 Power V 导向块结构示意图

相比于 Verti Trak 自动垂直钻井工具有一静止的不旋转套筒,Power V 是一种随钻柱全旋转的自动垂直钻井工具,它解决了由连续滑动钻进造成的狗腿度大的问题,侧向力能有效地克服自然造斜力,允许施加更高的钻压,进一步提高了钻速。目前,Power V 系统在南美洲、墨西哥湾和北海等油田已有大量的实际应用,所实施垂直井段的井斜角未超过 0.5°。2004 年 2 月,Power V 系统在我国新疆塔里木油田山前构造带高陡地层的克拉 2-3 井首次应用,取得了良好的效果:井斜保持在 0.5°以内,平均机械钻速达到 8m/h,日进尺 150m,机械钻速提高了 2~3 倍。此外,Power V 系统在塔里木油田的克拉 2-7 井、八盘 1 井、川东北黑池 1 井、金溪 1 井、普光 1 井等强造斜地层垂直井段钻进中也有成功应用。

但是,Power V 系统也有自身的缺点,工作时需要控制轴、上盘导流阀稳定,增加了钻具复杂性;由于采用泥浆压力驱动,对钻头压降要求高,要求压力范围为 4.1~4.5MPa,最低不小于 3.5MPa,否则纠斜力不够;在高压泥浆的不断冲刷下液压缸重复伸出与缩回运动,对其耐磨性和缸的密封特性要求很高,要求泥浆有良好的润滑性,含砂量低于 3%,无大颗粒固相;钻遇砂砾岩地层时,伸缩块磨损严重,长时间工作可能使纠斜系统产生故障,甚至出现卡钻现象。

除了上述 3 种垂直钻井系统之外,美国能源部资助的 ADD 自动定向钻井系统也已达到商业应用阶段,该系统有近钻头测量功能,可控制井眼沿着设计轨道延伸,井眼轨迹光滑且控制精度高,井下扭矩和摩阻小;德国 Smart Drilling 公司也自主研制了 ZBE 自动垂直钻井系统,它也属于一直闭环全自动纠斜打直钻具。

3. 我国的自动垂直钻井系统

国外的垂钻系统已达到商业应用阶段，但其对外仅提供钻井服务，日租用费用高。自20世纪90年代以来，国内中石油、中石化及相关科研院所瞄准这一前沿技术开展了大量的研究工作。

（1）SVD系列自动垂直导向钻井系统。该系统是库尔勒胜科石油技术服务有限责任公司研究开发的垂直导向钻井系统。该系统的特点是：钻具旋转时主动防斜；井斜方位实时传输至地面；形成的井眼光滑，减少了井眼净化问题，降低了卡钻风险。技术规格及参数如表3-82所示，实物图如图3-108所示。

表3-82 SVD系列自动垂直导向钻井系统技术规格及参数表

型号	井斜控制精度(°)	侧向推靠力(t)	纠斜效率(°/30m)	最大外径(mm)	张开外径(mm)	压力损耗(MPa)	工具长度(m)	建议转速(r/min)	上端扣型	下端扣型
SVD-216	≤3	≥1.0	≈0.5	210	230	≤0.5	3.1	≤80	NC50	4-1/2″REG
SVD-241	≤3	≥1.3	≈0.5	235	260	≤0.5	3.1	≤80	NC50	6-5/8″REG
SVD-311	≤3	≥2.0	≈0.5	305	325	≤0.5	3.1	≤80	7-5/8″REG	6-5/8″REG
SVD-340	≤3	≥2.0	≈0.5	334	354	≤0.5	3.1	≤80	7-5/8″REG	6-5/8″REG
SVD-406	≤3	≥2.5	≈0.5	400	420	≤0.5	3.3	≤80	7-5/8″REG	6-5/8″REG
SVD-445	≤3	≥2.5	≈0.5	439	459	≤0.5	3.3	≤80	7-5/8″REG	7-5/8″REG

图3-108 SVD系列自动垂直导向钻井系统实物图

SVD系列自动垂直导向钻井系统的技术，在钻进时能自动感应井斜和方位，自动调整工具侧向力，使井眼轨迹趋向垂直状态，实现主动防斜，实时纠斜，快速优质钻井。在高陡构造、易斜地层的钻进中，可有效解决防斜与加大钻压之间的矛盾，显著提高了钻井速度和井眼质量。

SVD系列自动垂直导向钻井系统由井斜感应系统、导向控制系统和信号传输系统3个子系统组成。

1）井斜感应系统。首先由井斜感应装置确定井底的井斜和方位，然后驱动执行机构锁定所需控制的方位，对垂直钻井而言既是锁定井眼高边，也确保钻柱旋转时井斜感应系统的执行机构始终锁定所需方位。

2) 导向控制系统。该系统是一套液压机械执行装置，下接钻头，上接井斜感应系统，主要由侧向推靠机构和钻井液导流阀组成。钻井液导流阀由井斜感应系统控制，侧向推靠机构由钻井液导流阀控制。在井眼高边（即井斜感应系统锁定的控制方位）侧向推靠机构的推靠巴掌伸出，推靠井壁，井壁的反作用力则将钻头推向低边，而在井眼的其他位置，侧向推靠机构则不工作，实现在钻进过程中对井斜和方位的修正。

3) 信号传输系统。为了确保整个系统工作的可靠性和稳定性，SVD 系列自动垂直导向钻井系统在井斜感应系统和信号传输系统内建有两个独立的井斜测量装置，其中信号传输系统可采用 SVD-MWD 系列测斜仪向地面传输井斜和方位信号，帮助地面工作人员了解和控制井下自动垂直导向钻井系统的工作。

(2) BH-VDT5000 自动垂直钻井系统。该系统由中国石油天然气集团公司于 2004 年立项研制，采用井下闭环控制系统实现井下主动纠斜、保持井眼垂直。测斜装置离钻头不足 2m，实现了近钻头测量，控制精度高，特别适用于高陡构造及逆掩推覆体地层的垂直钻探。

系统主要由井下闭环控制系统、供电和信号上传系统组成。供电和信号上传系统主要有集成短节、主阀、发电机和电路四部分；井下闭环控制系统主要包括中心轴、本体、导向块、压力补偿器、轴承装置、液压泵、电子控制系统、井斜测斜仪、传感器等（图 3-109）。

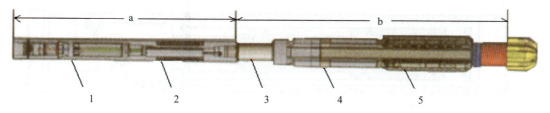

图 3-109　BH-VDT5000 自动垂直钻井系统结构示意图
1—脉冲发生器；2—钻井液发动机；3—驱动轴；4—工具本体；5—导向块；
a—供电和信号上传系统；b—井下闭环控制系统

井下工作时，系统的测斜装置监测到井斜后，将信号传输到电子控制系统，电子控制系统激发导向液缸产生动作，把井眼高边位置的导向块推出，伸出的导向块便牢牢地支撑在井壁上，同时给钻头一个侧向力，使钻头回到垂直方向（图 3-110）。

BH-VDT5000 自动垂直钻井系统使用自身信号上传系统实时传输井下钻井参数，包括井斜数据、导向压力、系统压力、井底温度等。工具的外径为 ϕ444.5mm，长度为 6000mm，耐温 150℃，最大钻压为 400kN，适用转速不大于 250r/min，冲洗液排量为 30~70L/s，最大扭矩为 30kN·m。

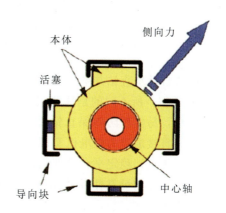

图 3-110　BH-VDT5000 自动垂直钻井系统工作原理

BH-VDT5000 自动垂直钻井系统经历了先导性试验、技术改进试验和推广应用3个阶段。在克深3井、克深203井和克深207井等10口井试验与应用，累计进尺16011.1m，工具累计入井时间4057.5h；单趟最高进尺达1527.8m，单趟最长入井时间达226h，日最高进尺410m，系统工作正常，井斜角小于0.5°，机械钻速提高70%以上。

（3）捷联式自动垂直钻井系统AVDS。捷联（Strap-down）的英文直译即为"捆绑"，是将惯性器件和运动载体直接固定连接在一起，通过数学方法实现对于运动状态和空间姿态的解算。捷联式自动垂直钻井系统是将磁通门和重力加速度计等惯性器件通过紧固装置和钻铤固定联结，在与底部钻具组合相同的运动状态下，实现垂直井眼轨迹的实时测量及精确控制。

图3-111是中国石化胜利石油管理局钻井工艺研究院研制开发的捷联式自动垂直钻井系统AVDS（auto vertical drilling system），该系统的结构主要由捷联式稳定平台和推靠式执行机构两部分组成，其中作为系统核心的捷联式稳定平台，主要由电源短节、测量短节、基于旋转基座的控制短节组成。推靠式执行机构包括盘阀部件和推靠部件，在稳定平台的控制下，力矩电机驱动执行机构中的盘阀对过流钻井液进行控制，利用活塞驱动翼肋推靠井壁，产生具有纠斜作用的侧向推靠力，采用动态推靠的方式实现钻井过程中的主动防斜和纠斜。

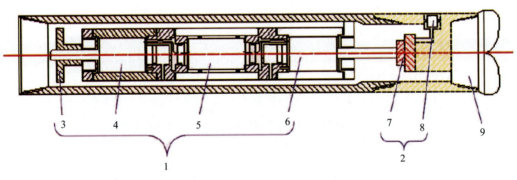

图3-111 捷联式自动垂直钻井稳定平台结构示意图
1—捷联式稳定平台；2—防斜纠斜执行机构；3—叶轮；4—电源短节；5—测控短节；
6—伺服短节；7—盘阀；8—翼肋；9—钻头

捷联式自动垂直钻井系统AVDS属于井下动态闭环控制系统，其工作原理与国外Power V系统类似，所不同的是捷联式稳定平台与钻铤固联在一起，具有相同的运动状态，机械结构简单，易实现防斜保直钻进；系统采用上涡轮发电机和力矩电机的稳定平台结构形式，上盘阀直接通过力矩电机实现控制，不受上涡轮发电机力矩的影响，具有控制简单、输出转矩大的优点；稳定平台内部结构与外部钻井液过流通道之间采用液压油进行平衡密封隔离，增加了工作的可靠性及使用寿命；采用全新的捷联算法及高性能传感器，计算更加准确，精度更高。

捷联式自动垂直钻井系统AVDS先后在黔南安顺1井、鄂尔多斯盆地宁深1井和安徽宣页1井等工程中进行了试验，试验结果如表3-83所示，取得了较好的防斜保直钻进效果。

除上述几种国产自动垂直钻井系统以外，中石油钻井工程技术研究院、武汉科技大学、

表3-83 捷联式自动垂直钻井系统AVDS试验钻进情况表

井号	试验井段(m) 自	试验井段(m) 至	地层特征	试验钻具组合及钻进参数	钻进效果
宁深1井	1911	2000	泥岩夹细砂岩，倾角约40°，易井斜	φ311.1mm HJ517G 钻头＋φ228.6mmAVDS(三翼肋式)＋φ228.6mm 钻铤＋φ209.6mm 钻挺＋φ306.0mm 稳定器＋φ177.8mm 钻铤＋φ152.4mm 钻铤＋φ127.0mm 钻杆；钻进钻压 160~200kN	井斜角基本控制在2°以内，机械钻速2.87m/h
宁深1井	2100	2273		φ228.6mmAVDS 更换为四翼肋式，其他部分同上；钻进钻压 160~240kN	井斜角基本在1.5°以内，机械钻速2.4m/h
安顺1井	2436	2610	钻遇地层易斜，研磨性强	φ311.1mm HJ517G 钻头＋φ228.6mmAVDS＋φ228.6mm 钻铤＋φ306.0mm 稳定器＋φ203.2mm 钻铤＋φ177.8mm 钻铤＋φ127.0mm 钻杆；钻井参数：钻压 160~220kN，转速 50~60r/min，排量 44~46L/s	井斜角自 6.25°持续减小至 0.24°，机械钻速 1.02m/h
坨181井	364	2503		φ311.2mmPDC 钻头＋φ228.6mmAVDS＋φ228.6mm 钻挺＋φ203.2mm 钻铤＋φ177.8mm 钻铤＋φ127.0mm 钻杆。钻井参数：泥浆泵排量 50~60L/s；泵压 10MPa；钻井液含砂量小于 0.5%；钻压 30~40kN；转速 80~120r/min	井斜自 1.15°降至 0.47°，试验井段井斜≤1°，大部分井段井斜≤0.5°
宜页1井	805	1017	倾角45°~50°，可钻性差，自然造斜能力强	φ311.1mmPDC 钻头＋φ228.6mmAVDS＋φ203.2mm 钻铤＋φ310.0mm 螺旋扶正器＋φ177.8mm 钻铤＋φ165mm 钻铤＋φ127mm 加重钻杆＋φ127mm 钻杆；钻井参数：钻压 80~100kN；转速 80~120r/min；排量 36~42L/s	井斜角自 2.86°降至 1.2°，机械钻速 3.28m/h

中国石油大学、中国地质调查局勘探技术研究所和中国地质大学等也先后开展了自动控向垂直钻井技术研究，并研制了 AADDS（auto anti-deviation drilling system）等自动垂直钻井系统。

（4）机械式自动垂直钻井系统。利用机械机构自动感应并控制井斜的系统，能最大限度地解放钻压，提高钻速，在超高温井内适应性强（图3-112）。其主要特点是：采用机械结构控制，无电子装置，适应性宽，成本低；直接和钻头相连，有利于提高钻头纠斜效率；重力式井斜测控机构、盘阀式液压导向机构反应灵敏，可靠性好；旋转推靠导向钻井方式有利于提高井身质量和钻井效率；整套工具强度不低于钻具设计强度。

311mm 机械式自动垂直钻井工具的性能参数如表3-84所示。

表3-84 311mm机械式自动垂直钻井工具性能参数

井斜控制精度(°)	侧向推靠力(t)	纠斜效率(°/30m)	活塞行程(mm)	工具最大外径(mm)	张开最大外径(mm)	压力损耗(MPa)	工具整体长度(m)	适应转速(r/min)
≤3	≥1.5	≈0.5	13	305	331	≤2	3.0	60~100
两端扣均为630扣								

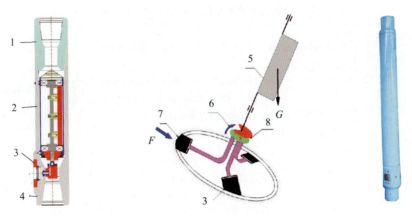

图 3-112 机械式自动垂直钻井系统原理和实物
1—上接头；2—重力偏摆；3—推靠掌；4—下接头；5—重力式井斜测控机构；
6—钻柱和下盘阀旋转方向；7—井眼高边；8—盘阀式液压导向机构

（五）旋转导向钻井系统

旋转导向钻井系统（rotatory steering system，缩写为 RSS）是在钻柱旋转钻进过程中，随钻实时实现导向钻进功能的一种钻井系统。该系统的核心技术与自动垂直钻井系统类似，所不同的是，旋转导向钻井系统除了能自动纠斜垂直钻井以外，还能造斜和稳斜，可应用于定向井、水平井以及大位移井的自动控向钻进。与传统的滑动导向钻井相比，旋转导向钻井具有摩阻小、钻速快、井眼质量好、井眼轨迹平滑、井眼清洁等优点，被认为是现代导向钻井技术的发展方向。

1. 系统组成与特点

旋转导向钻井系统是一种高度智能化和自动化的井眼轨迹控制系统，是由井下闭环控制的钻头偏置机构与无线测量传输仪器（MWD/LWD）联合组成的复杂工具系统。旋转导向钻井系统主要由地面监控系统、地面与井下双向传输通信系统和井下旋转自动导向工具系统 3 部分组成（图 3-113）。井下旋转自动导向工具系统是旋转导向系统的核心，主要由测量系统、偏置导向机构、井下 CPU 和控制系统 4 部分构成，其控制原理如图 3-114 所示。

旋转导向钻进中，系统实时计算实钻轨迹与设计轨迹或地质目标的偏差方向、距离，按要求的造斜率和旋转导向钻井工具造斜能力给出控制指令，改变导向偏置工具面位置和造斜率，使实钻轨迹尽量向设计轨迹或地质目标靠近，并沿校正的设计轨道钻进，准确钻达目标。当预测偏差矢量值小于工程允许偏差时，则以稳斜方式钻进。

与常规滑动导向钻井系统相比，旋转导向钻井系统具有以下特点：

（1）在钻柱旋转的情况下，具有导向能力。与常规滑动导向钻具相比，井眼净化效果更好，位移延伸能力更强。

（2）可实现连续导向。操作人员无须在旋转钻进和滑动钻进两种方式之间切换，有助于提高机械钻速，减少非生产时间，而且井眼轨迹更加平滑。

（3）工具设计制造模块化、集成化。可配备全系列标准的地层参数及钻井参数检测仪器，集成近钻头传感器；能够连续、实时、准确地监测钻头的钻进方向和近钻头处地质参

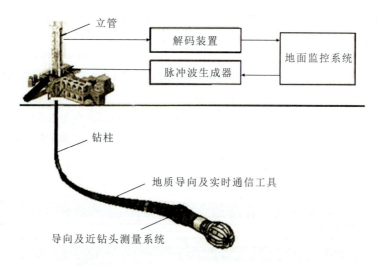

图 3-113　旋转导向钻井系统示意图

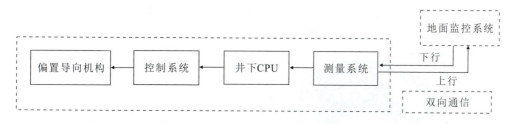

图 3-114　旋转导向钻井系统控制原理图

数，并根据实时监测到的井下情况，引导钻头在储层中的最佳位置钻进。

(4) 具有双向通信能力。能实时自动调整钻进方向，在不起钻的情况下可沿修正的井眼轨迹钻进。

(5) 如果需要，可以与井下马达一起使用，进一步提高机械钻速。

2. 典型旋转导向钻井系统

旋转导向钻井系统分为推靠钻头式（push the bit）和指向钻头式（point the bit）两大类。推靠钻头式的工作原理与垂直钻井系统类似，是通过偏置机构（bias units）在钻头附近推靠钻头直接给钻头提供侧向力。指向钻头式是通过偏置机构直接或间接弯曲心轴使钻头与工具轴线产生夹角，指向井眼轨迹控制方向。同时，偏置机构的工作方式又分静态偏置式（static bias）和动态偏置式（dynamic bias）两种。静态偏置式是指偏置机构在钻进过程中不与钻柱一起旋转，可在某一方向上固定并提供侧向力。动态偏置式是指偏置机构在钻进过程中与钻柱一起旋转，依靠控制系统使其在相应位置产生周期性的定向侧向力。已开发和应用的旋转导向钻井系统基本上可以归纳为静态偏置推靠式、动态偏置推靠式、静态偏置指向式和动态偏置指向式四种。

(1) 静态偏置推靠式。贝克休斯公司的 Auto Trak RCLS 系统、诺布尔公司的 Well Director 和 Express Drill 系统属于这一类型。

以 Auto Trak RCLS 系统为例，其井下导向工具系统由不旋转外筒和旋转驱动轴两部分组成。旋转驱动轴上接钻柱，下接钻头，起传递钻压、扭矩和输送钻井液的作用。不旋转外筒上设置有井下 CPU、测控系统、液压系统和偏置执行机构。Auto Trak RCLS 系统结构如图 3-115 所示，Auto Trak RCLS 系统导向原理如图 3-116 所示。井下钻进时，周向均布的 3 个支撑翼肋分别以不同的液压力支撑于井壁，使不旋转外筒不随钻柱一起旋转，同时井壁的反作用力对井下导向工具产生一个稳定的偏置合力，从而改变钻头的钻进方向。该系统有独立的液压系统为支撑翼肋的支出提供动力，通过井下 CPU 控制 3 个支撑翼肋支出液压

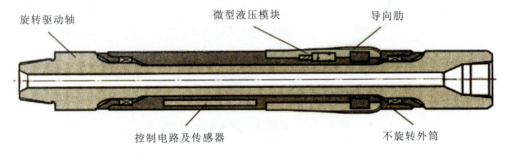

图 3-115 Auto Trak RCLS 系统结构示意图

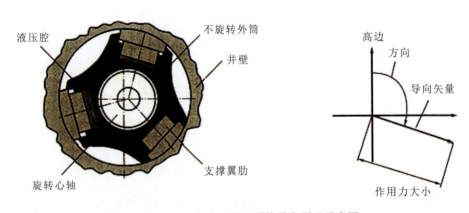

图 3-116 Auto Trak RCLS 系统导向原理示意图

的大小，达到控制偏置合力大小和方向的目的。这样既可以调节井眼轨迹方向，也可以调节造斜率的大小，从而实现控制导向钻井。井下 CPU 在下井之前预置了井眼轨迹数据，在其工作时，可将 MWD 测量的井眼轨迹信息或 LWD 测量的地层信息与设计数据进行对比，自动产生控制命令，也可按照地面指令来控制液压系统的液压力。

支撑翼肋控制原理如图 3-117 所示。导向模式下，微处理器将地面下传的目标井斜、方位等参数信息与井下传感器所测值进行比较，计算出 3 个伸缩块导向力的大小和液压分配值。经电磁阀调节作用在 3 个伸缩块上的液压，使导向力矢量满足所需导向目标，对定向控制系统进行方位与井斜的调整。稳斜模式下，微处理器根据自身所测伸缩块方位变化值计算出 3 个电磁阀的液压调节量。振动感应器能够监控工具的工作状况并保证其正常运转。

贝克休斯公司旋转导向钻井系统主要有 Auto Trak X-treme、Auto Trak Express 和 Auto Trak G3 等系列，其性能参数如表 3-85、表 3-86 所示。

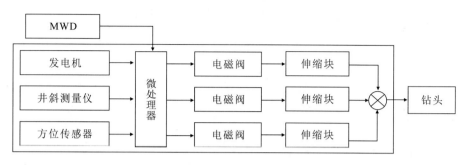

图 3-117 支撑翼肋控制原理

表 3-85 Auto Trak X-treme 和 Auto Trak Express 系统性能参数表

工具系列		Auto Trak X-treme			Auto Trak Express		
外径（mm）		241.3	171.5	120.7	241.3	171.5	120.7
总长（m）		26.82	23.16	22.86	19.69	17.74	17.31
导向头长度（m）		2.50	2.19	3.20	2.50	2.19	3.04
井眼尺寸（mm）		304.8～711.2	212.7～270	149.2～171.5	304.8～711.2	212.7～270	149.2～171.5
最大造斜率（°/30m）		6.5	6.5	10	6.5	8	10
最高温度（℃）		150（最高可达 175℃）			150		
最小造斜角（°）		0			0		
最大承压（MPa）		137.9（可达到 172.4～206.8）			137.9		
供电方式		涡轮发电机			涡轮发电机		
下传方式		负脉冲			流量改变		
传感器距钻头位置（m）	井斜	1.19	0.95	1.31	1.19	0.95	1.16
	方位	由 BHA 决定			12.44	10.58	10.03
	伽马				11.43	9.60	9.02
最高转速（r/min）		300	400	400	300	400	400
最大钻压（kN）		266.89	160.14	64.94	444.82	244.65	100.08
流量范围（L/s）		33.4～101	16.7～41.6	6.6～19.9	18.9～101	12.6～56.8	7.9～22.1

（2）动态偏置推靠式。主要有斯伦贝谢公司的 Power Drive SRD 系统以及中国石油化工集团公司的 MRST 系统。

以 Power Drive SRD 系统为例，该系统主要由测控稳定平台和偏置执行机构组成。测控稳定平台内部包括测量传感器、井下 CPU 和控制电路，通过上下轴承悬挂于外筒内。整个工具系统在随钻柱一起旋转时，稳定平台通过控制其两端的扭矩发生器输出的扭矩大小，使稳定平台不随钻柱一起旋转，处于一种随动稳定状态。Power Drive SRD 系统结构如图 3-118 所示。

表 3-86 Auto Trak G3 系统性能参数表

工具系列/公称外径（mm）		φ241.3ATK	φ209.6ATK	φ171.5ATK	φ120.7ATK
一般参数					
适用井眼尺寸（mm）		311.15~711.2	269.9	212.7~269.9	146.1~171.5
造斜率（°/30m） 311.15~374.7mm 406.4~463.6mm 508~711.2mm		0~6.5 0~5.0 0~3.0	0~6.5	0~6.5	0~6.5
操作参数					
流量范围（L/s）		38.2~68.8	33.2~56.7	23.7~41.6	10.2~15.8
最大钻压（kN）		450	255	255	100
最高转速（r/min）		300	400	400	400
最大扭矩（kN·m）		68	30	30	14
最大拉力（kN）		3800	850	850	1000
工作温度/工作压力		-20~175℃/138 MPa			
泥浆含砂量（%）		<1			
旋转/滑动通过最大狗腿度（°/30m）		6.5/13.0	6.5/9.0	13.0/20.0	10.0/30.0
供电方式		涡轮发电机			
传感器距钻头位置（m）	井斜	1.19	0.95	0.95	1.31
	方位	10.10	9.88	8.38	7.99
	伽马	7.41	6.19	5.40	3.96
	电阻率	7.80	7.80	6.58	6.16

图 3-118 Power Drive SRD 系统结构示意图

Power Drive SRD 系统支撑翼肋的支出动力来源是钻井过程中钻柱内外的钻井液压差，其导向原理如图 3-119 所示。控制轴从控制部分稳定平台延伸到下部的翼肋支出控制机构，底端固定上盘阀，由稳定平台控制上盘阀的转角。下盘阀固定于井下偏置工具内部，随钻柱一起转动，其上的液压孔分别与翼肋支撑液压腔相通。井下导向系统工作时，稳定平台控制上盘阀相对稳定,而随钻柱一起旋转的下盘阀上的液压孔将依次与上盘阀上的高压孔接通,钻柱内部的高压钻井液通过该临时接通的液压通道进入相关的翼肋支撑液压腔,在钻柱内外钻井液的压差作用下,翼肋被支出。这样,随着钻柱的旋转,每个支撑翼肋都将在相同位置支出,从而为钻头提供一个侧向力,产生导向作用。

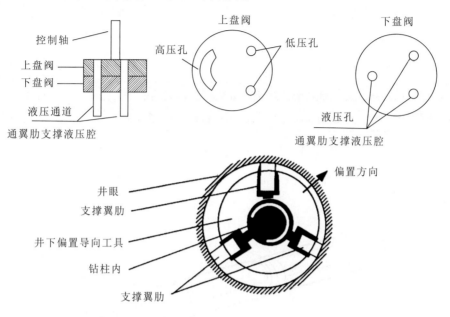

图 3-119 Power Drive SRD 系统盘阀控制机构示意图

斯伦贝谢公司的 Power Drive X5 主要性能参数如表 3-87 所示。

表 3-87 Power Drive X5 性能参数表

工具系列		X5-1100	X5-900	X5-825	X5-675	X5-475
长度(m)		4.60	5.03	4.85	4.08	4.75
外径(mm)		241.3	228.6	209.6	171.5	120.7
井眼尺寸(mm)		393.7~711.2	304.8~374.7	269.9~295.1	215.9~250.8	138.1~171.5
最大造斜率(°/30m)		4	5	6	8	8
最高温度(℃)		150				
最小造斜角(°)		0				
最大承压(MPa)		172.4			206.8	
供电方式		涡轮发电机				
下传方式		流量改变				
导向模式		推靠式				
传感器距钻头位置(m)	井斜	2.68	2.56	2.56	2.23	2.04
	方位	3.32	3.20	3.20	2.87	2.68
	伽马	2.44	2.32	2.32	1.95	1.80
最大转速(r/min)		220	220	220	220	250
最大钻压(kN)		289.13	289.13	289.13	289.13	222.41
流量范围(L/s)		30.3~120	22.7~120	22.7~94.6	15.8~50.5	8.2~25.2

（3）静态偏置指向式。主要有哈里伯顿公司的 Geo-Pilot 和 EZ-Pilot 系统、陀螺钻进自动化有限公司的 Well Guide RSS 系统、威德福公司的 Revolution 系统等近 10 种。

哈里伯顿公司的 Geo-Pilot 系统主要由驱动心轴、不旋转外筒和偏心环偏置机构组成。其偏心环偏置机构由外偏心环、内偏心环及各自的偏置驱动机构组成。偏置驱动机构主要由欧式联轴节、减速机构及离合器等组成。其系统结构及导向原理如图 3-120 和图 3-121 所示。

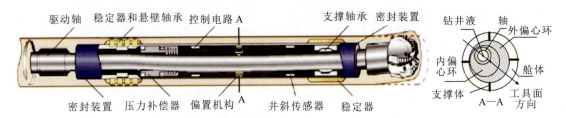

图 3-120　Geo-Pilot 系统结构及导向原理

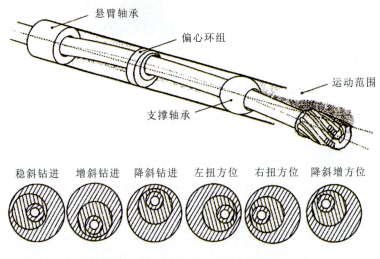

图 3-121　内、外偏心环结构示意图

心轴的转动通过欧式联轴节传递到减速机构，经减速机构按 180∶1 的传动比减速后，通过离合器传递到偏心环，并带动偏心环转动。当两个偏心环分别转动一定角度以后，离合器脱开并起锁紧作用，阻止偏心环继续转动。这样，通过控制两个偏心环的转动角度，就可以控制心轴的偏置方向和位移，从而实现可控旋转导向。

哈里伯顿公司旋转导向钻井系统分为 EZ-Pilot、Geo-Pilot、Geo-Pilot XL 和 Geo-Pilot GXT 等，其中 EZ-Pilot 系统和 Geo-Pilot XL 系统的性能参数如表 3-88 和表 3-89 所示。

威德福公司的 Revolution 系统是一种偏置外推指向式旋转导向系统，它由探测系统和偏置稳定器短节两大部分组成，其偏置稳定器短节由驱动心轴、不旋转外筒和偏置机构等组成，如图 3-122 所示。Revolution 系统的偏置稳定器短节的动力机构是周向均布的一组（12 个）轴向的柱塞泵，当驱动心轴旋转时，带动其上的一个一端带有斜面的圆盘一起转动。圆盘斜面在其每周的转动过程中依次推动各个柱塞泵,使它们依次产生一次轴向运动,将液压油注入液压腔,使液压腔的液压升高。该液压腔内储集的液压力在测控系统的控制下导入预定的偏置执行机构活塞列,使该列活塞被支出,将不旋转外筒在该方向推出,从而产生偏置作用。偏置后的不旋转外筒支撑于井壁,在井壁的反作用力作用下将驱动心轴压弯,在近钻头稳定器的支点作用协助下使钻头倾斜,产生指向式导向作用。

表 3-88 EZ-Pilot 系统性能参数表

工具系列	850 系统	1225 系统
工具外径（mm）	171.5	203.2
适用井眼（mm）	215.9～250.8	311.15～374.7
工具最大外径（mm）	205.7	279.4
工具长度（m）	3.97	3.57
设计造斜率（°/30m）	0～5	0～8
旋转通过最大狗腿度（°/30m）	4	10
滑动通过最大狗腿度（°/30m）	17	14
工具最大扭矩（N·m）	18 710	66 571
转速（r/min）	30～280	30～280
最大排量（L/s）	88.2	88.2
最大钻压（kN）	189	391
震动	与 LWD 仪器相匹配	
钻井液类型	水基、油基等	
最大含砂量（%）	3	
工具压降（MPa）	0.1（钻井液密度 1.44g/cm³，排量 50.4L/s）	
最大堵漏材料质量浓度（kg/m³）	285.3（坚果或纤维）	
最高工作温度（℃）	150	
最大工作压力（MPa）	138	124
工具最大拉力（kN）	284.686	778.439
工具本体抗拉力（kN）	1434.035	4141.088
向上传输	Sperry DWD/FE/EM	
井斜测量精度（°）	±0.1	±0.1
近钻头井斜距钻头距离（m）	2.29	1.74
导向模式	指向式	
供电系统	锂电池	
最长工作时间（d）	7	

表 3-89　Geo-Pilot XL 系统性能参数表

工具系列	5200 系列	7600 系列	9600 系列
工具外径（mm）	133	171.5	244.5
适用井眼（mm）	149.2～171	213～270	311～660.4
工具最大外径（mm）	133	194	254
工具长度（m）	4.9	6.1	6.7
顶部扣型	3-1/2″, IF box	4-1/2″, IF box	6-5/8″, REG box
底部扣型	3-1/2″, IF	4-1/2″, IF	6-5/8″, REG
设计造斜率（°/30m）	5～10	0～5	0～6
旋转通过最大狗腿度（°/30m）	14	10	8
滑动通过最大狗腿度（°/30m）	25	21	14
工具最大扭矩（N·m）	10848	27120	40680
转速（r/min）	60～180	60～250	60～250
最大排量（L/s）	25.2	88.2	113.6
最大钻压（kN）	111.2	244.64	444.8
震动	与 LWD 仪器相匹配		
钻井液类型	水基、油基等		
最大含砂量（%）	2		
工具压降（MPa）	0.04（排量 12.6L/s）	0.91（排量 31.5L/s）	0.63（排量 63L/s）
最大堵漏材料质量浓度（kg/m³）	342		无限制
工具工作温度（℃）	140		
最大工作压力（MPa）	138	124/172	138/172
工具最大拉力（kN）	266.90	333.62	533.79
工具本体抗拉力（kN）	1423.44	1668.08	2224.11
向下传输	泵脉冲		
向上传输	LWD		
井斜测置精度（°）	±0.1		
导向模式	指向式		
供电系统	锂电池		
最长工作时间（d）	200（连续）		
传感器距钻头位置（m）　井斜	3.05	0.91	0.91
传感器距钻头位置（m）　方位	9.75	7.01	7.01
传感器距钻头位置（m）　伽马	9.75	0.91	0.91
传感器距钻头位置（m）　电阻率	12.80	12.19	12.19

威德福公司旋转导向钻井系统分为 Revolution475、Revolution675 和 Revolution825 3 个系列，可适用于 149.2～444.5mm 井眼，其性能参数如表 3-90 所示。

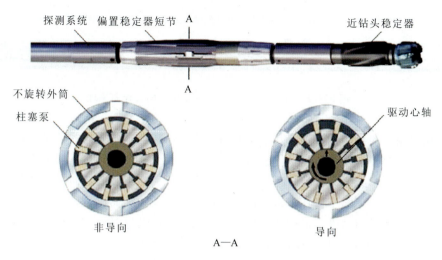

图 3-122　Revolution 系统结构及导向原理

表 3-90　Revolution 系列旋转导向钻井系统性能参数

工具系列		Revolution 475	Revolution 675	Revolution 825
名义外径（mm）		121	171	210
工具最大外径（mm）		152.4～171.4	213～251	311
工具总长（m）		3.9	4.53	5.4
最大扭矩（N·m）		13558	27116	54233
最大拉力（kN）		1250	1590	3170
最大钻压（kN）		125	250	475
最大造斜率（°/30m）		10	10	7.5
最高工作温度（℃）		175	175	175
额定压力（MPa）		207	207	207
最大排量（L/s）		22.08	47.32	94.63
最大含砂量（%）		2	2	2
转速（r/min）		50～250	50～250	50～250
供电类型		锂电池		
传感器距钻头位置（m）	井斜	2.70	3.40	4.30
	方位	2.70	3.40	4.30
	伽马	3.40	3.90	5.03

（4）动态偏置指向式。Power Drive Xceed 系统是斯伦贝谢公司的第二代产品，该系统与 Power Drive 系统一样是全旋转的，与井壁没有静止的触点，其导向机构的外筒随钻柱一起旋转，主要由万向节和驱动心轴两大主要部分组成，偏置方式类似 Geo-Pilot 的偏心环结构。其系统结构及导向原理如图 3-123 所示。

万向节用于向钻头传递钻压和扭矩，并允许钻头倾斜。驱动心轴与钻头连接，用于向钻头传送钻井液，同时在偏置机构的作用下一直处于一个固定角度（0.6°）的倾向指向状态，

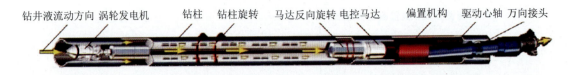

图 3-123 Power Drive Xceed 系统结构及导向原理

并靠马达相对钻柱的反向旋转保持其指向方向的稳定，实现预定方向的导向。钻柱转速的任何微小变化都会被控制系统的测量传感器捕捉到，然后立即同步调整伺服电机的反向转速，从而保证钻头指向不会因为钻柱转速的改变而发生变化。当不需要导向时，马达控制偏置机构和驱动心轴以一个不同于钻柱转速的速度旋转，使钻头的指向一直处于旋转变化中，导向作用抵消，实现非导向钻进。通过调整保持工具面恒定的钻进时间与工具面转动的钻进时间之间的比例（即导向率）来调整造斜率。10%的导向率表示10%的时间工具面不变，而90%的时间工具面随钻具一起转动，此时造斜率就非常低；90%的导向率表示90%的时间保持工具面不变，而10%的时间工具面随钻具一起转动。

Power Drive Xceed 系统主要性能参数如表 3-91 所示。

表 3-91 Power Drive Xceed 系统主要性能参数表

工具系列		Power Drive Xceed 675	Power Drive Xceed 900
公称外径（mm）		171.5	228.6
适用井眼尺寸（mm）		212.7～250.8	311.15～444.5
钻铤本体最大外径（mm）		139.7	248.9
接箍最大外径（mm）		139.7	248.9
钻铤长度（m）		7.6	8.5
顶部扣型		5-1/2″, FH	6-5/8″, FH 或 7-5/8″, H-90
底部扣型		4-1/2″, REG	6-5/8″, REG 或 7-5/8″, REG
旋转通过最大狗腿度（°/30m）		8	6.5
滑动通过最大狗腿度（°/30m）		15	12
最大造斜率（°/30m）		8	6.5
最大钻压（kN）		245	367
最大转速（r/min）		350	350
最大扭矩（N·m）		27116	474540
最大抗拉力（N）		2268	3402
最大抗震击力（N）		45359	45359
工作压力（MPa）		138	138
最大工作压差（MPa）		13.79	13.79
最高工作温度（℃）		150	150
工作排量（L/min）		18.3～50.5	28.4～113.6
最高含砂量（%）		2	2
堵漏剂最大质量浓度（kg/m³）		142.7	142.7
导向模式		指向式	
供电系统		涡轮发电机	
传感器距钻头位置（m）	井斜	3.9	5.09
	方位	3.9	5.09

3. 国内旋转导向钻井系统的研究

自20世纪90年代，中国石油天然气集团公司、中国海洋石油总公司、西安石油大学等相关科研院所开始跟踪国外旋转导向钻井技术研究，先后组织了旋转自动导向钻井系统、可控三维轨迹钻井技术等项目的研究。2002年，"旋转导向钻井系统整体方案设计及关键技术研究"被列为国家"863计划"前瞻性课题；2003年，"旋转导向钻井系统关键技术研究"课题被列为国家"863计划"正式科研攻关项目，至2013年已基本形成系统理论，完成了图纸设计、加工和样机制造，并进行了旋转导向钻井系统功能性试验与生产性试验，具有代表性的主要有DQXZ-01型、Welleader等旋转导向系统。

（1）DQXZ-01型旋转导向系统。2015年，中国石油天然气集团公司大庆钻探钻井工程技术研究院经过8年攻关，成功试制出的DQXZ-01型旋转导向系统样机如图3-124所示，可适用于8-1/2″井眼，在5口水平井开展了钻进试验。

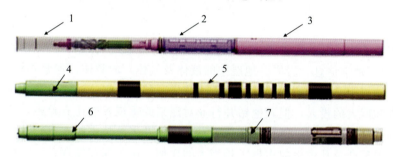

图3-124 DQXZ-01型旋转导向系统井下工具结构
1—脉冲发生及泥浆发电单元；2—中控电子单元；3—工程参数测量单元；4—电转换接头；
5—地质参数测量单元；6—柔性短节；7—导向控制单元

该系统采用静态偏置推靠钻头式设计方案，通过控制导向机构中三组液压支撑掌对井壁推力的矢量合力实现井眼轨迹方向控制。整套系统具有井下工具内部的闭环控制系统及井下工具和地面监控系统之间的双向通讯控制环路。通过两组通信及控制环路的配合工作，既可以按照预定轨迹进行无人干预自动导向，又可以在必要的时候实现人为控制，以此满足智能化自动导向钻井作业及随钻地质导向作业的双重需要。DQXZ-01型旋转导向系统集成了泥浆涡轮发电、工程及地质参数测量、近钻头井斜测量、闭环导向控制、参数实时上传等功能，通过现场试验，实现了整套系统的测量、导向及双向通讯等功能，初步验证了系统在井下高压、震动、泥浆冲蚀等恶劣环境下各功能模块协同作用的能力。

（2）Welleader旋转导向系统。Welleader旋转导向系统由中国海洋石油总公司自主研发，该系统构架主要包括嵌入式地面系统、MWD子系统、井下仪器控制器短节、电阻率伽马测井仪、有线柔性短节、导向力控制单元等。旋转导向系统采用推靠式导向工作原理，3个独立推靠翼肋产生合成导向力矢量，具备井下涡轮发电机供电、非接触能量信号电磁耦合、近钻头连续测量、程控分流指令下传等一系列关键技术特征，井斜角量程0°～180.0°，精度±0.2°，方位角量程0°～360.0°，精度±0.5°，工具面角量程0°～360.0°，精度±2.0°，1.5m近钻头井斜连续测量精度±0.2°。理论最大造斜率10°/30m（旋转）、21°/30m（滑动），最大转速180r/min，工具耐温达150℃，基本达到了其他几大旋转导向工具的性能。

Welleader 旋转导向系统在渤海某油田 W2H1、W7H1 和 W8P1/W8H1 的使用，实现了轨迹的精确控制及随钻调整，在 1 口领眼井、3 口水平井着陆作业中，总进尺 3311m，共计入井时间 447h，达到了油藏开发及钻井作业的要求，在数据传输及近钻头测斜、作业提效、配套设备等方面还有很大的改进空间。

此外，中国石化胜利石油管理局钻井工艺研究院与美国 APS 公司合作开发了旋转导向井下工具系统，2007 年开发的 RSM 旋转导向系统样机进行了 4 口井试验测试，实现了垂直钻井和旋转导向功能，其最大造斜率达到了 17.2°/100m；2013 年，中国石油川庆钻探工程公司研制出 CGSTEER-01 旋转导向钻井系统，在中国石油西南油气田龙岗 022-H3 井开展了试验，系统入井 36h，运行平稳，旋转钻进 18.38m，井下旋转导向工具等四大子系统均经受住了复杂地质情况的考验。现场数据显示，能够实现旋转导向。

第六节 深部钻探泥浆技术

科学钻探中采用的钻井泥浆既是多功能的工程流体（保护孔壁、携带钻屑、润滑冷却钻具等），又是地下地学信息（岩屑、地层中的液体及气体）的载体。泥浆是钻探工程的血液，特别是在深孔钻探中，泥浆的重要性更是无可替代。长期以来，油气井钻井对泥浆技术给予了足够的重视和巨大的投入，但其他钻井行业对泥浆的重视程度还有差距，特别是地质勘探钻进。随着勘探深度的增加，近年来钻孔引发的问题及事故越来越严重，其中因泥浆问题而导致的孔内情况复杂及孔内事故占据了相当大的比例，由于深部钻探钻达深度大，钻遇地层具有更多的不可预知性，地层压力体系从概率上来说更具有多样性和复杂性，硬、脆、碎、涌、漏、坍塌、缩径等各种复杂地层都可能遇到，使井壁稳定性问题更加突出。

随着井深增加，井底温度与井底压力随之升高，钻遇各类复杂地层的风险也大为增加。钻井实践表明，泥浆的性能对于确保深井的安全及快速钻进起着十分关键的作用。

众所周知，由于地温梯度和压力梯度的存在，井眼越深，井筒内的温度和压力就会变得越高。井越深，井下温度、压力越高，地层应力大且各向异性特征明显。此时，钻井液在井下停留和循环的时间越长，使深井、超深井钻井液的性能出现蜕变，钻井液稳定性成为一个突出的问题，而且井越深井下温度越高，问题就越突出。

深井钻井裸眼长，地层压力系统复杂，井壁稳定性取决于工程因素与自然地质因素之间的平衡是否能够有效维持，而两种因素之间的相互作用随着孔深的增加、地层条件的变化加剧而越来越敏感，地层平衡安全窗口越来越小，钻井液密度的合理确定和控制则更为关键。使用重钻井液时，因压差大而经常出现井漏、井喷、井塌、压差卡钻以及由此而带来的井下复杂问题，成为深井、超深井钻井液工艺技术的难点之一。

深孔地层温度高，对泥浆高温稳定性提出了严峻的挑战，目前国内外抗高温钻井液最高工作温度指标在 200℃～260℃之间。

在深井、超深井钻井过程中，由于地温梯度和压力梯度的存在，井眼越深，井筒内的温度和压力就会变得越高。在高温条件下，钻井液中的各种组分均会发生降解、增稠、胶凝、固化等变化，从而使钻井液性能发生剧变，并且不易调整和控制，严重时将导致钻井作业无法正常进行。13 000m 科学超深井的井底温度预计在 250℃～400℃之间。在井底温度低于 250℃左右时，采用水基泥浆体系。当井底温度超过 250℃后，油基泥浆体系是较为理想的选择。

深部钻探高温高压的特点，严重影响钻井过程及钻井液性能，在浅孔中并不十分明显的一些工程因素如泥浆的流变性、失水性、润滑性、固相含量等对维持平衡的影响在深孔钻进中会越来越显著。在高温条件下，钻井液中的各种组分均会发生降解、增稠、胶凝、固化等变化，从而使钻井液性能发生剧变，并且不易调整和控制，严重时将导致钻井作业无法正常进行，而伴随着高的地层压力，钻井液必须有很高的密度。这种情况下，发生压差卡钻及井漏、井喷等井下复杂情况的可能性大大增加，欲保持钻井液良好的流变性和较低的高温高压滤失量亦会更加困难。因此，如何解决钻井液在高温高压条件下的性能问题，是深井技术面临的首要问题。

深井、超深井钻井中井壁稳定问题非常突出。当钻遇泥页岩时，黏土矿物含量较高，水化膨胀和分散能力较强，井壁易坍塌，在钻井液方面必须采取有效的、切实可行的措施，包括：①确定合理的钻井液密度是平衡地层应力、减轻或避免井壁坍塌的关键措施。②钻井液抑制性要强，钻井液抑制性不但能有效地抑制泥页岩的水化膨胀和分散而稳定井壁，而且能有效地抑制进入到钻井液中的钻屑的分散，减少低密度固相的积累，保证钻井液性能的稳定。钻井液较低的滤失量和良好的封堵能力有助于减轻或消除裂缝发育的这类地层的坍塌。③合适的钻井液流变性是易坍塌地层中钻进顺利的重要保障。在钻井过程中，要使这类地层不坍塌难度较大，钻井液必须具有良好的高温高压条件下的悬浮和携带能力，将钻屑和坍塌物及时携带出来，减少或消除阻卡和卡钻。

深井钻遇地层多而杂，地层中的油、气、水、盐、黏土等的污染可能性增大，且会因高温作用对钻井液体系的影响而加剧，从而增加了钻井液体系抗污的技术难度。

深井起下钻作业时间长，各种与钻井液性能有关的井下事故更容易诱发和恶化，同时，钻井液对钻具的腐蚀因高温而加剧。因此，必须对钻井液性能有更高的要求。

常用的深井泥浆有水基泥浆和油基泥浆两大类，本节仅以目前国内主要使用的水基泥浆进行详细探讨。

从深井钻井的特（难）点可知，常规钻井液是无法满足深井钻井施工要求的，深井钻井液必须满足以下要求：

（1）具有良好的抑制性和防塌性。特别是在高温条件下，对黏土的水化分散具有较强的抑制作用，在有机聚合物中使用阳离子聚合物比使用阴离子聚合物具有更强的抑制和防塌性能，如无机盐 KCl、NaCl、$Ca(OH)_2$ 都有较好的抑制能力。有机高聚物类目前以带有阳离子功能团和易形成氢键的高聚物较以前的带阴离子功能团（—COONa）的抑制能力强，如MMH、聚乙二醇、甘油以及 AMPS/AAM 和 AMPS/AAM 等高聚物都具有较好的防止黏土水化、分散和抗污染能力。

（2）具有良好的抗高温性能。在优选设计钻井液配方时，必须优选各种抗高温的处理剂。

（3）具有良好的高温流变性。在高温下能否保证钻井液有良好的流变性和携带悬浮岩屑能力至关重要。对深井高密度钻井液，尤其应加强固控，控制膨润土含量，以免高温增稠和固化。如选用合适的配浆土，如海泡石或凹凸棒土或控制膨润土的含量来避免钻井液高温增稠。通过加入 MMH 或生物聚合物等提高携岩能力，加入解絮凝剂控制静切力等。

（4）具有良好的润滑性。由于深井钻井液密度高，增加了压差卡钻的几率，所以钻井液必须具有良好的润滑性。

但是高温严重影响水基钻井液性能，主要体现在：

（1）高温降低了钻井液的热稳定性。在不改变钻井液组分的情况下，高温加剧了钻井液中黏土颗粒的分散和处理剂的高温降解、断链和交联聚凝而引起的钻井液高温增稠、高温胶凝、高温减稠和高温固化，使钻井液性能发生变化，热稳定性降低。

（2）高温降低了钻井液造壁性能。高温破坏了胶体悬浮液的聚结稳定性，使钻井液的造壁性能与流变性能恶化；高温促使可溶性盐类的溶解，易发生井壁掉块坍塌、地层蠕变、井径缩小、起下钻困难；高温使钻井液滤失量增加，滤饼增厚，造壁性能受到破坏。

深井、超深井使用的钻井液分为水基和油基两类。据统计，8000m以内的井多为水基泥浆，而超过8000m的井大多用油基泥浆。油基泥浆的性能受高温影响较小，受压力的影响较大，高温性能容易控制，抑制页岩水化的能力很强，因此，油基泥浆是解决深井泥页岩、盐、膏泥岩层井壁不稳定的有效办法。油基泥浆抗地层中的盐、钙和黏土污染的能力强，泥浆的润滑性及滤失性好，能有效地降低钻具的扭矩和摩阻，防止钻具腐蚀，预防深井重泥浆压差卡钻。因此，油基泥浆在国外的深井中广为应用，特别是在深而复杂的井中应用更多。但是，与水基泥浆相比，油基泥浆初始成本高，条件苛刻；对环境污染严重，消除费用高；易发生地层漏失；气溶性好，易发生井涌；机械钻速较慢，因而油基泥浆的应用受到限制。水基泥浆的高温稳定性差，但与油基泥浆相比，水基泥浆成本低，易维护，对环境的污染比较容易消除。所以随着深井钻井液技术的发展，出现了由油基泥浆向水基泥浆发展的趋势。

水基钻井液与油基钻井液综合性能对比如表3-92所示。

表3-92 水基钻井液与油基钻井液综合性能对比

钻井液类型	优势	劣势
水基钻井液	1. 成本低 2. 良好的研究基础，应用广泛 3. 原料易得，工艺成熟 4. 对环境污染相对较小 5. 有利于录井和清洁岩心 6. 设计合理也能较好地满足孔壁稳定要求	1. 抗污染能力较差 2. 润滑性差 3. 对地层影响较大，不利于井壁稳定
油基钻井液	1. 抗温能力强，热稳定性好 2. 对水敏性地层抑制性强 3. 抗污染能力强 4. 润滑效果突出 5. 对地层破坏小，有利于保持井壁稳定 6. 性能稳定，易于维护	1. 成本高 2. 悬浮性和乳液稳定性较差 3. 钻屑和钻井液对环境污染严重 4. 油气显示困难，不利于录井作业 5. 不利于固井作业 6. 安全性差

国内外相继研究了一批抗高温、抗盐、抗钙性能好的水基泥浆处理剂和抗高温的水基泥浆体系。

我国深井、超深井水基钻井液技术的发展过程可分为以下3个阶段。

（1）第一阶段：以钙处理钻井液及盐水钻井液为代表的钻井液体系。20世纪60年代到

70 年代所钻的深井基本上是使用钙处理（石灰或石膏处理）钻井液或盐水钻井液钻成的。这些钻井液使用铁铬木质素磺酸盐（FClS）、羧甲基纤维素钠盐（CMC）、煤碱剂（NaC）及表面活性剂等，解决了钻井液的抑制性、滤失性和流变性等性能。

（2）第二阶段：以三磺钻井液为代表的钻井液体系。20 世纪 70 年代三磺钻井液的成功研制与应用是我国深井钻井液技术上的一大进步。所谓三磺钻井液，是指以磺化酚醛树脂（SMP）、磺化褐煤（SMC）和磺化丹宁（SMT）为主处理剂的钻井液体系。

（3）第三阶段：以聚合物钻井液、聚磺钻井液为代表的钻井液体系。20 世纪 70 年代末、80 年代初，高分子量聚丙烯酸胺类聚合物作为包被絮凝剂成功地应用于钻井液中，是水基钻井液研究与应用技术的又一大进步。高分子量有机聚合物（如 PHPA、KPHPA、NH_4PHPA 等）的包被絮凝作用和氯化钾（KCl）的泥页岩抑制作用相结合的氯化钾-聚合物钻井液体系、结合使用聚合物和磺化处理剂的聚磺钻井液体系等，成功地应用于深井和超深井钻井中。

一、深井钻进泥浆面临的挑战

区别于浅井钻进，深井钻进过程中泥浆普遍面临的主要问题包括：

（1）地层复杂多变，泥浆体系选用难度大。随着井深增加，将钻遇多套复杂地层，而且各套复杂地层之间有可能相互制约与限制，无法具体明确泥浆性能调控的要点。如在同一开次不同层段中，有可能出现涌水、漏失、垮塌、缩径等多种复杂情况，如何实现泥浆体系的针对性选择以及泥浆性能综合控制的难度极大。

（2）因高温使泥浆性能恶化，影响其功能的发挥。高温环境下，泥浆各组分如造浆土、处理剂等均产生一系列复杂的物理、化学变化，从而导致泥浆的流变性、失水造壁性、润滑性等性能参数急剧变化，严重影响其正常使用，甚至有可能导致井内工况复杂化。

（3）钻遇强污染地层几率高，泥浆抗污染能力不足。深井钻进过程中钻遇强造浆地层、盐膏层、地层流体时泥浆易遭受黏土入侵、盐钙入侵等污染。黏土混入泥浆后将导致泥浆黏度、密度大幅增加；而盐钙侵入后则有可能导致泥浆失水量失控。

（4）高压地层必须依靠高密度泥浆来平衡地层压力。高固相含量下泥浆自由水含量较低，少量污染物的侵入即导致泥浆性能大幅度波动，而常规的降黏措施基本无效。

（5）井越深，钻具回转阻力越大，井斜控制难度也较大，有时被迫开窗侧钻，此时对泥浆的润滑性能要求更高。

（6）钻遇可溶性盐类地层时，既要考虑盐类溶解造成井壁失稳的风险，也要考虑泥浆的抗污染能力，同时还要兼顾避免岩心溶蚀。

（7）深井钻进中各种先进的钻井工艺技术及先进工具的使用在深井段受到很大限制，有时需要通过提高泥浆的性能以满足钻井的需要。

（8）高温、高密度泥浆配制及维护费用均较高，其性能变化机理分析也较复杂，现场如何做好科学化、精细化性能监测与调控尚缺乏可靠的经验与依据。

因此，深井钻探对泥浆的要求不仅仅是量的累加，而是质的提高，是不同于浅井泥浆的一项新的泥浆体系和工艺技术。尽管目前我国深井数目较多，但主要是油田单位所施工的探井，地质岩心钻探受限于基础条件和施工能力，开展深部钻探的机会相对较少，所施工的深井屈指可数。在此，我们针对深井钻进过程中泥浆可能面临的主要问题以及可供采取的泥浆方案进行论述。

二、高温泥浆

(一) 高温泥浆材料

深井抗高温钻井液体系的关键技术是如何选择高温泥浆材料,如何维持和控制钻井液高温高压条件下的各种性能。水基泥浆是由水、造浆土、处理剂及加重材料组成的复杂分散体系,除加重材料外,高温对其他组分均产生较大的影响。高温材料主要包括抗高温黏土和抗高温处理剂。随着温度升高,水分子热运动加剧,导致水的黏度急剧下降。对于造浆土而言,高温对其影响机理更为复杂,一方面高温促使黏土矿物片状微粒的热运动加剧,增强水分子渗入黏土内部的能力而促进黏土水化分散,导致黏土胶粒浓度增加;另一方面高温也会导致黏土颗粒表面活性有所减弱,降低处理剂在其表面的吸附作用,从而使得黏土颗粒发生一定程度的表面钝化现象。对于处理剂而言,由于其多为有机高分子,高温下容易发生断链而导致减效,严重者将导致其降解严重而完全失效,产生的降解物反过来又污染泥浆,加剧泥浆性能恶化,给泥浆处理带来极大困难。而且,高温对泥浆体系的影响也不只是对泥浆各组分影响的简单叠加,泥浆各组分在高温下也会相互影响,发生一系列的复杂理化变化。所以,高温泥浆的性能变化背后的原因是多因素下的综合变化结果,如何分析并确定其性能变化的真正原因及主导因素是高温泥浆配制、调整与维护的重中之重。

1. 抗高温黏土

(1) 海泡石。海泡石具有良好的热稳定性、抗盐性、流变性等特殊性能。海泡石的颗粒外形呈不等轴针状,聚集成稻草束状,当遇到水或其他极性溶液时则迅速溶胀并解散,形成单束纤维无规则地分散成互相制约的网络,并且体积增大,这样就形成了具有流变性能的高黏度、稳定的悬浮液,其造浆性能随浓度、剪切应力、时间、pH值、电介质及其他因素不同而异。海泡石钻井泥浆具有以下特性:

1) 适用范围广。适用于海洋钻井、含盐地质钻井、深井钻井。此外,部分酸溶液海泡石还可以作为钻井的完井液、复杂井的固井低密度水泥浆组分。

2) 良好的抗盐性。无论是在常温还是高温(>250℃)、高压($50 \sim 60$ MPa)条件下,海泡石在人工盐水或卤水中结构一般不发生变化。

3) 悬浮体性能稳定。由于海泡石纤维在海水或人工盐水中易分散成不规则稳定的网络,使其成为流变性能极好的悬浮液流体,不絮凝、变稀。

4) 良好的抗高温性能。海泡石在400℃以下结构稳定,配制的泥浆中的晶体在350℃条件下无任何变化。而采用普通膨润土泥浆,在温度达到204℃时泥浆即成为胶体,几乎无法钻井。

5) 良好的携带悬浮岩屑性能。由于海泡石纤维在海水或人工盐水中形成无规则稳定的网络悬浮溶液,因此携带悬浮岩屑功能特别强。

6) 海泡石配浆时,不宜加入Na_2CO_3作为分散剂,否则造浆率会下降,因为海泡石含有钙镁离子,加入Na_2CO_3会生成$MgCO_3$、$CaCO_3$沉淀。

(2) 凹凸棒土。凹凸棒土具有较高的热稳定性和抗盐性,适用于地质钻探、海洋钻井、含盐地质钻井,可保护井壁减少废井率,提高钻井效率,降低成本。其性能和作用如下:

1) 具有较强的胶体性和悬浮性,适用于各种地质条件下的钻井泥浆。
2) 具有较好的热稳定性,在较高温度下不絮凝、变稀,适用于深井和地热钻井。
3) 具有抗盐性,不受电解质影响,在饱和盐水中仍能造浆,适用于海洋和含盐地层钻井。

2. 抗高温处理剂

对处理剂抗温能力的概念说法并不统一。目前钻井液界公认的处理剂抗温能力包括：①处理剂本身的热稳定性（高温降解）。处理剂热稳定性是指将其配成水溶液发生明显降解时的温度,又称为处理剂热稳定性温度。②处理剂所处理的钻井液在所使用的温度下的热稳定性。此温度即为处理剂抗温能力。③处理剂所处理的钻井液在多高的温度下仍能保持合格的性能,如流变性和滤失性等,此温度即为钻井液抗温能力。

抗高温处理剂的基本要求如下：

（1）高温稳定性好,在高温条件下不易降解。

（2）对黏土颗粒有较强的吸附能力,受温度影响小。

（3）有较强的水化基团,使处理剂在高温下有良好的亲水特性。

（4）能有效地抑制黏土的高温分散作用。

（5）在有效加重范围内,抗高温降滤失剂不得使钻井液严重增稠。

（6）在 pH 值较低时（7～10）也能充分发挥其效力,有利于控制高温分散,防止高温胶凝和高温固化现象的发生。

如高温保护剂磺化多元共聚物 GBH 具有：①抗温性能好,在膨润土颗粒表面吸附能力强,高温下具有护胶作用；②在钻井液中具有协同增效的作用,与其他处理剂作用可形成络合物,有效地提高其他处理剂的抗温性能,因而提高了钻井液体系的抗温能力；③在高密度水基钻井液中具有高温稀释作用,能改善钻井液的流变性能和高温高压滤失性能；④具有一定的抑制页岩水化膨胀的作用,可稳定井眼。如磺化树脂型降滤失剂 GJ（4%～6%）,在高温下对钻井液增黏作用不大,在井壁上能形成低渗透、柔韧、薄而致密的泥饼,与其他处理剂的配伍性好。又如防塌封堵剂 GFD（4%）有良好的抑制页岩水化膨胀的作用,高温下能有效地封堵井壁地层裂缝,有利于深井防塌和热储层的保护,同时它可以有效地填充于泥饼中,改善泥饼质量,降低泥饼的渗透性、摩阻系数和高温高压滤失量。

实验研究表明,腐殖酸类抗温 200℃～230℃,聚丙烯酸类抗温 200℃～230℃,木质素磺酸盐类抗温 130℃～180℃,栲胶类抗温 180℃以上,磺化单宁（SMT）抗温 180℃～200℃,硅氟降黏剂抗温 250℃,磺化酚醛树脂降失水剂（SMP-1）抗温 200℃～220℃,磺化褐煤树脂降失水剂（SPNP）抗温 200℃～220℃,水解聚丙烯腈铵盐降失水剂（NH_4PAN）抗温 150℃～180℃,纤维素类抗温 120℃～140℃,磺化沥青防塌剂抗温 150℃,乳化沥青抗温 80℃～220℃（据软化点不同）。

(二) 高温泥浆评价与测试

研制和评价抗高温泥浆的一个重要技术环节是要具备高温环境下泥浆性能测试的仪器。常温泥浆性能测试仪器是无法模拟高温条件的。现今,泥浆高温性能（主要是流变性和失水性）测试仪器得到快速发展。常用的高温泥浆测试相关的仪器列举如下。

为表征泥浆在井内静止或循环状态下的渗滤情况,静（动）态高温滤失仪可通过温控系统升温至测试温度,以氮气瓶调整渗滤压力,以滤纸或瓷盘作为渗滤介质。其中,静态高温高压滤失仪(图 3-125)最高测试温度达 260℃,最大工作压力为 1000psi。动态高温高压滤失仪(图 3-126)最高工作温度为 150℃,最大工作压力为 600psi,转速可在 800r/min 内连续可调。

图 3-125 静态高温高压滤失仪　　　　图 3-126 动态高温高压滤失仪

如图 3-127 所示,高温滚子加热炉可用来老化泥浆,通过设定老化温度和老化时间可以对比泥浆样品老化前后的性能变换情况,该仪器最高工作温度达 300℃。通过设定温度和压力,采用图 3-128 所示的高温高压膨胀量测试仪可评价泥浆样品的抑制性,为高温高压环境下钻井的井壁稳定性研究、评价和优选防塌泥浆配方提供了一种先进的测试手段。该仪器可完成 150℃ 范围内 700psi 压差环境下的膨胀量测试工作。现代的泥页岩膨胀仪采用非接触式高精度传感器,电脑监控记录,性能更稳定,测试范围更大,无漂移,通电即可使用。其技术特点是:利用非接触式位移传感器与圆铁饼之间的距离随黏土饼膨胀时体积变化而缩短,从而改变传感器的输出电压,使数据采集器得到膨胀量实验参数。

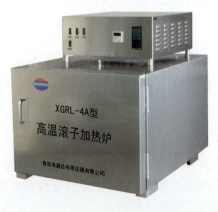 

图 3-127 高温滚子加热炉　　　　图 3-128 高温高压膨胀量测试仪

美国范氏公司的 Fann IX77 型泥浆流变仪（图 3-129）可在高温 316℃ 和高压 30 000psi 的极端条件下测量流体流变性。该仪器是同轴圆筒测量系统，它使用耐高温的精密磁敏角度传感器来检测内嵌宝石轴承的弹簧组合的角度，传感器系统可以校准到 ±1℃。电机转速实现了 0~640r/min 无极调速的全自动控制，外围嵌有加热加压装置。另外，配上一个软件控制的制冷器可以使实验在室温以下的温度进行。而 Fann 50SL 型高温流变仪（图 3-130）可满足 260℃ 和 1000psi 条件下的泥浆与压裂液等浆液的流变性能测试，所有操作均可通过电子软件系统自动完成。

图 3-129　Fann IX77 型高温高压流变仪

图 3-130　Fann 50SL 型高温流变仪

（三）高温泥浆土量限的确定

造浆土作为整个泥浆体系的骨架结构，对泥浆的整体稳定性起到至关重要的作用。对于高温泥浆而言，造浆土含量过高或过低均有可能导致泥浆性能难以满足要求。通常情况下，当黏土含量过高时将导致泥浆增稠甚至失去流动性（胶凝）；黏土含量过低时会导致泥浆减稠。一般把某个温度下能引起泥浆产生胶凝的土量称为高温土量限。温度越高，高温土量限越低。当然，由于土的类型、pH 值、抑制剂的类型及浓度、处理剂的抗温能力及密度不同，某温度下的高温土量限也不尽相同。但是，重视高温土量限这一指标，对于高温泥浆的配制极为重要，无论是配方设计还是现场泥浆性能维护，都必须对这一指标进行严格控制。

通常情况下，当温度低、处理剂抑制高温分散能力强、pH 值低时，则该温度下的土量限较高；反之则低。凡是发生了高温胶凝的泥浆，其热稳定性必然丧失，性能受到破坏，在使用中常表现为井口泥浆黏度和切力上升很快，处理频繁，且各类处理剂用量大。而当泥浆优质造浆土含量过低时，则表现为黏度下降较快，聚合物类提黏剂难以有效维持黏度，中压失水量不高，但是高压失水量较高且泥皮质量较差。无论是高温增稠还是高温减稀，均应引起泥浆技术人员的高度重视，泥浆日常性能测试过程中必须做好坂土含量测试以明确泥浆中的坂土含量。

(四) 抗高温处理剂的选取

仅有造浆土尚无法确保泥浆综合性能的调控，必须搭配部分泥浆处理剂以实现泥浆性能参数的优化。国内外普遍认为钻井液抗高温的重点在于处理剂的抗温能力，按这一理念，国内外合成数百种抗高温处理剂，组成数十种水基钻井液。可用于泥浆性能控制的各类功能型处理剂种类很多，为实现深井钻进，必须选取满足特定需求的处理剂。仅从抗温角度考虑，总结出常用泥浆处理剂的抗温能力如表 3-93 所示。

表 3-93 常用泥浆处理剂的抗温能力

处理剂名称	抗温能力（℃）
单宁酸钠	130
铁铬盐	130～180
CMC	140～180
腐殖酸衍生物	180～200
磺化单宁	180～200
磺甲基褐煤	200～220
磺甲基酚醛树脂	200
水解聚丙烯腈	200～230
淀粉及其衍生物	115～130

由表 3-93 可知，不同种类的处理剂其抗温能力相差较大，主要是因为其分子结构不同引起的。在浅孔阶段普遍使用的植物胶、纤维素、黄原胶等材料抗温能力均在 150℃ 以下，如果材料质量不过关或者使用环境特殊，其抗温能力又会大打折扣。相比较而言，含有磺甲基的褐煤、酚醛树脂等材料具有较高的抗温能力。但是，上述材料的抗温能力也仅是某种条件下的相对参考值，其单剂的抗温能力也与整个泥浆体系的抗温能力不可一概而论。无论是室内还是钻井现场，均发现单剂的抗温能力远低于理论值，有时为了维持泥浆性能稳定，不得不大幅增加用量，从而导致使用成本远大于预期值。

从国外抗高温处理剂的发展现状来看，美国 Patel 以 AMPS 为聚合单体，以 N，N'—亚甲基—双丙烯酰胺 (MBA) 为交联剂，通过可控交联合成了一种用于水基钻井液的抗高温降滤失剂，该剂在 400 °F (相当于 205℃) 条件下抗温能力良好，而且抗钙镁性能出众，是一种优良的抗高温水基钻井液降滤失剂。

Thaemlitz 等研究开发了两种新型钻井用聚合物，并以此为主剂获得了一种新型的环境友好型抗高温水基聚合物钻井液体系，该体系主要用于高温高压钻井，耐温可达 232℃。

美国的 Soric 和德国的 Heier 以乙烯基胺 (VA) 和乙烯基磺酸 (VS) 单体为原料，通过共聚获得了一种抗温能力超过 230℃ 的新一代抗高温降滤失剂 Hostadrill 4706，具有出众的抗盐性能 (在饱和盐水中仍具有良好的性能)，而且还可以显著改善钻井液的流变性能。

Polydrill 是德国 BASF 公司 (原 SKW 公司) 推出的一种抗高温降滤失剂，美国的 Baker Hughes 公司也有与之相似的产品，这是一种相对分子质量在 2×10^5 左右的磺化聚合物，其耐温能力可以达到 260℃；Polydrill 不仅可以保持钻井液或完井液体系具有稳定的流变性能，而且能够抵抗多种污染物对钻井液性能的影响；Polydrill 的耐盐能力同样突出，它可抗 KCl 和 NaCl 至饱和，抗钙镁含量可达 $4.5\times10^4\sim10\times10^4\mu g/g$。

Mil-Tem 是 ARCO 公司生产的一种抗高温降滤失剂，它由磺化苯乙烯 (SS) 和马来酸酐 (MA) 共聚而成，相对分子质量较小，在 1000～5000 之间，该产品抗温可达 229℃。

Pyro-Trol 和 Kem Seal 是贝克休斯公司开发的两种高温钻井液用降滤失剂，二者均为该公司的专利产品。其中 Pyro-Trol 是 AMPS 和 AM 的共聚物，而 Kem Seal 为 AMPS 与 N-烷基丙烯酰胺 (NAAM) 的共聚物，一般两者配合使用。现场使用效果表明，两者均具有出众的高温稳定性能，可用于 260℃ 高温地层。

M-I 钻井液公司研制出一种新型共聚物，是一种有效的高温高压降滤失剂。降滤失剂 Hostadrill 4706 是在乙烯磺酸盐和乙烯氨基化合物的基础上开发出的，抗温稳定性高达 230℃。

从国外抗高温钻井液体系来看，美国斯伦贝谢公司研究了抗高温硅酸盐钻井液，具体做法：选用高 pH 值下保持稳定的共聚物作抗高温聚合物；配方：1.4%KCl+0.07%Na$_2$CO$_3$+0.285%常规 PAC+0.3%UL PAC+4.2%抗高温聚合物+0.2%XC+2.282%硅酸钠+改性沥青+1.14%胺基高温稀释剂+29%重晶石（pH 值=11.3）；钻井液性能重复性好，160℃下高温高压滤失量仅为 5mL，且抑制性强。Mobil 公司高温钻井液首次用甲酸盐钻井液钻高温高压井，它是一种无膨润土抗高温钻井液，常用处理剂在甲酸盐钻井液中配伍性好；甲酸盐能提高聚合物的高温稳定性和热稳定性；贝克休斯公司研究了高温聚合物钻井液，主要成分为：合成多糖类聚合物降滤失剂、抗温可达 260℃的低相对分子质量的 SS-MA、合成聚合物 AT 解絮凝剂、抗温可达 315℃的低分子 AMPS/AM 降滤失剂、高分子 AMPS/AAM 降滤失剂、改性褐煤聚合物 CTX 和增黏剂等。在德国 KTB-HB 工程中钻井液应用温度范围广，泥浆抗温达 233℃，具有良好的悬浮性和抗污染性。其主要成分为 SIV，是一种由钠、锂、镁和氧组成的合成多层硅（白色粉末）。国外抗高温水基钻井液典型处理剂如表 3-94 所示。

表 3-94　国外抗高温水基钻井液典型处理剂

代表	代号	作用与性能
M-I 钻井液公司	Hostadrill 4706	分子量为 50～100 万共聚物，抗温达 230℃，能改善钻井液流变性
M. Samuel	VIS-PILL	两性离子表活剂，既是增黏剂又作降滤失剂，抗温达 190℃
美国	COP-1、COP-2	AMPS、SMP 及 AM 共聚物，抗温达 262℃
德国	SIV	由钠、锂、镁和氧组成的合成多层硅，本身热稳定性达 370℃，配制的钻井液体系抗温达 233℃
M-I 钻井液公司	PVP	聚乙烯基吡咯烷酮，具有良好的剪切稀释性和携带能力，抗温达 180℃
Luigi F.	ZRC	柠檬酸皓抗高温降黏剂，能在 204℃以上控制膨润土的高温胶凝，提高褐煤及木质素磺酸盐的热稳定性
Md. Amanullah	GSP	天然材料中提取，作高温保护剂，可阻止膨润土泥浆 150℃以上高温热降解

国内在抗高温钻井液技术方面，研究开发了一系列磺化类抗高温处理剂，随后开发出磺化木质素、磺甲基酚醛树脂和一些特种树脂；最近 10 年，N，N 二甲基丙烯酰胺与 AMPS 等单体的问世和国产化，相继开发出多种耐温抗盐的降滤失剂和稀释剂等。国内主要抗高温钻井液处理剂中，SMC、SMP-1、SMP-2、SPNH、SLSP、SHR、SPX、SCUR、G-SPNH、AMPS 共聚物、CHSP-1、CAP、SFJ-1 等为抗高温降滤失剂，SMT、SMC、MGBM-1、XG-1、SSHMA、PNH、AMPS 共聚物、THIN、SF260 等为抗高温稀释剂。其中，AMPS 共聚物抗温能力高于 200℃，其余低于 200℃。

我国抗高温处理剂研究方面也取得了大的进展。王松（2001）以 AMPS 等单体为原料，合成了新型抗高温多元聚合物降滤失剂 JHW，其抗温能力达到 210℃，具有优异的抗盐能力和良好的抗钙镁性能，在淡水、盐水、饱和盐水、海水及含钙钻井液体系中的抗温降滤失性能均达到或超过国内外同类产品水平。许娟和黄进军等（2004）采用氧化还原体系，以 AMPS、AM 等乙烯基单体为原料，合成出了新型抗高温二元共聚物 PAX 系列处理剂。该降滤失剂具有良好的抗盐效果，在 220℃ 的高温下具有良好的降滤失作用，但体系高温老化后该降滤失剂黏度下降幅度较大。陈娟等与周向东均以 AMPS、AM 和 N-乙烯-2-吡咯烷酮（NVP）为主要原料，合成了三元共聚物 NJ-1 和 WH-1。这两种相似的处理剂在淡水、复合盐水、海水钻井液中具有良好的降滤失效果，与常规处理剂配伍性良好，并且易于维护。NJ-1 和 WH-1 均具有良好的耐温性，抗温可达 220℃，而且具有良好的抗钙镁性能，在质量分数为 12% 的氯化钙钻井液体系中仍能有效控制失水。傅连峰等以 AM、AMPS、复合阳离子单体 H-DMDAAC 为原料，采用水溶液聚合法合成了 JLS-1 三元共聚物。研究表明，JLS-1 配置的淡水泥浆和复合盐水泥浆在 220℃ 下老化 16h 后，其失水分别为 5.8mL 和 4.6mL，并且老化前后失水变化很小，说明 JLS-1 具有出众的耐温和降滤失性能。郑锟和蒲晓琳从分子结构入手，将精选的耐温型单体 AMPS、二甲基二烯丙基氯化胺（DM-DAAC）、顺丁烯二酸（MA）和 AM 进行共聚，合成出了两性离子型四元共聚物降滤失剂 AADM。室内研究了 AADM 的抗高温降滤失性能、抑制性能和高温稳定性能。结果表明，AADM 在 200℃ 或 220℃ 高温老化后无高温固化、增黏现象，具有良好的热稳定性能；同时该剂还表现出良好的高温降滤失性能和优良的抑制性能，可以满足高温深井对钻井液性能的要求。

松科二井抗高温钻井液体系研究成果是顺利钻达 7018m 的关键技术之一，该体系抗 230℃ 高温已得到了工程检验，抗 245℃ 以上的体系也完成了室内实验，具有高温钻井应用前景。

（五）我国抗高温泥浆技术

我国抗高温泥浆技术大致可以分为从钙处理泥浆、磺化泥浆到聚磺泥浆 3 个发展阶段。

1. 钙处理泥浆

钙处理泥浆是从 20 世纪 60 年代逐渐发展起来的一种粗分散泥浆体系。通常是在泥浆中添加石灰、石膏或氯化钙等钙处理剂，保证泥浆中含有一定的游离钙离子以提供抑制性的化学环境。其主要成分包括钙处理剂（无机絮凝剂）、降黏剂以及降失水剂。钙离子能够通过离子交换置换黏土层片间的钠离子，压缩黏土颗粒表面的扩散双电层，使其水化膜变薄，电动电位下降，从而引起黏土晶片实现面-面和端-面聚结，达到削弱其水化分散能力的目的。经过钙处理的泥浆，相比于分散性泥浆而言，能够抑制泥页岩水化膨胀，减少了细粒黏土的含量，具有较强的抗钙、盐及黏土污染的能力，提高了劣质固相的容量限，避免了一定温度范围内黏土高温分散引起的黏切上涨。但是，室内研究与现场应用过程中均发现，当温度超过 130℃ 且 pH 值较高时，钙处理泥浆有胶凝甚至固化的风险，主要是因为钙离子容易使得黏土颗粒相结合部位生成水化硅酸钙引发固结。所以，对于钙处理泥浆尤其是石灰泥浆，多推荐在 150℃ 范围内使用，且需要严格控制好坂土含量和 pH 值，并降低劣质固相的含量，加大分散剂如 SMC 的加量。有时为了进一步提高抑制性，也可将 KCl 或 KOH 引入到石灰泥浆中，转换为钾石灰泥浆，该泥浆曾在汶川科学钻孔现场中应用。

汶川地震断裂带科学钻探项目四号孔（WFSD-4）处于龙门山地震断裂带上，受历史上多次地震影响，地应力未完全释放且地层倾角大，导致地层异常破碎且断层泥水敏性较强,井壁稳定性要求极高,汶川 WFSD 部分岩心如图 3-131 所示。

图 3-131 汶川 WFSD 破碎岩心

汶川地震断裂带科学钻探前期使用了分散体系泥浆,钻进过程中出现了防塌能力不足、固相含量高以及维护难度大等缺点。通过认真总结分析前期泥浆使用过程中所出现的不足,提出了以钾石灰泥浆应对上述复杂问题的解决方案。其配方为:(2.5%~3%) NV-1+0.1%KPAM+5%SMP+1%QS-2+(5%~8%) KCl+0.4%CaO+0.5%CMC+2%SMC+2%SPNH+3%FKRH+3%FT-1。其性能参数如表 3-95 所示。

表 3-95 汶川 WFSD-4 孔钾石灰泥浆性能参数

井深(m)	ρ (g/cm³)	FV(s)	PV(mPa·s)	YP(Pa)	Gel(Pa/Pa)	FL(mL)
上部	1.24~1.30	32~48	19~37	5.5~35	2~4.5 /7~16.5	4.9~3.2
S1	1.30~1.31	43~60	28~30	12~15	4~4.5/15~15.5	3.2~3.4
S2	1.30~1.39	45~87	15~33	19~31	3~5/8~15	3~3.6
S3	1.40~1.46	67~88	29~37	24~35.5	4.5~5/12~19	3~3.2
S4	1.40~1.60	40~88	23~36	19~36	1.5~6/6~18	3~3.8
S5	1.71~1.72	37~39	37~38	11.5~13	2~2.5/8~8.5	3.8~4
S6	1.70~1.71	38~41	32~39	14~17	3~4/10.5~13	3.8~4.0
S7	1.41~1.52	35~38	30~32	11~12	2.0~2.5/5~6	4.0~4.2
S8	1.64~1.71	57~65	39~46	19~21	3~4/10.5~13	2.6~3.0

所选用的钾石灰泥浆体系,在井眼上部施工顺利,井眼稳定,起下钻正常,保证了有效作业时间,泥浆性能稳定,维护处理简单,具有良好的润滑防塌性能、较低的摩阻系数和较强的抑制能力,防卡、防塌效果明显,有效消除了 CO_2 气体侵入泥浆导致的酸性污染。

2. 磺化泥浆

自 20 世纪 70 年代以 SMC、SMP-1、SMT、SMK 等磺化材料完成四川女基井和关基井(井深分别达到 6011m 和 7175m)以来,磺化泥浆已在我国各油田深井中推广应用。该体系为典型的分散体系,以 SMP-1 与 SMC 复配使用使得泥浆的 HTHP 失水量得到有效控制;以 SMT 或 SMK 调整高温下的流变性能,从而大大提高了泥浆的防塌、防卡、抗温以及抗盐、抗钙的能力;泥浆的密度提高至 2.25g/cm³ 时也可获得良好的综合性能控制。磺化泥浆的研制成功是我国在深井泥浆技术上的一大进步,其主要标志是,磺化处理剂均能有效降低 HTHP 滤失量,特别是 SMP 的效果更加明显,这一特性是钙处理泥浆无法达到的。

这样就大大改善了泥皮质量，减少了深井出现的坍塌、卡钻等井下复杂情况，在很大程度上提高了深井钻探的成功率。

某深井在 5251～6011m 范围内以（10%～12%）NV-1+0.5%Na_2CO_3+（5%～6%）SMC 的配比维持泥浆性能，在钻进过程中泥浆性能稳定，完全满足工程与地质的要求，在使用中仅以 5%～6% 的 SMC 进行胶液维护，实现了泥浆密度 1.09～1.14、黏度 22～25s、失水量 4～5mL 以内的性能控制。该配方材料简单，维护便利，但是 SMC 中含有 Cr^{3+} 离子，所以不再适合当前对泥浆使用的环保要求。而且，该泥浆对盐钙的抗污染能力极低，只适合在淡水环境下使用。

3. 聚磺泥浆

自 20 世纪 70 年代聚合物泥浆得到快速发展以来，凭借其良好的抑制性、低固相含量、良好的流变性以及低成本等优势，迅速在浅部地层大规模使用。但是，尽管聚合物泥浆在提高钻速、抑制造浆和提高井壁稳定性等方面具有十分突出的优点，但总的来说其热稳定性和泥皮质量还不适合在高温井中使用。所以，人们自然而然地将聚合物与磺化材料结合起来，从而形成了当前普遍使用的一种高温泥浆体系——聚磺泥浆体系。聚磺泥浆既保留了聚合物泥浆的优点，又改善了高温高压泥皮质量和流变性，从而更加有利于深井钻速的提高和井壁的稳定。

聚磺泥浆的主要处理剂大致分为两类，一类是抑制剂类，包括各种聚合物处理剂以及 KCl 等无机盐，其主要作用是抑制地层造浆，从而有利于地层的稳定；另一类是分散剂，包括各种磺化类、褐煤类以及纤维素等材料，其主要作用是降失水和改善流变性，从而有利于泥浆性能的稳定。在深井的不同井段，由于井温和地层特点各异，我国泥浆技术人员在聚磺泥浆的使用上已经积累了丰富的经验，提出了深井上部地层"多聚少磺"或"只聚不磺"，而下部地层"少聚多磺"或"只磺不聚"的实施原则，分界大致在 2500～3000m 井深处。依据这一原则，聚磺泥浆已成为目前我国深井普遍选用的泥浆体系。

泌深 1 井是中石化 2008 年部署在南襄盆地泌阳凹陷的一口重点探井，设计井深 6000m，三开下段选用了聚磺泥浆，配方为：4%NV-1+0.2%Na_2CO_3+0.2%FA-367+0.2%KPAM+0.2%CMC-HV+2%CSMP-2+3%SHR+1%SFT+1%SMT+1%JRH-616+1.5%固体石墨。泌深 1 井三开下段泥浆性能参数如表 3-96 所示。

表 3-96　泌深 1 井三开下段泥浆性能参数表

井深（m）	ρ（g/cm³）	FV（s）	PV（mPa·s）	YP（Pa）	Gel（Pa/Pa）	FL（mL）
3948	1.17	68	30	15.5	5.0/10.0	4.0
4221	1.18	66	30	19.5	5.5/12	5.0
4532	1.20	68	30	16.5	5.0/11	5.0

该聚磺泥浆具有较强的抑制性和携岩能力，解决了玉皇顶组玉 1、玉 2 段地层红色、灰色泥岩、泥质砂岩造浆和井壁不稳的问题，保证了井眼清洁，抗温能力强，为后续钻进创造了有利条件。

胜科 1 井是胜利油田在东营凹陷施工的一口超深探井，设计井深 7000m，完钻井深 7026m。在钻进过程中主要面临的问题包括：①高温。井深达到 7000m 时井底温度达到

235℃，高温导致处理剂降解、黏土分散程度进一步加强，严重影响了泥浆性能；②地层造浆能力强，且存在盐、膏岩层，泥浆遭受污染后性能恶化明显。现场使用了抗高温聚磺泥浆配方：1.5%海泡石+1.5%NV-1+0.2%PAMS601+3%Soltex+2%Desco+2%Driscal-D+5%LHK+1.5%SPNH+2%FRI-13+3%RZF-3。胜科1井不同井深处泥浆性能参数如表3-97所示。

表3-97 胜科1井不同井深处泥浆性能参数表

井深 (m)	ρ (g/cm³)	FV (s)	PV (mPa·s)	YP (Pa)	Gel (Pa/Pa)	FL (mL)
4300	1.25	53	28	10	3/5	4.3
4573	1.57	62	30	13	4/6	3.8
4959	1.85	91	38	15	3/14	3.0
5144	1.86	89	37	16	3/15	2.8
5411	1.86	81	36	15	2/17	3.2
5661	1.85	84	37	18	3/16	3.0
5881	1.85	85	33	16	3/18	2.8
6000	1.90	85	33	16	5/16	2.6

长深5井是松辽盆地南部的一口风险探井，为吉林油田最深的一口井，设计井深5400m，实际完钻井深5321m。预计井底温度达到220℃左右，下部井段（4357～5321m）使用抗高温水基泥浆，密度为1.25～1.28g/cm³，共进尺964m，井底温度207℃。为有效应对抗高温问题，采用了基于GBH（高温保护剂）的新型高温水基泥浆技术。其配方为：(2%～4%)NV-1+1%GBH+3%高温降滤失剂GJL-1+6%高温降滤失剂GJL-2+4%高温防塌封堵剂GFD-1+0.2%增黏剂+2%储层保护剂。长深5井不同井深位置钻井液性能参数如表3-98所示。

表3-98 长深5井不同井深位置钻井液性能参数表

井深 (m)	ρ (g/cm³)	FV (s)	PV (mPa·s)	YP (Pa)	Gel (Pa/Pa)	FL (mL)
4370	1.27	100	37	19.5	8/24	2.7
4455	1.28	123	32	23.0	8/25	2.6
4473	1.27	90	30	17.5	6/20	2.5
4499	1.28	89	31	19.0	12/23	2.8
4521	1.28	124	30	22.5	9/22	2.5
4567	1.27	104	31	20.5	11/22	2.7
4595	1.28	80	31	16.0	6/17	2.5

三、高密度泥浆

随着井深增加，井底压力逐渐上升，钻遇高压地层的风险也较高，为了平衡井底压力不得不进一步提高泥浆密度。一般而言，高密度泥浆的固相含量很高，巨大的固相颗粒比表面积通过润湿作用和吸附作用使得泥浆中的自由水含量减少，导致泥浆体系容纳钻屑的量限降低。无论是长时间循环冲剪导致劣质固相进一步分散，还是外部污染严重，均有可能导致固相颗粒之间连接而形成结构，导致泥浆黏切急剧增加，使得流变性与沉降稳定性之间的矛盾突显。高密度泥浆性能调控的要点主要是流变性控制。

研究人员通过对国内已钻高密度井资料的调研、分析以及对国内商品化泥浆用加重剂的分析研究，对现阶段高密度泥浆体系进行了如下界定：①高密度体系：$1.80g/cm^3 \leqslant \rho \leqslant 2.50g/cm^3$；②超高密度体系：$2.50g/cm^3 < \rho \leqslant 3.00g/cm^3$；③特高密度体系：$\rho > 3.00g/cm^3$。而引起高密度泥浆黏切较高的因素也主要是固相含量过高这一因素导致的。如果采用重晶石加重，当泥浆密度达到$3.00g/cm^3$时，泥浆中的固相体积分数将大于60%。单纯的固相颗粒之间机械摩擦所引起的黏度上涨无法通过常规降黏剂得以控制，添加润滑剂虽然能减小固相之间的摩擦效应，但同时也增加了固液相之间的界面阻力，即如果润滑剂使用不当，不但无法改善流变性，反而会由于相界面阻力的增大而使得泥浆流动性急剧变大。所以，高密度泥浆的研制要点主要包括劣质固相控制、加重材料优选、特效稀释剂以及润滑剂的配伍等方面。

岩心钻通常采取绳索取心方式采取岩心，要求泥浆保持低黏切、低固相含量以有利于发挥高转速条件下金刚石钻头快速钻进的优势，一旦被迫提高泥浆密度而导致固相含量升高，则大量固相颗粒易在钻杆内壁结垢，导致取心管下放不到位而影响作业效率。

贵州某页岩气探井施工过程中钻遇高压气层，不得不在聚磺泥浆的基础上将泥浆密度加至2.0以上。其配方为：4%NV-1+0.1%NaOH+0.3%KPAM+0.6%NH$_4$HPAN+0.3%CMC-LV+2%FT-1+2%RH-3+2%SMC+2%SMP+重晶石，该勘探井高密度泥浆性能参数如表3-99所示。

表3-99　某页岩气勘探井高密度泥浆性能参数表

井深（m）	ρ（g/cm^3）	FV（s）	PV（mPa·s）	YP（Pa）	Gel（Pa/Pa）	FL（mL）
2122	1.75	44	17	10.5	7/14	5
2140	1.90	44	18	12	8/15	5
2167	1.92	41	22	6	3.5/7.5	5
2203	2.14	40	20	10	7/10	2.8
2227	2.25	43	34	6	3.5/7	3.2
2253	2.27	47	32	17	7/12	3.0
2270	2.29	76	61	17.5	13/18.5	2.8

对高密度泥浆维护要注意以下几点：

（1）加强固相控制，尽可能除去无用固相。振动筛选用160~180目细筛布，使用率达到100%；保证除砂器、除泥器使用率达到90%以上，适度使用离心机以清除劣质固相。

（2）补充KPAM等聚合物胶液，对钻屑产生适度絮凝，抑制其水化分散，配合固控设备以最大程度地避免其浓度累积。

（3）补充SMT、SMC等分散性处理剂以调整流变性，避免其黏切过高。

（4）加足RH-220等润滑剂，降低固相颗粒间的摩擦，改善固液两相界面阻力，进一步降低循环阻力。

四、饱和盐水泥浆

深井、超深井钻井过程中，又一易造成井下复杂情况和事故的地层是盐岩层和盐膏层，若夹有软泥岩，则井下情况变得更为复杂。盐岩层大体上可分为两种类型：一种是纯盐岩层，另一种是复合盐岩层。盐膏层、膏层、膏泥层等均属于后一种。盐岩层的塑性蠕变、塑性流动造成缩径，导致遇阻遇卡、卡钻，也易造成套管变形，甚至被挤坏。在深井、超深井中，高温会加速盐岩层的塑性蠕变和塑性流动，使井下情况变得更加复杂和严重。在此类地层钻进中，如果使用分散泥浆，则会有大量的 NaCl 和其他无机盐溶解于泥浆中，使得泥浆的黏度、切力升高，滤失量剧增。此外，盐岩层溶解导致超径也会给后续钻进及下套管带来困难；部分岩矿心溶蚀导致心径变小，容易造成岩心滑脱而影响岩心采取率。这类地层的主要难点和对策有：

（1）极易导致井壁坍塌，因而造成阻卡、下钻不到底，甚至卡死。如硬石膏的吸水膨胀既有可能导致缩径，也有可能导致井壁坍塌。需要根据深部井段盐岩层、复合盐岩层的特性选择合适的钻井液体系。

（2）盐岩层、复合盐岩层的溶解或重结晶加大了钻井液性能的维护难度，特别是高浓度的钙、镁等离子对钻井液性能的破坏极为严重。合适的密度和盐度平衡是深部井段盐岩层、复合盐岩层钻井能否成功的关键因素。

（3）需要进行盐岩、复合盐岩的化学组成、物理化学性能、蠕变规律（特别是高温高压条件下的蠕变规律）及钻井液的对策研究。

深井、超深井钻进时需要根据盐岩层、复合盐岩层采用针对性的钻井液体系，如聚合物饱和盐水钻井液体系、欠饱和盐水钻井液体系、饱和石膏基钻井液体系、阳离子聚磺钻井液体系、两性离子聚合物钻井液体系、聚磺钻井液体系、氯化钾-聚合物钻井液体系等。

无论是欠饱和盐水泥浆还是饱和盐水泥浆，其配制方法大同小异。先将坂土浆预水化，以各类护胶剂（CMC、淀粉、PAC 等）进行充分护胶处理，然后补充 NaCl 至设计加量（可一次加足也可多次添加），补充 NaCl 的过程中密切注意黏度的变化，当出现增稠现象时说明黏度即将达到峰值，在坂含量低于 35g/L 的情况下可持续加盐，其黏度会降下来。也可用抗盐土即凹凸棒土或者海泡石来配浆，但是应注意该类造浆土需要高剪切环境才能充分造浆。如果是由上部井浆直接转换而来，其转换要点在于应尽量控制原井浆中坂土含量不能过高，否则有可能出现加盐过程中泥浆过度增稠而失去流动性。配置原则大致为：盐量越低，越应注意流变性调控；盐量越高，越应注意护胶处理。盐水泥浆一旦转换完成，其使用过程中性能一般比较稳定，维护起来相对较简单。

以华北某深部石盐矿普查项目为例，在井深 2300～3240m 段进行取心作业，需将上部淡水泥浆转换为饱和盐水泥浆。由于上部地层造浆严重，转换前泥浆中坂含量达到 70g/L，不满足直接转换的要求，所以制订了如下转换方案：

第一步，通过室内实验确定饱和盐水泥浆的配方：$4\%NV-1+0.1\%Na_2CO_3+0.6\%NaOH+0.1\%K-PAM+0.8\%LV-PAC+4\%SMP-2+2\%FT-1+30\%NaCl+0.4\%XC$。

第二步，确定保留井浆量与所需胶液量。通过室内小样实验获得了井浆与胶液的大致比例为 3∶2，而转换前循环浆量共 120m³ 左右。即只需要保留原井浆 72m³，剩下 48m³ 需要通过补充胶液来弥补。

第三步,开始转换。下钻到一开套管内,将地面井浆排掉并按照配方配制胶液,待搅拌均匀后,开泵顶替套管内泥浆至地面罐,与原胶液进行充分混合,并补充 NaCl 至含量达 20%左右;下钻到底顶替泥浆,将地面罐及套管内的盐水浆全部顶替至井底,排掉返出的井浆,停泵后再次将地面罐配满胶液,并大循环直至泥浆混合均匀,持续加入 NaCl 至饱和,收获盐岩岩心如图 3-132 所示。

图 3-132 盐岩岩心

转换完成后,以烧碱、纤维素、SMP-2 的胶液进行性能维持。在不同井深处泥浆性能参数如表 3-100 所示。

表 3-100 华北某石盐普查井饱和盐水泥浆性能参数表

井深 (m)	ρ (g/cm³)	FV (s)	PV (mPa·s)	YP (Pa)	Gel (Pa/Pa)	FL (mL)	pH 值	Cl^- 含量 (g/L)
2316.55	1.27	43	16	5	2.0/4.5	4.0	8	179
2370.66	1.28	44	16	6	2.0/5.0	5.0	8	176
2428.90	1.29	44	16	5.5	2.5/6.0	5.5	8	169
2532.26	1.31	43	16	6	2.5/5.5	4.2	8	167
2855.77	1.31	43	16	5.5	2.5/6.0	4.4	8	168
3006.56	1.35	44	17	6	3/6.5	4.8	8	169
3233.17	1.35	44	18	7	2.5/6.0	5.0	8	171

五、高密度饱和盐水泥浆

高密度饱和盐水泥浆主要用于高压盐膏层钻井。钻进中泥浆主要面临盐、石膏污染,井眼缩径、卡钻,流变性与降滤失性能难以调控等难题。对于高密度饱和盐水泥浆,除了能尽可能减少盐岩的溶解外,由于其"高密度"(2.0~2.5g/cm³),还可以有效控制复合盐岩、软泥岩和盐岩的蠕变以及塑性变形。添加部分抗温、抗盐处理剂后,也可在部分深井和超深井中使用。但是,在深井、超深井中使用高密度饱和盐水泥浆,其流变性、HTHP 滤失性、润滑性和固相等综合性能控制难度会急剧增大。高密度饱和盐水泥浆的配制要点基本是饱和盐水泥浆与高密度泥浆二者的结合，此处不再一一赘述。

目前国内已成功应用的 4 种典型高密度饱和盐水泥浆体系，包括聚合物饱和盐水泥浆、氯化钾聚磺饱和盐水泥浆、氯化钠＋氯化钾过饱和盐水泥浆以及氯化钠＋氯化钾复合饱和盐多元醇泥浆，几种泥浆的配方及性能如表 3－101 至表 3－103 所示。

表 3－101 中原油田文东地区高密度聚合物饱和盐水泥浆配方及性能表

井段		2600～4300m
层位		$Es_3^2 \sim Es_3^4$
配方		（3%～4%）NV－1＋（2%～2.5%）CMS＋（2%～2.5%）SMP＋（0.2%～0.4%）KPAM＋（36%～37%）NaCl＋2%FT－1＋（0.1%～0.3%）XW－74＋（0.3%～0.4%）NTA
泥浆性能	SG	1.75～2.0
	FV（s）	40～70
	PV（mPa·s）	30～70
	YP（Pa）	10～22.5
	Gel（Pa/Pa）	1～2/2～4
	FL_{API}（mL）	2～4
	FL_{HTHP}（mL）	<15
	MBT（g/L）	15～35
	K_f	≤0.15
	pH 值	8～10
	含砂量（%）	≤0.5
	Cl^- 含量（mg/L）	≥185000
	固相含量（%）	<200

表 3－102 塔里木油田羊塔克地区高密度 KCl 聚磺饱和盐水泥浆配方及性能表

井段		4800～5250m
层位		N ij－E
配方		（1.5%～2%）NV－1＋6% SMP－2＋7%KCl＋（15%～20%）NaCl＋3%FT－1＋3%柴油＋2%润滑剂＋2%RH－4＋3%FCLS
泥浆性能	SG	1.6～2.3
	FV（s）	60～90
	PV（mPa·s）	35～100
	YP（Pa）	10～25
	Gel（Pa/Pa）	3～6/8～10
	FL_{API}（mL）	3～5
	FL_{HTHP}（mL）	12～15
	MBT（g/L）	15～20
	K_f	≤0.1
	pH 值	9.5～11
	含砂量（%）	≤0.5
	Cl^- 含量（mg/L）	≥185000
	Ca^{2+} 含量（mg/L）	<200

表 3－103 塔里木油田拉苏地区高密度 KCl＋NaCl 复合饱和盐多元醇泥浆配方及性能表

层位		下第三系
配方		（1.5%～2%）NV－1＋1.5%NaOH＋（6%～8%）SMP－2＋（1.5%～2%）SPC＋7%KCl＋25%NaCl＋（0.2%～0.3%）NTA＋1%润滑剂＋（3%～5%）多元醇＋1.5%硅酸盐＋（3%～5%）乳化沥青
泥浆性能	SG	2.0～2.38
	PV（mPa·s）	70～115
	YP（Pa）	7.5～15
	Gel（Pa/Pa）	3～5/7～15
	FL_{API}（mL）	2.5～4.2
	FL_{HTHP}（mL）	4.8～15
	MBT（g/L）	15～20
	K_f	≤0.1
	pH 值	10
	Cl^- 含量（mg/L）	≥190000
	Ca^{2+} 含量（mg/L）	<200

对于不同的高密度饱和盐水泥浆和不同的配方，其适用的地层、应用效果和配制成本等也有所不同。因此，应根据实际地质特点和以往的钻井实践，并同时综合考虑成本和维护等多方面的因素，对高密度饱和盐水泥浆体系及配方进行优化设计，使其能够达到所需的各项性能指标，以满足钻井、测井和固井对泥浆的要求，达到顺利、安全钻穿复杂盐膏层的目的。

六、深孔绳索取心泥浆

对于绳索取心钻进泥浆而言，目前常用的泥浆体系多采用低固相泥浆和无固相泥浆。对泥浆要求具有特殊性，深孔绳索取心钻进泥浆技术问题主要体现在：环状间隙小，循环阻力大，钻杆内壁易结垢，悬渣能力普遍偏低；由于循环环隙小，泥浆流速大，对孔壁冲刷作用大，对破碎带、松散和松软地层易造成孔壁坍塌和孔壁超径，泥皮也难以形成；由于环隙小，提下钻压力激动大，孔壁安全性变差；由于多采用低黏、低密度泥浆，地层压力平衡问题更加突出；由于循环压力大，压漏地层现象也普遍存在。孔壁坍塌、超径、压漏对钻进影响非常大，特别是钻进复杂地层时，若措施不当，往往造成孔内事故多，钻进效率低，使绳索取心钻进的效率发挥不出来。另外，深孔地层温度高，对泥浆高温稳定性提出了严峻的挑战。在实际应用过程中采用的低固相泥浆和无固相泥浆还有各自的适应性、经济性问题，也值得研究和探讨。另外，深孔绳索取心泥浆除应具备常规泥浆所具有的流变性、抑制性和失水量等要求外，更加强调泥浆的润滑性；同时深部绳索取心钻探泥浆评价体系的标准问题，特别是针对无固相泥浆失水量、泥皮等指标如何界定和评判都值得探讨。总之，研究探讨深孔绳索取心钻进泥浆技术非常重要，对绳索取心工艺的应用和推广，对深孔钻探效率的提高均具有重要意义。

第七节 深部钻探钻头和钻杆技术

深部钻探钻遇的岩石种类多、岩性变化大、岩层复杂，岩石的物理力学性质存在较大差异。岩石可钻性从 4 级到 10 级不等，岩石完整程度和研磨性差异大。总趋势是岩石的硬度、密度增大，岩石应力有很大差异，往往钻井口径相对较大，金刚石取心钻进过程中高转速较难得到满足，对钻头钻压的控制精度降低，钻柱振动和偏振现象较为突出，要求钻头寿命高且钻头对岩层的适应性更强。根据切削材料的种类和钻进工艺不同，深孔大直径取心钻头的制造难度较大，需要结合岩心和钻头体强度综合考虑。破岩钻头分为刮刀钻头、牙轮钻头、冲击钻头和研磨钻头。按用途分为全面钻进钻头、取心钻头、扩孔钻头。目前，应用广泛的是牙轮钻头、金刚石钻头和冲击钻头。金刚石钻头包含 PDC 钻头、孕镶金刚石钻头、表镶金刚石钻头等。

为提高深孔钻进效率，有时需要调整工艺方法，钻头需要适应不同的工艺方法和工艺参数的调整。如需要取心的井段，以绳索取心金刚石钻进方法，或液动冲击器，或液动冲击器加孔底动力机等不同的组合钻具钻进方法为主；而不需要取心钻进时，要求使用不取心金刚石钻头、聚晶体不取心钻头以及复合片不取心钻头。同时，依据钻探要求与钻进工况，有时需要扩孔钻进，需要设计各类扩孔钻头。因此，不同的钻进方法、钻进工况与要求，对钻头设计、选型与使用提出了不同的要求。

一、技术现状

石油深井钻头的应用对深孔岩心钻探钻头设计和应用有借鉴意义。一些发达国家的钻井广泛使用PDC钻头来提高钻速,如英国在北海的一些钻井以全面钻进钻头为主,70%的井段采用PDC钻头,大大提高了机械钻速。混合型PDC钻头是美国某公司的专利产品,它具有标准PDC钻头的许多优点,并具有天然金刚石切削硬地层的特点。这种钻头扩大了标准PDC钻头在软地层和硬地层中的应用范围,在美国已经得到应用。

我国PDC钻头技术近年来有了突飞猛进的发展,不仅用在全面钻进,而且应用于取心钻进。由于PDC钻头制造技术和PDC钻头设计技术突破了原有的思维与制造技术,PDC钻头已能够用于硬岩地层。PDC钻头正越来越多地为人们所选用,已占深井岩石钻进钻头的70%。PDC钻头品种更多,分类更加精细和专业化。选择抗冲击弧面或凸面PDC钻头能用于硬岩冲击钻进,适应于不均匀地层的冲击载荷。PDC钻头开始用于Ⅷ级以上的硬岩,主要增加了PDC钻头的耐磨性,对钻头唇面进行了优化设计。

牙轮钻头主要用于深孔岩心钻井的扩孔,国内外牙轮钻头主要解决牙轮钻头的使用寿命和提高机械钻速问题。这两年主要发展了超硬激光镀层、聚晶金刚石轴承和保径齿技术。超硬激光镀层提高了牙轮钻头的使用寿命,Smith公司采用超音速喷涂镀层激光处理技术,在硬质合金齿柱上粘结3层约0.76mm厚的聚晶金刚石复合层,以压碎和冲击的方式钻硬地层和研磨性地层。聚晶金刚石轴承在牙轮钻头上使用,可使牙轮钻头转速大幅提高。聚晶金刚石轴承不需要密封,即使在大载荷和高温下也不会像一般轴承那样发生黏卡。休斯克里斯坦森公司采用剪切或刮削作用的PDC齿作为牙轮钻头的保径齿(图3-133)。虽然PDC材料的硬度是碳化钨材料的3~4倍,但在切削中

图3-133 硬岩牙轮扩孔钻头

硬砂岩地层时,PDC材料的耐磨性能则是碳化钨材料的150倍以上,在石英含量高的砂岩地层中,磨损速率差别可能在400倍以上。

在取心钻头方面,采用热稳聚晶金刚石钻头、PDC+金刚石孕镶块混合齿钻头等类型钻头。贝克休斯公司取心钻头由抗腐蚀碳化钨混合胎体制成,具有高耐磨性,能延长钻进时间,其切削齿可采用PDC片、天然金刚石和巴拉斯热稳定性人造金刚石等。贝克休斯公司ARC系列抗回旋取心钻头靠先进的横向力自平衡抗回旋技术来提高机械钻速、钻头寿命和岩心质量。其主要结构与性能特点是:最佳的切削齿布置使这种钻头成为自扶式取心钻头;减少了切削齿的数目;用镶装齐平的硬质合金作低摩擦保径齿;提高切削齿的寿命,扩大PDC取心钻头的使用范围,减少钻具振动,提高岩心质量,减少卡心,井眼和岩心没有螺旋状;增加了切削的深度,提高了机械钻速,减少了滤液侵入;增加了稳定性,使井眼和岩心规则。

深部岩心钻探大直径取心对提高岩心采取率和取心质量是有利的,但由于厚壁钻头剥取的岩石工作面增大,所需破碎功也大,对钻头设计和制造的要求高,钻头的成本也相应增

高。对于坚硬致密结晶岩，期望钻头壁越薄越好，钻进效率高，但是壁薄势必对内外管之间间隙和内外管壁厚选择是不利的，间隙小，钻进泵压高，壁厚小钻具强度低。因此，钻头的壁厚除了岩石因素外，与钻具设计强度有关。图 3-134 为 KTB 主孔采用的大直径薄壁金刚石钻头，钻头外径和内径分别为 φ311mm 和 φ234mm。图 3-135 为表镶金刚石大直径钻头。图 3-136 为大直径复合片取心钻头。图 3-137 为四牙轮取心钻头。

图 3-134　KTB 主孔采用的大直径薄壁金刚石钻头

图 3-135　表镶金刚石大直径钻头

图 3-136　大直径复合片取心钻头

图 3-137　四牙轮取心钻头

牙轮钻头是石油天然气行业常用的钻头形式，对取心钻探来说，虽然用牙轮钻头取心对岩心采取率有不利的影响，但早期美国和苏联都进行了应用试验。

美国史密斯工具公司的四牙轮取心钻头，用两个背锥朝内的牙轮切割岩心，另外两个背锥朝外的牙轮钻井，所形成的岩心不到 25mm 长就能进入岩心爪。

设计的六牙轮取心钻头如图 3-138 所示，用三只牙轮切割岩心，另外三只牙轮钻井，稳定性比四牙轮钻头好。

苏联在科拉半岛科钻中也采用了牙轮钻头取心技术，在科拉超深井的片麻岩闪长岩和花岗岩混合岩层中，采用 φ216mm×φ60mm 牙轮取心钻头 1217 个取心回次的平均钻速为

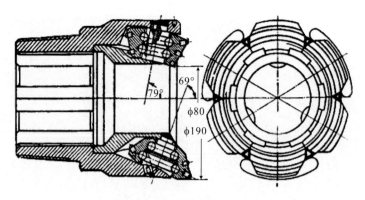

图 3-138 六牙轮取心钻头

1.8m/h、平均回次进尺为 7.6m。

对于深部硬岩取心钻探而言，金刚石钻头有巨大的优势。长寿命金刚石钻头也是近几年的重点研究对象。众所周知，加大绳索取心钻进的起钻间隔可提高施工效率，但前提条件是须提高钻头寿命。提高金刚石钻头寿命的主要方法之一是加大钻头金刚石工作层的厚度。随着钻头技术的发展，金刚石钻头工作层的厚度在不断增加，从最初的 4~6mm 发展到现在的 10mm 以上，最大的达到 25mm。钻头使用寿命至少提高了 30%，甚至提高 1 倍以上。

北京探矿工程研究所的加高胎体、双层水口的金刚石钻头在山东乳山和招远金矿深孔（孔深 1500~2000m）粗粒花岗岩、片麻岩钻进中，机械钻速（2~3）m/h，钻头平均寿命超过 90m（最高 198m），是普通钻头寿命的 2~3 倍。

由于深部岩心钻探井上部直径相对较大，岩心采取可以根据需要采用两种模式：一是直接大直径同径取心，一次性形成所需钻孔直径；二是采用先小径取心，再大径扩孔的方法。两种模式的选用需要根据地层条件、科学目标和经济性等来进行抉择。科学深钻大直径同径取心与常规孔径取心钻进没有本质的区别，只是由于孔径增大，破岩环形面积增大，要求的钻进技术参数也相应改变。技术参数选择的原则与常规孔径相同，但大直径取心钻进要求钻压大，泵量大，钻进所需的扭矩也大。这就要求配备能力强的钻机和泥浆泵，并且应使用大直径钻铤和钻杆。中国地质调查局勘探技术研究所开发的 KT 型取心钻具和薄壁取心钻头在松科二井采用同径技术，节省了大量的施工时间，尤其在钻穿多套地层的连续取心作业中有巨大的技术优势。KT 型大直径取心钻具规格及岩心直径如表 3-104 所示。所取岩心如图 3-139 所示。

表 3-104 KT 型大直径取心钻具规格及岩心直径 （单位：mm）

型号	外筒规格	内筒规格	钻头外径	最大岩心直径
KT-194	194	140	216	128
KT-273	273	219	311	198
KT-298	298	245	311	214

由于钻头直径较大，制作钻头时一般采用复合形式，如图 3-140 所示为金刚石孕镶块

图 3-139　KT-298 钻具取出的直径 214mm 岩心

镶嵌式钻头，克服了一次成型工艺难度，采用金刚石孕镶块焊接在钻头刚体上，节省了制作成本，也便于修复。图 3-141 为取心+扩孔复合形式的钻头，取心采用常规系列钻头，拧卸在前端，后端采用牙轮扩孔跟进，一次钻进取心和扩孔。

图 3-140　金刚石孕镶块镶嵌式钻头

图 3-141　取心+扩孔复合形式的钻头

金刚石钻头是岩心钻探的常用工具，制作工艺多种多样，其生产工艺主要采用电镀法和热压烧结法。可以说，金刚石钻头的制作技术代表了金刚石工具的技术内涵。

二、深孔钻进钻头选择

钻头的选择与地层、设备和工艺、井内状况均有关系。应重视的问题是，对钻头好坏的评价不仅与钻头质量有关，还与钻具组合、钻进规程参数和井内状况有关，钻头寿命是综合因素引起的结果。即使综合性能表现好的钻头，若地层不适宜或操作不当，也不会获得好的钻井效果。所以，应根据各地区不同的地层优选钻头类型，并正确使用钻头，这样才能获得钻头耗用数少、钻头进尺多、钻井速度快的效果。

对于深孔取心钻进施工，一般采用机械钻速高、寿命长的钻头。不要因为钻头价格高而放弃对效率和质量的要求，因为钻头费用在深孔取心钻进施工总费用中占的比例很小，而提高机械钻速和钻头寿命会带来明显的经济效益。深井钻进效率与碎岩钻头的选择和技术策略息息相关。

(一) 孕镶金刚石钻头

1. 钻头的特点

孕镶金刚石钻头对中硬以上、不同研磨性、不同完整度和不同塑脆性岩层都有好的适应性，对孔底动力钻进和绳索取心钻进都有好的适应性，在深部钻探中是首选的钻头类型。

孕镶金刚石钻头能够设计与制造不同的底唇面形状和工作层内部的复合型结构，有利于提高钻头的稳定性，提高钻进效果和对岩层的适应性。

孕镶金刚石钻头属于自锐式钻头，在设计合理、钻头选型与岩性和钻进工艺参数相适应的前提下，能够实现自磨出刃，有"恒钻速"钻头之美誉。

2. 钻头适应的岩层

孕镶金刚石钻头能够有效钻进各种不同的硬度及弱至强研磨性的岩石，也能够成功钻进破碎、层状、交互岩层，钻头的使用寿命长，特别在钻进硬岩时，其技术经济指标尤为优越。孕镶金刚石钻头不仅能够很好地适用于纯回转钻进方法，还能够适应于冲击回转钻进方法；不仅适应于取心钻进且取心质量好，也能适应于全面钻进和扩孔钻进。

(二) 表镶金刚石钻头

1. 钻头的特点

唇面形状依据岩层由软到硬、研磨性由强到弱，可以分别采用圆弧形唇面、不同圆弧半径的半圆弧形唇面以及多阶梯形唇面。选用粒度为（15~40）粒/克拉的金刚石；钻头具有很好的碎岩效果以及冷却金刚石和排除岩粉的性能。

钻头胎体的高度通常为10~12mm，最高可达15mm。为了减少钻头与岩石的摩擦阻力和有利于冲洗液的流通，采用内外棱条金刚石保径规。

绳索取心钻头由于胎体较厚，为保证金刚石冷却和排粉，扇形工作体不宜过长；从降低钻头所需钻压考虑，要求钻头底唇面有效系数较小，一般取0.65~0.75。

钻头的胎体硬度要依据岩石力学性质选择，一般为HRC35~HRC45。

钻头的水口相比孕镶金刚石钻头要少，水口、水槽较浅，但需要保证钻头底唇面的漫流区冲洗液能够冷却金刚石和排除岩粉。

采用的金刚石品级尽可能高，特别是钻进坚硬的岩石条件下；金刚石的粒度依据岩性不同，选用（15~80）粒/克拉的粒度。

表镶多阶梯绳索取心钻头能够实现逐层掏槽分级破碎，具有多"自由面"的特点，在中硬至硬岩中可以获得较高的钻进速度。

多阶梯的作用是增大钻具的稳定性，有利于提高钻头转速和岩心的采取率。多阶梯钻头金刚石排列的投影密度高，钻进强研磨性岩石，其保径性能好，钻头的使用寿命长。

2. 钻头适应的岩层

表镶金刚石钻头适用于钻进较完整的软至中硬、中硬、中硬至硬的各种研磨性岩层和互层，但不宜钻进破碎岩层与硬、脆、碎岩层。表镶金刚石钻头既能在高转速条件下具有高钻速，又能在较低转速下仍有较好的钻进效果，而且在深孔较低转速时可以弥补孕镶金刚石钻头的不足。但表镶多阶梯金刚石钻头不适应于破碎岩层使用，表镶金刚石钻头不适应于冲击回转钻进，也不适应于扩孔钻进。

表镶金刚石钻头可以选用优质、小粒金刚石和小密度排列方式，配合大水口等方法来攻克硬而致密、低研磨性的岩层。但是，这种结构的表镶金刚石钻头的成本较高；在硬至坚硬致密、弱研磨性的岩石中钻进，细粒表镶金刚石钻头并不是首选的金刚石钻头。

表镶金刚石钻头的钻进效率较高，钻头的使用寿命较长；表镶金刚石钻头中的金刚石使用后还可以回收再利用，以降低钻探成本。

(三) 人造金刚石聚晶钻头

1. 钻头的特点

人造金刚石聚晶钻头主要有柱状聚晶钻头和三角形聚晶钻头两种。

柱状聚晶可以制作表镶或孕镶钻头，各种孕镶结构形式的聚晶钻头对岩石的适应性比表镶聚晶钻头要强；聚晶钻头还可以设计成表-孕镶复合式。新钻头一般具有 0.5mm 的出刃，聚晶钻头与孕镶金刚石钻头的破碎岩石方式相似。

三角形聚晶钻头采用了后支撑保护，以提高三角形聚晶的抗折断能力；钻头具有高出刃的特点，能够有效提高钻进速度。

2. 钻头适应的岩层

柱状聚晶钻头适用于中等至较强研磨性的中硬至硬岩层；孕镶聚晶钻头还可适用于裂隙较发育的软至中硬岩层。

三角聚晶钻头适用于弱至中等研磨性的软岩层、软至中硬岩层，但不适用于裂隙发育的岩层。

随着聚晶质量的提高，对于可钻性 8 级以下的岩层，还可以选用表-孕镶复合式聚晶钻头钻进，可以获得钻进效率较高、成本较低的优势。同时，聚晶绳索取心钻头、不取心钻头以及扩孔钻头，都可以得到充分的应用。

(四) PDC 钻头

1. 钻头的特点

复合片钻头有钢体式复合片钻头和胎体式复合片钻头两类。胎体式复合片钻头，先采用热压法或无压浸渍法制成钻头的胎体，并同时成形复合片焊接坑。而钢体式复合片钻头则直接采用机加工方法，直接加工出钢体和复合片焊接坑。将复合片牢固地焊接在坑中，便形成复合片钻头。

为使复合片钻头在切削岩石过程中具有稳定的工作状态，依据岩石力学性质，采用5°~20°的负前角。为使其具有良好的冷却和排除岩粉效果，采用 5°~10°的径向角（旁通角）。

复合片钻头采用聚晶保径，并采用内外棱条保径规，以减少与孔壁和岩心的摩擦，有利于排除岩粉；也可以采用切割的半圆形复合片保径。

采用较宽而深的内外水槽，以流通足够的冲洗液冷却复合片和增强排粉效果。

2. 钻头适应的岩层

复合片钻头适用于较完整的弱至中等研磨性的、软至中硬岩石。随着复合片结构完善和质量提高以及钻头参数的合理设计，同时配合扭力冲击器，复合片钻头已经扩大了使用范围。在中硬及硬的、较完整的岩层以及中等研磨性的岩层中钻进，可以选用优质的 PDC 钻头。对于可钻性 8 级以下（含 8 级）的各类岩石，PDC 复合片钻头具有良好的适应性，且钻进效率较高，钻进成本较低。

（五）扩孔钻头

1. 钻头的特点

为下入大一级套管或处理孔内事故等，需要用扩孔钻头扩大孔径。

扩孔钻头的前端有一个导向头，它与钻头的扩孔部分连接构成整体形式，也可以是更换形式。导向钻头可以是一个焊有铸造碳化钨的耐磨导向头，主要在钻孔下部小径钻孔无阻碍条件下使用。也可以是一个金刚石钻头，用于下部小径钻孔内有脱落岩心或扩孔时掉落的岩块。

扩孔用的主钻头可以是阶梯式钻头，也可以是非阶梯式钻头；可以是表镶式钻头，也可以是孕镶式钻头；扩孔钻头还可以是聚晶钻头、组装式牙轮钻头等。

扩孔的径向尺寸大时，采用阶梯式钻头较好，但也可以采用非阶梯式钻头。

扩孔钻头不论是扩孔部分还是导向部分，与普通钻头基本相同，必须设计水口和内外水槽；水口与水槽的规格与普通钻头基本相同。

2. 钻头的适应岩层

金刚石扩孔钻头可以适应于中硬至坚硬、不同研磨性、不同完整程度的岩层；聚晶扩孔钻头适用于中硬、中等研磨性、较完整的岩层；对于硬而致密岩层，扩孔的孔径较大时，可以采用组装式牙轮扩孔钻头，也可采用金刚石扩孔钻头。

三、深部钻探常用钻头设计思路

（一）PDC 钻头

传统的复合片钻头适用于可钻性 8 级以下、较完整、较强研磨性的塑脆性岩层以及海相岩层中钻进，目前 PDC 制造技术的进步进一步拓宽了 PDC 钻头的应用范围。由于 PDC 破碎岩石的方式以切削为主，所以具有高效的碎岩能力。从钻头设计角度，复合片钻头参数主要指镶焊角 α、径向角（即旁通角）β、复合片的规格以及排列分布。

1. 镶焊角

复合片钻头的切削刃应以负前角镶焊切削岩石。这不仅提高了复合片钻头的工作刚度，延长了复合片钻头的使用寿命，而且对提高切削速度起重要作用。

理论分析和实践表明，复合片钻头镶焊角的选择范围在 10°～20°之间（图 3-142），对于中硬岩石选择 12°～15°镶焊角，对于硬岩选择 15°～18°镶焊角，其中以 15°的适应性为佳，其适用的岩石范围较广，切入岩石的阻力较小，岩石的单位体积破碎功较小。

2. 径向角（旁通角）

径向角的选择范围为 0°～10°，对于硬岩选择 3°～5°径向角，对于中硬及其以下的岩石选择 5°～7°径向角，其中以 5°的适应性为佳。径向角偏大时，对排除岩粉和冷却复合片有利，但对复合片的焊接强度会产生不利影响（图 3-143）。

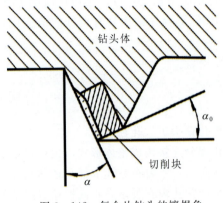 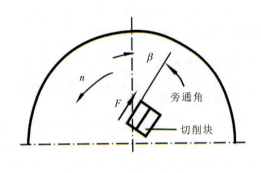

图 3-142 复合片钻头的镶焊角　　　　图 3-143 复合片钻头的旁通角

3. 复合片规格

对于中硬及其以下岩石及海相地层，选择 $\phi13mm$ 与 $\phi19mm$ 复合片；对于中硬与部分硬岩，选择较小直径复合片，例如将 $\phi10mm$ 与 $\phi13mm$ 复合片配合使用。一般以 3 个复合片组成 1 个切削组，以 $\phi10mm$ 复合片作为掏槽刃。除了可钻性 6 级以下地层可采用 $\phi19mm$ 复合片外，一般都应该采用直径为 13mm 的复合片。实践表明，$\phi13mm$ 复合片的适应性较好，兼有好的钻进效率和长的使用寿命。

4. 复合片排列分布

复合片钻头可依据井径大小和岩石性质，合理选择复合片的规格和排列形式，以提高破碎岩石的效率。由于深部钻探中的井径大，必须采用多环排列；依据钻头直径不同，可采用二环、三环或四环排列；可采用半圆弧形底唇面排布复合片；也可以采用单阶梯形底唇面排布复合片。总的原则是能够使孔底岩石形成分环破碎，能够形成较多的自由面，达到高效破碎岩石的效果。

复合片的排列要有利于岩粉及时排除，有利于复合片有效冷却。一般来说，同一侧复合片不要排列在相同径向上，但组合切削具可以例外，这样有利于排除岩粉，清洗钻头。

5. 复合片钻头的底唇面

取心式复合片钻头的底唇面一般为圆弧形或半圆弧形，或者为单阶梯形；单阶梯形中每个阶梯也可以是圆弧形或半圆弧形。这种底唇面既对布置复合片及破碎岩石有利，又增强钻头的耐磨性。

不取心复合片钻头有两种结构形式：①多刀翼复合片钻头，主要用于石油钻井；②内凹多翼复合片钻头，主要用于地质勘探和工程勘察。但对于超深钻探，井径较大，可以参照石油钻井复合片钻头设计制造的基本思路来设计制造深钻用的复合片钻头。

6. 复合片钻头保径

深部钻探中，井壁不稳定性和缩径是面临的两大难题，复合片钻头的保径措施显得很重要，可以设计成扩孔肋骨条来实现。对于钢体式 PDC 钻头，可以将复合片切割成半圆形状直接焊接在肋骨条上。对于胎体式复合片钻头，则在无压浸渍烧结胎体时，直接将粗粒、高强度人造金刚石和聚晶体预制到保径层表面，或制成肋条，实现保径与扩孔的目的。

取心式复合片钻头的保径结构与不取心复合片钻头的保径结构相似，取心复合片钻头相对于其他金刚石钻头而言，取心效果与质量稍差，一般情况下尽量少采用复合片取心钻头取心钻进。取心式复合片钻头如图 3-144、图 3-145 所示。

图 3-144　取心式复合片钻头之一

图 3-145　取心式复合片钻头之二

7. 其他

复合片钻头的焊接很重要，目前多采用高频焊接方法，基本能够保证钻头的质量。由于超深钻探的高温影响，有可能影响复合片的焊接强度。复合片一般采用钎焊方法，焊接强度主要由钎焊材料的性质所决定。目前的先进技术是采用激光焊接方法，提高复合片的焊接强度，不仅复合片的焊接强度不受高地温影响，还能够使复合片本身强度维持原始状态。

胎体式复合片钻头的胎体性能与表镶金刚石钻头的胎体性能相近，一般为 HRC35～HRC45 的硬度，较强至强耐磨性；复合片钻头胎体采用无压浸渍方法烧结完成。

全面钻进式复合片钻头的保径结构与取心复合片钻头的保径结构相似，保径规的高度、保径材料以及镶焊方法等都基本相同。

（二）热稳定性聚晶钻头

热稳定性聚晶钻头属于金刚石钻头的分支，其破碎岩石过程近似于针状硬质合金钻头破碎岩石，只是聚晶的硬度与耐磨性远高于针状硬质合金，所以无论从使用寿命还是钻进经济技术指标都远高于针状硬质合金钻头。聚晶钻头参数主要有聚晶的磨耗比、聚晶规格、聚晶的排列分布以及胎体的性能与水路等。

1. 聚晶

聚晶是钻头的核心部分，聚晶的磨耗比直接影响钻头的使用寿命，一般选择 10 万以上的磨耗比。市场上出售的聚晶规格中，用于钻探的多数为直径 2mm、2.5mm 以及 3mm 的圆柱状聚晶，也有相近规格的方柱状聚晶，还有三角形聚晶等；但多采用圆柱状聚晶，有利于破碎岩石，保持稳定的钻速。聚晶的规格必须依据岩石性质加以选择，岩石硬度高且完整时采用直径较小的聚晶；而岩石的硬度较低且完整程度较差时，应该采用较粗的聚晶。

2. 聚晶的排列分布

聚晶在胎体中的排列分布方式与密度对钻头性能有着直接的影响。排列分布的最终目的是有效发挥聚晶的破岩作用，保持钻头的均衡磨损，提高钻头的使用效果与寿命。排列分布的基本原则是：每颗聚晶的工作量基本相当，井底岩石不出现破碎空白带，不出现重复破碎带；两聚晶破碎带之间可以留有微小岩脊，有利于提高钻进效率。

为了提高聚晶钻头的使用寿命，满足超深钻探绳索取心钻进要求，需要提高工作层的高度，这样必然要提高聚晶的长度。但是，市场的圆柱状聚晶长度多为 4.5～5.0mm，如果要设计 10～15mm 高的工作层，需要预定 10～15mm 特殊规格的聚晶体，但其价格远超出 2～3 颗一般聚晶的价格。因为聚晶越长其成品率越低，价格越高。为此，采用 4.5mm 聚晶，用复合的方法可以预制出 10～15mm 长的"聚晶条"，可以满足实现高工作层的要求。

同时，还可以采用复合方式制造聚晶钻头，即表-孕镶复合式钻头。该聚晶钻头的第一层采用有序排列的表镶方式，完整聚晶有序排列分布，下井即可钻进；从第一层以上开始采用碎聚晶，即采用残次品聚晶，采用孕镶方式无序排列分布。厂家提供的碎聚晶基本上是完整聚晶长度的一半，直径与长度比接近 1。这种复合式聚晶钻头的工作层高度和胎体性能可以任意设计；同时，还可以复合一定浓度、较粗粒度的金刚石，提高钻头的工作性能，保持钻头均衡磨损，以满足可钻性 8 级以下不同岩层的钻进要求。复合式聚晶钻头设计如图 3-146 所示。

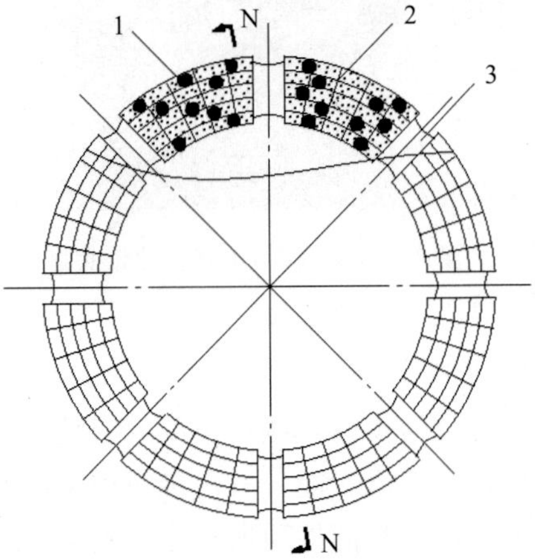

图 3-146 复合式聚晶钻头
1—聚晶；2—金刚石工作层；3—水口

3. 其他

热稳定性聚晶钻头的胎体性能要依据岩石的性质和聚晶的磨耗比综合分析后设计确定，一般在 HRC15～HRC25 范围，耐磨性为中等至较强。新聚晶钻头的聚晶出刃一般为 0.5mm。聚晶钻头表现为粗粒金刚石钻头的破碎岩石过程，胎体性能要与岩性相适应，胎体要超前聚晶磨损，能够保持聚晶的出刃维持在 0.2mm 左右，维持较高的钻进速度。

不取心聚晶的钻头采用较大的水路设计，特别是孕镶聚晶钻头增大其水口，还可以降低钻头唇面有效系数，使钻头唇面容易获得较高的单位钻压，有利于提高钻进钻压和钻进效率。

聚晶钻头适用于中等至较强研磨性、软至中硬的岩层，孕镶聚晶钻头也可以用于裂隙发育的中硬至硬、较强研磨性的岩层。

(三) 金刚石钻头

金刚石钻头分为孕镶金刚石钻头和表镶金刚石钻头两大类。超深钻探的钻头设计及选型与深部钻探用的金刚石钻头的设计及选型思路基本相同，稍有不同的是钻头的胎体性能与钻头结构略有变化。

1. 孕镶金刚石钻头

(1) 胎体性能。由于深部钻探的井底温度较高,但还不足以使金刚石钻头的胎体性能发生实质性的转变,不会引起钻头的工作性能下降,然而可能对较高粘结金属的胎体产生不良影响。这种影响体现在胎体对金刚石的把持力可能下降,钻压不能有效地传递给金刚石,影响破碎岩石的效果。

为此,设计超深钻探的钻头时,采用低粘结金属和高碳化钨等骨架材料配方,并制定相应的热压工艺参数。按此思路进行的钻头试验研究,证实了这种设计思路可行。

事实表明,这种低粘高骨架材料的配方,配合粗粒高强度、高浓度的金刚石参数,在合理的热压工艺参数条件下烧结出来的钻头,金刚石的出刃效果好,钻头的自锐能力强、钻头磨损均匀;同时,对岩层的适应性好,钻头的使用寿命长。这种钻头在深部钻探中可以推广应用。如图3-147所示,该钻头在可钻性7~8级岩石中已钻进101m。

图3-147 高碳化钨-低粘热压钻头

(2) 钻头的结构。钻头的结构包括钻头的底唇面结构、工作层内部结构以及保径规与钻头水路等。

钻头底唇面结构形式可选择圆弧形、半圆弧形底唇面,阶梯形底唇面等。主要选择依据是对岩石的适应性要好,导向性好;同时能对井底岩石产生分环、分别破碎,产生多自由面,以金刚石和机械力共同破碎岩石,获得高效钻进效果。

设计钻头底唇部超前刃式钻头,不仅能够创造自由切削面,而且能够提高钻头的稳定性,预防钻孔弯曲,从而提高钻进速度和岩心采取率。例如:导向式钻头、阶梯式钻头的底唇面参数,必须依据井深和岩石情况进行改进与设计,才能满足超深钻探的要求。

工作层内部结构,可以采用自磨出刃同心圆齿结构,该类钻头实质上是一种分层复合型结构的钻头,如图3-148所示。该孕镶金刚石钻头的结构特点为:

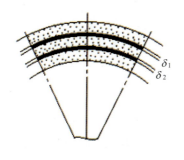
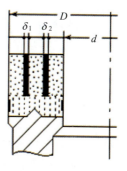

图3-148 自磨出刃同心圆齿钻头
D—钻头外径;d—钻头内径;δ_1、δ_2—沟槽宽

1) 由含金刚石的主工作层与辅助工作层组成，主、辅工作层之比例为 3∶1～5∶2，依岩石性质而定。

2) 工作层采用高浓度、高品级、粗粒度金刚石；辅助工作层采用较低浓度、较低品级、粗粒度金刚石。

3) 设计主工作层的胎体硬度以岩石的性质为依据，而辅助工作层的硬度比主工作层低 HRC10 左右，以确保辅助工作层提前磨损，形成环形槽，在孔底形成环形岩脊，提高破碎岩石效果，提高钻头工作的稳定性；辅助工作层可以复合金刚石，也可以不复合金刚石，依据岩石性质和工况而定。

4) 采用主、辅工作层结构后，辅工作齿所对应的孔底岩石会形成环形岩脊，该岩脊内的微裂隙发育，强度极低，很容易在钻头振动和冲洗液冲蚀的共同作用下被破碎掉；破碎下来的岩粉颗粒较粗，有利于主工作层的磨损和金刚石出刃，使钻头的钻进效率得以提高。由此可知，这种结构的钻头，孔底岩石并不完全由金刚石去破碎，故钻头对岩石的适应性相对得以提高。

5) 工作层高度设计为 15mm，高工作层部位要设计高强度保径层，以提高钻头的使用寿命。

6) 该结构钻头的最大特点还在于：分层复合型结构钻头钻进时在底唇面所形成的多道环形槽一直可以保持到金刚石工作层全部磨损完，因此钻头破碎岩石的性能稳定，而不像普通的同心圆齿钻头，齿很快被磨损完之后便成了普通的平底形钻头，优势也不复存在。

(3) 钻头的保径。高工作层钻头一定要设计好高保径效果，否则高工作层就会失去意义。高工作层部位的保径问题不可忽视（图 3-149）；工作层部位的保径薄弱，必然引起工作层部位薄弱，钻头的外径因磨损而变小，于是在工作层与保径层交界处将形成微小台阶；该微小台阶不仅要消耗钻压，其结果必将降低钻头破碎岩石的效果，降低钻进速度，不少非正常磨损的钻头事例已经说明了这点。

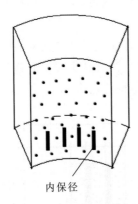 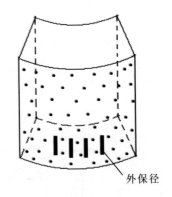

内保径　　　　　　　　　　　　　外保径

图 3-149　保径措施之一

因此，深部钻探的钻头保径要有特殊的措施，必须设计高保径规；一般可以采用聚晶体加粗粒、高强度人造金刚石的组合方案。具体体现在：①工作层的保径，采用粗粒、高品级的金刚石，专门设计一层保径层。②在保径部位，采用方柱状聚晶体加粗粒、高品级金刚石联合保径。③保径规的高度可以提高到 40mm，例如大陆科学钻探使用的金刚石钻头（图 3-

150);无论是热压孕镶钻头还是电镀孕镶金刚石钻头,其保径规的高度均在 35~40mm,其保径效果好,没有一个钻头由于保径效果差而提前退出使用。

(4) 钻头的水路。设计普通金刚石钻头水路的基本思路可以用于深部钻探的钻头设计中,除保证充分冷却钻头和及时排除岩粉外,尽量降低钻头部位的水力损失,确保冲洗液流的上返速度能够达到 0.5m/s。至于水口的大小及形状,要由钻头的规格和泵量、泵压的大小而设计确定。

同时,可以考虑设计副水口,以增加钻头底部冲洗液的排出速度;副水口的位置可以在工作层的上部,也可以在工作层的下部。最好设计梯形水口,梯形的宽底与窄底之比接近钻头的外径与内径之比,这种结构能够改变水口的工作方式与工作效率。

为提高钻头的使用寿命,国外率先研制了双层水口孕镶金刚石钻头(图 3-151),工作层达到或超过 15mm;该类钻头必须设计高而强的金刚石保径层。

图 3-150　孕镶金刚石钻头高保径结构　　　图 3-151　双层水口孕镶金刚石钻头

2. 表镶金刚石钻头

(1) 钻头结构特点。表镶金刚石钻头分为普通取心式表镶金刚石钻头和绳索取心表镶金刚石钻头。两类钻头的设计与选型基本相同。

依据岩层硬度与研磨性的不同,采用不同圆弧半径的半圆弧唇面,钻头具有较好的破碎岩石的效果及冷却金刚石和排除岩粉的性能。选用粒度为 (15~40) 粒/克拉的金刚石。

胎体的高度通常可达 12~15mm,工作层高必然强化钻头的保径措施与效果。一般多采用内外棱条的金刚石保径规。工作层的金刚石品级依据岩石的物理力学性质,分别选用 TY 及 TT 级金刚石,保径采用 TB 级金刚石。图 3-152 为常见的圆弧形表镶金刚石取心钻头,图 3-153 为多阶梯形表镶取心钻头,该钻头因为多阶梯,能够对孔底岩石产生分别破碎,钻进效果好,且钻头工作时稳定性高。

因为绳索取心钻头的胎体较厚,为保证金刚石有效冷却和及时排除岩粉,扇形工作体不宜过长;从降低钻头所需要的钻压考虑,要求钻头底唇面有效系数较小,一般为 0.65~0.75。水口较宽而浅,使主水路过水面积不致过大,保证流过钻头唇面漫流区的冲洗液具有一定的压降,以冷却金刚石和排除岩粉。

(2) 钻头适应条件。

1) 表镶金刚石钻头可用于可钻性 5~10 级并具有各种研磨性的完整岩石。

图3-152 圆弧形表镶金刚石取心钻头

图3-153 多阶梯表镶取心钻头

2)不仅适用于高转速、低钻压条件下钻进,而且在较低转速条件下表镶金刚石钻头也能取得较高的钻速;表镶金刚石钻头的使用寿命长,在深孔条件下钻进具有明显的优势。

3)采用优质细颗粒天然金刚石钻进坚硬致密岩石,可以取得较好的效果。

4)表镶金刚石钻头不适应于冲击回转钻进硬至坚硬岩石。

3. 全面钻进金刚石钻头

为节省采取岩心及其起下钻时间,达到提高钻探效率的目的,在下列情形下可采用金刚石全面钻进方法:矿区上部岩矿层已经探明,不再需要采取岩心的孔段;钻扫水泥塞;钻爆破孔、通风孔、灌浆孔等。图3-154为常用表镶不取心钻头之一。

图3-154 表镶不取心钻头

但是,金刚石全面钻进的孔段一般应该是软至中硬岩层,才能取得好的钻进指标,经济上才合算。全面钻进金刚石钻头若是钻进硬至坚硬岩石,其钻速不会太高,经济技术指标将下降。

普遍采用的金刚石不取心钻头是双锥形钻头,此外还可以采用凸形钻头和凹形钻头。这些类型的钻头既可以是孕镶金刚石钻头,也可以是表镶金刚石钻头;特别是双锥形结构的钻头,采用表镶天然金刚石是较好的方案。

(1)双锥形金刚石钻头需要依据岩石力学性质设计不同的内锥度与外锥度。通常内锥角为90°~120°,外锥角为80°~100°。内锥度的作用能够使钻头具有良好的稳定性;随岩层的硬度增加,内锥度与外锥度相应增大,而钻头的稳定性会随之下降。双锥形表镶不取心钻头如图3-155所示。

双锥形金刚石钻头可以采用天然金刚石、柱状聚晶、三角形聚晶或复合片制造。采用无压浸渍法制造，胎体具有高耐磨性和抗冲蚀性。钻头保径采用聚晶加粗粒、高强度金刚石；可采用棱条（肋条）保径规，以减少钻头与井壁摩擦和利于排除岩粉。

对于不取心钻头，钻进中钻头中心容易形成"O"形圈，特别是钻进硬岩时，钻头将较快失去工作能力，钻头的使用寿命不太长。因此，对于钻头的中心部位要采用高强天然金刚石强化，"中心孔"要偏离钻头几何中心一定距离，其偏离值依据岩石的硬度等因素设计确定，中心孔的大小由钻头的规格而定。

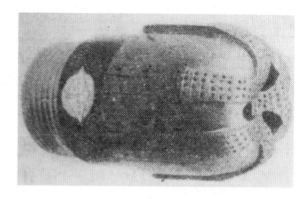

图 3-155 双锥形表镶不取心钻头

表镶双锥形全面钻头一般设计有 3~4 个排泄槽，有利于排除孔底较大的岩屑和提钻时避免造成抽吸作用。

表镶双锥形全面钻头具有低钻压特性，以适应钻机能力较小和钻具稳定工作的要求。

表镶天然金刚石双锥形钻头适用于较完整、弱至中等研磨性的中硬岩层。聚晶体与复合片双锥形钻头适应于较完整、中等研磨性的中硬岩层。

(2) 孕镶金刚石不取心钻头。人造金刚石的孕镶不取心钻头结构，除了采用双锥形钻头外，还可以采用类似造斜唇面的钻头结构；但造斜唇面的外圆弧半径较大，而内锥度亦较大，内锥度一般取 $120°\sim150°$。

采用的金刚石应是粗粒、高品级、高浓度。要重视强化钻头的外圆弧部位，设计好中心孔和强化钻头中心部位，以提高钻头的使用寿命。同时，设计的水路要加大、加深；强化钻头外径的保径措施。

孕镶金刚石不取心钻头，要求选用粗粒、高强度、高浓度的金刚石。选择粗粒是为了提高钻进速度；高强度金刚石是为了承受高钻压和动载荷，提高钻头的使用寿命；高浓度是为了提高钻头的耐磨性，承受井底的复杂工况。

(3) 复合片不取心钻头。对于中硬及其以下的岩石，不取心钻进应该采用复合片不取心钻头，因其钻进效率高，使用寿命长，钻探成本低。

复合片不取心钻头的设计思路完全可以采用石油钻井的复合片钻头的设计思路，只是由于超深钻探的地层与工况不同，井径不同，刀翼的参数必然不同。可以考虑作如下设计：

1) 为使 PDC 钻头在深部钻探中既有较高的机械钻速，又有较长的使用寿命，可将钻头设计为刮刀型翼状结构，有利于提高机械钻速。刀翼数愈多，钻头运转愈平稳，但影响机械钻速；若刀翼数减少，刀翼承受的冲击载荷就增加。考虑超深钻探的主要矛盾是减少刀翼承受的冲击载荷以及增加钻头排粉与冷却效果，因此以五刀翼（或四刀翼）为宜，而且选用高质量的复合片，以提高钻头的使用寿命。

2) 采用辅助切削齿设计，以减小主切削齿承受的冲击载荷。如地层较软，选用 PDC 复合片辅助切削齿钻头（图 3-156）；如果地层较硬，采用孕镶金刚石辅助切削齿钻头（图 3-157）。

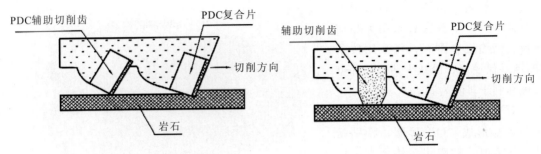

图 3-156　PDC 复合片辅助切削齿钻头　　图 3-157　孕镶金刚石辅助切削齿钻头

3）PDC 复合片钻头保径与保径材料的选用。为了加强保径效果并使保径部位有一定的切削能力，选用人造金刚石聚晶、天然大颗粒金刚石以及 PDC 复合片三种超硬材料联合保径。

4）可以对复合片钻头喷涂硬而耐磨的材料，以提高复合片钻头的表面硬度、耐磨性与抗冲蚀性；对于钢体式复合片钻头更有必要，效果更明显。

四、深井钻杆

钻杆柱是钻探过程中最薄弱的环节，承受拉、压、扭、弯、振、冲等交变力以及内压和外压等复合应力的作用，处于频繁拧卸、液流冲刷、振动、磨损、腐蚀等恶劣的工作环境之下，因此最容易发生断、脱、裂、涨、粘扣、泄露、刺漏等复杂情况，甚至造成复杂的井内事故。随着井深的增加，对钻杆的性能指标提出了更高的要求，人们希望在不更换大吨位钻机的前提下能钻得更深。因此，轻质钻杆成了国内外同行关注的热点。

在轻质钻杆方面，铝合金和钛合金的使用是发展趋势。以铝合金钻杆为例，在 20 世纪 80 年代初，苏联每年总共生产 20.0～22.5 万吨，约 150 万米铝合金钻杆，用量占到苏联年钻井进尺的 70%～75%（1985 年钻井进尺为 3560 万米）。2000 年之后，由于钻井工作量的锐减，铝合金钻杆产量衰减。在 2010 年，约有 12 万米铝合金钻杆在俄罗斯和西伯利亚地区应用。美国铝合金钻杆开发起步较晚，近年应用逐渐增多，主要用于浅层水平井、大位移井及页岩气水平井钻井中。从现场应用情况来看，该产品在提高轻型钻机钻深能力、节省钻井日费和与钻水平井配套滑动导向等方面效果显著。我国的铝合金钻杆起步也较晚，北京德通源铝合金钻杆有限公司/邹城铝合金钻杆有限公司与俄罗斯阿克瓦基科（Akvatik）石油铝合金钻杆公司合作，引进吸收了高可靠性铝合金的配方组分及专利生产制造技术。其中包括 10 余套合金组分配方、变径挤压技术、专门螺纹和专有的钻柱组合设计技术，具有批量生产的能力，部分产品性能参数如表 3-105 所示。

铝合金钻杆的结构，包括内加厚的铝合金钻杆、外加厚的铝合金钻杆、带内加厚保护段的铝合金钻杆、带外加厚保护段的铝合金钻杆，如图 3-158 所示。

铝合金钻杆最大的优势就是密度小，钻柱重量轻。相同尺寸的铝合金钻杆重量仅为钢钻杆的 35% 左右，大大降低了钻机的大钩负荷，降低了能耗及工人的劳动强度，特别是在取心进尺较多的超深井钻探中，起下钻次数多优势更为明显。同时，延长了钻机主体设备如井架、天车、大钩、游车和大绳的使用寿命。

表 3-105 我国铝合金钻杆基本性能参数

性能指标	材料组			
	Ⅰ	Ⅱ	Ⅲ	Ⅳ
	Al-Cu-Mg (D16T)	Al-Zn-Mg (1953T1)	Al-Cu-Mg-Si-Fe (AK4-1T)	Al-Zn-Mg (1980T1)
最小屈服强度（0.2%残余变形法）(MPa)	325	480	340	350
最小抗拉强度（MPa）	460	530	410	400
最小伸长量（%）	12	7	8	9
最高操作温度（℃）	160	120	220	160
在3.5%氯化钠溶液中的最大腐蚀速率 (g/m²·h)	—	—	—	0.08

注：第Ⅰ组：具有基本强度的铝合金钻杆管体；第Ⅱ组：具有高强度的铝合金钻杆管体；第Ⅲ组：耐高温的铝合金钻杆管体；第Ⅳ组：强化耐腐蚀的铝合金钻杆管体。钢制钻杆接头的材料应符合标准 ISO 11961 的要求。

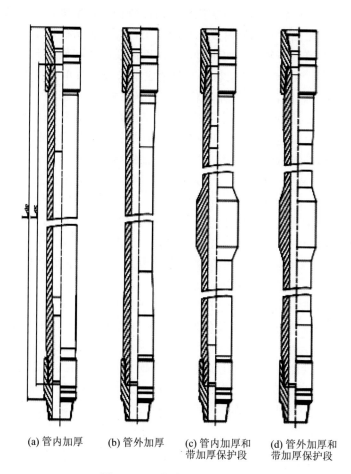

(a) 管内加厚　(b) 管外加厚　(c) 管内加厚和带加厚保护段　(d) 管外加厚和带加厚保护段

图 3-158　铝合金钻杆的结构

表 3-106 3 种材质钻杆的主要物理力学性能指标对比

钻杆材质	密度 (g/cm³)	弹性模量 (GPa)	剪切模量 (GPa)	泊松比	线膨胀系数 (10^{-6}/℃)	比热 (J/kg·℃)	屈服强度范围（MPa）	比强度 (N·m/kg)
钢钻杆 SDP	7.85	210	79	0.27	11.4	500	517～931	65.860～118.600
铝合金钻杆 ADP	2.78	71	27	0.30	22.6	840	325～550	116.906～197.840
钛合金钻杆 TDP	4.54	110	42	0.28	8.4	460	517～724	121.366～159.471

从表 3-106 可知，铝合金、钛合金与钢的密度之比为 1∶1.63∶2.82。尽管铝合金钻杆的强度相对钢钻杆较低，但是对管柱构件来说强度密度比（比强度）才具有实质意义。高强度钢首先需要克服自身重量，管柱下入深度主要取决于自身重量。比强度高，钻杆极限悬挂深度深，是万米超深层钻探必备的钻井工具之一。以 10 000m 井深上部配套 139.7mm 钢钻杆 8000m、下部配套 89mm 钢钻杆 2000m 为例进行计算，钻杆重量将达到 381t，而 S135 钢级标准 139.7mm 钻杆破断拉力为 398t，纯钢制钻杆安全系数将降低，风险将增大。钢钻杆的强度绝对高于钛合金，更高于铝合金，但其密度远高于铝合金和钛合金。深井钻探应结合钢钻杆强度较高，在井口承受拉力扭矩较大的薄弱环节组合使用一定数量的钢钻杆，有利于井下安全。中间钻杆采用轻质铝合金或钛合金钻杆减轻钻具重量，在井底近钻头处下入一定数量的钢钻杆。根据比强度（强度密度比）的大小，铝合金钻杆优于钛合金钻杆，更优于钢钻杆。比刚度为弹性模量与其密度的比值，比刚度高说明相同质量下刚度更大。铝合金与钢的比刚度分别为 25.54 和 26.75。从材料和制造成本来说，按单位长度测算，铝合金钻杆的价格约为钢钻杆的 2～3 倍，钛合金钻杆价格约为钢钻杆的 10 倍。

因此在铝合金钻杆设计原则上使用下部动力钻具配合铝合金钻杆实现高效钻进。为了使刚度平稳过渡并降低弯曲应力水平，井下钻具组合在从钻铤到铝合金钻杆的过渡中宜配置适当长度的厚壁铝合金钻杆或钢钻杆。SG-3 超深井钻柱组合中铝合金钻杆长度占钻柱总长的 84.7%。在长达 10 年的施工中只发生了 3 次断钻具事故。为确保在强制解卡时井口人员的安全，上部钻柱宜用 300～400m 强度更高的钢钻杆，以保证安全余量储备。必须根据预计的载荷和使用温度选择钻柱组合中所用铝合金钻杆的材料组和标准尺寸。在垂直井或定向井中钻进时，确保在井眼中的钻柱组合处于受拉状态。下部钻具组合的重量参数由设计轴向钻压确定，该钻压为下部钻柱组合在钻井泥浆中的浮重及井斜部分重量损失的 0.75～0.8 倍。不推荐利用铝合金钻杆的重量来产生轴向钻压。

从超深井摩阻与扭矩方面来看，由于铝合金钻杆自重轻，对井壁产生的摩阻小，大大降低了井下起钻摩阻，可以降低井下事故的发生，安全性能较高。同时对套管产生的磨损较小，自身发生偏磨的程度也大大降低。

铝合金钻杆耐腐蚀性能好，在硫化氢和二氧化碳介质中不会发生硫化氢应力开裂或应力腐蚀开裂。另外，铝合金钻杆在低温条件下韧性好，无磁性。在发生井下事故的情况下，铝合金钻杆易钻磨，便于井下处理事故。

第八节 深井钻探参数检测技术

如果泥浆是钻井工程的血液，那么钻井工程的参数检测技术就是钻井工程的眼睛。深井钻探工程是一项复杂的系统工程,是一项以未知地层为工作对象的隐蔽性工程,其难度表现在地表以下地层深处的各种地质条件变化的不可预知性与边界条件的极端复杂性,只有获取大量的钻探过程参数信息及井下信息,才能为钻探的科学决策和钻探过程科学施工提供重要的支撑。

深部科学钻探可能面临多压力体系、多构造、多复杂段地层穿越等系列问题,而且往往为满足工程和科学研究的需要,长时间和长井段裸眼钻进是常态。钻井安全、效率和经济性都与钻进过程的参数息息相关。图3-159为地表录井参数监测系统。

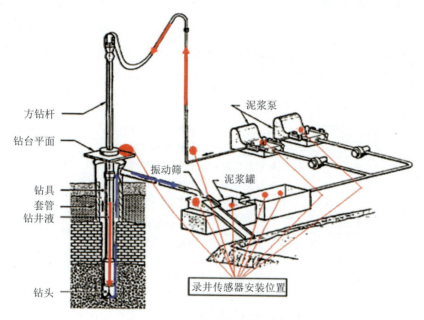

图3-159 地表录井参数监测系统

钻井参数综合检测具有以下意义:①钻进过程的复杂性要求随时了解各参数的变化情况;②实现多参数的综合监测将为合理选择钻进规程(进行优化钻进)创造条件;③实时地表监测与分析各参数的变化情况有助于识别孔内工况和预报事故;④多参数综合监测的结果可辅助操作者判断地层变化情况。

钻井施工过程中,钻井工程事故随时发生,它是威胁钻井安全的最大隐患,同时也是影响经济效益和勘探效益的重要因素。而钻井过程的参数是在钻井过程中判断地表或地下异常的重要依据,同时也是分析油气井油气储藏情况最基础的数据,以此进行分析决策,从而决定是否继续钻井或以何种方式钻井。

钻井参数按照参数的相关性可分为以下4种:

(1) 与泥浆有关的参数。泥浆类型、泥浆体积(正常钻进和起下钻时的体积)、返回泥浆流量、可燃气体含量、H_2S含量、CO_2含量、入孔和出孔泥浆密度、固相含量、泥浆温度、塑性黏度、动切力、电导率、泥浆液位等。

(2) 水力参数。泵压、泵排量、立管压力、套管压力、喷射速度、环空流速、泵冲数等。

(3) 钻井参数。钻压、转速、扭矩、钻速、进尺、井深、dc指数、起下钻及钻进时间、井斜角、方位角、工具面方向、磁场强度、地磁倾角、井下扭矩、振动、井下钻压、地层放射性、电阻率、弯曲力矩向量、合力向量、井径、环空温度、孔隙度、水泥浆密度、酸液浓度等。

（4）地层参数。电阻率、孔隙率、元素成分等。

钻井参数按照检测位置的不同可以分为地表钻井参数和井下钻井参数两大类。以下主要从这两个方面介绍钻井参数的检测技术。

一、地表钻井参数

钻井参数能够直接测量的主要有大钩负荷、大钩高度、立管压力、转盘扭矩、转盘转速、泵冲、钻井液进出口流量、泥浆池体积、泥浆温度、泥浆密度等，由直测参数可派生计算的参数有钻压、标准井深、钻时、大钩速度等近40个（图3-160）。

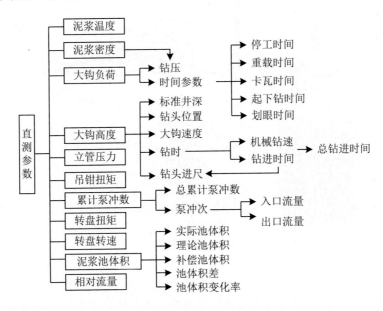

图 3-160 钻井参数及其派生关系

1. 地表钻井参数系统

我国钻井仪表及记录仪器是钻机中配套最薄弱的部分，由于水平落后，限制了钻井水平的提高。多年来，钻井工作者一直致力于钻井仪表的研究、改善与提高，目的是提高钻井过程中各项参数的指示与记录的准确程度。随着钻井技术的不断发展，各种指示与记录仪表相继问世，如以前使用过的6道参数仪、8道参数仪和其他形式的钻井参数仪，还有液面报警器等参数记录仪。这些仪器仪表有的因为防震、防水、防冻等耐用性能差，经常损坏，不能适应比较恶劣的钻井使用环境；记录仪表需人工观察、手工记录，有的只能报警，不能记录，并且记录的数据只能靠人工来分析，而过去使用的参数仪从传感器到计算机的传输都是有线传输，在现场使用过程中，不能满足钻井现场使用环境和记录的要求。

目前钻井参数仪表正在由过去的机械、液压仪表向数字化、智能化、集成化和网络化方向发展。一次仪表向集成、高精度、低漂移发展；二次仪表向计算机处理、绘图成像、智能方向发展;程序软件向人机界面图符化、处理信息大型化、多功能化发展;数据传输向网络化、Internet 方向发展。

国内外有很多研究机构和公司进行钻井仪表的研究和制造,如美国的 M/DTotco(马丁·戴克)公司、Petron(派创)公司、AOI 公司,加拿大的 DATALOG 公司,英国的 RIGSERVE(瑞设)公司、EFC 公司,意大利的 AGIP(阿吉普)公司等。主要服务对象是石油钻井,而且价格昂贵。

国内生产厂商主要有江汉石油仪器仪表有限公司、上海神开石油化工装备(集团)有限公司、重庆石油仪器厂、中原油田钻井研究院、徐水物探仪器厂、第三石油仪表厂和四川石油管理局成都总机厂等。上海神开录井仪的工作界面如图 3-161 所示。江汉石油仪器仪表有限公司与美国派创公司合作生产的钻井多参数仪成为国内各类钻机首选的配套仪器。四川石油管理局成都总机厂的 M/C 系列钻井检测仪是与美国马丁·戴克公司合作开发的。重庆仪表厂也引进了马丁·戴克钻井仪表,通过消化吸收研制出国产的钻井仪表,其性能基本达到国际先进水平。此外,国内还有多家公司也在生产钻井常规仪表。如浙江中恒仪器仪表有限公司生产的 SZJ-CT 型钻井多参数仪、湖北荆鹏软件公司研发的 JP-ZCYA(JP-ZCYB)钻井参数仪、中原油田钻井研究院研发的 ZLJ-2000 型数字化钻井参数仪、重庆大学研制的钻井工程实时多参数监测系统、中国地质大学(武汉)深部钻探课题组研制的配套岩心钻探的系列仪器等。

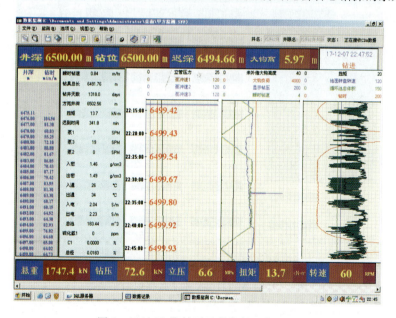

图 3-161 上海神开录井仪的工作界面

(1)M/DTotco 钻井检测仪。M/DTotco 钻井检测仪为美国的马丁·戴克公司产品。所有部件采用原装 M/DTotco 的产品。显示仪表台既有液晶显示,又有指针表显示。VIP 工作站采用原装 M/DTotco 的英文界面(图 3-162、图 3-163)。由传感器、司钻显示表台、DAQ、VIP 工作站、软件系统五大部分组成。监测参数:大钩悬重、转盘扭矩、立管压力、吊钳扭矩、转盘转速、泵冲速、出口排量、泥浆体积、井深等钻井参数,同时衍生出钻压、大钩位置、大钩速度、机械钻速、吨公里、泥浆总体积及增加漏失等参数。

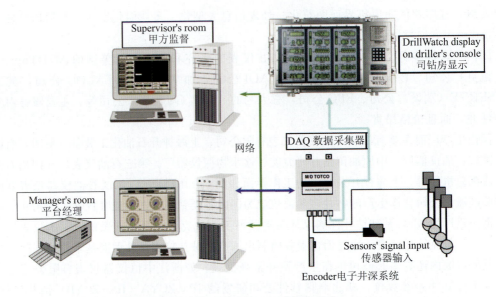

图 3-162　M/DTotco 系统的组成

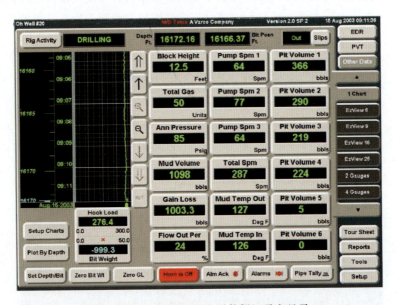

图 3-163　M/DTotco 电子数据记录和显示

（2）M/CDrillwatch 钻井监测仪。M/CDrillwatch 钻井参数仪（以下简称仪表）是美国 M/DTotco 公司与中国石油天然气集团公司重庆仪器厂合作生产的产品，它引进、吸收了 M/DTotco 公司的先进技术，主要关键件采用 M/DTotco 的部件，并结合我国钻机及仪表使用者的实际情况进行设计和制造，该仪表用于监测钻井过程中多个钻井参数变化情况。整套仪表包括显示表台、VIP 计算机工作站、数据采集单元（DAQ）、各测量单元系统的一次仪表（即传感器）、电缆线及有关安装附件、稳压电源、在线式 UPS 电源等（图 3-164）。

该系统测量的直接参数有：大钩悬重、立管压力、吊钳扭矩、转盘扭矩、泵冲速、转盘转速、排量、钩高度、泥浆体积；派生参数有：标准井深、钻头位置、方限井深、大钩速

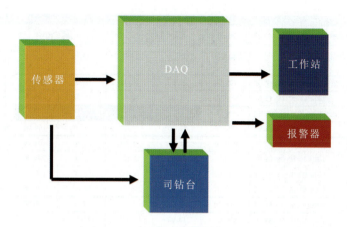

图 3-164 系统构成及原理框图

度、钻时、大绳吨公里、钻压、扩划眼时间、钻井时间、起下钻时间、机械钻速、离开井底时间、泵排量、泵效率、单根计数、立柱计数、泵冲累计数、泵冲总和、理论池体积、池体积差。工况：钻进、扩划眼、循环、接单根、卸单根、起下钻、离开井底。

本套仪表的大钩载荷、立管压力、转盘扭矩均采用力变送器输送至 DAQ。DAQ 安装在司钻偏房内：数据采集单元（DAQ）集中处理各传感器的信号，处理后的信号通过多芯电缆将信号传送到远距离的钻井工程室，根据需要在视窗上显示多个参数的变化情况。

采用模块化设计，可采集、显示、存储、回放、打印主要钻井工程参数，并可派生相应的工程参数。适用于机械式钻机和电驱动钻机。可根据用户需要对工程参数任意取舍组合。软件基于 WINDOWS NT 平台，中英文界面，对多种工况进行提示，能生成报表和参数曲线，具有各种数据历史回放和数据处理等功能（图 3-165）。

（3）DPI 系列地表钻井参数系统。该系列钻井参数系统由中国地质大学（武汉）深部钻探课题组研制，可以实现关键钻井参数的监测、自动生成电子班报表、近程远程无线传输系统等功能。该系统可广泛应用于立轴钻机、转盘钻机、全液压钻机等不同系列钻机。

该系统主要包括钻探参数采集、数据通讯、现场数据处理、GPRS 数据远传、INTERNET 数据共享等部分，能为司钻人员提供参数显示平台、随钻检测多地表参数，实现安全和高效、科学打钻。对钻探过程状态数据进行存储记录、分析处理，可自动记录机上余尺，自动生成电子班报表，为科学动态地管理现场数据提供管理平台。具有二层台监控系统，减少提下钻仰头率，为安全提下钻服务，多路参数设置超限报警，为钻探提供安全监控平台。具有近程无线传输的室内监控和远程网络监控等异地监控功能。

钻井参数仪系统采用多参数模块化设计，由传感器模块、数据采集模块、工控机（PC机）模块、无线发射接收模块、网络通信模块、串口通信模块、近程监控模块、远程监控模块、表头和仪器机箱、虚拟仪器 LabVIEW 软件平台等组成。编程手段包括串口调试助手、Keil 单片机编程、PLC 梯形图编程等，如图 3-166 所示。钻参仪检测系统的工作流程如图 3-167 所示。

地表钻井参数系统的主要功能：①精确测量钻压、转速、泵压、泵量、主机电流和钻速等关键钻进参数；②实时显示孔深、回次号等；③数显表头、LabVIEW 软件平台、工控机

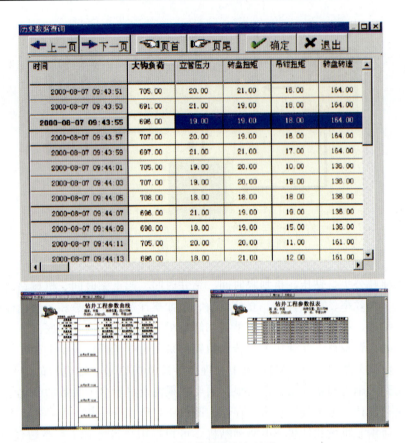

图3-165 数据处理与显示

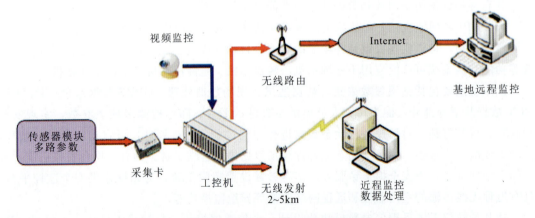

图3-166 钻参仪系统参数检测与监控系统结构示意图

或者PC机都可以实时高亮显示钻进参数;④自动测量钻机的机上余尺或方钻杆余尺;⑤判断游动滑车与二层平台之间的位置,便于挂卸提引器;⑥大钩高程参数超限自动报警,防撞顶天车;⑦数据的自动存储、回放和分析;⑧参数的录入和修改;⑨生成电子班报表;⑩近程无线发送接收功能;⑪远程网络监控功能等。地表钻参系统的主要性能参数如表3-107所示,工作界面如图3-168所示。

第三章 深部岩心钻探关键技术

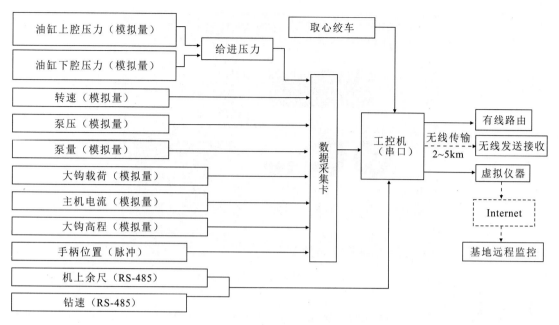

图 3-167 钻参仪检测系统工作流程框图

表 3-107 地表钻参系统的主要测量参数

序号	参数	测试范围和精度	用途
1	钻压	0~4T（2%FS）	便于调整和监控深孔岩心钻探的钻进压力
2	转速	0~1500r/min（1%）	精确测试回转转速以适应金刚石钻进
3	泵压	0~16MPa（1%）	监控泵的工作状态、钻进工况和钻进泥浆的压力损失
4	钻速	0~10m/min	用于实测不同碎岩工具与岩石的适应能力
5	机上余尺	0~5m±1.5cm	直接读取进尺，免人工测算
6	主电机电流	0~200A 精度 2%	监控电流并超限报警
7	大钩载荷	单绳 0~10t 精度 5%	测钻具重量和提升阻力以确保深孔提升安全，设报警
8	泵量	0~250L/min 精度 2%	循环液流量监控
9	二层台监控	2m×2m	便于观察挂摘提引器过程以保安全，减少司钻的仰头率
10	游动滑车位	0~26m	防撞顶；便于起下钻空间位置监控；读余尺

2. 钻井参数分析

地表钻参仪可以实时地监测各参数的变化情况，通过分析各参数变化可以及时识别孔内工况和事故预报。钻井异常主要有地质异常和工程异常。地质异常有井漏、水侵、膏盐侵、有毒有害气体（H_2S/CO_2）、溢流、井涌、放空/加快、空钻气喷。工程异常有循环类异常：钻具刺/地面管汇刺、断钻具、螺杆抽筒；井筒类异常：缩径阻卡、卡钻、碰眼；钻头类异

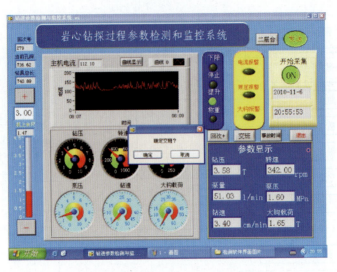

图 3-168 钻参仪人机交互界面

常：溜钻、顿钻、堵水眼/掉水眼、钻头泥包/钻头老化。以下对多种钻井参数异常进行分析。

（1）卡钻。升深 8 井卡钻工程预报实例如图 3-169 所示，在 22：37 时上提钻具过程中，悬重由 863.8kN 上升到 986.6kN，钻头位置不变；下放钻具悬重由 863.8kN 降为 772.1kN，钻头位置不变。此时可以判断为卡钻，需及时采取措施。

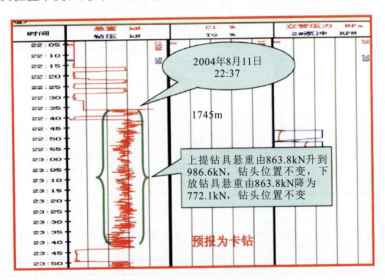

图 3-169 升深 8 井卡钻工程预报实例

（2）钻具刺漏。德 4 井钻具刺漏工程预报实例如图 3-170 所示，在 7：38 时钻位 2138.29m，泵冲稳定，而立管压力从 6：20 时开始逐渐下降，至 7：45 时立管压力从 9.5MPa 降至 8.7MPa，预报为刺钻具。之后继续钻进，泵压依然下降，降至 7.8MPa，多次预报为刺钻具。起钻检查钻具，发现 1 号钻铤横向刺穿 23cm。

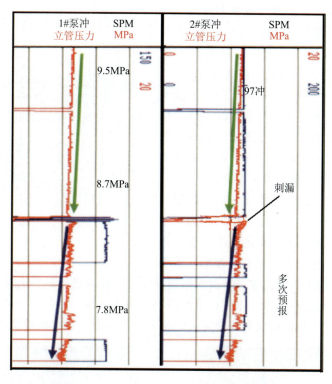

图 3-170 德 4 井钻具刺漏工程预报实例

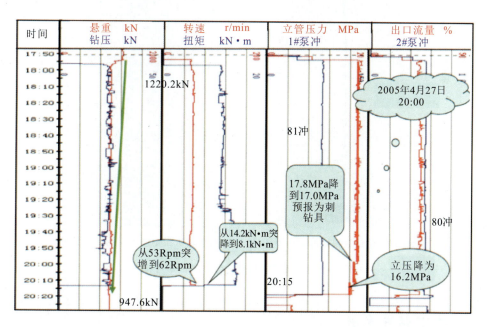

图 3-171 汪 905 井断钻具工程预报实例

(3) 钻具断裂。汪 905 井断钻具工程预报实例如图 3-171 所示,在 20:00 时泵冲稳定,而泵压从 17.8MPa 降到 17.0MPa,预报为刺钻具,但未采取处理措施。20:15 时悬重从 1220.2kN 降为 947.6kN。转速从 53r/min 突增至 62r/min，扭矩从 14.2kN·m 降至 8.1kN·m，立压降为 16.2MPa，此时预报为断钻具。起钻检查钻具，落鱼长度为 145.7m。

（4）钻头磨损。徐深 11 井钻头终结预报实例如图 3-172 所示，在 9:48 时钻位 3136.00m，扭矩在 4.88~5.00kN·m，9:53 时扭矩突增为 5.25~5.36kN·m，扭矩波动变大，机械钻速变慢，预报为钻头报废。

（5）不同钻进方式钻进参数分析。在螺杆钻具的正常钻进过程中，扭矩曲线表现为相对稳定，地表扭矩表现为幅度变化较小，当出现如图 3-173（a）所示下部位的黑色粗线，表明

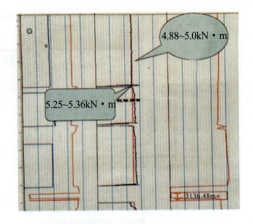

图 3-172 徐深 11 井钻头终结预报实例

扭矩波动厉害，孔内工作不正常，需要及时调整钻进参数或进行下步决策。而采用转盘钻进工艺时，曲线变化则截然不同，正常钻进的扭矩波动变化较大，会在一定范围内跳动，如图 3-173（b）所示，一旦扭矩成直线稳定，则说明钻进工程不正常或进尺慢。

 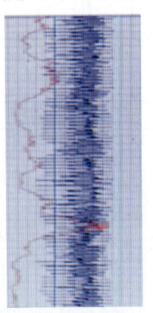

(a) 螺杆马达钻进扭矩波动为不正常　　(b) 转盘钻进扭矩波动说明钻进正常

图 3-173 螺杆钻具和转盘钻进扭矩对比图

二、井下钻井参数

井下钻井参数的检测很重要，如平衡钻进是保障钻井安全的主要方式，泥浆井底压力的测试可以指导钻井液密度的调整，可以实现在狭窄的破裂压力和孔隙压力之间的窗口保证钻井安全。其核心问题就是井下压力的检测。

深部钻探井内关键参数主要包括井底压力、温度、井底动力机具转速、液动碎岩工具的冲击频率、井底钻具的震动特征以及井斜参数等。

(1) 温度的测试技术。超深钻井井底温度随着井深的增加，地温越来越高，钻井液在井底高温条件下，处理剂降解加快，钻井液流动性差，泥饼厚，失水大幅度增加，造成钻井液黏度增加或固化，固相清除困难，钻井液性能难以维护；即使通过循环降温，但井下温度的变化是动态的。另外，井底动力如螺杆马达的耐高温性能差，井下采取循环降温措施后岩石在高低温交变条件下强度降低，井壁稳定性变差，因此井下高温的测试，特别是随钻测试非常必要，通过温度的测试，对现场的决策和工艺的调整意义明显。

(2) 复合钻进条件下，井底动力机具，如涡轮或螺杆的转速和工作状况不能直观展现，一般通过流量进行理论推算，故实际转速的测试非常关键。同时，井底液动锤是常规的硬岩高效机具，但在高倍压力和实际负载条件下的工作状态也是不清晰的，因此冲击频率是一个关键的随钻钻进参数。

(3) 在钻进过程中不同的钻具组合、不同的规程参数，钻头部位的工况是不清晰的，径向扭振、轴向振动对钻头的效率、使用寿命影响很大，甚至造成安全问题。因此井下振动模态的测试也是一个关键的参数。

(4) 深井的井斜角和方位角是最关键的参数，上部的井斜控制至关重要，在现实条件下，深井的井斜测试是最关键的轨迹控制参数，其检测意义毋庸置疑。

井下需要检测的参数和信息主要有：①井斜、方位、工具面、井下钻压、井下扭矩、马达转速；②井下振动、伽马射线、地层电阻率及密度；③方位中子密度、中子孔隙度、环室温度；④探测各种异常地层压力、预测钻头磨损状况；⑤探测井下异常情况以利于故障分析；⑥通过井下存储资料实现测井的全井图像分析。

随着钻井技术的发展，井下仪器测量参数类型也发生变化：①从简单参数到复杂参数、高精度参数，从标量参数到矢量参数、梯度参数及方位参数；②从单一参数测量变成多参数组合测量及其相关参数和计算成果数据；③从采集记录少量信息量到全面采集记录、连续采集、近钻头采集甚至超前感知。过去钻井主要以浅部找矿为目的，需求单一，技术水平低下，应用面窄，仪器和传感器都很简单。随着探矿的深度和范围更大，效率要求更高，简单信息的参数已经不能满足需要，矢量测量、梯度测量、方位参数测量开展起来，仪器变得功能更强大，解决的地质问题更多、更深入、更细致。为了提高解决问题的水平，需要尽可能获取更多的参数信息。记录介质已经全面固态化和实现了微功耗技术，可记录的信息量大大增加。参数测量精度随着传感器的进步而提高，传感器的进步同时大大提升了仪器的可靠性、使用方便程度和可维护性。

现阶段井下仪器达到的水平和发展方向：①数字化综合测量记录；②测量结果信息化应用；③仪器实现或部分实现自适应工作方式；④初步人工智能应用，采用自适应技术就是让设备对环境有更好的适应能力，设备随环境变化能自动调整工况。

井下随钻测量技术（MWD）中最重要的技术之一是信号从井底到地表的传送模式。与电缆测井相比，随钻有以下优点：测井在地层被破坏或被污染之前完成；部分信息能实时测量，可使钻井过程更有效；使测井更安全保险（某些井环境恶劣、下电缆困难）；避免了仪器落入井中又无法回收等事故；几乎能完成所有电缆测井工作，且有相同的测量精度；井下的信息传输方式分为有线传输和无线传输，有线传输方式依靠电缆和通信钻杆传输，无线传输有泥浆脉冲、电磁波和声波等方式。

泥浆脉冲又有正压力脉冲、负压力脉冲和连续波 3 种方式，其工作原理如图 3-174 所示。泥浆脉冲传输方法由涡轮发电机或高能电池给系统供电，接收系统接收各部分传感器采集的数据。

利用钻杆传播应力波（声波）的方法目前还处在发展阶段，Burne & Kirkwood (1972)、Drumheller (1989) 奠定了理论基础；Lee & Ramarao (1995) 分析了充液钻杆中声波传输问题；哈里伯顿 (2000) 开发了声波遥传系统 AST (Acoustic Telemetry System)。声波是最有潜力的高速传输方式。电磁波（EM）遥传系统载波频率一般在 30Hz 以下，泥浆脉冲遥传系统载波频率一般 100Hz 以下，声波遥传系统（ATS）载波频段在 400~2000Hz。井内信息传递方式分类如图 3-175 所示。

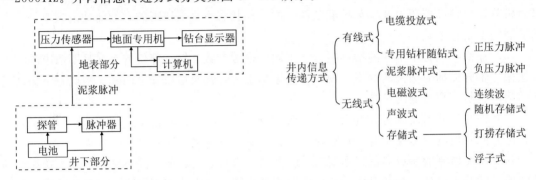

图 3-174 泥浆脉冲的工作原理　　　　图 3-175 井内信息传递方式分类

1. 随钻测量（MWD）

随钻测量（measurement while drilling，缩写为 MWD）要测量井身轨迹控制参数，实时检测钻进情况，确保钻井顺利命中目标靶区。有时同步测量井下扭矩、钻头承重等钻井工程参数，辅以测量自然伽马、电阻率等地球物理信息，用以导向钻井。

随钻测量井下传感器短节如图 3-176 所示。

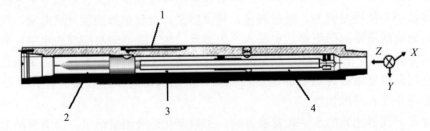

图 3-176 随钻测量井下传感器短节

1—环空压力传感器、温度传感器；2—磁传感器；3—加速度传感器；4—钻压、扭矩、弯矩传感器

2. 随钻测井系统（LWD）

随钻测井（logging while drilling，缩写为 LWD）是在随钻测量基础上发展起来的、用于解决水平井和多分枝井地层评价及钻井地质导向而发展起来的一项新兴的测井综合应用技术。随钻测井以测量钻过地层的地球物理信息为主，可以在钻井的同时获得电阻率、密度、

中子、声波时差、井径、自然伽马等电缆测井所能提供的测井资料。与 MWD 相比，LWD 能提供更多、更丰富的地层信息。

随钻测井和随钻测量都是与钻井过程同步的，实施随钻测井和随钻测量时都必须将测量工具装在接近钻柱底部的钻铤内。

随钻测井的测试内容包括：

(1) 补偿双电阻率 CDR (Compensated Dual-Resistivity)。

(2) 补偿中子密度 CDN (Compensated Density Neutron)。由两个中子源、一个中子探测器、一个密度探测器、一个扶正器和电子线路构成。使用两个探测器的目的是补偿井眼的影响，补偿热中子密度和岩石的密度。

(3) 方位中子密度 ADN (Azimuthal Density Neutron)。由中子源、中子探测器、密度源、密度探测器和超声探测器等构成。方位核子测量能认识非均匀性地层，并在不规则井眼中应用效果好，与电缆测量的密度和孔隙度的精度相同，可用超声进行偏离间隙测量，可允许大泥浆排量，放射源易于安装打捞。

(4) 近钻头电阻率 RAB (Resistivity At Bit)。由打捞柱、电池、上发射器、方位电极、电极环、方位伽马射线、钻头电阻率探测器和现场可换扶正器构成。可定向地测量钻头处的方位电阻率，可对地层倾角和井眼间隙补偿。因为采用近钻头测量，可以实现地层对比，进行地层评价，保证测井数据更真实地反映地层情况，得到比电缆测井效果更好的测井数据。

(5) 随钻声波测井。在钻头上 12m 处的钻铤内装置发射和阵列接收探头，钻进时发射探头产生声脉冲，声波通过泥浆和地层传播到达接受探头阵列，ISONIC 工具获得声波波形 (acoustic waveform) 并记录在井下存储器中，传输时间 (transit time)（地层时差）实时发送到地面，用于确定地层孔隙性 (porosity)、评价岩性、估测孔隙压力，并作为综合地震图 (synthetic seismograms) 的输入值；实时钻井和测井数据可与三维地震数据一起放在计算机工作站上，声波数据可以将钻头位置标识在地震图上。

3. 随钻地震技术（SWD）

随钻地震（seismic while drilling，缩写为 SWD）是在传统地面地震勘探方法和已成熟的垂直地震剖面基础上，结合钻井工程发展起来的一项学科交叉的新技术。SWD 为井眼轨迹控制提供地质导向依据，使井眼轨迹准确"入窗中靶"，实现实时地质导向。

20 世纪 90 年代以来 MWD 和 LWD 的发展日趋结合，形成了新的随钻地层评价测试技术（FE-MWD）。如斯伦贝谢的集成钻井评价系统（IDEAL）实质上可称为集成钻井信息系统（IDIS），不仅具有实时测试、传输下部钻具的方位、井斜、钻压、扭矩波动、应力状况、流动压力、钻井液密度，还可测试传递所钻地层的电阻率（射线）、孔隙度（补偿热中子）、岩石密度等地层特性参数。随仪器短节越来越短并紧靠钻头，故能即时分辨所钻岩石层位边界，避免误入其他层位。这种信息系统将成为全功能闭环钻井系统中的重要手段。其基本原理如下：

钻头的冲击力产生纵波（P 波），它沿着井轴方向传播，偏离井轴方向能量减小；同时产生横波分量（SV 波），它沿着井下平面径向（垂直井轴方向）传播，偏离井下平面能量减小。钻头的旋转力产生横波水平分量（SH 波），它沿着井下平面径向传播，其质点方向与 SV 波的质点方向垂直。还有钻机波、首波、钻杆多次波、钻具组合多次波等次生波；这些次生波都有各自的传播路径和传播规律；可以用时距方程来表示，也可以用计算机正演模拟它们的时距曲线（图3-177）。

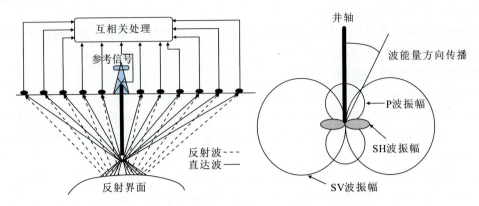

图3-177 随钻地震数据采集、处理及应用示意图

（1）相关处理。相关技术是一门边缘学科，以信息论和随机过程理论作为基础。将参考信号与地面每个检波器记录的信号作互相关，使得连续的钻头信号压缩成脉冲信号，每个尖脉冲代表着一种特殊地震波（直达波、反射波、干扰波）。从脉冲对应的时间可测出钻头信号经不同路径到达各接收器所需的旅行时间。互相关过程加强钻头信号的能量，特别对来自钻头下方的反射信号作用更明显。

（2）反褶积。为了有效地检测和记录钻头信号，需在钻杆顶端设置参考检测器，但该检测器接收的信号存在钻柱谐振效应或路径传播效应，致使频谱畸变和存在高速多次波干扰；为消除钻柱谐振效应，可假设钻头信号为白噪信号，且钻柱脉冲响应为最小相位，由参考信号自相关的单边倒数作为反褶积因子，对互相关输出进行反褶积，即可消除互相关输出中参考信号的高速多次波和频谱畸变。

随钻地震技术的应用：

（1）利用随钻地震研究井孔附近的地层构造细节，以实时得到的速度资料对地震剖面进行重新处理；预测地层孔隙异常压力；对声波测井资料进行校正，实现测井与速度的一致性；利用时—深关系数据，确定所钻深度在地震剖面上的精确位置；预测钻头前方的待钻地层（包括岩性、地层压力等）；确定井旁小断层，解释地层不整合面是否存在，求地层界面的倾角。综合利用直井和斜井资料可以查明井孔附近的地层构造细节（图3-178）。

（2）地层参数的综合研究。参考信号能量的大小与所钻地层的硬度有关，地层越硬，能量越强。

从地震波的传播时间、方向、频率、波形、极性、偏振等信息可获得地层纵波和横波的传播速度、泊松比、能量衰减等，估算岩石类型、岩石孔隙度、孔隙压力和其他声学敏感的岩性参数。

有了钻头处的地层参数，结合反射波的信息，运用资料处理中的反演技术或建模技术预测钻头下方各深度点的波阻抗参数，并估算钻头下方岩石类型、岩石孔隙度、孔隙压力和其他声学敏感的岩性参数。

随着钻头的钻进，结合钻井参数及录井、地质、测井等资料，未知地层的参数逐步变为已知。与外推钻头下方的待钻地层参数进行比较和修正，再进行外推。不断重复进行，使钻

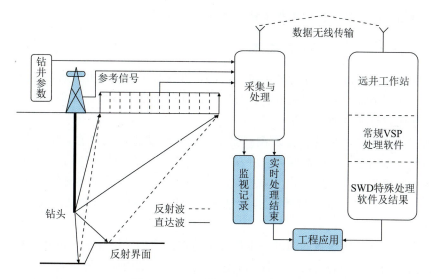

图 3-178 随钻地震的资料处理

前外推的地层参数逐步逼近真实值。

（3）利用随钻地震测定实时井深、钻头位置和井身轨迹曲线。如图 3-179 所示，当钻头位置变化时，到达 1、2 两点的路径发生变化，从而使声波到达时间改变，通过对时间差和路径的计算来确定钻头所在的位置与井深轨迹。

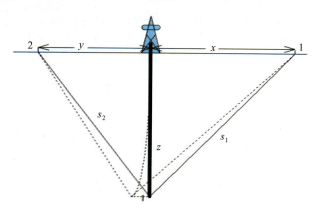

图 3-179 二维剖面上钻头位置的确定

斯伦贝谢最新推出随钻声波测井仪 sonic VISION 和随钻地震波测井仪 seismic VISION。贝克休斯 INTEQ 公司的声波参数随钻测量系统能以单极子、偶极子、四极子模式获取声波资料。SperrySun 公司的 9.5in 双模式声波仪器（BAT），适用于在大井眼（14-3/4~26in）中获取声波速资料，能提供孔隙压力资料。

正是在 MWD、LWD 和 SWD 技术基础上形成了地质导向技术（GST），这种前沿技术是使用随钻定向测量数据和随钻地质评价测井数据，以人机对话方式来控制井眼轨迹的钻井技术。它是以井下实际地质特征来确定和控制井眼轨迹的钻井，而不是按预先设计的井眼轨迹进行钻井。使用该技术即使井眼避开地层和地层流体的界面，仍可精确地控制井下钻具命中最佳地质目标。地质导向技术更利于钻水平井。

三、高温井下参数测量技术

深部钻探过程中高温高压问题是不可回避的，井底高温会对钻井工程的安全造成严重威胁，主要体现在泥浆性能的高温蜕变和钻具工作性能的退变等方面。深部钻探高温地层一直是钻井和随钻测井行业的能力极限。

深部钻探对仪器的影响首先体现在高温上。因为地温梯度的存在，随着钻探深度的加深，高温问题不可回避。国内超深井（井深6000m以上）高温井（150℃以上）主要集中在新疆塔里木和四川东部元坝地区，普遍井深达到6500m以上，井下循环温度最高达165℃，静态温度超过170℃，个别区域静态温度达到203℃。松科二井7018m循环后温度超过242℃。

对高温高压井下关键参数的测试技术研究是迫在眉睫的关键任务。虽然参数采集技术近几年已经得到了突飞猛进的发展，但提到高温高压下的测试则成了硬骨头，首先要解决耐高温电路板、电子元器件、传感器这些基本单元的单独耐高温难题，目前高温传感器和温度补偿方法是研究的重点，特别是一些传感器的测试原理在高温下失去有效性。另外，井下有限的空间，震动、密封等苛刻条件，参数的检测难度更大，加之应用市场的局限，目前井下高温检测技术研究程度很低。

向200℃高温迈进，是探秘地球深部的关键。随着深度的增加，高温高压是主要矛盾。预测或实测井温大于150℃、井底压力大于69MPa的地层称为高温高压地层。图3-180为高温高压界定范围图。

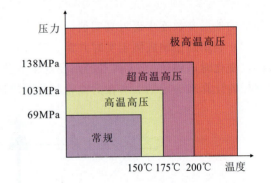

图3-180 高温高压界定范围

高温是对仪器的工程学和材料学的挑战。因为高温下适用的材料和传统材料不同，从设计原理到制造工艺都需要重新设计。高压对仪器的挑战稍微小一些，一是因为超过140MPa超高压区块非常罕见，二是仪器现代材料技术和密封技术的发展，应对超高压已经成熟。高压地层对仪器来说挑战不大，但是对钻井安全来说风险巨大。

地层高温也是随钻测井行业的能力极限。我国目前的随钻测量技术处于常规作业的第一阶段，普通的随钻测井仪器工作温度极限（钻井循环温度）是150℃。国内外科研机构在研究高温高压部分的随钻温度检测，极限也不过是175℃。超过175℃的钻井环境中一般采用涡轮钻具或者高温马达钻具进行"盲打"，无法准确测试地层参数，给钻探带来极大风险。

随着高温测试技术的发展，高达200℃超高温地层测试进入实用性阶段。据调研，目前国内的湖北探道能源有限公司泥浆脉冲MWD能在温度超过200℃井下正常工作，具有极大的市场应用前景。

目前国内的技术，从185℃的MWD测控系统、185℃的脉冲器及驱动系统，到200℃高温电池，都处于空白状态。当井下温度达到200℃、井底发电机供电时，电源额定输出功率降低达60%（以室温20℃为基准）。电池供电时，200℃锂电池电源最大容量减少到10Ah

第三章 深部岩心钻探关键技术

以下,最大工作电流降到68mA以下,仅相当于普通电池容量的1/3(以150℃为基准)。驱动电机及电磁铁的输出功率,同样在200℃环境下降幅达60%以上。这极大地限制了MWD系统的功耗范围。近期湖北探道能源有限公司在泥浆脉冲方面突破200℃技术瓶颈令人振奋。

国外在200℃超高温随钻测井仪器厂商中,比较突出的是哈里伯顿的QuasarTrio系列和斯伦贝谢的TeleScope ICE相关仪器,能够达到耐温200℃。但是国外产品价格十分昂贵。2016年获得"世界石油最佳钻井技术奖"的哈里伯顿QuasarTrio系列,包括实时传输脉冲器、定向传感器、伽马、电阻率、密度、中子孔隙度、环空压力及井下震动监测等。斯伦贝谢的TeleScope ICE,包括实时传输脉冲、定向传感器、伽马、环空压力及井下震动监测。

四大油服的技术,除斯伦贝谢2017年宣布的ICE系列,从200℃的MWD测控系统、200℃的脉冲器及驱动系统,到200℃高温电池,并没有进行实际的大规模商业应用。

贝克休斯作为第一家发明MWD的公司,从1997年开始投入研发200℃的MWD,其工具基本是150℃指标。目前国内6000m以上超深井钻探施工的高温仪器服务主要由斯伦贝谢和爱普斯两家垄断,两家的随钻测量(MWD)高温仪器技术参数如表3-108所示。国外随钻测井(LWD)技术现状如表3-109所示。

表3-108 国外随钻测量(MWD)高温仪器技术参数

厂家	型号	脉冲器类别	脉冲器直径(mm)	仪器外径(mm)	适配无磁钻具外径(mm)	钻具内径(mm)	工作温度(℃)	耐压指标(MPa)	实际使用温度纪录(℃)	电源	连续工作时间(h)	平均功耗(Wh)
斯伦贝谢	Slimpulse	旋转阀式正脉冲	60	44.45	104.8/88.9	57	175	140	165	2×25Ah×28V锂电	200	>7
爱普斯	Sureshot	旋转阀式正脉冲	64	47.62	104.8	64	175	140	165	2×25Ah×36V锂电	200	>9

表3-109 国外随钻测井(LWD)技术现状

勘探目标深度		4500m	6000m	10000m
技术指标		150℃、138MPa	175℃、172MPa	220℃、240MPa
随钻地质导向	方位伽马成像	有	有	无
	方位电磁波成像	有	有	无
	方位声波成像	有	无	无
	随钻地震	有	无	无
随钻储层评价	中子、密度	有	无	无
	能谱伽马	有	无	无
	电成像	有	无	无
	地层测试	有	无	无
	核磁共振	有	无	无

随着半导体技术的快速发展，传感器及井下计算机的耐温指标在未来 3~5 年内一定会突破 230℃大关。目前，霍尼韦尔已研制出耐温 230℃的 CPU（寿命达 6000h 以上），230℃微型石英加速度计（寿命 1000h）。英国巴庭顿公司（Bartington）和一家加拿大公司均开发出耐温 250℃（寿命 5000h）以上的磁通门传感器，使实现耐温 230℃的高温仪器成为可能。

MWD 系统超低功耗的突破使井下涡轮发电机重新回归 MWD 有了前提条件（电池供电在可预见的时间内无法突破 200℃的极限）。涡轮定子/转子直径小于 50mm，涡轮发电机在 250℃极限温度下能提供 10W 的输出功率就能使小径 MWD 系统耐温指标达到 230℃以上。

基于前两个前提条件，耐温指标在 200℃以上高温超低功耗脉冲器（含控制电路）、小径高温涡轮发电机、高温井下计算机，成为未来高温 MWD 系统的标准配置，可望 5 年内投入实际应用中。

提高工具可靠性的关键是提高电子元器件在高温下的使用寿命。其中核心问题和障碍是在高温条件下电子元件的化学反应加速（材料老化）从而导致失效。选择在高温环境下性质更稳定的材料，是成功研发耐受高温电子元器件的关键。目前最尖端的技术是耐受 230℃极高温的电子部件。另外一项重要技术进步是硬化电路板，重新再封装电子部件，去除电子部件内部和外部周边的活性化学物质，从而提高整体部件在高温下的稳定性。现有传统的重力传感器和磁力传感器对工作温度范围极其敏感，高温环境中容易产生稳定性问题，如校准漂移及其引起的测量误差。为获得高精确度测斜数据（井斜、方位和工具面），需要重新设计重力传感器和磁力传感器。其他 LWD 传感器如自然伽马、方位电阻率、地层密度、中子孔隙度、井下震动监测和环空压力也都革新换代。比如，在高温自然伽马传感器使用了盖革米勒管代替了闪烁计数器。传统的闪烁计数器含有 160℃会气化的碘化钠晶体，仪器正常工作温度不能超过 150℃。盖革米勒管在工业界使用时间历史也很悠久，被广泛证实在温度和压力广域范围内，可以获得可靠精准伽马射线强度读数。但是在高温仪器设计制造工艺过程中，一些细节需要考虑进去，比如传感器本体材料、煅接材料、铸融部件和焊料的选择，特殊焊接技术等。这些措施确保了传感器整体在高温下工作稳定。其他高温传感器都采用了相似研发思路，进行了重新设计和制造。

冷却技术在设计制造耐高温仪器中得到了应用，比如冷却板、隔热封装以及制冷剂技术等。冷却板技术使用了金属片散热板，使得在传感器和电子部件内部传输电流时产生的热量能及时耗散。散热板能够快速把热量从重要的部件上面传导出去，这类似于日常使用的电脑中散热片原理。隔热封装技术是把电子部件封装进特制的囊腔，内部再抽成真空或者只冲入微量低密度惰性气体。这项措施主要目的是减少从高温环境中传导到传感器的热量。这项技术本身并非最新发明，以前主要应用在电缆测井仪器中。这项技术可以在高温环境中使用相对低耐温的电子部件。制冷剂技术也得到了广泛应用。冷剂相变吸热降温（类似冰箱制冷的原理），冷却和降低传感器周边微环境温度，从而扩大了传感器能承受的外部环境温度范围。具体来说，此项技术使用了一种特殊的液体，这种液体吸热蒸发变成制冷剂，泵入传感器和电子部件周围附近产生降温冷却效果，提高了仪器整体的系统稳定性。另外一项重要的发展是金属间密封技术，使得在高温环境中钻井液和地层流体被隔绝在电子部件腔体之外。结合使用上述的冷却技术和金属间密封技术，新一代超高温 LWD 仪器诞生并可迎接超高温极限钻井的挑战。

中国地质大学（武汉）深部钻探课题组研制的深井高温随钻测温仪在大陆科学钻探松科

二井已经成功进行了随钻的高温测试,井下 6700m 位置测试最高温度为 222℃。该测试仪可以与不同钻井工艺进行对接,安装形式灵活,满足提钻取心、绳索取心的钻井工艺要求,其安装形式如图 3-181 所示。

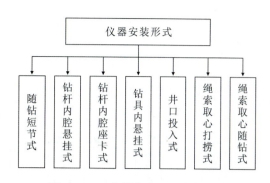

图 3-181 仪器在井下的安装方式

随钻短节式如图 3-182 所示,仪器放在中间,两边有过水接头,可直接通过接头连接在钻杆和钻具之间进行随钻测量;绳索取心打捞式可与打捞器连接在一起,打捞内管时提出井下信息,如图 3-183 所示;绳索取心随钻式,仪器与内管总成连接在一起,投入井内并随钻检测,连接如图 3-184 所示,取心时与岩心一起打捞上来;钻具内悬挂式,连接如图 3-185 所示,仪器安装在取心内管的单动机构之下,随钻测量。其中图 3-185 中随钻的方式对仪器的扰动较小,减少了钻具转动对仪器的影响。

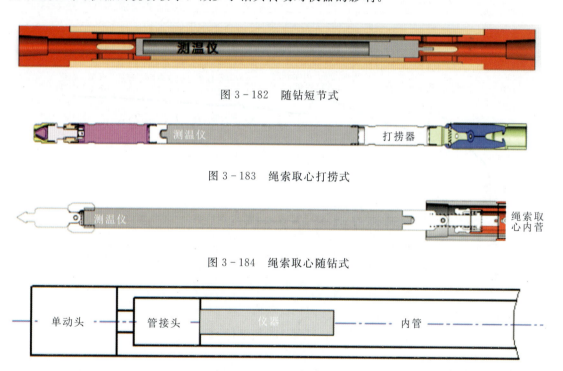

图 3-182 随钻短节式

图 3-183 绳索取心打捞式

图 3-184 绳索取心随钻式

图 3-185 钻具内悬挂式

深部钻探高温井下测试仪的组成如图 3-186 所示,主要由 3 个功能模块组成:①耐高温、抗高压的仪器本体;②低功耗、小尺寸、稳定性强的温度检测系统硬件电路;③实现整个仪器功能的软件。

该仪器在松科二井现场多回次进行井底温度随钻检测,如图 3-187 所示为三开第 213 回次的测温数据。

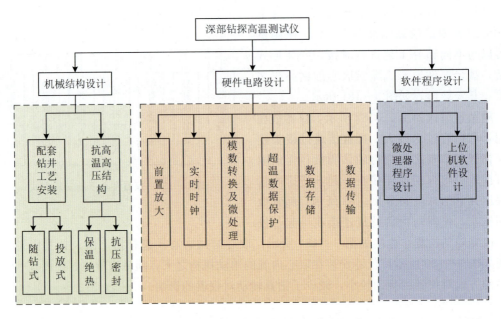

图 3-186 深部钻探高温井下测试仪的组成

图 3-187 三开第 213 回次时间-温度曲线

从时间-温度曲线可以看出,该回次每工况节点,检测温度都有对应变化波动。2015 年 12 月 20 日 0∶40 时超深井高温检测仪开始下井,检测温度上升;到 20 日 8∶45 时下到井底（4180m）,超深井高温检测仪（3954m）温度达到第一个最高峰 120.73℃；开泵循环,温度迅速下降,在 10∶11 时冷却到最低 89.02℃之后又开始上升;到 14∶20 时,由于冲管损坏,关泵,更换冲管,温度上升斜率增大,到 21 日 0∶59 时冲管更换完成,温度达到第二个峰值 132.05℃；开泵继续钻进,井底开始冷却,温度急剧下降到最低后又开始上升;到 6∶30 时超深井高温检测仪掉到滤网处,泵压突然增大 2MPa,将泵冲由 90SPM 降到 83SPM,温度有一个抖动上升；在 10∶10～11∶20 时,1 小时 10 分钟时间里关泵加单根和修上旋塞，温度有一个急剧上升，开泵继续循环后，温度迅速下降后又开始稳定上升；在22日0：00～0：35时，35min时间里关泵加单根，温度又急剧上升，开泵继续钻进，温度平稳上升，上升速度缓慢；在3：50～4：40时，50min时间里由于蹩钻，关泵上提，温度又急剧上升，开泵钻进后，温度有一点下降趋势后又缓慢上升，直到该回次钻进结束提钻。

具体重点节点区间温度变化分析如下：

如图3-188所示，10：11时加单根，向上提钻大约11m，温度明显下降接近2℃左右，期间由于关泵，温度有一个持续上升，加完单根，下钻，温度又会上升2℃左右。紧接着没有开泵，继续修理上旋塞，温度持续上升。到11：15时修理完毕开泵前，温度升到120.66℃，开泵后温度下降。

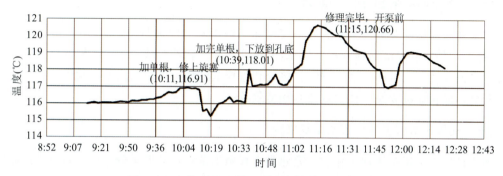

图3-188 加单根、修上旋塞时段温度变化情况

如图3-189所示，在蹩钻后上提，温度会立即下降，而后温度急剧上升，是因为蹩钻关泵所致，在解决蹩钻开泵钻进前温度达到128.1℃，开泵后温度迅速下降，下降之后，在后续的持续钻进中温度缓慢上升到钻进结束。

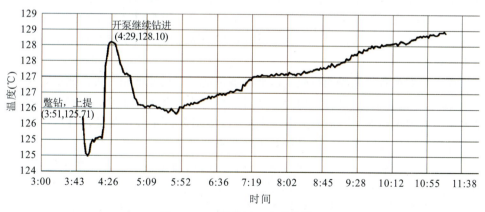

图3-189 蹩钻时温度变化情况

通过对三开213回次随钻式应用的数据分析可以发现，研制的超深井高温检测仪能够灵敏、动态地反映回次钻进的每个工况。高温检测仪可以让现场钻井工程师不再猜测井下温度并可直观把握、检测温度数据，对钻井液配方的选择有重要指导意义，并且超深井高温检测仪213回次测试结果与三开结束后测井结果一致，说明本仪器能够准确、有效的获取井下温度数据。

第四章 深部岩心钻探管理与事故风险控制

第一节 深部钻探组织与成本管理

一、深部钻探组织与管理

如果说深部钻探关键技术和装备是实施深部钻探的"硬件",那么,施工组织与管理则是"软件",是完成深部钻探的重要保障,"硬件"和"软件"缺一不可。深部钻探施工组织与管理应覆盖钻探项目的计划、组织、协调和监控全过程,以控制成本,确保工程质量、工期和安全,提高经济效益、社会效益和环境效益。

(一)钻探施工管理的要素及组织机构

做好钻探施工组织管理工作,一要熟悉工程施工条件;二要掌握生产要素及其动态控制方法;三要正确而灵活地选择组织管理模式,有效地实施目标控制。

1. 工程施工管理的基本内容

(1)可行性研究与调研。首先应全面深入地了解拟承担的钻探工程项目,认真调研工程项目的外部环境和施工地层条件,分析论证技术可行性,详细分析预测工程项目的经济性及其后期远景经济和社会效益,并撰写可行性研究报告,为工程项目决策提供依据。

(2)组织编审施工技术与组织设计。编审施工技术与组织设计是指导钻探工程施工的纲领性文件,应根据工程项目任务书或地质设计,详细编写施工技术方案及施工组织设计,审批后方可执行。

(3)施工前期准备。钻探项目施工前期准备包括施工场地征用,青苗赔偿,场地"三通一平"(路通、水通、电通、场地平整),临时设施搭建(现场办公室、材料库、岩心库、职工生活场所、环保设施等),办理施工许可证,设备调运、安装、调试,材料购置,组建管理机构,编制管理制度和规定,人员的技术和安全培训等。

(4)施工过程控制。钻探工程项目施工过程中的控制是整个管理体系中的重点和关键,主要包括钻探工程质量控制、工期目标控制及安全生产、成本控制3方面。施工过程控制必须做到每个环节有计划,有目标,有措施,有监督,有闭合的整改管理链。

(5)工程竣工验收。竣工验收主要内容有项目资料的系统整理、分析,成本核算,考核技术经济指标、质量、工期目标完成情况,分析缺陷原因,提出改进措施,编写工程竣工报告并提交建设方(或工程发包方)进行工程竣工验收和评审。

2. 工程施工管理要素

钻探工程施工主要由劳动主体——人、施工对象——岩土体、施工手段——设备机具、施工方法——钻进工艺、施工环境——外部条件和资金等生产要素构成。施工项目管理的任务就是通过优化配置和动态管理可控的生产要素来实现项目的质量、成本、工期和安全管理目标。劳动者与生产资料是基本要素,也是施工管理工作的重点。施工中科学地做好项目施工资源管理(劳动管理、材料物资管理、机械设备管理、资金管理)是达到管理目标的保证。

3. 工程施工管理机构组织形式

深部钻探取心直接关系到项目的整体进度和众多科学目标的实现,钻探施工由于投资总额高、施工周期长,费用约占整个工程费用的60%。因此,钻探子工程的施工组织管理相当重要,而且管理难度大。大型钻探工程项目主要采用矩阵式项目管理组织形式,如图4-1所示。

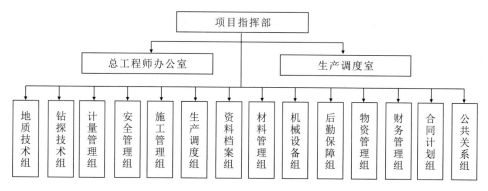

图4-1 大型工程项目矩阵式项目管理组织形式

在工程实践中,松科二井和CCSD-1井采取了甲方直接指挥与招投标委托承包运作方式。甲方负责总体设计、施工设计、施工指挥和现场监督,乙方根据合同承包单项工程(钻井、测井、录井、地震数据采集等)。

根据钻探生产的需要,现场设立了总工程师办公室、生产调度室、钻探技术室及监督办公室等。其中,在生产过程中,总工程师办公室主要负责钻探子工程的总体计划;生产管理主要由生产调度室负责,其具体职责是负责现场生产的调度和管理、确定钻进参数、生产进程的网络监控、下达施工指令、根据生产进度安排其他子工程的作业和提出生产物资计划等。对钻探工程的质量、安全、进度及成本进行监督,掌握生产动态,定期向总工程师汇报生产情况。井队钻探班组按照下达的计划任务和技术措施组织施工,遇到不能解决的问题时,通过井队的钻井工程师与钻井监督交涉,钻井监督视问题的重要性和解决问题的难易程度,决定是否本人处理或报告生产调度室,由生产调度室拿出处理意见后再行组织实施。图4-2为松科二井的组织管理形式。

在科学钻探的施工中涉及到多个专业、多工种和多项目的施工工序彼此关联,关系复杂,为了及时协调施工的各个环节,一般要制定会议制度,包括每日晨会、专题会和交接班会等。同时,要建立情况通报制度,及时准确地向现场指挥部各部门和各级领导汇报施工的进展情况。

(二)钻探工程施工技术与组织设计

钻探工程设计主要包括技术工艺设计和组织管理设计两方面,是管理的总纲,是工程施

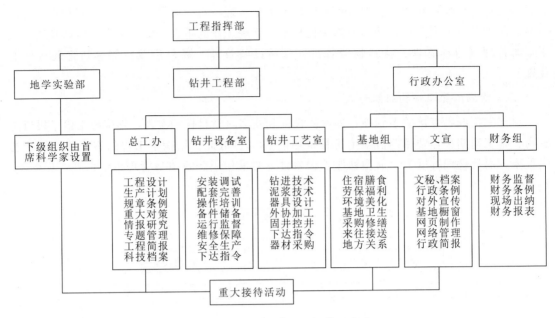

图 4-2 松科二井的组织管理形式

工的依据。技术与组织设计的编写提纲主要内容如下。

1. 前言

包括钻孔编号及位置、钻探工程性质、目的与任务、孔深、孔径等。

2. 钻探工程施工条件

简述钻孔施工的交通、气候、风力、水源、电源、地层情况(附地层理想柱状剖面图)。

3. 钻孔技术质量要求

包括地质设计及合同提出的具体钻探工程六大质量指标和特殊要求。

4. 钻孔施工主要设备和器具选择

根据孔深、终孔口径、地层复杂程度,选择钻机、水泵、钻塔、附属设备、钻杆、钻具和必备仪器、工具的类型规格,并列出配置清单。

5. 机场布置及钻前工程

绘制钻孔施工现场布置平面图,包括钻孔施工"三通一平"及临时设施搭建设计。

6. 钻孔结构

确定钻孔纵剖面形状(包括开孔、终孔直径,套管层数及各段的长度和直径)。

7. 钻进工艺技术

(1) 钻进方法。

(2) 冲洗液与护壁堵漏方法。

(3) 岩矿心采取心方法。

(4) 钻头的选择。

(5) 保证钻孔质量措施。

(6) 事故预防与处理措施。

(7) 定向钻孔技术设计参数及内容。

8. 钻孔施工组织

(1) 确定钻孔施工组织与承包模式。

(2) 编制施工计划及措施。

(3) 建立组织管理制度。

9. HSE（健康、安全、环保）管理

根据钻孔施工条件、环境和要求进行针对性设计，阐述保证实施措施及预案。

10. 编制"钻孔施工技术设计指示书"

编制"钻孔施工技术设计指示书"，参考格式如表4-1所示。

表4-1 钻孔施工技术设计指示书

孔号：

序号	地质情况					钻探工程设计								
	累计孔深(m)	岩层厚度(m)	岩石名称	地层与岩性描述	地质柱状图	钻孔结构图	岩石可钻性级别	钻进方法	主要钻进参数			冲洗液	主要质量指标			主要技术措施
									转速(r/min)	钻压(kN)	泵量(L/min)		岩矿心采取率(%)	顶角(°)	方位角(°)	
1																
2																
3																
⋮																

（三）钻探工程施工质量管理

钻探工程施工质量管理的任务是确保工程质量达到地质或工程合同规定的要求，应贯穿于工程设计、施工、验收全过程。须建立工程施工质量管理体系，并实施运行。

1. 工程施工质量控制

钻探工程实行施工前、施工中和施工结束的全过程质量控制。

(1) 工程施工前质量控制。

1) 熟悉地质设计，尤其要详细了解质量技术要求。

2) 审核施工技术方案、施工组织设计。

3) 查看现场施工环境及施工条件。

4) 检查施工设备及质检工具等。

(2) 工程施工过程质量控制。钻探施工过程质量控制就是对施工质量的薄弱环节进行预先控制，使每钻进一米都能达到质量要求，以防"亡羊补牢"。施工过程质量控制包括计划（Plan）-执行（Do）-检查（Check）-处理（Action），简称PDCA循环管理方法，如图4-3所示。针对施工特点、难题设置质量控制点，开展QC小组活动以达到质量控制目的。

(3) 施工结束质量控制。钻孔结束后质量控制的主要内容有：全孔测量（孔深、顶角、方位角）；钻杆孔深误差校正；封孔、透孔验证；现场岩矿心整理入库；原始记录资料的完整性检查等。上述检查若出现质量问题可在施工钻机拆离现场之前进行补救。

2. 工程施工质量验收与评定

钻探工程施工质量验收与评定主要按钻探工程有关质量规范进行。地质岩心钻探以《地质岩心钻探规程》6项质量指标为标准，特殊矿种、特殊钻探工程项目以国家及行业质量指标和建设方工程设计质量要求为依据。矿区勘探质量验收分为大队（企业）、工程处（分队）、机台3级；科研项目或市场项目验收分为投资建设单位、项目承担单位（企业）、项目经理部（或课题组）和生产机台4级。

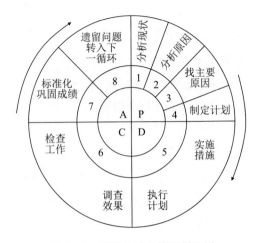

图4-3　PDCA质量管理循环图

工程质量验收内容主要包括实物资料检查、原始记录文字资料查阅、工程质量指标完成情况综合验收等。

钻探工程施工质量评定是在资料验收后对质量指标完成结果的综合评价，在由建设方主持的最后一级验收时完成。

（四）钻探工程施工进度管理

1. 钻探施工进度动态管理控制

由于受资金、人力、物资供应和自然因素的影响，钻探施工进度往往会偏离计划目标。因此，必须加强施工进度管理，以保证进度目标的顺利实现。钻探施工进度管理是一个动态循环的过程，如图4-4所示。

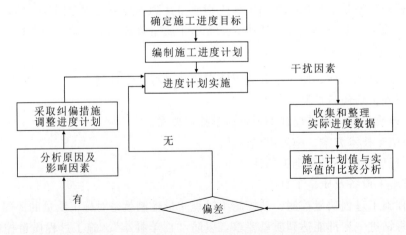

图4-4　钻探施工进度动态管理控制基本步骤

2. 施工进度目标控制

为了掌握施工进度计划执行情况，必须建立健全的检查制度和进度统计报告制度。实现施工进度目标控制的程序如下：

(1) 施工进度跟踪检查。
(2) 施工进度数据收集。
(3) 施工进度对比分析。

施工进度控制方法要点主要有：

(1) 抓好工程布置和平行作业。
(2) 深孔施工以提高时间利用率为目标。
(3) 降低孔内事故率。
(4) 做好钻探设备、机具保障工作。
(5) 推广钻探新工艺、新技术。

(五) 钻探工程施工安全与环境管理

深部钻探施工具有工作条件恶劣、不安全因素多、环境影响大的特点，搞好安全与环境管理十分重要。标准化、规范化的安全与环境管理是施工管理的重要组成部分。

1. 钻探工程施工安全管理

(1) 安全生产管理方针。我国的安全生产方针是"安全第一，预防为主，综合治理"12个字。施工企业必须在国家安全生产方针指导下，根据自身特点制定安全生产目标，避免或减少安全事故和轻伤事故，杜绝重大、特大安全事故和伤亡事故。

(2) 施工安全管理的基本内容。生产施工单位作为安全作业的责任主体，应在国家和行业相关安全法律法规指导下，从建立施工安全的管理体系、健全施工安全管理制度、加强施工安全教育培训、完善施工安全档案管理、编制施工安全应急预案等几个方面加强施工安全管理。

(3) 钻探机台施工安全管理。

1) 钻探机台施工安全基本要求。机台应严格遵守国家有关行业标准、规程等操作施工，设置专职或兼职安全员，并针对施工区的自然环境采取措施，防止自然灾害造成人员和财产损失。

2) 钻探机台场地安全。由于深孔钻探作业的孔内情况更复杂，钻塔更高，动力负载更大，施工时间更长（遇到各种恶劣自然灾害的几率高），所以应在执行常规《地质勘探安全规程》的前提下，强调用电、防风、防雷电、防洪防汛、防寒、防火等安全问题。

3) 钻探施工中的安全。包括钻进中的安全、升降钻具的安全、活动工作台的安全等。

2. 钻探工程施工环境管理

环境问题关系到经济可持续发展和人民群众的健康。钻探工程施工中对环境的影响主要有钻探设备运转噪音和废油及废泥浆两个方面。

尽量采用工业供电降低设备噪音，同时采取必要技术措施降低设备噪音。在钻探现场设置废液储存池，并优选对环境无污染或污染小的泥浆处理剂，定期委托环保部门将废渣、废液运走处理。

施工现场平整及修路时,尽量不破坏或少破坏林木,以减少对施工现场土地原生态的破坏。临时占用的林木地,待工程竣工、设备拆离后进行补植复耕。另外,要加强职工环保意识教育,从现场不随便丢垃圾、不破坏林木等小事做起。

3. 安全文明施工管理

根据国家《建设工程施工现场管理规定》中"文明施工管理"和《建设工程项目管理规范》中"项目现场管理"的规定,施工单位应规范施工现场,做到文明施工、安全卫生、不扰民。

二、钻探成本分析与管理

钻探是一项复杂的工程技术,其工作对象是岩石,地下岩层的不确定性、隐蔽性使钻探施工具有风险性。影响钻探成本的主要因素是钻探效率,而科学的成本管理是提高钻探经济效益的关键。

(一) 钻探成本构成及分析

1. 钻探成本

关于钻探成本有广义钻探成本和狭义钻探成本两种表述。地勘单位钻探生产经营中,为获取和完成工程目的所支付的一切代价,即所支出的费用之和,称为广义钻探成本(或钻探综合成本)。在钻探项目施工现场所耗费的人工费、材料费、施工机械使用费、现场其他直接费及为项目组织工程施工所发生的管理费用之和称为狭义钻探成本(或称为直接成本)。其成本的发生局限在某一项目(或单孔)范围内,不包括地勘单位经营期间的经营费用、利润和税金。狭义钻探成本是项目成本核算的主要内容。

2. 钻探成本的构成及分析

国家或部门在不同时期会按不同地层条件和当时的技术水平、物价、人工费等因素颁布每米综合钻探成本单价。钻探成本主要包括下述内容:

(1) 直接费。钻探直接费由人工工资及工资附加费、材料费、动力(燃料)费、设备折旧费、管材摊销费、修理费、运输费、临时场地占用费、青苗赔偿费、施工准备费(现场路通、电通、水通及场地平整费等)、现场管理费(通讯、差旅、住房、办公、协调等)、环境保护等费用构成。

(2) 间接费。钻探间接费包括综合管理、教育、劳保、养老、医疗、保险等费用。

(3) 税金。按钻探工程费用总额依国家规定比例上缴税务部门。

(4) 利润。利润是所承担的钻探工程总费用减去直接费、间接费、税金3项费用后所获剩余部分。工程预算时按国家计划利润率计算。

在钻探成本构成中,直接费用是可变成本,间接费用变化较小,税金是不变成本,实际利润率受直接费用支配。在地质条件、孔深、孔径、施工环境、质量指标等因素和钻探总费用确定的情况下,直接费用是成本控制的关键。

（二）钻探工程成本预算与管理

1. 成本预测与决策

钻探工程成本管理是在满足工程项目质量、工期等要求的前提下，通过计划、组织、控制和协调工程费用，实现预定成本目标并尽可能降低成本的一项管理活动。主要包括成本预测与决策、成本预算与控制、成本核算与考核等内容。

（1）成本预测。钻探工程成本预测是根据成本信息和工程项目具体情况，对项目未来成本水平与趋势作出的科学估计。使钻探工程项目在满足业主（或地质设计）和自身要求的前提下，为降低项目工程成本提供决策和依据。钻探工程成本预测常用成本估算法、成本反推法和成本参照法3种方法。

1）成本估算法。在项目所钻地层复杂程度、岩石可钻性等情况不太清楚，终孔深度难以确定（只给定宽泛的孔深范围，根据钻探过程所获地质成果来确定孔深）的情况下，采取成本估算法。

实际估测综合成本时，还应列入国家法定税金和企业利润两项，从而构成工程总费用。

2）成本反推法。成本反推法是在钻探工程项目总费用已确定的情况下，根据孔深、孔径、地层情况、工程质量及工期要求等给定条件，反推算出该项目将投入的各项费用来预测成本的一种方法。该方法预测成本较为精细，误差较小，但计算过程要对总费用进行分析、对比、分解、评估，以增加成本预测的准确性。其步骤如下：①根据给定条件进行钻孔施工详细设计；②分析工程总费用中哪些是可支配的钻探施工费用；③列出钻探施工所要支出的全部明细项目清单；④分析哪些是固定成本支出项目，哪些是可变成本支出项目；⑤计算可能的最高成本、常规成本或最低成本；⑥评估确定成本预测结果。

如岩心钻探的预算一般按中国地质调查局定额标准来计算。钻孔深度是决定钻探单位进尺成本的重要决定因素，随着钻探深度的不断加深，定额对应关系尚未建立，如现有中国地质调查局定额标准的最大孔深为2000m，因此成本预算的定额标准目前还无法确定。根据现有定额的回归分析可知，钻探单位成本随钻探深度的增加呈现出幂指数增加趋势，并非简单的深度叠加。因此，根据需要可采用现有定额标准进行回归计算，如SinoProbe-05钻探项目推导出计算公式并绘制进尺单价-孔深曲线（图4-5）。

以最常见的可钻性级别7~8级地层为例介绍如下。

可钻性级别7级：0~2000m孔深定额标准为2174元/m，按照回归公式推算的0~2500m孔深的定额标准为2867元/m，0~3000m孔深的定额标准为3757元/m。

可钻性级别8级：0~2000m孔深定额标准为2457元/m，按照回归公式推算的0~2500m孔深的定额标准为3240元/m，0~3000m孔深的定额标准为4245元/m。

同时，钻探口径与单位进尺成本也呈现指数增长变化。以中国地质调查局《地质调查项目预算标准》（2010试用版）中的机械岩心钻探预算标准和水文钻探预算标准（钻孔直径≤201mm，称为大口径）进行对比说明。

二者的共同点都是取心钻进，不同点表现在钻孔直径不同。机械岩心钻探钻孔直径59~95mm，通常为75mm，水文钻探钻孔直径95~200mm，通常为150mm。从标准中可以看出取心钻进钻孔口径大小对钻探成本的影响。同样以可钻性级别8级地层为例介绍如下：

1000m孔深的机械岩心钻探预算标准为：1372元/m。

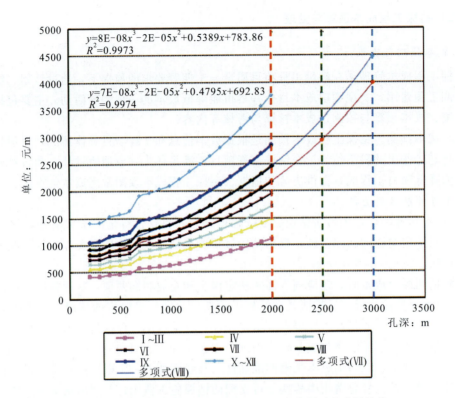

图 4-5 按照中国地质调查局预算标准回归外推对应孔深单价

1000m 孔深的水文钻探预算标准为：5552 元/m（尚不包括套管费用）。

由此例可见，大口径取心钻探的单价是小口径取心钻探的 4.05 倍。随着孔深的增加，该差别会进一步加大。

3）成本参照法。成本参照法是参照以往所施工的类似钻探工程项目（区域、地层、孔深、孔径、工程质量要求等条件相似）的近期工程成本来预测成本的一种方法。该方法测算简单，与上述两种方法相比预测准确度较高。

成本参照法通过算术平均值对历史成本数据进行统计，计算出预测值。

$$M = \frac{1}{n}\sum_{R=1}^{n}D_R \tag{4-1}$$

式中：M——待施工钻孔单位成本预测值（元/m）；

D_R——第 R 钻孔单位成本实际值（元/m）；

n——钻孔统计数。

（2）成本决策。项目成本决策是在成本预测的基础上，通过分析对比多种可行性方案，运用决策理论选出最优方案。在成本决策前必须详细进行下述可行性评估：

1）施工装备技术可行性评估。

2）地层复杂性评估。

3）不可预见风险性评估。

4）项目收益率评估。

项目收益率是项目净收益与项目总产值（总投资额）的比率。其计算公式为：

$$E=\frac{P}{I} \tag{4-2}$$

式中：E——项目利润率；

P——正常情况下的工程利润；

I——工程项目总产值（或投资金额）。

若 E_b 为工程标准收益率，则当 $E \geqslant E_b$ 时，该项目预测方案可以实施。

评估项目实际收益时，还应考虑项目资金投入渠道、投资者的企业性质和守信度，以及项目完工后能否按时支付工程款、垫付资金的利息和出现部分呆账的可能性等因素。它们都是成本预测与决策的重要内容。

2. 成本预（概）算与控制

项目成本预（概）算不同于成本预测。预测是对成本的一种事先估计，具有粗略性；而成本预（概）算是在几种成本预测方案的基础上，通过成本决策优选的最佳方案。它是预测的一种反映，是实现项目经济目标的细化"作战方案"，也是项目的考核依据。科学编制工程预算是实现施工过程成本控制目标管理，创造利益最大化的前提。

(1) 成本预（概）算编制依据。

1) 批准的工程项目可行性研究报告和计划任务书。

2) 钻孔地层柱状图。

3) 国家或省市行业现行的各种价格信息、计费标准、预算定额标准及取费率、税率标准等。

4) 施工地区现行人工工资标准、材料预算价格、施工机械、台班预算价格、土地占用、青苗补偿费用价格等。

5) 国家、行业和地方政府有关法律、法规或规定。

6) 项目施工组织总设计。

7) 项目所在地区的气候、水文、地质地貌等条件。

8) 项目所在地区有关的经济、人文等社会条件。

9) 项目的管理（含监理）、工程质量要求及施工条件。

10) 项目施工地层复杂程度以及新工艺、新技术的推广。

11) 有关文件、合同、协议等。

12) 项目成本预测方案与决策评估等。

(2) 成本预（概）算内容分层设计。钻探工程项目预算包括项目总预算、单项工程（综合）预算和单位工程项目预算3级。单项工程预算是指项目中不同类型钻孔项目；单位工程项目预算是针对具体钻孔。这两项是项目总预算的子项。编制钻探工程项目成本预算时，单孔预算是基础，其内容如图4-6所示。

(3) 成本预（概）算编制方法。常用的钻探工程成本预算编制方法有定额计价法和类似工程预算计价法。

1) 定额计价法。定额计价法是根据国家计委、建设部颁发的《工程勘察收费标准》，国家财政部、国土资源部颁发的《国土资源调查预算标准》，以及其他行业地区的有关钻探工程施工预算标准来编制预算。计算方法是，先套用相应的预算定额单价（基价），算出工程

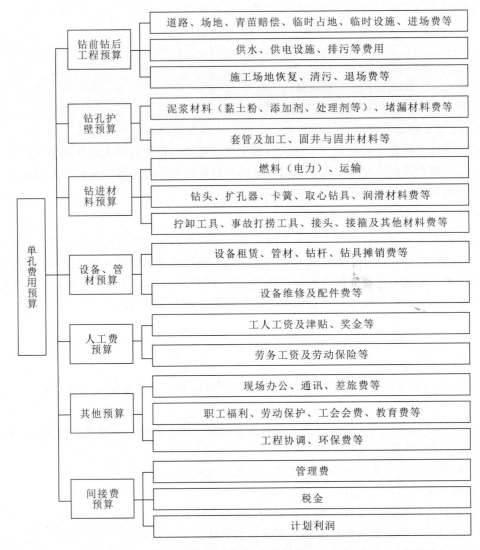

图 4-6 钻探工程单孔成本预算内容与程序

直接费用后再计取规定的间接费,即可得出单位工程预算总额。

2) 类似工程预算计价法。类似工程预算计价法是利用与编制对象类似的已完工工程造价资料来编制预算的方法。该方法以类似工程单位成本基价为基础,通过调整难度系数来计算工程的直接费,并用"直接费×综合费率"求出间接费,从而算出工程总费用。拟施工工程单位直接成本计算公式为:

$$D = d \cdot K \tag{4-3}$$

$$K = K_1 + K_2 + K_3 + K_4 + K_5 \tag{4-4}$$

式中:D——拟施工钻探工程单位直接成本(元/m);

d——已完工类似钻探工程单位直接成本(元/m);

K——综合调整系数;K_1、K_2、K_3、K_4、K_5 分别是拟施工钻探工程与类似工程在孔深、孔径、护壁、取心、钻孔弯曲度控制方面的难度差异系数。

(4) 成本控制。钻探工程项目成本控制包括成本事先控制、事中控制和事后控制 3 个阶段。钻探工程项目成本不能单纯依赖某一种控制方法来实现，必须将成本控制、项目资金管理和制度管理有机地结合起来。成本控制的主要措施如下：

1) 制定定额管理制度、预算管理制度和费用审核审批制度。

2) 依据工程项目预算与施工项目设计，制定钻探机台具体定额，如台月效率、台班效率、材料消耗（钻头、扩孔器、泥浆材料、油料或电力、接头、接箍、工具）和生产人员定额、人工劳动生产率等。

3) 建立健全钻探工程各项管理制度，如项目经理、技术负责、机班长、操作岗位负责制，安全生产、工程质量责任制，人员考勤制，耗材管理制，财务管理制等，以制度保证成本控制的力度，实行项目全过程、全员控制。

4) 建立以机台为主体的承包责任制，将工作责任和经济责任落实到班组。可根据具体条件采用多种承包形式，如部分直接成本承包制（包括消耗材料、施工人员工资、核定费用，定期完成项目任务）、施工工期定额承包制、钻探效率指标承包制、全直接承包制等。

5) 改进现有技术，采用新技术、新工艺提高钻探效率，降低成本，增加效益。

6) 突出重点抓成本控制，如从成本中高份额的方面着手、从技术创新着手、从影响成本关键点着手、从可控成本着手等，将取得事半功倍的效果。

7) 必须按预定的成本控制目标来组织各项成本控制活动。具体内容包括工程项目成本控制目标的设定和分解，成本控制目标责任的到位与执行，成本控制目标的执行结果，成本目标的评价、纠偏和修正，使工程项目成本控制目标形成一个计划、实施、监督、检查与处理的闭循环系统。

3. 成本核算与考核

(1) 成本核算的目的意义。成本核算过程是如实反映工程项目实施过程中各种耗费的过程，也是为成本管理提供成本信息反馈的过程。通过工程项目成本核算，可以检查、考核成本预算计划的执行情况，反映成本水平，对成本控制的绩效以及成本管理水平进行检查和测量，评价成本管理体系的有效性，为降低工程项目成本提供依据。

(2) 成本核算的步骤。

1) 确定成本核算指标。

2) 进行财务审核。

3) 对已发生费用分配归集。

4) 处理成本核算结果。

5) 成本核算数据分析与改进。

(3) 成本核算方法。工程项目成本核算方法主要有表格核算法和会计核算法两种。表格核算法离不开众多部门和单位的支持，算法简明易懂，对项目核算人员专业性要求不高，实时性好。但此方法难免粗糙，有可能造成数据失实。会计核算法的基础是会计借贷记账法，按照工程项目成本内容和收支范围建立一系列会计核算账簿并进行账务处理和项目成本核算。操作会计核算法的人员必须拥有一定资质和较高的专业技术水平（既懂财务又了解工程项目施工）。大中型企业多采用会计核算方法。会计核算法主要有项目成本直接核算、间接核算和列账核算 3 种方式。

(4) 成本考核。钻探工程项目成本考核是由成本管理人员对所实施工程项目的成本目标实现情况、成本计划指标完成结果进行考核,并评价成本管理工作业绩,为兑现项目承担责任单位及责任人的奖罚提供依据。目前钻探工程项目成本考核以列表评分方法较为普遍。

通过对钻探工程项目和单孔生产机台责任成本的考核,可以根据其技术、经济、社会效益业绩兑现奖惩。项目奖惩应以项目实施过程中岗位责任大小、贡献大小为依据,对在项目中有突出贡献者加大奖励,重罚工作不认真、玩忽职守、造成严重损失者。做到奖罚分明,责权利统一,以激励每个职工主人翁责任感。

第二节 深孔井内事故预防与处理

钻探是一项隐蔽的地下工程,存在大量的模糊性、随机性和不确定性,是一项真正的高风险作业。孔内事故是最常见的风险,它不仅耽误钻探进尺,推迟施工进度,影响地质资料报告的提交,而且使钻探成本增高,严重时还损坏机器设备,造成人身伤亡事故等严重后果。据统计,处理孔内复杂情况和孔内事故的时间一般约占钻井施工总时间的4%~8%,有的达20%以上。特别对于深孔钻探而言,钻进对象是未知的,钻遇地层更加复杂,要在钻探过程中避免孔内事故几乎是不可能的。钻杆柱、钻具、钻头等在地层复杂且高度狭窄、环境变量多变的隐蔽空间中的工况异常恶劣,任何条件的改变都可能诱发井内事故的发生,而任何孔内事故的发生,如果处理不当,又都存在着事故进一步恶化的危险。特别是事故往往在地下深处,很难直接观察,对事故的具体情况只能依靠经验进行推理、判断,这就使得处理事故的决策异常困难。

虽然深孔钻探风险增大,处理孔内事故的经验不能完全照搬,但处理相近类型事故的基本原理与基本原则应该是一致的。因此,研究深孔钻探事故的防控意义重大。

为了最大限度地减少深孔钻探事故的发生,需要制定专门的深孔风险预案,只要措施到位,规范管理,就可以减少孔内事故的发生。即使发生事故,通过对事故发生的原因进行分析、总结,形成一系列深孔事故预防措施乃至规程,可以把事故造成的损失减少到最低限度。

一、孔内事故的分类和处理原则

1. 孔内事故的分类

在钻探施工过程中,发生的钻探事故多种多样。如果从钻探事故发生的性质来分,可以分为人为事故和自然事故两大类;如果从经常容易发生的事故特点来看,可归纳为钻具折断脱落事故、跑钻事故、卡埋钻事故、套管事故、工具等掉入事故、测井事故、封孔事故、孔斜事故和漏水事故等。

所谓人为事故,是指事故发生的主要原因是由于操作人员或有关人员没有严格地执行钻探操作规程,没有执行好制定的具体技术措施,对孔内情况缺乏认真的观察和了解,以致出现事故征兆未能及时察觉,或所选用的钻进方法、技术参数不当以及操作技术不熟练等而造成的事故,如钻具折断、烧钻和跑钻等大多属于人为事故。所谓自然事故,则是指由于地质条件复杂,施工中未能完全有效控制住而引起的孔内事故,如图4-7所示。地质条件的变化虽然有一定的客观规律,但人们认识它和掌握它要有一个过程,因而采取的措施也有一个适应的过程。也就是说,当地层情况比较复杂,采取的措施还不能奏效时,事故仍然是不可

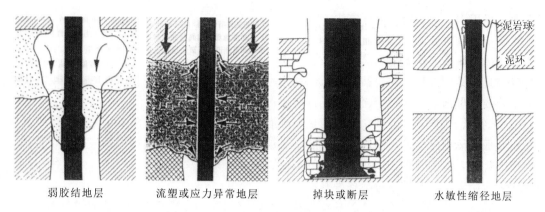

| 弱胶结地层 | 流塑或应力异常地层 | 掉块或断层 | 水敏性缩径地层 |

图 4-7　地质条件复杂造成孔内情况复杂

避免的。如岩层倾角大，节理、裂缝发育，遇大溶洞和厚度较大的流沙、砾石层、氧化带等严重破碎地层而造成的涌水、漏水、掉块、垮孔等事故，以及由此而引起的卡钻、埋钻事故，大多属于自然事故。

人为事故与自然事故既有区别，又有联系。当地层情况复杂，因操作不当而引起的人为事故会变得更加复杂而难以处理。相反，若严格按钻探规程作业，积极采取预防措施，就可以减少和避免事故的发生，即使因地层复杂而发生了事故，其复杂程度也会变小而便于及时排除和处理。

2. 处理孔内事故的基本原则

(1) 安全原则。孔内复杂与事故多种多样，孔内情况千变万化，处理方法、处理工具多种多样。总原则是将"安全第一"的思想贯彻到事故处理全过程。从制订处理方案、处理技术措施、处理工具的选择以及人员组织等均应有周密的策划，避免事故恶化。操作人员应熟知入孔打捞工具的结构和正确使用方法。处理方案中还应包括人员设备的防护和环境保护等措施。

(2) 快捷原则。复杂与事故随着时间的推移而恶化，要求在短期内进行处理，不能延误时间。快捷原则体现在迅速决策制订处理方案。制订几套处理方案，迅速组织处理工具与器材，加快处理作业进度，协调工序衔接。同时有几套处理方案时应优选其中最有把握、最省时、风险最小的方案。

(3) 科学诊断原则。科学诊断原则就是还原复杂与事故的本来面貌，科学分析，去伪存真，准确地描绘孔下情况，切忌主观臆断，或仅凭以往的经验武断作出结论。少犯错误，加快处理进度，减少经济损失。

(4) 经济原则。根据事故性质、现场环境条件、地质条件、工具、器材供应状况、技术手段等，全面分析、评估事故处理的时间与费用。根据处理方案对比，经济合算则继续处理下去，若处理时间长，费用太高，则停止处理，另采用其他办法，如条件许可，移孔位重钻或原孔眼填孔侧钻等。

处理事故应按照先简易、后复杂的步骤进行：

第一步从提、打、震、捞、冲、抓、吸、粘、窜、顶等较简单易行的方法中选取。

第二步用反、炸、套、切等方法。

第三步用剥、穿、扫、泡等方法。

第四步用绕等方法。

处理孔内事故的主要工具有：

（1）打捞锥类工具。孔内钻具折断、脱扣、滑扣以及钻具倒扣脱扣。孔内打捞工具最常用的是公锥、母锥、卡瓦打捞筒、卡瓦打捞矛等打捞工具。

（2）倒扣、切割工具。倒扣或切割是在浸泡、震击之后仍不能解除卡钻的条件下进行的下一步处理事故程序。外切割和倒扣一般用于被卡的钻柱或钻铤，而内切割一般用于管径较大的被卡管柱，如套管等。倒扣工具有测卡仪、爆炸松扣、反扣钻杆、倒扣接头、倒扣捞矛与倒扣打捞筒等；切割工具包括各种割刀。

（3）套铣工具。常见的套铣工具有铣鞋、磨鞋、铣管、防掉接头、套铣倒扣器等。

（4）其他孔底落物打捞工具。打捞孔底落物工具常见的有一把爪、打捞杯、打捞篮、打捞筒、壁钩或弯钻杆、可变弯接头、铅模以及缆刺等。

二、钻具事故的预防与处理

钻杆柱是最薄弱的环节，工况恶劣，而螺纹是钻杆柱中最薄弱的部位。钻杆柱强度除了与材质、加工精度、热处理方法有关外，还与使用历史和使用方法有关。对深孔钻探而言，钻具事故多由于螺纹失效引起。螺纹的失效形式主要表现为：

（1）粘扣和胀扣。通常发生在有较高轴向压力的情况下，外螺纹强制进入内螺纹，导致内螺纹胀开或粘扣而造成连接失效。上扣时扭矩过高或钻进中产生过高扭矩时，也会出现这种情况。

（2）螺纹剪切失效。往往出现在螺纹最末端的完整扣处。螺纹锥度越大，螺纹越短，越容易发生剪切失效现象。

（3）断裂。螺纹最末端完整扣处往往应力最大。断裂现象常出现在螺纹最末端完整扣处。因此，小规格钻具接头螺纹和钻铤螺纹常加工有应力分散槽等特殊结构，以减小应力集中现象。

（4）滑扣。螺纹锥度较大时，上紧圈数尚未达到额定圈数而扭矩就已达到推荐值，此时在轴向拉力作用下往往会出现滑扣。除此之外，螺纹间隙充填物不合理时也易产生滑扣现象。

（5）倒扣。螺纹上紧扭矩过小或未能达到额定值，导致螺纹无法承受施加的轴向载荷和井下扭矩，从而出现倒扣失效，造成钻具脱扣掉入井内。

（6）刺扣和密封失效。钻进过程中，钻具的扭转振动往往会造成钻具旋转速度时快时慢。当钻具突然加速旋转时，扭矩会瞬间增大。此时，在钻具和井壁、外螺纹和内螺纹的交互作用下，钻具接头处往往会产生很高的热量，导致螺纹脂从螺纹间隙中流出，造成密封失效而引起刺扣。除此之外，加工精度过低、不合理的公差配合、过少的螺纹过盈量，都是产生刺扣现象的一个重要原因。

钻铤在井下长期处于受压应力状态，在中性点附近还处于拉压应力交替作用状态。如加压和振摆作用产生的弯曲应力集中在钻铤公扣根部与母扣根部，则钻铤折断很容易发生在公、母扣的根部。根据经验，钻铤公扣根部折断几率比母扣多，无论公扣根部折断或母扣根部折断都属于弯曲应力集中引起的疲劳折断。断口往往有一部分是旧裂纹，即断面比较光滑的那一部分，是长期受弯曲应力集中引起的疲劳裂纹。而断口的新裂纹，其断面粗糙和凹凸不平，是在大扭矩负荷下扭断的。据统计，钻铤失效事故占钻具事故的 51.1%，其中接头螺纹占 98.5%（内螺纹占 34%，外螺纹占 66%）。钻铤接头外螺纹台肩处几乎支撑着所有的弯曲应力，外螺纹第 1 牙载荷高达 39.5%，第 2 牙载荷占 23.9%，依次递减，第 7 牙后承受载荷很小，因此台肩将产生应力集中，最大弯曲应力发生在内螺纹接头和外螺纹接头连接的最后一道螺纹附近，断裂从外螺纹接头的最后一道螺纹根部发生，其位置恰为距离外螺纹台肩 20~30mm 的连接螺纹处，螺纹的载荷分布是非线性的，在旋合时，其轴向应力的 80% 由距离台肩面 1~3 扣螺纹处来承担，断裂位置也在此处。

为了改善螺纹的抗疲劳性能，往往采用在靠近外螺纹台肩处和内螺纹根部都加工应力分散槽，分散槽进行表面滚挤压减少应力集中。

钻杆本体折断多发生在卡瓦部位。断口有呈螺旋形的，有参差不齐的，也有齐口的。折断的原因有以下几种：

(1) 卡瓦牙痕较深，在井下长期处于拉应力与扭应力（剪切应力）的联合作用下，逐渐加深横向裂纹，一遇严重蹩钻时就被扭断。

(2) 钻杆本体有横向裂纹，在高压液流作用下逐渐被刺穿，在高拉力负荷下被拉断或在大扭矩作用下被扭断。

(3) 处理卡钻事故时上提拉力超负荷而将本体拉断。

钻具脱扣主要是由于蹩钻厉害、打倒车严重、刹车不及时所引起的，也有由于转盘操作失误而发生的。钻具脱扣在钻进和划眼时时有发生，在起下钻中也时有发生。

钻具滑扣主要是由于螺纹磨尖、钻井液刺毁台肩或接头台肩磨薄并严重蹩钻而引起的。

钻具粘扣主要是由于螺纹表面加工粗糙、未经磷化处理和润滑脂质量不合格而引起的。

钻柱起下钻过程中，以上原因均会造成跑钻，跑钻后，钻柱在井筒内会自由降落，深孔中由于钻柱的重量大，对钻柱的破坏作用较大，往往钻柱的薄弱部位会出现弯曲和变形，特别是在"大肚子"位置。同时下降引起的压力激动对井壁产生破坏，有引起钻孔坍塌的风险。因此下降速度需要进行相应的估算。

在降落过程中钻柱受泥浆阻力、井壁摩擦力和重力等作用，跑钻初期加速下降，当重力与阻力平衡时达到最大速度，下降速度不再增加。降落速度 v 按下式求解：

$$Av^2 + Bv^{1.8} - Cv - D = 0 \tag{4-5}$$

其中：$A = 0.44\rho_m d_0^2$；$B = 0.116\mu^{0.2}\rho_m^{0.8}L^{0.8}d\beta^{1.8}$；$C = 2.670\mu d$；$D = mgk$（$f\sin\alpha - \cos\alpha$）；$\beta = 1 + \dfrac{d^2}{d_0^2 - d^2}$；$k = 1 - \dfrac{\rho_m}{\rho_c}$。

式中：ρ_m——钻井液密度（kg/m³）；

d_0——井眼实际外径（m）；

d——落鱼外径（m）；

μ——钻井液动力黏滞系数；

L——落鱼长度（m）；

m——落鱼钻柱质量（kg）；

g——重力加速度（9.81m/s²）；

ρ_c——钢密度（7850kg/m³）；

α——井斜角（°）；

f——井壁滤饼摩擦系数，取 $0.1\sim0.25$。

1. 钻具事故的预防

(1) 钻铤螺纹折断事故的预防。

1) 钻铤螺纹定期进行无损探伤检查，有检验合格证书的钻铤方可送井使用。

2) 在井下旋转 $800\sim1000h$ 后，一律送回基地重新车扣，新车螺纹应磷化处理，防止粘扣发生。

3) 深部岩心钻探扩孔钻进宜在钻头与钻铤间加入减震器，避免跳钻损伤钻铤螺纹。

(2) 钻杆本体折断事故的预防。

1) 建立定期探伤、测壁厚与试压制度。钻杆必须逐根进行探伤、测壁厚与试压检查。凡不合格者不许入井，应作报废处理。

2) 卡卡瓦时应轻放、操作平稳。上卸扣时吊钳不允许咬在本体上。禁止单钳紧扣和转盘崩扣。

3) 钻井周期长时建立健全和坚持钻具"以新换旧"或"以优换优"制度。

4) 建立钻具分级管理和报废制度。

5) 遇卡上下活动时，应限制在钻杆允许的抗拉安全负荷与抗扭安全负荷范围内，不许超负荷提拉与转动。

6) 转盘钻进时，应定期检查圆补心的磨损情况。若磨损严重，应及时更换或修理，以免与卡瓦配合不当导致卡伤钻杆本体。

(3) 钻具脱扣的预防。

1) 钻进时精力要集中，防止溜钻导致蹩钻打倒车而引起脱扣。

2) 保持井眼通畅，采取措施消除井下复杂情况和缩径井段，防止起下钻和划眼时钻头及稳定器在缩径段蹩劲打倒车而引起脱扣。

3) 加强责任心，防止误操作发生转盘反转引起脱扣。

(4) 钻具滑扣的预防。

1) 定期更换配合接头。特别是钻头上的配合接头、主动钻杆接头和方保接头等，要勤检查螺纹并定期更换。

2) 钻杆工具接头螺纹和钻铤螺纹起钻时要轮流错扣检查。发现螺纹磨尖、接头台肩磨薄时禁止使用。

3) 深井、超深井，方钻杆下部保护接头每使用 200h 后应更换。

(5) 粘扣的预防。

1) 新车钻铤、配合接头及钻杆工具接头螺纹要进行磷化处理。

2) 使用高质量的、润滑性能优良和耐高扭矩的钻具螺纹润滑油。

2. 钻具事故的处理

不论是哪种钻具孔内事故，处理时都要根据鱼顶形状、落鱼长度、落鱼是否可能被卡、井眼尺寸和井况来决定选用何种打捞工具。如果是钻铤螺纹折断、钻杆加厚部位折断、脱扣和滑扣，则可选用公锥、母锥、可退式打捞矛、卡瓦打捞筒去打捞。如果是钻杆本体折断，则只能选用母锥、卡瓦打捞筒等外捞工具去打捞，决不允许使用公锥、可退式打捞矛等内捞工具去打捞，以避免因鱼顶被胀破而增加事故处理的困难。

处理井下事故常用钻柱组合如表 4-2 所示。

表 4-2 处理井下事故常用钻柱结构

序号	工具	尺寸选择依据	井下条件	钻柱结构
1	公锥	落鱼水眼尺寸	水眼通畅，鱼头无损伤	公锥+安全接头+钻铤 30m+钻杆
2	母锥	落鱼外径		母锥+安全接头+钻铤 30m+钻杆
3	打捞矛	有效打捞尺寸比水眼大 3mm	复杂	打捞矛+安全接头+下击器+上击器+钻铤+加速器+钻杆
			一般	打捞矛+安全接头+钻杆
4	打捞筒	有效打捞内径比落鱼小 3mm	复杂	打捞筒+安全接头+下击器+上击器+钻铤+加速器+钻杆
			一般	打捞矛+安全接头+钻杆
5	磨鞋	直径较井眼小 10~25mm		磨鞋+打捞杯+钻铤 50~80m+钻杆
6	铣鞋	外径较井眼小 10mm，内径大于套铣钻具 7mm	复杂	铣鞋+套铣筒+配合接头（或安全接头）+下击器+上击器+钻铤 30~50m+钻杆
			一般	铣鞋+套铣筒+配合接头+钻杆
7	反循环打捞篮	外径小于井眼直径 12~25mm		打捞篮+打捞杯+钻铤 50~80m+钻杆
8	磁力打捞器	外径小于井眼直径 10~40mm		磁力打捞器+打捞杯+钻铤 30m+钻杆

3. 钻具事故打捞安全措施

（1）打捞工具入井前要经过无损探伤检查。

（2）打捞工具应拆开检查，测量打捞部位尺寸是否与鱼顶尺寸相配套，画出草图标明尺寸。

（3）打捞工具和打捞钻具的螺纹要按规定扭矩上紧，计算好打捞方入。

（4）打捞工具下到距鱼顶 3~5m 时用小排量打通后再开大排量循环，用低转速慢慢下放至鱼顶以上 0.1~0.2m 冲洗清洁鱼头。深井打捞下钻中途应开泵循环打通。

（5）开小排量慢慢下放摸鱼顶，当悬重降低、泵压上升时立即停泵。加压 4.9~9.8kN，慢转造扣或下放至打捞方入。在造了 3~4 扣或鱼顶进入卡瓦顶部后停止造扣或停下，试着慢慢上提，如悬重略显增加，则下放继续造 3~4 扣或继续下放使鱼顶进入卡瓦上部的盘根内。接着用小排量打通后开大排量循环并慢慢上提，如落鱼未被卡住，提离井底 4~5m，然后下放至离井底 1~2m 时猛刹车，检查是否抓牢。如抓牢可靠，则循环半小时后起钻，否则重新造扣或继续下放打捞。

（6）打捞时在计算鱼顶方入摸不着可继续下放，但打捞工具不许超过鱼顶深度 1m。在裸眼中摸鱼顶不许转动下放，以免把鱼头挤偏。摸不着时上提几米，再下摸，可多摸几个方向。

（7）用公母锥打捞不许提拉力造扣，只许加压造扣。加压由小到大，最大不许超过 39.2kN，应边造扣边下放直到把扣造好。

（8）转盘钻机打捞起下钻时，转盘上不许摆放工具，以防落井。打捞起钻操作要平稳，禁用转盘卸扣，按规定往井内灌满钻井液。

（9）落鱼起出井口时，若是捞住光平钻铤应卡安全卡瓦。若是捞住钻杆本体，卡瓦应卡在鱼顶单根下面的一个单根钻杆上。卸鱼顶与打捞工具应在小鼠洞内进行。

（10）落鱼被卡，经泡油泡酸加震击无效后，应退出打捞工具。卡瓦打捞筒下压放松至原打捞钻具悬重，然后边右转边上提，直到脱离鱼顶。公母锥打捞时则从安全接头处倒开起出打捞钻具，此后按卡钻事故处理。

三、卡钻事故的预防与处理

深钻孔内事故表现形式主要是卡钻。卡钻事故指钻具在井下失去上、下、旋转3种活动能力中的1种或两种或3种。卡钻是钻井工程井下事故中最常见和发生最多的事故，往往与漏、塌、喷联系在一起。卡钻原因主要由于地层不稳定、钻孔结构设计不合理、工艺选择不当以及突发事件等原因造成。卡钻按其性质分为砂桥/沉砂卡钻、吸附卡钻、坍塌卡钻、缩径卡钻、狗腿/键槽卡钻、泥包卡钻、落物卡钻、欠尺寸井眼卡钻、套管变形卡钻和钻头干钻卡钻等。

1. 砂桥/沉砂卡钻

砂桥/沉砂卡钻的主要原因有井径不规则、泥浆悬浮性差、携砂能力低导致井眼净化差。卡钻后的典型特征是泵压增高，钻具不能活动。

深孔复杂松散地层岩屑颗粒较大，给进速度过快，泵量过小，没有定期冲孔作业，将产生大量的大颗粒岩屑不易排出，造成卡钻。

砂桥卡钻也是一种沉砂卡钻，特别是当泥浆切力低、钻孔漏失、钻速较快时容易砂桥卡钻。提钻前应充分循环，防止停止循环后钻屑沉积在小孔眼处造成卡钻。

由于深孔钻进过程中不易掌握钻进压力，遇到软岩时推进过快，造成钻孔内积聚的岩粉不能及时排出导致卡钻。或者钻进过程中由于突然停电等原因停泵时间较长，钻具未能及时提至安全孔段等，导致大量的岩粉沉淀并埋住钻具。

采取的具体预防和解决措施如下：

（1）使用高性能泥浆。保持井壁稳定，防止出现大肚子井眼；提高其携带和悬浮岩屑的能力，以降低岩屑在输送过程中的下沉速度，减少孔底沉砂或砂桥沉砂。

（2）坚持短起钻、划眼或下专门的清砂钻具清砂，尽可能把岩屑带出，减少孔内岩屑的浓度，从而减少卡钻的几率。尽管深部岩心钻探岩屑直径小，数量少，但在长裸眼井段中，任何时候都要尽可能保持钻具的运动。大幅度上下活动要比转动更有利。

（3）在不影响孔壁稳定的情况下，尽量开大泵排量，使之成紊流，有利于岩屑的输送，起钻或接单根前增加泥浆循环时间。

（4）钻进中使用螺旋钻杆和钻铤。螺旋钻具旋转时与孔壁组成一部"螺旋输送机"，它可把下部孔壁沉积的岩屑往上赶，并可使岩屑翻滚，使之卷入环形空间高速流中去。

2. 吸附卡钻（压差卡钻）

出现压差卡钻必须具备3个条件：静液柱压力必须大于地层压力、要有渗透性地层且其上形成了厚泥饼以及钻杆必须和泥饼接触。

其主要特征是：卡钻初期显示扭矩和拉力加大，这与井内摩擦力增加有关；压差卡钻后

第四章 深部岩心钻探管理与事故风险控制

泥浆循环不受影响,这是压差卡钻的最主要特点;压差卡钻一般是钻具长时间静止不动而造成的,接单根也会发生压差卡钻。深孔易发生吸附卡钻的主要原因是压差大、钻具接触面增加、侧向力大、孔眼清洗效果差等。在冲洗液柱压力与地层孔隙压力的共同作用下,以孔壁泥皮为媒介,钻具与孔壁局部发生吸附导致卡钻事故。深孔钻探由于钻杆和孔壁接触面积大,钻具紧贴孔壁,在钻具侧向作用力大的孔段,钻具始终与井壁接触,侧向作用力越大,接触越紧密,越易形成封闭区。若处于渗透性砂岩孔段,一旦停止活动,在压差和钻具侧向力的共同作用下,短时间内即可发生吸附卡钻。泥浆性能不好,排渣不畅时,孔壁泥饼皮过厚,均易产生吸附卡钻。当钻孔结构在施工中已被认为不合理、压差值过大时,应采取封堵渗透性低压层的方法来降低渗透性和提高承压能力。

(1) 吸附卡钻的原因。

1) 钻井液性能不好,主要是失水大、含砂量高,在井壁上形成松软而厚的粗糙泥饼,润滑性差,摩擦阻力大。在深井中,维持泥浆的低滤失量,特别是高温高压滤失量,形成薄而坚韧的泥饼以及提高泥浆的润滑性,降低摩擦阻力,对预防吸附卡钻作用非常明显。

2) 在有压差卡钻危险的井段中钻进时,要选择一个与井壁接触最少的钻具组合;同时,应尽可能坚持活动钻具和循环泥浆,钻具在井内静止不动,哪怕是静止 5min 也有可能发生粘卡。

3) 钻井液静液柱压力大于地层孔隙压力而产生横向力把钻具推向井壁,使钻具陷入粗糙的泥饼中。两者压差愈大,愈可能发生粘卡。使用低泥浆密度对预防压差卡钻是有利的。

4) 井眼轨迹不光滑,易产生岩屑床而发生粘卡。

(2) 泥饼粘附卡钻处理。粘卡具有以下特点:钻具不能上提、下放和转动,但循环正常泵压稳定,无大量岩屑返出。通常钻铤先被粘卡,随着时间增加钻具伸长量越来越小,卡点上移,直至加重钻杆及钻杆部位。泥饼粘附卡钻处理具体操作如下:

(1) 粘卡发生当初应立即加大排量维持循环,若钻头不在井底,可利用钻具自重缓慢下压,使被卡钻具部位压离泥饼。同时还可用震击器上击下砸,但切忌强行转动(硬转将导致母扣胀大使事故复杂化),这对粘卡刚刚发生时是很有效的措施。

(2) 测卡点,有两种测卡点方法,即提拉法和测卡仪测量法。

(3) 用合适的解卡方法进行解卡。如注入解卡液、减少静液柱压差和机械法解卡。注解卡液解卡是常用的方法。要求和步骤如下:

任何解卡液都应该在卡钻后的 4h 内泵入,以便得到最佳的效果,在卡钻发生 16h 以后才泵入解卡液解卡的成功率非常小。解卡液浸泡时间原则上最少 20h,最多 40h,由于解卡液浸泡最初数小时解卡的可能性最大,随着浸泡时间的延长,解卡的可能性逐渐降低。所需的解卡液体积要比卡钻或可能卡钻的渗透性井段的环空容积大 1.5 倍,解卡液的密度应等于或大于泥浆密度 (0.1~0.2) g/cm^3。

以大排量把隔离液和解卡液泵入井内,使解卡液处在卡钻的位置,而且在钻杆内要留有足够数量的解卡液,以便能间断向外泵送。环空解卡液流动会增加解卡液的效能。让解卡液对地层进行浸泡,直到钻具解卡或决定放弃。

在浸泡过程中始终要活动钻具。下放悬重,同时给钻具施加正转扭矩,然后释放扭矩并上提钻具。这样活动钻具会使卡点向下移动,每次活动可能使卡点下移几厘米或几十厘米,持续活动钻具直到钻具突然上提解卡。

3. 坍塌卡钻

坍塌主要由于孔壁失稳造成，由于深钻裸眼时间长或裸眼井段长，加之钻杆的回转敲击，特别在钻遇强度低、节理发育地层，钻穿后孔壁产生自由面，应力重新分布或泵量太大，冲蚀严重，造成松散岩从孔壁剥落或脱落造成坍塌。其预兆不明显，突发性强。这种事故占钻探事故的50%以上。另外，因冲洗液性能不佳，提下钻时压力激动与抽吸作用导致孔壁坍塌、掉块，进而造成卡钻事故。另外地质构造、岩石应力和岩石种类等地质因素是造成坍塌卡钻的客观因素，如在沉积岩层中钻进时，根据统计：沉积岩中70%的成分是泥页岩，而泥页岩具亲水性，吸水后强度会大幅度下降，导致坍塌。坍塌卡钻的具体地层有以下3类：

（1）胶结不好的地层。坍塌通常发生在上部井段或蚀变带。提高泥浆密度并不能直接解决胶结不好地层的卡钻，但是可以帮助形成泥饼起到稳定地层的作用，好的泥饼要比高的过平衡压力更有效。

泥浆必须能够形成一个坚韧、低渗透性的泥饼；同时，不要使用超出净化井眼所需的泥浆排量，太高的返速会冲蚀已形成的泥饼并影响到地层；靠近胶结不好的地层处，要尽可能避免转动钻头和扶正器，否则会导致泥饼脱落并引起地层的不稳定，因此孔底动力钻具是比较适宜的钻进工具；起下钻通过复杂地层时应特别小心，尽量减少泥饼的脱落，尽量简化钻具组合。

（2）裂缝或断层性地层。与裂缝和断层有关的井眼失稳问题是难以防止的，最多只能使之减少。一般地，随着井眼垮塌到一定程度，井壁的不稳定性会逐渐消失。单纯通过提高泥浆密度对井眼的稳定性效果往往不佳，需要采取综合措施。同时，要严格控制通过裂缝性地层时的起下钻速度，以减少对地层的干扰；钻进时要限制循环压力以避免引起井漏。

（3）异常地应力地层。由于井壁上的应力超过了地层的抗压强度，由此而导致岩石破坏，大块的岩石碎片剥落入井，引起卡钻。井壁损坏导致井径扩大，进而引起井眼的净化问题，还会引起别的类型的卡钻。如页岩比砂岩的抗压强度低，所以页岩地层比较容易发生井壁破坏。预防时，要保持井眼的清洁，提高排量有利于井眼的净化，由于排量大而增加了当量循环密度，有利于井壁的稳定；在可能的条件下要监测地层压力，地层压力高会增加井壁的不稳定性，因而需要提高泥浆密度；一旦发现问题，要尽快提高泥浆密度。抑制失稳井壁所需的泥浆密度要比防止井壁失稳所需的最初泥浆密度高得多。

一旦坍塌卡钻，宜采取以下措施：

（1）活动解卡。在钻柱和设备能力范围内，采用上下提放的方式，重复操作该动作，直到解卡。但是如果此时的钻具已经被卡住，就该在最大程度上保持循环，同时结合钻具的性能，注意不能强制拔出，最好在卡钻初期进行解卡，这样才能最大程度上降低损失。

（2）震击解卡。卡钻后首先要准确在卡点周围进行具有一定频率的震击，结合钻柱和其他工具进行解卡。钻具许可上提拉力可以是以下两个数值的较小者：①震击器以下钻具在空气中的重量；②钻具最低抗拉强度的85%。

最大上提力计算：

1) 判断钻柱的弱点位置（指钻柱受荷载大且对强度要求高的部位，通常钻杆的弱点位于地面附近的区段，使用复合钻柱时要进行检验确认）。

要求弱点处最大上提力（T_m）时的拉应力应不大于弱点处抗拉强度的85%。

2) 计算弱点以上钻柱在空气中的重量（W_{sw}）（如果弱点是在地面，那么 $W_{sw}=0$）。

3) 指重表上的最大上提负荷（W_{im}）：

$$W_{im}=W_b+T_m+W_{sw} \qquad (4-6)$$

4) 计算卡点处的上提拉力（T_0）：

$$T_0=W_i-W_b-W_s \qquad (4-7)$$

式中：W_b——游车重量（kN）；

W_i——指重表读数；

W_s——卡点以上钻具在空气中的重量（kN）。

注意：W_i一定不能超过W_{im}。

(3) 倒扣与切割解卡。先判断卡点位，然后再利用反扣钻具和反扣工具（如公母锥、打捞筒、安全接头等）进行倒扣操作。还可以采用爆炸松口和局部机械切割等配合倒扣作业。

(4) 钻磨铣套法。通常是先取出卡点以上杆柱，然后再使用合适的钻头、磨铣鞋、套铣筒等硬性的工具处理，如对电缆、钢丝绳、粗径钻具等都进行钻磨、套铣、清除，最终完成卡阻的解卡工作。

4. 缩径卡钻

钻遇遇水膨胀地层、蠕变地层，或钻遇地层渗透性强，泥浆性能、滤失性能不能满足要求，可能导致缩径卡钻事故。钻进期间如遇到软岩时，应慢速钻进，穿过软岩后，应反复扫孔，防止缩径卡钻。缩径卡钻的主要地层有：

(1) 水敏地层。水敏性泥岩会因吸收泥浆中的水分而膨胀，泥岩膨胀粘住钻具而造成卡钻。这种问题大多出现在水基泥浆的情况下，对油基泥浆而言，当地层水矿化度大于油基泥浆中水相矿化度时，也会出现同样的结果，改变泥浆的密度对此问题几乎没有作用。预防措施主要有：尽快地钻穿水敏性地层并下入套管，尽量减少钻具在裸眼中的暴露时间；保证泥浆的抑制性，水基泥浆中的包被聚合物、KCl等抑制剂的量必须加够；当使用水基泥浆时，必须密切监测MBT值，由它能测量出泥浆中的坂土含量，如果MBT值变大了，表明泥岩正在与泥浆发生反应；钻进时，要有规律地进行通井；在地层水化非常严重的情况下，应考虑换成油基泥浆。

(2) 流塑性地层。最常见的流塑性地层有岩盐和塑性页岩，这些地层可产生塑性变形并向井眼内蠕动。主要预防和处理方法有：通过提高泥浆密度防止或减轻地层的蠕动；使用偏心钻头钻一个稍大点的井眼或在钻具组合中使用扩眼器；下钻时要划眼，钻进时每个单根或每个立柱都进行划眼；在裸眼中要保持钻具活动，要有规律地进行通井；在打开已知的流塑性地层时最容易发生卡钻，需要提高泥浆的密度；在页岩中解除卡钻，可以采用泵入油和清洗剂或润滑剂并配合上击的方法，一旦解卡应划眼以调整井眼。在盐岩中解除卡钻，可以泵入淡水，浸泡钻具组合底部周围以溶解盐层，与此同时还要进行上击，一旦解卡应进行划眼来调整井眼。

5. 键槽卡钻

在地层可钻性级别低、钻孔顶角和狗腿度较大的情况下，非外平钻杆柱在提下钻过程中反复摩擦孔壁下帮，可能在狗腿度大的孔段拉出键槽引起卡钻。键槽卡钻是钻具转动或上下活动过程中与孔壁发生摩擦,这种"摩擦效应"导致在松软地层段形成键槽,特别是钻具接头和钻柱管体旋转摩擦孔壁,使孔壁出现凹槽,从而增大了钻具与孔壁的接触面积,键槽越严重,接触面积越大,键槽卡钻越严重。键槽因素往往造成孔径扩大,环空上返速度变慢,易造成岩屑沉积,使孔壁滤饼质量差,摩擦系数大,形成恶性循环。

6. 泥包卡钻

由于地层松软水化成泥团附在钻头、扩孔器、扶正器等粗径处,加之泥浆性能差,滤饼泥皮松软,导致泥包卡钻。

7. 干钻卡钻

由于钻头设计不合理、糊钻、堵塞或冲洗液循环短路,泵量不足,钻具冷却不足等原因引起干钻烧钻或楔死形成的卡钻。

卡钻事故的处理应遵循以下 6 个处理程序:

一通,保持水眼畅通,恢复冲洗液循环;卡钻后,尽可能维持泥浆循环,保持循环畅通。一旦循环丧失,就失去了浸泡、爆炸松扣的可能,并诱发塌孔和砂桥的形成,加重卡钻事故处理的难度。

二动,活动钻具,上下提拉或扭转,以提拉为主;卡钻后,开始以提、窜为主,继而用拉顶结合或增加工作钢丝绳数量来增大提升能力;在提拉、扭转钻柱时,不能超过钻杆的允许拉伸负荷和允许扭转圈数,保持钻柱的完整性。一旦钻杆被拉断或扭断,断口不齐,会造成打捞工具套入困难,同时下部钻柱断口会被钻屑和孔壁落物堵塞,给打捞作业造成极大困难。

三泡,注入解卡剂,对卡钻部位进行浸泡;处理泥包、泥皮粘附卡钻和岩粉埋钻可以采用油浴或盐酸浴解卡法,首先降低冲洗液密度,再将一定数量的石油、废柴油或废机油通过泥浆泵压注到卡钻事故孔段,浸泡 8~16h,每隔 1.5~2h 上下活动钻具一次;淡水解卡适用于盐岩地层中的卡钻,使用前需确认没有井控方面的问题;盐酸解卡适用于水泥、灰岩中的卡钻,使用前也需确保没有井控问题,酸液的体积应能覆盖卡钻的层位。典型的酸液是 7.5%~10% 的盐酸。泵送酸液时要用大量的水做隔离液以减少泥浆污染。由于酸液反应迅速,钻具应该在数分钟内解卡,酸液应短时间内循环出来。

四震,使用震击器震击(单独震击或泡后震击);提、顶、窜无效时,应采用震、打等方法解卡。

五倒,套铣、倒扣;上述方法处理无效后,将钻杆全部返回,再用削、磨钻头将孔内事故遗留钻具消灭。

六侧钻,在鱼顶以上进行侧钻。

及早地发现孔内异常并采取适当措施是防卡的关键。通常在起下钻过程中当阻卡值大于 10t 就应该汇报并记入钻井日报表;当阻卡值超过 15t 时,则必须首先建立循环并同时活动钻具。

为避免卡钻事故的发生,应做到以下几点:

(1) 良好的信息沟通。应定时通报井眼的情况,统计数据表明大多数卡钻事故发生在交接班前后,这个时间发生的卡钻事故要比平时高出 2.5 倍。

(2) 制定应急措施。对钻遇地层和可能出现的情况进行及时评估,对钻进过程及时掌控。记录钻探工程数据，及时发现井下变化趋势，将有助于判明井眼已出现或即将出现的问题。钻探过程的扭矩、摩阻、岩屑、泵压的变化都能反映井下情况是否良好。

（3）保持良好的钻井液性能。保持钻井液性能参数在指定的范围内，特别是密度、流变性以及失水性等。当钻井液性能发生变化时，要及时找出发生变化的原因，并对井下情况作适当的调整。

（4）保持井眼干净。钻进时要尽快把岩屑携带出来，以保证井眼干净。在可钻性较好的地层，选择一个能够满足井眼清洁的最大安全钻进速度是很重要的。在大肚子井眼，要更高的环空返速来有效地净化井眼。注意观察振动筛。岩屑的数量、形状和尺寸都能明显地反映井下情况。

（5）要尽可能简化钻具组合，只有那些必要的钻具部件才能下入井里。要尽可能减少钻具组合的更换次数（特别是大幅度的变动）。如果在使用柔性钻具后再下入刚性钻具，需要划眼，避免卡钻。

（6）要尽可能下入钻进震击器。在进行钻具组合设计时，可以让震击器处于拉伸或压缩状态下，避开中和点。对震击器性能和操作程序充分掌握。

（7）要尽可能使用螺旋钻铤。加入适量的钻铤以满足钻压的需求。更高的钻压可以由压缩震击器和加重钻杆来实现。

（8）使用扶正器以减少钻具组合与井壁的接触。可以使用欠尺寸的扶正器来减少钻具与井壁的接触。除非特殊要求，一定不要在震击器以上使用扶正器。

（9）在复杂长裸眼地层要重视起下钻抽吸压力和激动压力，注重井内钻井液平衡回灌。起下钻时不要超过允许的最大钻柱运动速度，否则就可能造成井涌、井漏或井壁不稳定等复杂情况。

（10）在起下钻之前，要先明确遇到阻卡井段时的悬重异常和允许的最大过负荷。一般来说，起钻时下放1个立柱，下钻时上提1个立柱，然后建立循环。

（11）根据钻头和扶正器的磨损情况以及地层的特点，判断或估计出现欠尺寸井眼的可能性，下钻时要慢些，遇阻时要进行划眼。如果起出的全部扶正器的外径都磨小了，那么下钻时就应该把上只钻头钻过的全部井段进行划眼。

四、卡钻的预兆与处理

卡钻的预兆和判断流程如图4-8至图4-9所示。

五、事故处理工具

打捞工具按作用不同分为基本打捞工具和辅助打捞工具，按打捞不同部位分为内捞工具和外捞工具，按打捞转向不同分为正扣打捞工具和反扣打捞工具。

基本打捞工具有公锥、母锥、卡瓦打捞筒、可退式卡瓦打捞矛、磁铁打捞器、磨鞋、一把爪、反循环打捞篮、内捞绳器、外捞绳器、套管打捞矛等。

辅助打捞工具有铅印、铣鞋、铣管、管子内割刀、管子外割刀、安全接头、打捞震击器、液压加速器、倒扣器、反扣倒扣捞矛、反扣倒扣接头、反扣倒扣捞筒、倒扣套铣矛（铣管脱扣器）、防掉套铣矛（铣管防掉矛）、活动肘节（弯接头、弯钻杆）、套管补丁和胀管器等。

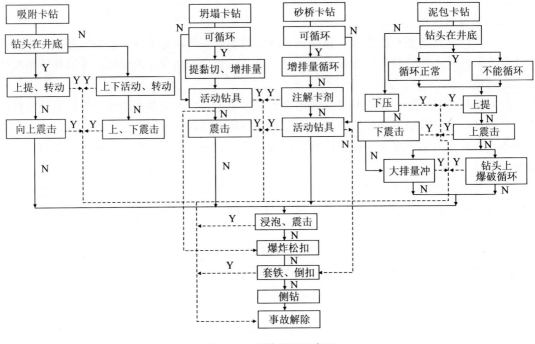

图 4-8 卡钻处理程序 Ⅰ

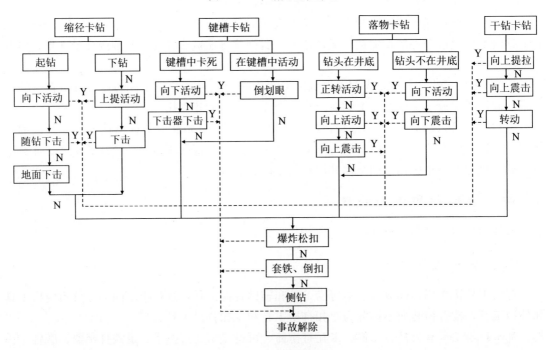

图 4-9 卡钻处理程序 Ⅱ

打捞工具附件有加大引鞋、加长短节和壁钩等;内捞工具有公锥、套管打捞矛和可退式打捞矛等;外捞工具有母锥、卡瓦打捞筒和套管补丁等。常用倒扣工具的工作原理和使用方法如表 4-3 所示。

表 4-3 倒扣工具的工作原理和使用方法

工具名称	工作原理	使用范围	使用方法
测卡仪	上下弓形弹簧锚与管壁紧贴,当管壁变形时,弹簧将变形传递叉形管,改变磁场强度,卡点以下管柱不变形,感生电流为零可测卡点	38~120mm 38~254mm 两种内径	加重杆+磁性定位+伸缩杆+振荡器+上下弓形弹簧和传感器(自上面下)下入疑似卡点部位拉、扭,接受感应电流大小确定卡点,磁性定位确定准确深度
爆炸松扣	爆炸时接头螺纹处产生瞬时胀大与收缩,在反扭矩作用下螺纹连接处松扣	直井效果好	井内钻具分段紧扣后,爆炸点选在卡点以上2个单根接头处,用转盘施加反扭矩锁住转盘,活动钻具,拉力不超过自由钻具重量的15%,爆炸杆对推接头中点,引爆
反扣钻杆	利用反扣公锥或母锥,使用转盘施加反扭矩,反扣钻杆钢级应大于钻杆钢级	作业危险性较大,需反扣钻杆	造扣后,上提拉力使卡点处于微压状态(20~40kN),硬倒松扣后,上提30~50kN继续倒扣
倒扣接头	代替反扣公锥,不造扣,只对扣,上提胀心轴胀大,螺纹紧固程度与拉力成正比	上、退扣容易,不滑扣	对扣后,上提超过原悬重20~40kN,然后倒扣
倒扣捞矛	卡瓦在矛杆上下移时,外径增大或缩小(矛杆有锥体),上提时卡瓦卡紧落鱼内壁	容易退出,灵活可靠	探进鱼顶,卡瓦全部进入鱼头后,上提钻柱(中和点在卡点附近)倒扣,下压钻具右转退出倒扣工具
倒扣打捞筒	限位环形槽内装有3片卡瓦,可在筒内锥面上下移动而胀大缩小,上提时卡紧落鱼	从落鱼外部打捞并倒扣	进入鱼顶后,卡瓦推向上部胀大卡紧鱼头,上提倒扣,下压右转可退出工具

切割类工具工作原理和使用方法如表 4-4 所示。

表 4-4 切割类工具工作原理和使用方法

工具名称	工作原理	使用范围	使用方法
机械式内割刀	卡瓦锚定后,推刀块斜面使刀片外张与管壁接触,旋转心轴,带动刀片进行切割	管柱任意部位由内往外切割	下放至预计切割深度(避开接头),正转3圈加压5~10kN,坐稳卡瓦,以10~18r/min正转切割,每次下放1~2mm,共下放32mm后切割完成
水力式内割刀	利用液力压差推动活塞迫使刀片外张切割管壁,切割完成后停止循环,刀片收回	由内往外,可切割套管	下井前先通井,工具在井口做试验,记录泵压。工具下到预定井深后,先开转盘,再开泵,转速50~60r/min,泵压下降2MPa停泵
机械式外割刀	进刀环下部呈锥面,在弹簧作用下向下移动,迫使刀头向中心转动,切割管体	由外向内切割	套入落鱼后,清洗鱼顶,下到切割部位,上提钻具,剪断销钉,下推进刀环,停止循环,以20~30r/min转动切割
水力式外割刀	利用液力压差推动活塞和进刀套下移,剪断销钉,进刀套推动刀片向内伸出,切割管体	由外向内切割	套入落鱼后到预定位置,开泵压力升高1.02MPa切割销钉,以15~25r/min转速切割,逐渐提高泵压到规定要求

事故处理时，需要根据实际采用不同的打捞工具。打捞工具的选择应遵循"下得去、抓得住、起得出、有退路"的原则。

1. 公、母锥

公、母锥打捞落鱼在现场使用最为普遍，随着钻杆材料强度的提高和新打捞工具的出现，这种方法依然不失为一种方便有效的打捞方法。事故打捞锥可选择30SiMnMoV、20CrMo、40CrMnSiMoV等打捞螺纹表面硬度HRC60～65的材料，抗拉极限不小于932MPa，冲击韧性不小于58.8J/cm²。公、母锥的结构如图4-10所示。它是一圆锥体，中间带水眼，上部与钻具相接，圆锥体上车有打捞丝扣，经表面渗碳淬火使其硬化，以便能够在落鱼上造扣。公锥有正扣公锥和反扣公锥以及短公锥等。正扣公锥又分为正扣正螺纹公锥和正扣反螺纹公锥；反扣公锥也分为反扣正螺纹公锥和反扣反螺纹公锥。一般反扣会在节箍处有2道标记槽，正扣没有。从公锥根部观察左高右低为反扣；从公锥根部观察左低右高为正扣。

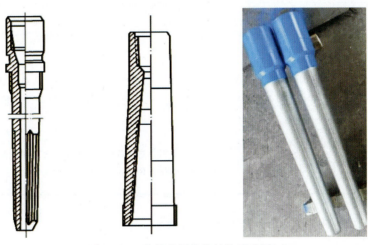

图4-10 公锥和母锥的结构示意图

公锥打捞时，将公锥插入落鱼水眼内，然后加压旋转造扣，以达到捞起落鱼的目的。只要鱼顶水眼规则能够造扣，鱼顶管壁较厚，如接头、钻杆内加厚部分、钻铤等，均可用公锥打捞，但对壁薄的，如钻杆本体不宜用公锥打捞。打捞时，要计算好鱼顶位置，下放公锥距离鱼顶一定高度开泵循环。记住这时的泵压和悬重，然后下放探鱼顶，根据泵压和悬重的显示及操作者的感觉可以判断公锥是否碰到鱼顶，是否插入到鱼顶的内孔。若碰到鱼顶，则悬重下降，泵压上升。如果已经确定进入落鱼，则可停泵造扣。造扣时加压，旋转，压力和旋转圈数根据具体孔深确定。开泵循环，若泵压上升则可继续造扣。造扣时悬重在上升，表示公锥在造扣，这时要适当送钻，跟上造扣的速度。同时要准确记下造扣圈数。造扣已够后，则可开泵循环，冲洗钻头上沉积的钻屑后便可试提。若下入公锥摸不着鱼顶时，应当核对鱼顶深度和打捞钻具入井深度有无错误，或将打捞钻具多下入一点摸鱼顶，若鱼顶偏离井眼中心摸不着时，可下壁钩带公锥去打捞。母锥的作用与公锥相同，所不同的是从落鱼的外部造扣，所以内锥面上有打捞丝扣。母锥多用于打捞钻杆本体，不宜捞接头。它要求鱼顶外径规则，否则造扣不正，不易捞取。在实际使用中由于母扣造扣不如公锥造扣牢，故较少使用。

2. 可退式打捞矛

打捞矛是一种结构简单、工作可靠的打捞工具,基本结构如图4-11所示。它由心轴、卡瓦、释放环和引鞋组成。心轴和卡瓦的结构如图4-12和图4-13所示。每种型号的打捞矛都配有不同尺寸的卡瓦,供打捞时使用。可以与内割刀、震击器等工具配合使用,如果落鱼被卡提不出来,可退出捞矛起出钻具。

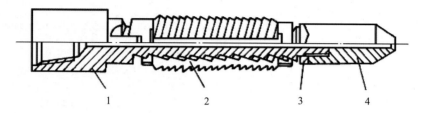

图4-11 可退式打捞矛结构示意图
1—心轴;2—卡瓦;3—释放环;4—引鞋

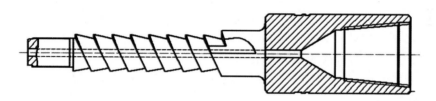

图4-12 可退式打捞矛心轴结构图

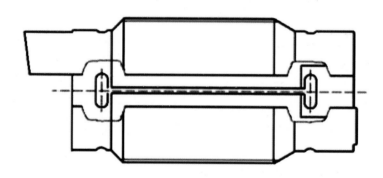

图4-13 可退式打捞矛卡瓦结构图

打捞矛是从管内打捞钻杆本体和套管,因为它咬合落鱼的面积较大,不会损坏落鱼,当落鱼提捞不起时,打捞矛容易松脱和退出,将落鱼丢掉。打捞矛的卡瓦内部是左旋锯齿与心轴锯齿相结合,释放环的凸缘与引鞋端面凸缘是一个安全装置,它能抵抗打捞矛的锁紧、粘结或卡住,以保证容易释放。正转则可使打捞矛脱开落鱼。

用打捞矛打捞时,首先要选择与落鱼内径相适应的打捞矛,然后慢慢下入井内打捞钻柱,直到打捞卡瓦进入落鱼体内的预定位置,当打捞矛引入鱼头后,加压,向左旋转一整圈或两圈,卡瓦进入落鱼,卡瓦缩小,卡瓦外牙借弹力作用将落鱼咬紧。宽锯齿螺纹的纵断面为锥形斜面,上提,卡瓦向大锥端运动,落鱼被卡得更紧。然后上提打捞钻柱,这时卡瓦被心轴锯齿斜面胀大，使卡瓦外齿咬住落鱼内壁，便可捞出落鱼。打捞矛实物如图 4-14 所示。

(1) 打捞钻具组合。

1) LM 型可退式卡瓦打捞矛＋安全接头＋下击器＋加重钻杆＋钻杆。

2) 内割刀＋小钻杆（欲割管长度）＋LM 型可退式卡瓦打捞矛＋安全接头＋打捞震击器＋钻杆。

(2) 选择卡瓦。根据落鱼内径的尺寸，选用与之相适应的可退式打捞矛。每种规格的打捞矛都备有多种不同规格的卡瓦，每只卡瓦上都打有卡瓦外径尺寸的印记，根据落鱼水眼尺寸，按打捞矛规格系列及性能参数选择卡瓦。若打捞落鱼水眼的卡瓦尺寸表中没有时，按比落鱼水眼尺寸大 1~3mm 的原则选择卡瓦。大尺寸的打捞矛卡瓦外径可比

图 4-14 可退式打捞矛实物图

实测落鱼水眼尺寸大一些。把选好的卡瓦装在心轴上，并下旋到抵住释放环位置。

(3) 操作步骤。

1) 下钻前计算出鱼顶方入和打捞方入，并检查工具，使卡瓦的轴向窜动量符合技术规范的要求，用手转动卡瓦使其靠近释放环，此时工具处于自由状态。

2) 若鱼顶变形，应先磨铣修整。

3) 接好钻具下钻，下至距鱼顶 2m 左右，开泵循环并缓慢下放钻具探鱼顶；根据具体情况，可停泵或开泵打捞。

4) 慢慢下放钻具，直至打捞矛进入落鱼水眼预计深度，下放过程中有可能遇到 9.8~19.6 kN（1~2t）的阻力，当捞矛进入鱼腔，悬重有下降显示时，反转钻具 1~2 圈，心轴对卡瓦产生径向推动，迫使心轴上行，使卡瓦卡住落鱼而捞获，即可上提钻具捞起落鱼（根据悬重判断是否捞获）。若落鱼被卡，捞住后慢慢上提，若活动不解卡，可施行震击解卡。

5) 上提钻具，若指重表悬重增加，证明已捞获，即可起钻；若悬重不增加，可重复上述操作直至捞获。

(4) 井内退打捞矛。首先用钻具重量向下顿击，松开卡瓦牙与矛杆宽锯齿螺纹斜面的咬合，然后上提到大于打捞矛以上悬重 4.9~9.8kN（0.5~1t）右旋，旋转时小心慢慢上提，保持捞矛处约 9.8 kN（1t）的拉力，直到打捞矛脱离落鱼为止。

3. 卡瓦打捞筒

卡瓦打捞筒是打捞工具中最常用的工具，其最大特点是安全、可靠，受力大，不会使事故复杂化。它是从落鱼外部进行打捞，主要用于打捞钻杆、钻铤等外径平滑的管类落鱼。捞后还可以憋压循环以便于解卡，如落鱼被卡死，还可以退出打捞筒，且操作也很容易。卡瓦打捞筒的基本结构如图 4-15 和图 4-16 所示。在使用卡瓦打捞筒打捞时，应首先根据落鱼抓捞部位尺寸选用卡瓦、控制圈、密封元件，并按要求组装好，确定好卡瓦打捞筒的下入位

置。另根据需要，还配有加长节、壁钩、加大引鞋等附件，可用来打捞倚靠在井壁的落鱼。当卡瓦打捞筒下到鱼顶时，在缓慢转动的同时，下放打捞钻柱，把落鱼套入打捞筒的引鞋内，鱼顶到达带铣齿的篮卡控制圈时，慢慢转动打捞钻柱。

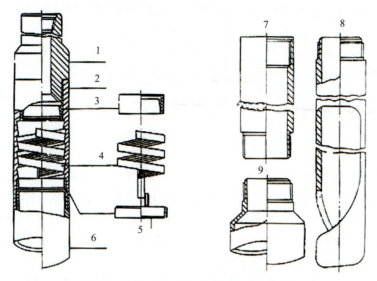

图 4-15 螺旋卡瓦打捞筒及附件
1—上接头；2—筒体；3—A 型盘根；4—螺旋卡瓦；5—卡瓦控制环；
6—标准引鞋；7—加长短节；8—壁钩；9—加大引鞋

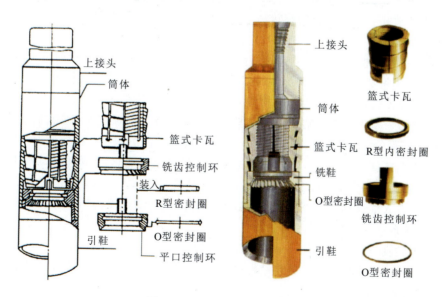

图 4-16 篮式卡瓦打捞筒

（1）卡瓦打捞筒的结构和分类。卡瓦打捞筒按内装打捞配件的不同分为螺旋卡瓦打捞筒和篮式卡瓦打捞筒两种。螺旋卡瓦打捞筒及附件如图 4-15 所示，附件包括加长短节、壁钩和加大引鞋等。落鱼直径接近最大打捞尺寸时选用螺旋卡瓦和 A 型盘根。

当落鱼直径比最大打捞尺寸小 12.7mm 以下时，选用篮式卡瓦打捞筒（图 4-16）和 R 型密封控制环，也可选用 E 型或 M 型密封控制环。R 型和 E 型密封控制环的内盘根是模压的，在现场不能更换，外密封可在现场更换，M 型密封控制环的内外盘根都是模压的，在现场均不能更换，无论 R 型、E 型或 M 型密封控制环都有平口和铣齿两种。若是平口的称 R 型、E 型或 M 型密封平口控制环，它不能修整鱼顶，若是铣齿的称 R 型、E 型或 M 型密封铣齿控制环，它可修整参差不齐和破损的鱼顶。若是打捞油管接箍，则选用 D 型盘根而不用 A 型盘根。D 型盘根由一个内密封件、一个弹簧和一个外密封件（O 型圈）构成。

篮式卡瓦打捞筒有以下 3 种类型：

1) 标准型。内部是通孔的，整个内表面都有打捞卡瓦牙。

2) 长止进环型。顶部有一个内台肩，内台肩以下的内表面有打捞卡瓦牙。内台肩能使落鱼停留在最合适的打捞部位，如加厚部分或接头母扣部分。

3) 短止进环型。除顶部有一个内台肩外，在内台肩以下的内表面有两组不同内径的打捞卡瓦牙，上部打捞卡瓦牙内径小，用来打捞本体。下部打捞卡瓦牙内径大，用来打捞接箍，因此短止进环型篮式卡瓦适合用来打捞在接箍上面留有一小段管子的落鱼。

（2）打捞和退出机理。打捞筒的抓捞零件是螺旋卡瓦或篮式卡瓦。它外部的宽锯齿螺纹和内部的打捞牙均是左旋螺纹。宽锯齿螺纹与筒体配合间隙较大，这使卡瓦能在筒体中一定的行程内胀大和缩小。当鱼顶被引入筒内后，只要施加一轴向压力，落鱼便能进入卡瓦，随着落鱼的套入，卡瓦上行并胀大，在弹性力的作用下，坚硬而锋利的卡瓦牙将落鱼咬住。上提钻柱，卡瓦在筒体内向下运动，直径缩小，落鱼则被抓得更牢。

因为筒体和卡瓦的螺纹都是左旋螺纹，并由控制环约束了它的旋转运动，所以释放落鱼时只要将卡瓦放松，顺时针方向旋转钻具，捞筒即可从落鱼上退出。

（3）使用方法。

1) 准备工作。根据落鱼尺寸选用相应大小的卡瓦和密封圈选配捞筒，根据井径和井身变化选择加大引鞋或壁钩，根据落鱼的打捞部位，确定是否需要连接加长短节。

2) 将捞筒连接在安全接头、打捞震击器和钻柱上（大钳不得咬在筒体两端母螺纹处，以免损坏筒体），紧扣力矩与钻杆或钻铤螺纹的相同，计算鱼顶方入和捞住时的方入。

下到距鱼顶 0.3～0.5m 处开泵循环，冲洗鱼顶周围的沉积物，试探鱼顶，核对方入。

3) 停止循环（也可开泵，但应减小排量，并注意泵压变化），慢慢转动和下放捞筒，将鱼顶引入捞筒。若发生蹩跳现象，应分析原因并采取措施。

4) 根据方入估计落鱼已进入捞筒引鞋，即可停止转动，并施加 4.9～49kN（0.5～5t）的压力，使落鱼进入卡瓦。

5) 上提钻具，若悬重增加，证明抓住落鱼。

6) 开泵充分循环钻井液，并将钻柱提高，然后下放到离井底 1～2m 处猛刹车，检查落鱼卡牢后即可起钻。

7) 当落鱼起出井口时，用清水洗净打捞筒。卸下带捞筒的钻具，起出所有落鱼后，再卸打捞筒。卸打捞筒时，必须将安全卡瓦卡牢。

（4）井下退出捞筒。

1) 下放钻具，给捞筒加压 49～98 kN（5～10t）即以原钻具下砸，使卡瓦宽锯齿螺纹松开。为了可靠，应多压几次。

2) 上提至捞筒以上悬重,右旋钻具并慢慢上提,保持原悬重的拉力并旋转,直到捞筒退出为止。

3) 如果上述方法不能退出,可采用下击器下击,但要求使用低吨位震击,击松后再作释放操作。

4. 磁力打捞器

磁力打捞器分为正循环磁力打捞器和反循环磁力打捞器。反循环磁力打捞器(图4-17)是打捞井内可被磁化的金属碎物的一种工具。硬地层中打捞效果显著。

(1) 结构和原理。磁力打捞器按磁钢类型分为永磁型和充磁型,按循环打捞方式分为普通型和反循环型。

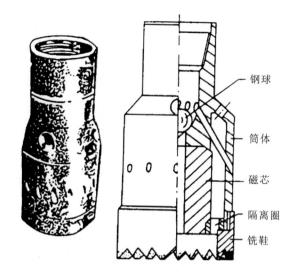

图4-17 反循环磁力打捞器

它由外壳、磁钢、铣鞋和护磁板组成。打捞器外筒由高导磁性、低顽磁性材料制成,磁芯上端的磁力线通过端头和外壳组成磁力线通路。可以把外壳和铣鞋看成是由磁性材料制成的铁磁外套,作为一个磁极;永久磁芯的下端为另一极。在铣鞋磁芯中间用非磁材料(铜)隔离,防止短路。接磁力打捞器时应在木板上进行,不得将磁力打捞器直接坐在转盘或其他金属物面上,不得猛烈震击,以免失磁。停放时,盖好护磁板,注意不要让铁磁物质将两极短路。

打捞时,铁磁落物将两磁极搭通,使之牢牢地吸附在磁力打捞器底部。

(2) 使用方法。磁力打捞器是正循环,反循环磁力打捞器投球前为正循环,投球后变成反循环,液流帮助把井底四周的碎铁冲向井眼中心,有利于打捞起更多的碎铁,磁力打捞器和反循环磁力打捞器的使用方法相同。区别在于后者需要投球。打捞器下部铣鞋的选择可根据井下情况确定。

1) 平鞋。它的底面与磁芯底位于同一平面,与井下落物接触面积大,因而吸力也大,适用于落物尺寸大和数量多、分布广的情况,但对于已压入地层的金属碎物却无能为力。

2) 拨鞋。具有高出磁芯底部用于拨动落物的拨鞋环,适用于落物被泥饼粘住或压入井底的碎物的打捞。

3) 铣鞋。它有一个高出磁芯底部的铣鞋环,适用于井径不规则或井眼呈锥形、磁芯无法接触落物的情况,它可以磨铣井眼和落物。

磁力打捞器下到离落物2~3m开泵循环钻井液。待井底冲洗干净后(井底沉砂冲干净与否决定着打捞效果),上提钻具停泵投球。开泵下放钻具距井底0.5m,循环10min,然后根据引鞋种类采取不同措施进行打捞。当采用平鞋时,必须边循环边慢速下放钻具至井底,然后上提钻具0.3~0.5m,转动方向再下放钻具,这样反复几次,检查方入,证明已捞到落物时即可起钻。

当采用拨鞋时,边循环边间断地转动和上下活动钻具,当打捞器磁钢接触落物时禁止转动钻具,以防损坏磁芯。然后边循环边上提0.3~0.5m,反复打捞几次即可起钻。当采用铣鞋时，操作方法与拨鞋相同，只是将间断转动变为连续转动。在软地层中打捞时，应特别注意转动下放深度和所加的钻压，防止被打捞物压入地层使打捞失败。

5. 一把爪和反循环一把爪

一把爪和反循环一把爪是用来打捞井底牙轮及碎铁。其区别在于后者需要投球，待球入座后，在井底形成局部反循环。一把爪结构如图4-18所示，反循环一把爪结构如图4-19所示。

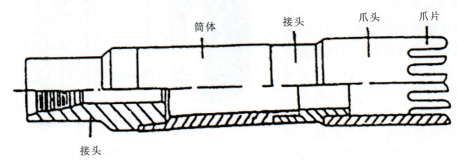

图4-18 一把爪

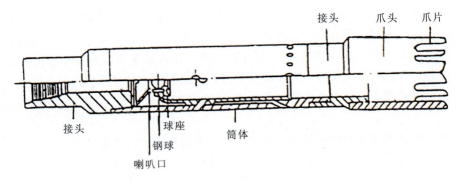

图4-19 反循环一把爪

使用方法如下：

(1) 下钻完大排量循环一周，将筒内及井底泥砂冲洗干净，探井底并记录方入。

(2) 若采用反循环一把爪，停泵投球。开泵送球入座后，泵压可升高1~2MPa。

(3) 边循环边活动钻具，直至距井底0.1~0.2m，然后慢慢下放至打捞方入。待泵压略升时立即停泵，转动0.5~1圈，加压49~196 kN（5~20t），原则上每英寸加12.7~14.7 kN（1.3~1.5t）。重复2~3次即可起钻。注意在井底不能多转，以防磨断爪片导致打捞失败。一把爪打捞后起钻，若钻杆内喷钻井液，打捞可能是成功的。

6. 反循环打捞篮和反循环强磁打捞篮

反循环打捞篮是利用钻井液液流在靠近井底处的局部反循环将井下碎物收入篮框内的一种打捞工具，如图4-20所示。其工作原理如下：

反循环打捞篮和组合式强磁打捞篮的钻井液循环路线相同，下钻到底正循环冲洗井底之后，投入一钢球，待球入座后，钻井液则由双层筒体之间的下水眼射到井底，然后从井底通过铣鞋（或一把爪）进入捞筒内部，最后由上水眼返到环形空间。在钻井液反循环作用的冲

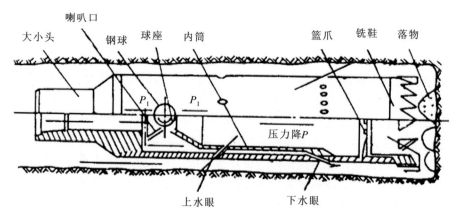

图 4-20 反循环打捞篮工作原理

击和携带下,被铣鞋拨松的井底碎物随钻井液一起进入篮框,或被磁芯吸住而捞获。

反循环强磁打捞篮是一种多用途组合式打捞工具。它装上篮框即是打捞篮;将篮框换成磁芯则成为反循环强磁打捞篮;将铣鞋换成爪头又可组成反循环一把爪。

反循环组合打捞篮主要由上接头、筒体、钢球、喇叭口和可换的篮框、磁芯、铣鞋、爪头等组成。

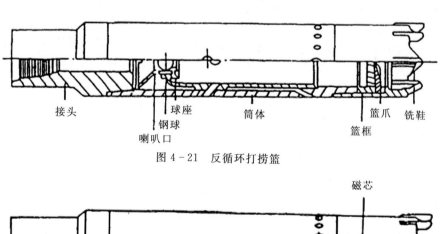

图 4-21 反循环打捞篮

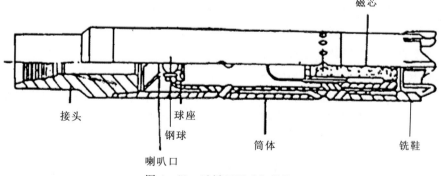

图 4-22 反循环强磁打捞篮

反循环打捞篮结构如图 4-21 所示,反循环强磁打捞篮结构如图 4-22 所示。使用方法如下:

(1) 下完钻大排量循环一周,将筒内及井底泥砂冲洗干净,探井底记录方入。

(2) 投球。

(3) 开泵送球入座后，泵压可升高 1~2MPa。

(4) 用反循环打捞篮打捞时，原则上不加压，以免铣鞋吃入地层而不能反循环。采用边循环边活动钻具，直至距井底 0.1~0.2m 为止。这时产生局部反循环作用最大，最容易捞上落物，这段打捞时间一般为 15~20min。

(5) 拨动或磨铣。若反循环的冲力不容易把落物冲进篮框（或磁芯底）时，可以用铣鞋拨动或磨铣。但磨铣时必须仔细掌握井下情况，避免落物磨坏下盖使磁芯落井。

(6) 停泵打捞。这是强磁打捞篮的一种打捞方法。它可避免钻井液冲击落物而不易捞获的问题。其方法是：停泵，待钻井液不再返出时分几个方向下放，每次加压少许，仅证明到底即可，然后起钻。该方法适用于打捞坚硬地层的井底落物。

(7) 开泵打捞，方法同 (4) 和 (5)。起钻前停泵。上述多种方法可以根据井下情况选用。

(8) 在软地层中使用打捞篮时，可以停泵干钻 0.1m，或开泵钻进 0.3~0.5m，用取心方法将未进入篮框的碎物捞获。起钻不得用转盘卸扣。

7. 震击器

震击解卡工具主要用于钻柱被卡后提供撞击力，使被卡钻柱松动而解卡。与上提下放活动钻具的区别在于震击器提供了强大的动能，并将这种动能在极短的时间内转换成撞击力施加给卡点。

震击解卡工具是结构较为复杂的事故处理工具，根据作用原理不同基本上可分为液压和机械两种。以其提供作用力的方向不同又可分为上击器与下击器。震击解卡工具的结构特点如下：

(1) 能提供循环钻井液的通道，满足事故处理工艺要求。

(2) 能传递扭矩，心轴与外筒之间不能有周向运动。

(3) 必须有寿命可靠的密封，保持持久的工作能力。

(4) 要有承受高压高温、提供高速运动的储能机构。

(5) 要有强度极高的震击偶（撞击锤与震击垫）。

(6) 具有调节动载的调节机构。

(7) 工具两端具有与钻柱连接的螺纹。

震击解卡工具的种类根据用途分为解卡震击器与随钻震击器，根据加放位置不同分为地面震击器与井下震击器，根据原理不同分为液压震击器与机械震击器，根据作用力方向不同分为上击器与下击器等。常用的震击解卡工具的工作原理与使用方法如表 4-5 所示。

8. 反扣倒扣捞矛

反扣倒扣捞矛在倒扣作业中具有同时完成抓捞和传递左旋扭矩两种功能。它可以代替左旋螺纹公锥和母锥。其功能与反扣倒扣接头相似，不同的是该工具不必与落鱼对扣，可以打捞落鱼内径的任何部位。DLM-T 系列反扣倒扣捞矛结构如图 4-23 所示。

(1) 工作原理。反扣倒扣捞矛由上接头、矛杆、连接套、止动片、卡瓦等零件组成。上接头接钻具或其他工具，下接矛杆。在下接头的下端面上有三爪牙嵌，与连接套相配合传递扭矩。连接套的键槽与矛杆上部的键相配合。矛杆是细长的杆件，承载着工具许可的全部拉

表 4-5 震击器工作原理与使用方法

序号	工具名称	工作原理	使用范围	使用方法
1	液压上击器	活塞在密闭液缸内阻尼运动（有限泄流）使上部钻具伸长，储存变形能。当活塞移动至释放时（解除阻尼），上部钻具释放弹性能变为机械能，向上震击	解卡用	安放位置靠近卡点，并与加速器配合使用，两者间加钻铤3～6根，上提吨位的大小按钻杆的弹性伸长量大于活塞行程和预计震击拉力伸长量之和确定。上提到预计吨位后，等待震击。震击后复位，再上提，再等待震击
2	随钻上击器		深井、复杂井、定向井钻进中使用	加放在下击器之上，钻进时处于受拉状态，上部接3～4根同直径的钻铤，下部钻具直径大于或等于震击器直径。解卡操作同液压上击器
3	液压加速器	结构同液压上击器。区别是无泄流孔，液缸为储能器，释放能量，加速上击	与液压上击器配合使用	接在上击器之上，两者间接3～6根钻铤，操作同液压上击器
4	机械上击器	利用摩擦卡瓦的摩擦力使上部钻具伸长变形，当卡瓦滑脱时，将上部钻具变形能变为上击力	深井，高温条件	摩擦卡瓦摩擦力调节范围为150～500kN，下井后调节时，钻具拉伸状态下每千米正转1.5圈，摩擦力增加20kN（反转减少），靠近卡点安装，上提5～15根钻铤，上提达到预计滑脱力时随时震击
5	地面下击器	利用摩擦卡瓦副的摩擦力使卡点以上钻具的重量被提升，卡瓦滑脱时，卡点以上钻具自由下落，撞击落鱼	卡点越深，效果越好	安装在钻台转盘面以上，调节吨位不能超过卡点以上钻柱的重量，拉力调节从200kN开始（地面调节），逐渐上调
6	随钻下击器	利用摩擦卡瓦副的摩擦力使工具上部的钻具重量超过卡瓦摩擦力时，上部钻具重量下击卡点	深井、复杂井、定向井钻进中使用	安放在随钻上击器之下。定向井使用时，用在两者间加适当的加重钻杆。震击操作下放钻具等待下击，然后再上提复位
7	闭式下击器	利用震击器以上钻具重量和钻具弹性伸长猛烈下放以实现重锤撞击卡点，闭式下击器的行程比开式下击器短，工作可靠，液压油起润滑作用，不能压缩储能	解卡用，卡点越深，效果越好	震击器上接钻铤6～12根。上提钻具，使钻具有一定伸长，猛烈下放，下放距离大于上提距离，产生向下冲击力，然后上提复位，重复震击
8	开式下击器			

力和下砸力。矛杆下端安装卡瓦，卡瓦可以在矛杆上下活动和转动一定角度。卡瓦抓捞部分分为3瓣，称为分瓣卡瓦。每瓣卡瓦的内表面呈圆锥面。工作状态下，分瓣卡瓦被压下，内锥面与矛杆锥面贴合。卡瓦外表面略带锥度，其抓捞部分外径略大于落鱼内径。卡瓦进入落鱼时，它上行到矛杆小锥端，靠弹性紧贴落鱼内壁。上提矛杆，矛杆锥面撑紧卡瓦，即可抓住落鱼。

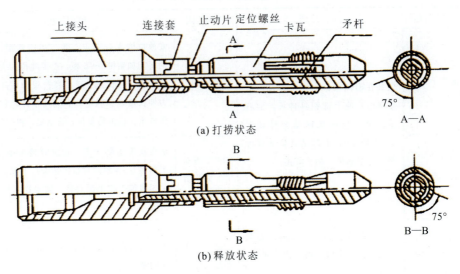

图 4-23　DLM-T 系列反扣倒扣捞矛结构

退反扣倒扣捞矛时，下放矛杆，使卡瓦相对矛杆处于最高位置，再右旋 90°到限位块限制的角度。这时，卡瓦的下端面将被矛杆下部的 3 个键顶住，不能再往下行，工具处于释放状态。

(2) 钻具组合。

1) 反扣倒扣捞矛＋左旋螺纹安全接头（也可不接）＋左旋螺纹钻杆。

2) 反扣倒扣捞矛＋反扣安全接头＋反扣下击器＋反扣钻杆＋倒扣器＋正扣钻杆。

(3) 打捞步骤（以组合 1) 为例）。

1) 将工具下到鱼顶部位，开泵冲净沉砂。

2) 下放反扣倒扣捞矛，探进鱼顶，使卡瓦全部进入打捞部位，然后上提打捞钻具捞住落鱼。如果捞矛打滑，可能是捞矛处于释放状态，应在工具进入鱼顶后左旋钻柱 0.5～1 圈，再上提即可捞住。

3) 倒扣。倒扣前先活动钻具，上提拉力应比欲倒出钻具重量多 200～300kN（指 DLM-T127 型），然后下放至欲倒出钻具重量处倒扣。

(4) 退反扣倒扣捞矛的方法。

1) 下击钻具（200～300kN），使卡瓦与矛杆松开。

2) 右旋钻具，使卡瓦与矛杆相对转动 90°，当卡瓦转动到限位块处，再上提即可退出捞矛。

9. 反扣倒扣捞筒

反扣倒扣捞筒是从落鱼外部打捞和倒扣的一种工具，它可以代替母锥和打捞筒，反扣倒扣捞筒结构如图 4-24 所示。

(1) 结构特点及作用。反扣倒扣捞筒由上接头、筒体、卡瓦、限位座、弹簧、密封装置和引鞋等组成，DLT-T 系列反扣倒扣捞筒的上接头上接其他工具和钻具，下接筒体。筒体内装有弹簧，筒体上部内壁上均布着 3 个键，控制限位座的位置。筒体下部的内圆锥面上也

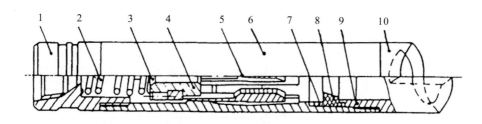

图 4-24 反扣倒扣捞筒结构
1—上接头；2—弹簧；3—螺钉；4—限位座；5—卡瓦；6—筒体；
7—上隔套；8—密封圈；9—下隔套；10—引鞋

有 3 个键，用来传递扭矩。筒体的锥面使卡瓦产生夹紧力，实现打捞。3 个键把筒体上的力矩传给卡瓦，实现倒扣。内倾斜面之间的夹角起限定卡瓦与筒体贴合位置的作用，便于工具退出落鱼。

在筒体上部 3 个键的地方安装有限位座，它不仅可作轴向滑动，而且可以绕轴心转动 0°~90°。上下滑动或左右转动的限位座，带动着安装在限位座环形槽内的卡瓦一起运动。

卡瓦共 3 片，均布在限位座上，并由弹簧压在 3 个键之间。当鱼顶将限位座及卡瓦顶到一定位置，并右旋 90°时，卡瓦被限制，不能与筒体相对运动，工具处于释放状态。

(2) 使用方法。

1) 打捞。倒扣捞筒在打捞和倒扣作业中主要机构的动作过程是：当卡瓦接触落鱼以后，卡瓦与筒体相对移动，卡瓦与筒体锥面脱开。筒体继续下行，直至限位座顶到上接头下端面上时，迫使卡瓦外胀，引入落鱼。被胀大了的卡瓦对落鱼产生夹紧力。上提钻具时，筒体上行，卡瓦与筒体锥面贴合，随着上提力的增加，3 块卡瓦夹紧力也增大，使卡瓦内壁上的三角形牙咬住落鱼外壁，实现打捞。

2) 倒扣。给捞筒施加左旋扭矩，扭矩通过筒体的键传给卡瓦和落鱼，实施倒扣。

3) 退出工具。如果需要在井下退出落鱼收回工具，先下击钻具，使卡瓦与筒体锥面脱开。再右旋，使卡瓦下端进入内倾斜面并被筒体的 3 只键顶住。此时，限位座上的凸台正好卡在筒体上部键的侧面上，卡瓦不再抓紧落鱼，上提钻具即可起出工具。如果提不出来，可以正转，筒体带动限位座及卡瓦一起转动，并采用一边转动、一边上提的方法，即可退出落鱼。

10. 反扣倒扣接头（反扣倒扣矛）

反扣倒扣接头，也称反扣倒扣矛，它在处理卡钻事故的倒扣作业中可代替反扣公锥。打捞或倒扣时，若落鱼被卡或倒不开，可以从反扣倒扣接头处退开，起出倒扣钻具。反扣倒扣接头结构如图 4-25 所示。

(1) 结构特点及作用。反扣倒扣接头由上接头、胀心套和胀心轴组成。上接头上部为反母扣，与反扣钻杆连接。胀心套上端为开口六方柱与上接头下端的内六方相配合传递扭矩。下部是开有 3 条通槽的正旋钻具公螺纹。胀心轴的中部为一圆锥体。轴的上部与上接头连接，其下部是引子，起引导和扶正作用。与落鱼对扣后，上提打捞钻具时，上接头带动胀心轴向上运动，将胀心套胀大，把螺纹撑紧，使之能承受倒开下部钻具的倒扣力矩。

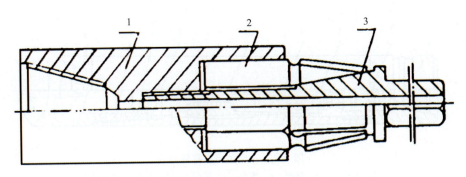

图 4-25 反扣倒扣接头结构
1—上接头；2—胀心套；3—胀心轴

(2) 使用方法。把反扣倒扣接头接在左旋螺纹钻具的下端，直接与落鱼螺纹对扣，对上扣以后，上提钻具超过原悬重一定拉力，使胀心套胀紧，其附加拉力一般为 200～300kN（NC50 螺纹）。为了可靠起见，常需反复提拉几次，然后倒扣。

(3) 退反扣倒扣接头的方法。

1) 井下退反扣倒扣接头的操作。先将原钻具下顿，若打捞钻柱中带有下击器时，可启动下击器下击。击松后，左旋钻具，使反扣倒扣接头从对扣处倒开。

2) 地面退反扣倒扣接头的操作。可参考打捞矛、打捞筒退出时的下击方法进行，击松后卸螺纹。

(4) 注意事项。

1) 由于反扣倒扣接头上部接的是左旋螺纹钻具，与落鱼对扣时需要正向旋转，所以在下入左旋螺纹钻具时，必须按规定扭矩紧扣，防止与落鱼对扣时将上部钻具倒开。

2) 由于打捞螺纹没有密封装置，打捞后如果落鱼水眼不畅通或者循环阻力过大时，不得长时间循环，以防刺坏打捞螺纹。

11. 安全接头

安全接头是接在打捞工具、封隔器和钻铤（正常钻进时）之上和震击器之下的一种井下安全工具。当落鱼被卡、打捞工具退不开或封隔器被卡提不出来时，可从安全接头处倒开，起出安全接头公头以上的钻具。

安全接头分为正扣安全接头与反扣安全接头。它的内径、外径与钻杆工具接头的内外径相同。

(1) 安全接头结构。安全接头由公接头、母接头和上下 "O" 型密封圈组成。公接头上部是工具接头母扣，下部为锯齿螺纹公扣。如图 4-26 所示，在公扣两端有密封槽，母接头是锯齿螺纹母扣，上下有密封面，下部为工具接头公扣。公母接头台肩接触面均为圆周上等分 3 段的凸肩。安全接头由公母接头锯齿宽螺纹相连接成一体。上扣到位后 3 段凸肩互相啮合，继续右旋施加扭矩，凸肩工作面相对运动，锯齿宽螺纹被拉紧成为一刚性体，这就等同于一个整体的接头，不但能承受各种复杂的应力，而且有较好的锁紧力不会自动松脱，还能耐高泵压，所以在井内使用十分安全。

(2) 使用方法。安全接头在下井之前应检查 "O" 型密封圈是否完好并恰当地装在密封槽内，所有螺纹工作面不得有深刻痕，然后涂足锂基润滑脂用手将公母接头组装好。

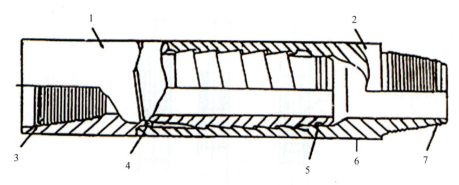

图 4-26 安全接头结构图

1—公接头；2—母接头；3—母扣；4—上"O"型密封圈；5—下"O"型密封圈；6—夹持区；7—公扣

作为随钻工具进行钻井作业时，应连接在钻铤之上和其他随钻工具（随钻震击器、加速器等）之下，便于发挥安全接头的作用，同时应避免中性点处于安全接头上。

(3) 井内倒扣作业。

1) 应校正好悬重和方余。

2) 在安全接头上施加 4.9~9.8kN（0.5~1t）压力，整个倒扣过程中应始终保持在此压力范围内。

3) 倒扣时反时针方向旋转钻柱，一般反转 1~3 圈即可倒开。

4) 由于安全接头是宽螺纹配合，螺距大，松扣的上升速度较钻具接头螺纹要快 6~8 倍，可以明显判断是否倒开。

12. 液压加速器

液压加速器又称震击加速器。它与上击器配合使用，接在上击器上边，震击时起加速作用，以增强对卡点的震击力，同时还可以减少上部钻具的反弹震动。

液压加速器由心轴、油堵、上接头、上缸套、中缸套、震击垫、盘根、导向杆、下接头等组成。

(1) 工作原理。液压加速器的心轴与缸套之间充满具有高压缩指数的甲基硅油。心轴的耐磨蚀花键与上缸套下端的花键相嵌合，不论处于压缩状态还是自由状态都可以传递扭矩。密封总成安装在震击垫与导向杆之间，是一套滑动密封副，工作时密封缸内产生高压。其工作原理如图 4-27 所示。

上提钻具，使钻具伸长，加速器的密封总成向上移动，硅油被压缩（像弹簧被压缩一样），贮存能量 [图 4-27 (a)]。继续上提钻具，上击器释放，被压缩的加速器恢复弹性变形，使加速器下部连接的钻铤和上击器的上部一起向上运动，给运动着的钻铤和上击器的上部一极大的向上加速度 [图 4-27 (b)]。当上击器到达冲程终点时，向上的巨大撞击力直接打击在落鱼上 [图 4-27 (c)]。一次震击就告结束。

(2) 使用方法。

1) 液压加速器的位置。打捞工具＋安全接头＋液压震击器＋钻铤 3~6 根＋液压加速器＋钻杆。

2) 液压加速器与液压上击器配套使用，因此操作方法与液压震击器一样。

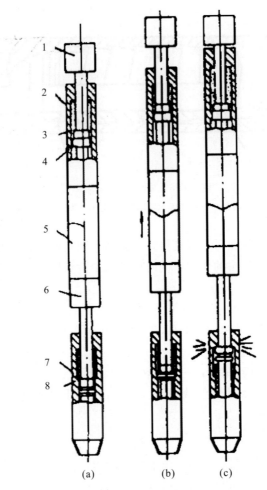

图 4-27 液压加速器工作原理
1—加速器心轴；2—缸套；3—硅油；4—密封总成；5—钻铤；6—上击器震击杆；
7—上击器缸套；8—液压油

3) 加速器还可以与其他上击器配套使用，加速器下井前必须在地面做拉力试验。当试验拉力释放后，允许有 65mm 复不到位。如果大于此间隙则表明工具密封处有渗漏或者油量不足。

六、卡钻报告及记录

处理及预防卡钻工作的一个重要内容是认真做好记录并如实填写相关表格。如卡钻或遇阻卡事故报告表有助于司钻人员分析阻卡的原因，并进一步采取补救措施；有助于帮助井队了解事故的原因、征兆，从而有效地处理事故；有助于总结经验教训，减少或避免同类事故的发生。卡钻或遇阻卡事故报告表Ⅰ和事故报告表Ⅱ如表 4-6、表 4-7 所示。

大多数卡钻事故发生在交接班前后两小时内。司钻交接班表（表 4-8）是提高井场管理质量的有效措施。

第四章 深部岩心钻探管理与事故风险控制

表 4-6 卡钻或遇阻卡事故报告表 I

井号		井型		开钻日期		定向井的轮廓
钻机号		钻机类型		钻井承包商		

卡钻事故						
日期	时间	测量井深		钻头深度	卡点位置	井眼尺寸
井斜	钻井液密度			排量	过平衡压力	地层

底部钻具组合：

从倒班到开钻的时间：

钻井监督	钻井领班	司钻	定向井工程师	钻井液工程师	录井	钻井工程师

遇阻卡或卡钻时的作业情况：

怀疑的卡钻原因：

压差卡钻　键槽　水敏性地层　裂缝/断层　流塑性地层　异常应力地层　胶结不好的地层　落物　井眼不规则　欠尺寸井眼　未凝结水泥　水泥掉块　井眼净化不好　挤毁的套管
其他：

征兆： 是 否	描述：
扭矩增大	振动筛上的岩屑尺寸和数量
摩阻增大	以前的遇卡接单根情况
钻井液漏失	
地层变化	
泵压变化	
钻井液性能变化	
地层压力变化	
其他：	

损失时间：	井下损失的费用：
损失时间的费用：	总费用：

表 4-7 卡钻或遇阻卡事故报告表 Ⅱ

卡钻前所采取的措施：
卡钻后所采取的措施：
如何防止这种卡钻：
推荐或计划要采取的行动：
防止这种卡钻事故再次发生的注意事项：
经验与教训：
其他：

第四章 深部岩心钻探管理与事故风险控制

表 4-8 司钻交接班表

交班记录:			
日期	时间	井深	钻井液密度

井眼状况和注意事项 改钻过的地层： 将要钻到的地层：

钻进动态 钻井液密度：　　　　　　　　　　　　　　在井底时的扭矩： 上提悬重：　　　　　　　　　　　　　　　钻井液的固相含量： 转动悬重：　　　　　　　　　　　　　　　钻井液的切力： 地层压力：

上次起下钻情况 井深： 状况：

下次起下钻情况 井深： 许可的最大上提拉力：

振动筛：　　　　　　　　　　　　　　　　设备问题： 岩屑量的变化： 岩屑尺寸和形状：

征兆或特别指令	

振动筛岩屑蕴藏着大量的井内信息，也是事故发生前重要的实物判据。坚持做好返出物的记录，有助于尽早地判断井下情况。振动筛处岩屑描述及变化趋势记录表如表 4-9 所示。

表 4-9 振动筛处岩屑描述及变化趋势记录表

井号：　　　　　　　　　　　　　　　　　日期：

井深 (m)	时间	岩屑描述	岩屑数量 (增加/减少)	岩屑尺寸 (mm)	钻井液密度 (进口/出口)	意见

七、案例

科钻一井钻探施工历时 1360 天，施工期间共发生 24 起事故，事故类型主要有：井底钻具断裂事故（未发生钻杆断裂事故）、孔口人工操作失误落物事故、测井落物事故、卡钻事故、活动套管弹性扶正器片断裂入井事故、钻具堵塞事故等。其中，井底钻具断裂事故 10 起，人工操作失误事故 1 起，测井造成孔内事故 3 起，卡钻事故 4 起，岩屑堵塞井底钻具事故 5 起，活动套管起拔造成孔内事故 1 起（表 4-10）。

表 4-10 科钻一井井内事故处理参考表

序号	事故发生时间及井深	事故概述	事故原因	事故处理	处理结果
1	2001 年 11 月 28 日，井深 1062.71m	下扩孔器在钢体 170mm 处断裂，下扩孔器 200mm 下部和钻头落井，落鱼 0.44m	下扩孔器刚体疲劳断裂	下公锥进行落鱼打捞	打捞全部落鱼，事故损失时间 12：40
2	2002 年 2 月 10 日，井深 1599.23m	下扩孔器从上丝扣根部断裂，下扩孔器和钻头落井，落鱼 0.60m	下扩孔器丝扣根部疲劳断裂	下公锥进行落鱼打捞	打捞全部落鱼，事故损失时间 10：10
3	2002 年 4 月 11 日，井深 2028.17m	综合测井时上提至 1900m 处遇卡，反复拉解卡，有两块电成像仪电极板脱落入井底	电极板遇卡疲劳断裂	下金刚石取心钻具通井	取心钻具打捞起井底落物，事故解除
4	2002 年 5 月 21 日，扩孔井深 304.93m	两只牙掌和牙轮落入扩孔井段井底	牙掌焊缝处疲劳断裂	下强磁打捞器打捞	打捞全部落鱼，事故损失时间 12：51
5	2002 年 8 月 29 日，扩孔井深 2028m	扩孔钻进金刚石扩孔器上部焊接处断裂，落鱼总长 0.98m	金刚石扩孔器焊接处发生疲劳断裂	下公锥和打捞矛两次打捞落鱼	打捞全部落鱼，事故损失时间 71：05
6	2002 年 10 月 20 日，井深 2052.62m	钻具外管上母扣根部断裂，钻头、下扩孔器外管（岩心管内筒取出）落入井内，落鱼 8.1m	钻具外管上母扣根部疲劳断裂	下卡瓦打捞矛和公锥两次打捞	打捞全部落鱼，事故损失时间 56：10
7	2002 年 10 月 23 日，井深 2053.82m	取心钻具上部变丝接头（S×311）与稳定器连接母扣断裂，下部钻具落入井内，落鱼 5.92m	变丝接头（S×311）母扣疲劳断裂	下公锥进行落鱼打捞	打捞全部落鱼，事故损失时间 32：15
8	2002 年 11 月 7 日，井深 2071.99m	2♯ 钻铤母扣根部折断，其下钻具落入井内，落鱼 28.40m	2♯ 钻铤母扣根部疲劳断裂	两次下公锥进行落鱼打捞	打捞全部落鱼，事故损失时间 42：10
9	2002 年 12 月 11 日，井深 2201.11m	上扩孔器上丝扣处断裂，上扩孔器、外管、下扩孔器和钻头落井，落鱼 5.02m	上扩孔器上丝扣处疲劳断裂	下公锥进行落鱼打捞	打捞全部落鱼，事故损失时间 16：00
10	2002 年 12 月 22 日，井深 2276.33m	下钻到底，探底 1.06m 遇阻，开泵划眼，泵压升至 8MPa 不返浆，停泵不回压	螺杆（C5ZL95-1）堵塞	提钻处理	事故处理耗时 29：00
11	2003 年 1 月 19 日，井深 2449.13m	下钻到底开泵循环，不通浆，憋压 7MPa 不返浆，活动钻具仍不回压	岩粉堵塞钻具	提钻处理	事故处理耗时 61：10
12	2003 年 1 月 24 日，井深 2460.38m	下钻到底划眼，距井底 3m 遇阻，循环憋泵至 11MPa，开 2 号泵压力至 17MPa 后下降	岩粉堵塞钻具	提钻处理	事故处理耗时 63：20

第四章 深部岩心钻探管理与事故风险控制

续表 4-10

序号	事故发生时间及井深	事故概述	事故原因	事故处理	处理结果
13	2003年2月6日，井深2517.91m	取心钻头钢体断裂，落鱼0.11m	钢体加工平面影响钢体强度	下取心钻具磨进	事故成功解除，事故损失时间21：40
14	2003年5月18日，井深2952.95m	纠斜钻进，调整工具面向角，上提钻具约1m，瞬时蹩泵12MPa，多次上提钻具90t仍卡钻	钻头卡钻	反复活动钻具，上提钻具70~90t，上提至102t时解卡	事故解除，事故处理损失时间总计61：55
15	2003年6月3日，井深2970.54m	下钻到底进行纠斜钻进，开泵泵压迅速上升至8.5MPa，活动钻具不回压	岩粉堵塞钻具	提钻处理	事故处理耗时36：00
16	2003年10月2日，井深3665.87m	下扩孔器公扣断裂，下扩孔器和钻头断落井，落鱼0.61m	下扩孔器丝扣根部疲劳断裂	5次下公锥进行落鱼打捞，两次通井	未打捞成功，事故损失时间200：40
17	2003年10月7日，井深3665.87m	下钻至井深3481m遇阻，上提120t未能解卡	掏心钻头处遇卡	上提钻具200t，静止5min，下压25t范围内反复上提、下压，10月7日最终上提190t解卡	成功解卡，事故处理耗时11：00
18	2003年10月25日，井深3665.87m	成功起拔2019m 75/8″活动套管。25只弹性扶正器的弹簧片断裂，共有73片弹性扶正器的弹簧片断入井内	弹性扶正器的弹簧片疲劳断裂	下高效磨鞋磨，并进行打捞	钻孔有较大的扩径段，弹簧片量太大，最后进行侧钻纠斜处理
19	2004年1月18日，扩孔井深3230.08m	下钻到底，开泵泵压达10MPa泥浆循环不通，蹩压不回，多次转动上下活动钻具无效	岩粉堵塞钻具	提钻处理	事故处理耗时14：20
20	2004年2月23日，井深3447m	下钻至井深3447m时遇阻，上提150t未解卡	下钻时遇卡	上提钻具180~200t，转动转盘3~8圈，上提钻具195t解卡	成功解卡，事故处理耗时2：50
21	2004年2月29日，扩孔井深3525.16m	下钻扩孔钻进划眼至3522.55m蹩钻，上提190t，下放100t卡钻解卡无效	扩孔钻进划眼时遇卡	反复上提150~200t活动钻具，启动转盘10~12圈，上提220t解卡	成功解卡，事故处理耗时45：50
22	2004年6月25日，井深3907.09m	起钻至第2#立柱钻杆时，井口人员不慎将方瓦链钩掉入井内	人工操作失误	转动转盘，回转扭矩较大，同时缓慢上提钻具	事故解除，少量链环掉入井内，事故损失时间总计28：15
23	2004年9月28日，井深4509.40m	工程测井，有一块井径弹簧片断裂脱落入井底	井径弹簧片疲劳断裂	下金刚石取心钻具通井	取心钻具打捞起井底落物，事故解除
24	2005年1月13日，井深5102.18m	综合测井，测井径弹簧片（300mm×100mm×20mm）断落井内	井径弹簧片疲劳断裂	第一次下牙轮钻头通井，第二次下磨鞋通井	捞取大部分碎块，事故解除。事故损失时间总计60：15

参考文献

白杨.深井高温高密度水基钻井液性能控制原理研究[D].成都:西南石油大学,2014.
陈朝达.顶部驱动钻井系统[M].北京:石油工业出版社,2000.
陈庭根,管志川,等.钻井工程理论与技术[M].东营:石油大学出版社,2000.
陈永衡.安页1井钻探复杂情况分析及应对措施研究[D].北京:中国地质大学,2017.
郭绍什,冯德强,杨凯华,等.钻探手册[M].武汉:中国地质大学出版社,1993.
国家海洋局海洋发展战略研究所课题组.中国海洋发展报告(2010)[M].北京:中国海洋出版社,2010.
郝瑞.钻井工程[M].北京:石油工业出版社,1989.
胡郁乐,张惠,段隆臣,等.钻具设计基础与实践[M].武汉:中国地质大学出版社,2016.
胡郁乐,张惠.深部地热钻井与成井技术[M].武汉:中国地质大学出版社,2013.
胡郁乐,张绍和,等.钻探事故预防与处理知识问答[M].长沙:中南大学出版社,2010.
景龙,徐树,常林祯,等.沧州深部盐矿钻探施工关键技术探讨[J].探矿工程(岩土钻掘工程),2013,40(5):8~12.
李固仁.现代石油复杂钻井关键技术实用手册[M].北京:石油工业出版社,2011.
李海石.钻井取心技术[M].北京:石油工业出版社,1993.
李继志.石油钻采机械概论[M].北京:中国石油大学出版社,2005.
廖漠圣.2000—2005年国外超深水和超深水钻井采油平台简况与思考[J].中国海洋平台,2006,21(3):1~3.
刘景成.深井超深井钻井新技术与复杂钻井新工艺及钻井质量全程控制实用手册[M].北京:中国知识出版社,2006.
刘天科,邱正松,裴建忠,等.胜科1井高温水基钻井液流变性调控技术[J].石油钻探技术,2007(6):40~43.
刘希圣,沈忠厚,张建群,等.钻井工艺原理[M].北京:石油工业出版社,1985.
刘跃进.岩心钻探设备的现状与发展[J].探矿工程(岩土钻掘工程),2007,34(1):39~43.
罗超,龚惠娟.国内超深井钻机技术现状与发展建议[J].石油机械,2007,35(1):45~47+72.
苗锡庆.钻井工程事故案例[M].北京:石油工业出版社,1994.
冉恒谦,张金昌,等.地质钻探技术与应用研究[J].地质学报,2011,11(11):1806~1822.
胜利石油管理局钻井总公司.石油钻井安全生产知识问答[M].北京:石油工业出版社,1993.
苏义脑.螺杆钻具研究及应用[M].北京:石油工业出版社,2001.
孙国明.钻井事故处理及案例[M].哈尔滨:哈尔滨地图出版社,2006.
孙中伟,何振奎,刘霞,等.泌深1井超高温水基钻井液技术[J].钻井液与完井液,2009,26(3):9~11+15+87.
汤凤林,А.Г.加里宁,段隆臣,等.岩心钻探学[M].武汉:中国地质大学出版社,1997.
万仁薄.现代钻井工程[M].北京:石油工业出版社,2000.
王达,孙建华.我国钻探工程技术标准现状与展望[J].探矿工程,2008(01):4~8.
王达,张伟."科钻一井"主要技术方案实践与认识[J].探矿工程,2001(5):52~54.
王达,张伟.俄罗斯科学深钻技术概况和特点[J].探矿工程,1995(1):53~57.
王平全,周世良.钻井液处理剂及其作用原理[M].北京:石油工业出版社,2003.
乌效鸣,蔡记华,胡郁乐.钻井液与岩土工程浆材[M].武汉:中国地质大学出版社,2013.

鄢捷年.钻井液工艺学[M].东营:石油大学出版社,2011.

岳文礼.钻孔事故预防与处理[M].北京:煤炭工业出版社,1981.

张金昌.地质岩心钻探技术及其在资源勘探中的应用[J].探矿工程(岩土钻掘工程),2009,36(8):1～6.

张克勤,陈乐亮.钻井技术手册[M].北京:石油出版社,1988.

张林生,陈礼仪,彭刚,等.汶川地震断裂带科学钻探项目 WFSD-4 井钻井液技术[J].探矿工程(岩土钻掘工程),2014,41(9):146～150.

张绍和,胡郁乐,等.金刚石与金刚石工具知识问答[M].长沙:中南大学出版社,2008.

张伟,刘跃进,朱江龙,等.深孔岩心钻机评价准则初探[J].探矿工程(岩土钻掘工程),2017,44:11～15.

张伟,王达,刘跃进,等.深孔取心钻探装备的优化配置[J].探矿工程(岩土钻掘工程),2009,36(10):34～38+41.

张伟.关于我国地质岩心钻机发展方向的分析[J].探矿工程(岩土钻掘工程),2008,35(8):1～5.

张晓西,杨甘生,朱永宜.大口径硬岩钻探技术在中国大陆科学钻探工程中的应用[J].探矿工程(岩土钻掘工程),2003(1):23～26.

张阳春,等.国内外石油钻采设备技术水平分折[M].北京:石油工业出版,2001.

赵秀全,李伟平,王中义.长深5井抗高温钻井液技术[J].石油钻探技术,2007(6):69～72.

周光灿.钻探孔内事故预防与处理一百例[M].北京:地质出版社,1986.

朱恒银,刘跃进.FYD-2200型全液压动力头钻机的研制及应用[J].探矿工程(岩土钻掘工程),2009,36(S1):45～48.

朱恒银,等.深部岩心钻探技术与管理[M].北京:地质出版社,2014.

钻井手册编写组.钻井手册[M].北京:石油工业出版社,1990.

中华人民共和国地质矿产行业标准·地质岩心钻探规程(DZ/T 0227—2010)[S].